Jon M. Smith

Numerische Probleme und ihre Lösung mit Taschenrechnern

Jon M. Smith

Numerische Probleme und ihre Lösung mit Taschenrechnern

Springer Fachmedien Wiesbaden GmbH

CIP-Kurztitelaufnahme der Deutschen Bibliothek

Smith, Jon M.:
Numerische Probleme und ihre Lösung mit
Taschenrechnern / Jon M. Smith. [Übers.: Hubert
Scholz; Reinhard Scholz].

Einheitssacht.: Scientific analysis on the pocket
calculator ⟨dt.⟩
ISBN 978-3-528-08380-9   ISBN 978-3-663-14002-3 (eBook)
DOI 10.1007/978-3-663-14002-3

Titel der Originalausgabe:
Jon M. Smith
Scientific Analysis on the Pocket Calculator
Second Edition

Übersetzung: *Hubert Scholz, Reinhard Scholz*
Verlagsredaktion: *Alfred Schubert*

Satz: Vieweg, Braunschweig

Lengericher Handelsdruckerei, Lengerich

ISBN 978-3-528-08380-9

Vorwort

Dieses Buch ist für alle geschrieben, die einen modernen elektronischen Taschen- oder Tischrechner besitzen, besonders für Studenten, Ingenieure, Statistiker, Physiker, Chemiker, Systemanalytiker und Lehrer.

Bei Verwendung der richtigen numerischen Methode wird der elektronische Taschenrechner zu einem wesentlichen Rechenhilfsmittel. Es werden „mikronumerische Methoden" diskutiert, die dem Leser helfen, den Taschenrechner optimal zu nutzen. Die meisten der aufgeführten Methoden lassen sich auf jedem Taschenrechner ausführen. Sind spezielle Methoden nur für bestimmte Rechnertypen geeignet, wird dies — falls notwendig — besonders hervorgehoben. Tastendruckfolgen werden sowohl für Rechner mit algebraischer als auch für solche mit umgekehrter polnischer Notation dargestellt. Es werden die Tastenfelder und Rechenmöglichkeiten praktisch aller Rechner berücksichtigt, um sicherzustellen, daß die dargestellten numerischen Methoden bei allgemeinen Rechnungen mit dem Taschenrechner universell anwendbar sind.

Jeder Teil des Buches behandelt zusammenhängend und sorgfältig die Methoden und tabellierten Formeln für den Taschenrechner. Der Leser soll mit vielen numerischen Techniken, numerischen Approximationen, Tabellen, nützlichen graphischen Darstellungen und Flußdiagrammen bekanntgemacht werden, um schnelle und genaue Rechnungen auf dem Taschenrechner durchführen zu können.

Ebenso werden numerische Methoden für bestimmte Arten der Datenverarbeitung, wie zum Beispiel die harmonische- und statistische Analyse, besprochen und so dargestellt, daß sie für Ingenieure, Wissenschaftler und Programmierer unmittelbar anwendbar sind.

Dieses Buch geht davon aus, daß der Taschenrechner dem wissenschaftlich Arbeitenden neue Möglichkeiten, Berechnungen durchzuführen, eröffnet. Der Taschenrechner ist offensichtlich für beides, numerische Funktionsauswertung und Datenverarbeitung, nützlich. Zusätzlich ermöglicht er dem Leser, schnell detaillierte und genaue Kenntnisse jeder technischen Disziplin (seiner eigenen oder einer anderen) zu erlangen, indem er die zugehörigen mathematischen Modelle durch Anwenden und eigenes Experimentieren mit dem Taschenrechner „erlernt". Der Taschenrechner wird also — kurz gesagt — zu einem „Lehrmittel". Der damit Arbeitende muß nun nicht mehr zuerst ein mathematisches Modell für einen komplexen Prozeß oder ein zu untersuchendes System entwickeln und dann zur Berechnung an den Programmierer abgeben. Statt dessen kann er komplizierte Funktionen zuhause oder im Büro numerisch auswerten (und somit komplexe Probleme analysieren).

Schließlich, überall dort, wo mit dem Taschenrechner gearbeitet wird, werden eigene numerische Methoden zur Berechnung von Problemen in den jeweiligen Wissensgebieten gefunden. So betrachtet, ist der Taschenrechner ein Forschungshilfsmittel, das der Wissenschaftler zur Entwicklung seiner eigenen numerischen Methode für sein spezielles Problem benutzen kann.

Im gesamten Buch werden die den Praktiker interessierenden Dinge mehr hervorgehoben als die den Theoretiker interessierenden. Obwohl es sich um einen mathematischen Stoff handelt, habe ich mich nicht um mehr Kürze und Strenge bemüht, als zur Analyse auf dem Taschenrechner erforderlich ist. Zahlreiche Beispiele jeder Technik bzw. Methode sind gegeben; die jeweilige Durchführung wird bis in alle Einzelheiten diskutiert.

Das Buch besteht aus vier Kapiteln, die in 13 Abschnitte unterteilt sind, wobei sich jeder dieser Abschnitte mit Themen der numerischen Analysis, die für die praktische Arbeit nützlich sind, beschäftigt. Ich habe versucht, eine überzogene allgemeine Darstellung dieser Themen zu vermeiden, da die numerische Analysis ebenso eine Kunst wie eine Wissenschaft ist.

Das Kapitel 1 des Buches stellt das Spektrum der Taschenrechner (einschließlich ihrer Rechenfertigkeiten und Grenzen), die Ingenieuren und Wissenschaftlern zur Verfügung stehen, vor. Besondere Aufmerksamkeit gilt den Recheneigenschaften, die für den wissenschaftlichen Analytiker von Interesse sind. Außerdem werden mathematische Voraussetzungen und Material zur Wiederholung bereitgestellt und bestimmte elementare numerische Methoden, die sich besonders zur Analyse auf dem Taschenrechner eignen, entwickelt. Inhalte aus der Arithmetik bis zur Algebra und der Analysis komplexer Variablen werden angesprochen.

Das Kapitel 2 beschäftigt sich mit numerischen Methoden und Formeln zur numerischen Auswertung höherer mathematischer Funktionen. Ebenso wird die geschachtelte Klammerschreibweise der in der fortgeschrittenen Ingenieurmathematik am meisten benutzten Funktionen behandelt. Das Klammern einer Folge arithmetischer Operationen in geschachtelte Form ist die Grundlage zur Durchführung komplizierter Berechnungen. Um zum Beispiel die Funktion $f(x) = a_0 + a_1 x + a_2 x^2$ auf einem Vier-Funktionen-Rechner derart auszuwerten, daß zuerst die einzelnen Glieder getrennt berechnet und danach aufsummiert werden, so sind neben „Hilfsspeicherungen" 77 Tastendrücke erforderlich, wenn eine Dateneingabe 10 Tastendrücke erfordert. Für die Auswertung von $f(x) = a_0 + x(a_1 + a_2 x)$ werden aber nur noch 55 Tastendrücke und keine „Hilfsspeicherungen" benötigt. Dieses Beispiel zeigt, daß viele komplizierte Formeln, deren Berechnung im allgemeinen Speicherkapazität erfordert, in geklammerter Form geschrieben, keine Speicherplätze benötigen und somit sogar auf dem einfachsten Vier-Funktionen-Rechner bequem berechnet werden können.

Es wird weiter gezeigt, daß die geschachtelte Klammerschreibweise eine effektive Darstellung zur numerischen Berechnung ist, d.h., Funktionsterme, die in geschachtelter Klammerschreibweise angegeben sind, erfordern zu ihrer numerischen Auswertung weniger Operationen als die gleichen Funktionsterme in ihrer einfachsten algebraischen Darstellung. Die geschachtelten Darstellungen lassen sich daher schneller berechnen und bieten weniger Fehlermöglichkeiten als die entsprechenden nicht geschachtelten Darstellungen.

Im Kapitel 2 werden auch rekursive Formeln zur numerischen Berechnung höherer Funktionen betrachtet, wie zum Beispiel die Bessel-Funktionen, die Legendresche-Polynome und noch viele mehr, die auch nicht auf dem anspruchvollsten Rechnern vorgesehen sind. Rekursive Formeln sind einzigartig darin, daß sie sich als unbegrenzte Speichermöglichkeiten von Rechnungen auffassen lassen, die sonst endliche Speicherkapazität benötigen. Diese Formeln verleihen dem Taschenrechner tatsächlich ein unbegrenztes Speichervermögen für Daten. Viele nützliche numerische Methoden der Datenverarbeitung können in rekursiver Form für die Berechnung mit dem Taschenrechner geschrieben werden. Hier zeigt es sich wiederum, daß sogar der einfachste Vier-Funktionen-Rechner anspruchsvolle Berechnungen ermöglicht, ohne ausgedehnte Speicherkapazität zu benötigen. Solche Mittel wie geschachtelte Klammerdarstellung und rekursive Formeln bewirken bei der numerischen Berechnung der meisten komplizierten Funktionen Flexibilität und Genauigkeit, wenn sie gemeinsam mit der Chebyshev-Ökonomisierung und rationalen Polynomapproximationen verwendet werden — sogar auf dem einfachsten Vier-Funktionen-Rechner.

Das Kapitel 3 untersucht Methoden und Formeln zur Durchführung fortgschrittener Berechnungen. Berücksichtigt sind solche Themen wie die numerische Berechnung bestimmter Integrale und Methoden zur numerischen Behandlung von Datenmengen, das Lösen von Differentialgleichungen, die Simulation linearer Prozesse und die Ausführung statistischer und harmonischer Analysen.

Das Kapitel 4 beschäftigt sich ausführlich mit dem höheren programmierbaren Taschenrechner. Es illustriert überzeugend den Zuwachs an Rechenfertigkeit, den der Rechner liefert. Hier fließt viel persönliche Erfahrung ein, die durch das Lösen zahlreicher Probleme auf den programmierbaren Taschenrechnern unterschiedlichster Fabrikate gewonnen wurde. Die Darstellung ist jedoch allgemein gehalten, in der Erkenntnis, daß noch weitere programmierbare Taschenrechnermodelle entwickelt werden.

Das Buch ist aus elfjährigen Studien numerischer Methoden für Analysen auf digitalen Computern hervorgegangen. Diese Methoden sind drei Jahre lang überarbeitet worden, um sie für Tischrechner und schließlich für Taschenrechner brauchbar zu machen. Viele Methoden konnte der Leser in der zerstreuten Literatur schon nachschlagen, wie zum Beispiel in den Gebrauchsanweisungen und Handbüchern von Tisch- und Taschenrechnern, in Fachzeitschriften und in einigen Lehrbüchern. Ein großer Teil des Materials wurde von mir entwickelt oder stammt von meinen Kollegen in der Industrie. Ich bin besonders meinen Kollegen der Software Research Corporation und McDonell Douglas Corporation zu Dank verpflichtet. Sie ließen mich großzügig an den „Rechenkniffen ihrer Branche" teilhaben und regten interessante Probleme dieses Buches an. Meine aufrichtige Anerkennung gilt einem großen numerischen Analytiker unserer Zeit, Dr. Richard Hamming von den Bell Labarotories für seine Durchsicht und Verbesserungen des Manuskriptes.

Vielen Dank all jenen von Hewlett-Packard, die das Manuskript durchsahen und kritisch begutachteten, insbesondere dem Chefingenieur des HP-65, Mr. Chung Tung.

Ich möchte Josepf und Sarah Goldstein danken, die mir den Goldstein-Algorithmus — "one at a time" — zeigten.

Meiner Frau Laurie gilt besondere Anerkennung dafür, daß sie bereit war, an vier Vormittagen Formulare auszufüllen.

Ebenso bin ich Mrs. Florence Piaget zu Dank verpflichtet, die das Manuskript herstellte und mir bei der Vorbereitung der Publikation behilflich war.

Schließlich gilt mein Dank den Lesern der ersten Auflage, die Änderungen, Korrekturen und Zusätze zur Verbesserung des Buches empfohlen haben.

Washington, D.C.   *Jon M. Smith*

Inhaltsverzeichnis

1 Einführung in den Aufbau des Taschenrechners

1.1 Der Taschenrechner

1.1.1 Einführung

In diesem Kapitel werden die Unterschiede der mathematischen Konzeption der verschiedenen Taschenrechner und die für Berechnungen auf einem Taschenrechner gebräuchlichen, immer wieder auftretenden mathematischen Begriffe erörtert.

Wir beschäftigen uns nicht so sehr mit der „Hardware"-Ausführung der mathematischen Operanden und Operationen und auch nicht mit den verschiedenen Möglichkeiten ihrer Zusammensetzung in einer Rechenmaschine — der Hardware Architektur. Es werden nur die grundlegenden mathematischen Aspekte der Rechnerausführung untersucht, zum Beispiel welche Sprache verwendet wird, die Größe und der Typ des Speichers, der Befehlssatz, der Typ der Eingabe/Ausgabe und ob der Rechner programmierbar ist oder nicht. Von der Hardware-Ausführung her ließen sich über 400 verschiedene Rechnertypen angeben, so daß hierüber allein ein ganzes Buch geschrieben werden könnte. Hier sollen die wichtigeren mathematischen Unterschiede, die sich aus den verschiedenen Hardware-Ausführungen ergeben, besprochen werden, um

1. Taschenrechner und den Aufbau ihrer mathematischen Strukturen zu verstehen,
2. diejenigen Kombinationen der Hardware-Ausführung, die eine deutliche Erweiterung der Rechenfähigkeit zur Folge haben, anzugeben.

Auf diese Weise kann die Behandlung auf drei Rechnertypen beschränkt werden. Die Beschreibung erfolgt so, daß die Berechnungsverfahren nicht auf irgendeine bestimmte Hardware-Ausführung ausgerichtet sind. Sollte tatsächlich ein Trend in diesem Buch feststellbar sein, so weist er auf vorhersehbare Entwicklungen auf dem Taschenrechnergebiet, obwohl dieser Trend auf den Inhalt des Buches keinen Einfluß hat.

Folgende mathematische Aspekte werden in diesem Kapitel besprochen:

1. arithematische Berechnungen,
2. Berechnung von Funktionswerten mit und ohne Speicher,
3. Rechengenauigkeit.

Zunächst ist eine eingehende Einführung in das scheinbar alltäglich anmutende arithmetische Rechnen auf dem Taschenrechner erforderlich, da sich dieses Rechnen als recht unterschiedlich erweist, da verschiedene Sprachen, die von verschiedenen Rechnern verwendet werden, unterschiedliche Fähigkeiten, ein komplexes Problem zu lösen, mit sich bringen.

Besondere Aufmerksamkeit ist der geschachtelten Klammerdarstellung komplizierter wissenschaftlicher Funktionen gewidmet. Diese ermöglicht es, Funktionsauswertungen auf speicherlosen Rechnern und auf Rechnern mit begrenzter Speicherkapazität auszuführen. Mittels der geschachtelten Klammerdarstellung wird einem Taschenrechner ohne Speicher praktisch ein *impliziter Speicher* zur Verfügung gestellt. Geschachtelte Klammerausdrücke sind außerdem schnell berechenbar, d.h., bei ihrer Berechnung sind weniger Tastendrücke als bei der algebraischen Standarddarstellung erforderlich.

Eine Einleitung in einem Buch über numerische Analysis wäre ohne Betrachtung der Rechengenauigkeit unvollständig. Es werden hier untersucht:

1. Genauigkeitsgrenzen eines typischen Taschenrechners,
2. Methoden zur genauen Funktionsauswertung im allgemeinen und im speziellen auf einem Taschenrechner.

1.1.2 Mathematische Unterschiede bei Taschenrechnern

Die heutigen Taschenrechner unterscheiden sich in mathematischer Hinsicht in vielerlei Weise. Hier werden nur die sechs am häufigsten vorkommenden mathematischen Unterschiede erfaßt, die zugleich auch am wichtigsten sind, weil sie grundlegende Probleme im *Aufbau* eines jeden Taschenrechners darstellen. Die wichtigen mathematischen Unterschiede, die sich auf Feinheiten im *detaillierten Aufbau* beziehen, werden nicht besprochen, da die Hardware-Ausführungen sich stark unterscheiden. Der vielleicht bekannteste Unterschied liegt in der Verwendung von Festkommazahlen und Fließkommazahlen.

Bei *Festkommazahlen* ist die Lage des Dezimalpunktes durch den elektronischen Schaltungsaufbau festgelegt. Schwierigkeiten treten bei einer Multiplikation zweier großer Zahlen auf, wenn die signifikanteste Ziffer außerhalb des darstellbaren Zahlenbereiches der numerischen Anzeige liegt. Die meisten Rechner mit Festkommaarithmetik besitzen jedoch ein Symbol, das in diesem Fall aufleuchtet, um ein *Überlauf*-Zeichen anzuzeigen.

Bei *Fließkommazahlen* wird der Dezimalpunkt so gesetzt, daß bei jeder Berechnung die signifikantesten Ziffern festgehalten werden. Wird eine Zahl errechnet, die über den im Rechner darstellbaren Zahlenbereich hinausgeht, so daß damit die Position des Dezimalpunktes unbestimmt ist, so werden meistens die signifikantesten Ziffern angezeigt. Es leuchtet dann ein Symbol auf, das angibt, daß die Lage des Dezimalpunktes unbekannt ist.

Es soll hier besonders erwähnt werden, daß für diese beiden Systeme die Verteilungen der darstellbaren Zahlen sehr unterschiedlich sind. Beim Fließkommasystem „häufen" sich die Zahlen um Null herum. Beim Festkommasystem verteilen sie sich gleichförmig über den gesamten Bereich des Zahlenfeldes. Um dieses zu verdeutlichen, betrachte man den kleinsten auf dem Rechner darstellbaren Zuwachs einer Zahl für beide Systeme.

Der kleinstmögliche Abstand zwischen zwei Zahlen wird durch die letzte signifikante Stelle in der numerischen Anzeige angegeben. Bei einer Achtziffernanzeige mit festem Dezimalpunkt nach der dritten Stelle ist das kleinstmögliche Inkrement, das zu einer *beliebigen Zahl* addiert werden kann, 0.001. Nun betrachte man die Addition eines Inkrementes zu einer Zahl mit Fließkomma. Da die Lage des Dezimalpunktes im Fließkommazahlensystem veränderbar ist, kann der Dezimalpunkt vor der am weitesten linksstehenden Ziffer plaziert werden. Bei einer achtziffrigen Anzeige ist die kleinste Zahl, die im Fließkommasystem zu Null addiert werden kann, 0.00000001. Wird der Dezimalpunkt hinter der am weitesten rechtsstehenden Ziffer gesetzt, so ist in diesem Fall die kleinstmögliche Zahl, die zu 99999998 addiert werden kann, 1. Die beiden jeweiligen Inkremente unterscheiden sich also um den Faktor 10^8.

Nun wird der vollständige positive Zahlenbereich für beide Systeme betrachtet. Bei den Festkommazahlen erstreckt dieser sich von 0.001 bis 99999.999. Der kleinstmögliche Unterschied zweier Zahlen — ganz gleich welche Stelle des Zahlenbereichs betrachtet wird — beträgt 0.001. Die Zahlen sind also über den gesamten Bereich gleichmäßig verteilt.

Für die Fließkommazahlen erstreckt sich der positive Zahlenbereich von 0.00000001 bis 99999999. Zweifellos ist dieser Bereich größer als bei der Festkommadarstellung. Die Verteilung der Zahlen ist jedoch nicht gleichmäßig. Zwischen 0 und 1 liegen genauso viele Zahlen wie zwischen 1 und 99999999, der oberen Grenze des Zahlenbereichs.

Hieraus folgt, daß in der Festkommaarithmetik die absolute Differenz zweier aufeinanderfolgender Zahlen über den gesamten Bereich des Zahlensystems konstant bleibt, sich bei Fließkommazahlen aber sehr stark ändert. In der Fließkommaarithmetik bleibt die prozentuale Differenz, in der Festkommaarithmetik die absolute Differenz über den gesamten Zahlenbereich konstant. Hierbei versteht man unter *prozentualer Differenz* das Verhältnis aus der Differenz zweier aufeinanderfolgender Zahlen und derjenigen Zahl, bei der der Dezimalpunkt an der gleichen Stelle wie bei der größeren von den beiden Zahlen steht und die bei dieser Dezimalpunktstellung den größten Wert annimmt. Für die meisten praktischen Berechnungen sind die prozentuale Differenz und der prozentuale Fehler als Genauigkeitsmaße von größter Bedeutung.

Der Bereich der Fließkommazahlen wird gewöhnlich durch Multiplizieren mit Zehnerpotenzen erweitert, so daß er für positive Fließkommazahlen von 10^{-99} bis 99999999×10^{99} reicht. Die Rechner können dieses erweiterte Zahlenfeld gewöhnlich in wissenschaftlicher Notation anzeigen. Interessant ist, daß sich durch diese Zahlenbereichserweiterung die Fließkommazahlen noch mehr um Null häufen. Auf Grund dieser Gruppierungseigenschaft der Fließkommazahlen ist der absolute Fehler bei Rechnungen mit Zahlen zwischen 0 und 1 kleiner als bei Rechnungen mit Zahlen zwischen 1 und dem vollen Zahlenbereich des Rechners.

Vom Standpunkt der „Hardware-Architektur" werden Festkommazahlen gewöhnlich mit größerer Genauigkeit angezeigt als Fließkommazahlen. Fließkommazahlen werden hingegen gewöhnlich in einem größeren dynamischen Bereich angezeigt als Festkommazahlen. Um dies zu zeigen, wird ein Register mit 8 Anzeigeelementen, das sowohl Festkomma- als auch Fließkommazahlen anzeigen kann, betrachtet. In der Festkommaarithmetik kann eine achtziffrige Mantisse angezeigt werden. Falls der Dezimalpunkt durch die Dezimalpunkttaste $\boxed{\cdot}$ gesetzt wird und für seine Anzeige ein Anzeigeelement erforderlich ist, verbleiben für die Anzeige der Mantisse nur 7 Plätze. Wird zur Erhöung des Anzeigebereichs die wissenschaftliche Notation verwendet, so werden zur Darstellung von m Ziffern des Exponenten $m + 1$ Anzeigeelemente benötigt. Das zusätzliche Element dient zur Anzeige des Vorzeichens des Exponenten.

Potenzen von 10	Anzeige	Erforderliche Anzeigeelemente
$10^{\pm x}$	$(\pm)\,(x)$	2
$10^{\pm xx}$	$(\pm)\,(x)\,(x)$	3
$\vdots$		
$10^{\pm xxx}$	$(\pm)\,(x)\,(x)\ldots(x)$ m Ziffern	$m + 1$

Sollen maximal zweistellige Exponenten bis 99 angezeigt werden können, wie bei technisch-wissenschaftlichen Rechnern üblich, so sind drei Anzeigeelemente für den Exponenten und sein Vorzeichen erforderlich. Es verbleiben dann nur 5 Elemente für die Anzeige der Mantisse. Die Erhöhung des dynamischen Anzeigebereiches reduziert also die Anzahl der Ziffern zur Anzeige der Mantisse und somit auch die Genauigkeit der Zahlendarstellung.

1.1.3 Befehls- und Daten-Eingabemethoden

Es werden hier drei für Taschenrechner übliche Eingabemethoden (Sprachen), die *polnische*, die *umgekehrte polnische* und die *algebraische* beschrieben. In der polnischen Notation ist der *Operator* dem *Operanden* vorgeschaltet. Sollen zum Beispiel die Zahlen *A* und *B* addiert werden, so muß bei der polnischen Eingabemethode zuerst die Plus-Taste gedrückt, danach die beiden Zahlen *A* und *B* eingetastet werden, worauf dann das Ergebnis in der Anzeige erscheint, ohne daß noch eine weitere Taste gedrückt werden müßte. Bei der „umgekehrten polnischen" Notation verläuft dieser Vorgang umgekehrt: die Operanden werden zuerst eingegeben und dann der Operator. Bei der algebraischen Notation wird der Operator zwischen die Operanden gesetzt. Soll zum Beispiel die Summe aus *A* und *B* in algebraischer Notation berechnet werden, so wird zuerst *A* eingegeben, die Summationstaste gedrückt und dann *B* eingegeben. Das Ergebnis *C* erscheint nach dem Drücken der *Gleichtaste* in der Anzeige. Man könnte meinen, daß bei der numerischen Auswertung einer Funktion die eine Eingabemethode viel weniger Tastendrücke zur Folge hat als die andere. Es wird sich aber noch zeigen, daß die Anzahl der zu Befehlsanweisungen notwendigen Tastendrücke ziemlich klein im Vergleich zu der für die Dateneingabe erforderliche Anzahl ist. Viel wichtiger ist die Tatsache, daß bestimmte Eingabemethoden in Verbindung mit einem Speicher weniger Dateneingaben oder *Hilfsspeicherungen* zur Folge haben als andere. Die umgekehrte polnische und die algebraische Eingabemethode werden bei Taschenrechnern am häufigsten verwendet. Die zuerst genannte wird gewöhnlich bei Rechnern verwendet, die einen *Speicherstapel* (memory stack) besitzen. Bei der zweiten Methode liegt der Vorteil in ihrer „natürlichen" algebraischen Handhabung, wenn algebraische Funktionen ausgewertet werden.

Folgendes Beispiel erläutert die natürliche Art der algebraischen Methode bei der numerischen Auswertung einer algebraischen Funktion. Betrachtet wird die Relation

$$A \times B + C = Y.$$

Zur Berechnung dieses Ausdrucks auf einen Taschenrechner mit algebraischer Notation (z.B. dem Rechner SR-51 von Texas Instruments) sind folgende Tastendrücke notwendig: [1]

$$CL\ A \times B + C = xxxxxxx\ xx.$$

Die Berechnung desselben Terms auf einem Taschenrechner mit umgekehrter polnischer Notation (zum Beispiel der Rechner HP-21 von Hewlett-Packard) erfordert hingegen die Tastendrücke

$$CL\ A \uparrow B \times C + xxxxx\ xx.$$

Dieses Beispiel zeigt deutlich, daß die erste Methode bei einfachen Funktionen „natürlicher" ist als die zweite. Die umgekehrte polnische Notation in Verbindung mit einem Speicherstapel hat im Gegensatz zur algebraischen Notation den Vorteil, daß mit ihr die numerische Auswertung von Funktionen mit Klammerausdrücken leicht durchgeführt werden kann. Um zum Beispiel mit der algebraischen Methode ohne Verwendung eines Hilfsspeichers die Summe der Produkte

$$(A \times B) + (C \times D)$$

zu berechnen, muß diese umgeschrieben werden zu

$$\left(\frac{A \times B}{D} + C \right) D\,.$$

Bei der *direkten* Berechnung der Summe von Produkten sind folgende Tastendrücke und Tätigkeiten auszuführen:

$$CL\ A \times B = xxxx\ xx \quad \text{Speichere nach einem „Hilfsspeicher"}$$
$$CL\ C \times D = yyyy\ yy + \text{Eingabe}\ xxxx\ xx = zzzz\ zz.$$

Für die umgeschriebene Form ergibt sich hingegen die Tastendruckfolge:

$$CL\ A \times B + D + C \times D = zzzz\ zz.$$

In der umgekehrten polnischen Notation mit Stacks läßt sich die Summe zweier Produkte bequem durch die Tastendrücke

$$CL\ A \uparrow B \times C \uparrow D \times + zzzz\ zz$$

errechnen. Um das Umschreiben von Ausdrücken in etwas ungewohnte Formen zu vermeiden, kann die algebraische Sprache so aufgebaut sein, daß für die einzelnen Operatoren eine Hierarchie existiert, so zum Beispiel, wenn Produkte vor Summen berechnet

---

[1] Hier bedeuten die Symbole:
CL Löschen des Anzeigeregisters
$\uparrow$ Speichern des Inhaltes des Anzeigeregisters in eine Zwischenspeicherstelle
$\times$ Multiplizieren
$+$ Addieren und
$=$ anzeigen des Ergebnisses (nur bei der algebraischen Notation)

werden oder umgekehrt. Die algebraische Methode mit einer „Produkt vor Summe"-Hierarchie berechnet die Summe zweier Produkte direkt mit folgenden Tastendrücken

$$CL\,A \times B + C \times D = zzzz\ zz.$$

Hat der Rechner diese „Multiplikation vor Addition"-Hierarchie, so treten jedoch Schwierigkeiten bei der Produktbildung von Summen

$$(A + B) \times (C + D)$$

auf. In diesem Falle wäre die Hierarchie „Addition vor Multiplikation" günstiger. Das Problem wird mit Hilfe eines zusätzlichen Speicherplatzes, in dem die Zwischensumme abgespeichert wird, gelöst. Die Tastendruckfolge ist dann

$$CL\,A + B = STO\ CL\ C + D \times RCL = zzzz\ zz.$$

Bei der umgekehrten polnischen Notation mit Speicherstapel sind für dieses Problem folgende Tastendrücke erforderlich

$$CL\,A \uparrow B + C \uparrow D + \times zzzz\ zz.$$

Hier bedeutet STO: „Gebe den Inhalt des Anzeigeregisters in den Speicher" und RCL: „Hole den Inhalt des Speichers in das Anzeigeregister".

1.1.4 Speicher

Es gibt Taschenrechner ohne Speicher, mit einem Speicher für eine Konstante, mit einem Speicherstapel (Stack) von drei oder vier Registern und mit einem adressierbaren Speicher. Taschenrechner mit einem Speicher nur zur Aufbewahrung einer Konstanten sind durch die wenig flexible Speicherung einer konstanten Zahl, die auf Wunsch in das Anzeigeregister zurückgeholt werden kann, charakterisiert. Die gespeicherte Konstante kann als Koeffizient in mehrfach auftretenden Produkten oder als Konstante in mehrfach auftretenden Summen verwendet werden. Bei den meisten Taschenrechnern können Operationen zwischen dem Anzeigeregister und dem Konstantenspeicher nicht automatisch durchgeführt werden.

Taschenrechner mit einem *Stack* haben im allgemeinen drei oder vier Stack-Register. Registerinhalte können auf manuelle Weise um eine Position nach oben in das jeweils nächst höhere Register und auf automatische Weise um eine Position nach unten in das nächst tiefere Register *geschoben* werden. Zahlen, die im Anzeigeregister stehen, lassen sich auf diese Weise speichern. In Verbindung mit der umgekehrten polnischen Notation stellen diese Rechner bezüglich der Rechenkapazität die nächsthöhere Stufe im Vergleich zum einfachen Vier-Funktionen-Taschenrechner ohne Speicher dar. Die Daten werden gewöhnlich in die Stack-Register durch eine Eingabeoperation gebracht. Die drei Stack-Register eines Rechners mit umgekehrter polnischer Notation können mit drei verschiedenen Zahlen belegt werden. Wird dann eine Operation zwischen dem Inhalt des Anzeigeregisters und dem Inhalt des untersten Stack-Registers aufgerufen, so erscheint das Ergebnis im Anzeigeregister und der Inhalt des zweiten Stackregisters wird automatisch in das erste und der Inhalt des dritten Stackregisters in das zweite gebracht. Dieser Vorgang kann fortgesetzt werden, bis der Stack leer ist. Bei einem Rechner mit algebraischer Notation und Hierarchie wird der Stack etwas andersartig verwendet. Bei der Eingabe einer Tastendruckfolge (ein Tastendruck wird für das Gleichheitszeichen benötigt) „schaut" der Rechner zuerst nach Produkten, die ausgerechnet werden können und speichert sie im Speicher-Stack. Danach werden die Summen ausgerechnet (bei einer „Multiplikation vor Addition"-Hierarchie). Der Einsatz der Stack-Register erfolgt hierbei automatisch.

Die Datenspeicherung in Registern erfolgt bei Rechnern mit adressierbaren Speichern auf ähnliche Weise wie bei Computern. Zwei Teilinformationen sind erforderlich: die erste ist eine Anweisung, Daten abzuspeichern, die zweite ein Zeichen (Adresse) für das Speicherregister, in dem die Daten gespeichert werden sollen. Die adressierbaren Register können nicht miteinander operieren, es sei denn, man hat es so programmiert.

1.1.5 Der Befehlssatz

Der „Vier-Funktionen"-Taschenrechner hat Tasten zur Druchführung von Additions-, Subtraktions-, Multiplikations- und Divisionsanweisungen. Erstaunlicherweise besitzen diese kleinen Rechner, die zu relativ geringem Preis erhältlich sind, eine enorme Rechenfertigkeit. Beispiele für den Gebrauch des Vier-Funktionen-Rechners bei einigen sehr anspruchsvollen praktischen Berechnungen folgen noch. Eine weitere arithmetische Operation, die ein Vier-Funktionen-Rechner ausführen kann, ist das Potenzieren durch wiederholte Multiplikation. Obwohl zur Quadrierung nur eine Multiplikation nötig ist, muß die Zahl jedoch zweimal eingegeben werden. Um die Anzahl der Tastendrücke zu verringern, kann dem Befehlssatz des Vier-Funktionen-Rechners als einfachste zusätzliche Erweiterung die Quadrierungsanweisung hinzugefügt werden, oder die Multiplikationsanweisung so abgeändert werden, daß zur Quadrierung die Zahl nur einmal eingegeben zu werden braucht.

Völlig neue Möglichkeiten ergeben sich, wenn der Befehlssatz eines Vier-Funktionen-Rechners durch die Quadratwurzel- und die Reziprokwertbildungsanweisung erweitert wird. Es gibt nämlich keine Möglichkeit, mit einem einzigen Tastendruck ohne Verwendung eines „Hilfsspeichers" und ohne doppelte Dateneingabe den Kehrwert einer Zahl auf einem Vier-Funktionen-Rechner zu berechnen. Entsprechendes gilt auch für die Berechnung der Quadratwurzel. Demgemäß ist der nächste anspruchsvollere Taschenrechner ein Sieben-Funktionen-Rechner, der die Berechnung des Quadrates, der Quadratwurzel und des Kehrwertes einer Zahl durch jeweils einen einzigen Tastendruck ermöglicht. Darüberhinaus wird der Befehlssatz noch durch zusätzliche Anweisungen zur Berechnung spezieller Probleme erweitert. Hierdurch soll die Anzahl der mit der Dateneingabe verbundenen Tastendrücke reduziert werden.

Da ständig auf Befehle hingewiesen wird, die im Tastenfeld der meisten technisch-wissenschaftlichen Rechner zu finden sind, soll an dieser Stelle der in diesem Buch verwendete Befehlssatz und seine Bedeutung angegeben werden.

Tastensymbol	Tastenname	Tastenbefehl
CL	Löschtaste	Löscht jede Information im Rechner und in der Anzeige und setzt den Rechner auf „Null"
0 1 ... 9	Zifferntaste	Befehl zur Eingabe von Zahlen mit einer maximal achtziffrigen Mantisse und zweiziffrigem Exponent
.	Dezimalpunkttaste	Eingabe des Dezimalpunktes
EE	Taste zur Exponenteneingabe	Befehl zur Eingabe des Zehnerexponenten. Die Taste ist vor der Eingabe des Exponenten zu drücken.
CHS	Vorzeichenwechseltaste	Befehl zum Vorzeichenwechsel der angezeigten Zahl bzw. des Exponenten
+	Additionstaste	Additionsbefehl
−	Subtraktionstaste	Subtraktionsbefehl
×	Multiplikationstaste	Multiplikationsbefehl
÷	Divisionstaste	Divisionsbefehl
x^2	Quadraturtaste	Befehl zur Berechnung des Quadrates der angezeigten Zahl
$\sqrt{x}$	Wurzeltaste	Befehl zur Berechnung der Quadratwurzel der angezeigten Zahl
$1/x$	Reziprokwerttaste	Befehl zur Berechnung des Reziprokwertes der angezeigten Zahl
sin	Sinustaste	Befehl, den Sinus des angezeigten Winkels zu berechnen
cos	Kosinustaste	Befehl den Kosinus des angezeigten Winkels zu berechnen
tan	Tangenstaste	Befehl den Tangens des angezeigten Winkels zu berechnen
arc	Taste zur Berechnung der inversen trigonometrischen Funktionen	Wird diese Taste als Vortaste zu der Sinus-, Kosinus- oder Tangenstaste gedrückt, so wird der Arcussinus, Arcuscosinus bzw. der Arcustangens der angezeigten Zahl berechnet
$\log x$	dekadischer Logarithmus	Befehl zur Berechnung des dekadischen Logarithmus der angezeigten Zahl
$\ln x$	natürlicher Logarithmus	Befehl zur Berechnung des natürlichen Logarithmus der angezeigten Zahl
e^x	natürliche Exponentialfunktion	Befehl, den Wert der natürlichen Exponentialfunktion für die angezeigte Zahl zu berechnen

Tastensymbol	Tastenname	Tastenbefehl
y^x	allgemeine Exponential-funktion	Befehl, die Zahl y (zuerst eingegebene Zahl) in die Potenz x (zuletzt eingegebene Zahl) zu erheben
$x\sqrt{y}$	allgemeine Wurzelfunktion	Befehl, die x-te Wurzel aus y zu berechnen, wobei y zuerst und x zuletzt eingegeben wird
Σ $M+$ $\Sigma+$	Summationstasten	Befehl, die angezeigte Zahl zu einem bestimmten Speicherinhalt zu addieren und die Summe in dem betreffenden Speicher zu speichern
$x!$	Fakultät	Befehl zur Berechnung der Fakultät der angezeigten Zahl
$=$	Gleichtaste	(nur bei der algebraischen Notation) Befehl, die vorher eingegebenen Operationen abzuschließen und das verlangte Ergebnis anzuzeigen
CL x	Löschen der Eingabe	löscht die letzte Eingabe im angezeigten x-Register
π	Pi-Taste	Der Zahlenwert von pi(π) wird ins Anzeigeregister gebracht
ENTER ENT TO	Enter-Taste	Der Inhalt des x-Registers wird, in das y-Register kopiert, wobei der Inhalt des x-Registers unverändert bleibt
STO 5	Speicherausgabetaste	Befehl, die angezeigte Zahl in den Speicher zu übertragen. Bei adressierbarem Speicher wird die angezeigte Zahl in dasjenige Speicherregister abgespeichert, dessen Adresse (z.B. 5) nach der Speichereingabetaste gedrückt wird (der HP-27 beispielsweise hat neun vom Tastenfeld her adressierbare Speicher)
RCL RCL 5	Speicherausgabetaste	Befehl, abgespeicherte Daten in das Anzeigeregister zurückzurufen (z.B. den Inhalt des Registers mit der Adresse 5, wenn der Rechner einen adressierbaren Speicher besitzt)
M K	Speicherregistertaste	speichert den Inhalt des Anzeigeregisters nach der Speicherstelle M bzw. K

1.1.6 Der programmierbare Taschenrechner

Die bekanntesten zur Zeit erhältlichen programmierbaren Taschenrechner sind sicherlich die aus der Serie HP-25/55/67 von Hewlett-Packard bzw. SR-51/52 von Texas Instruments. Sie besitzen Speicherstacks und Register, verwenden Fließkommaarithmetik mit wissenschaftlicher Notation und haben einen umfangreichen Funktionensatz mit dreifacher Tastenbelegung. Da sich mit dem programmierbaren Taschenrechner logische (Boolsche) als auch algebraische Gleichungen ausführen, logische Entscheidungen treffen und eine vorprogrammierte Folge von Anweisungen iterativ ausführen lassen, kann er zu Recht Taschencomputer genannt werden. Er wird nur deshalb Rechner genannt, weil er nicht der Definition eines Computers genügt. Da bekanntlich die Definition eines Computers (oder Rechners) sich mit dem Stand der Technik im Computerbau ändert, so läßt sich sagen, daß noch 1955 ein programmierbarer Taschenrechner als Computer bezeichnet worden wäre.

Durch Anlegen von Programmbibliotheken und vorprogrammierten Magnetkarten, die zu einem relativ geringen Preis erhältlich sind, steigt das Rechenvermögen für programmierbare Taschenrechner sprunghaft an. Die Programmsammlungen können vom Benutzer selbst angefertigt oder käuflich erworben werden. Hierdurch werden gründlich überarbeitete Problemlösungen eines Analytikers zu einem geringen Preis vervielfältigt. Betrachtet man die Arbeit, die mit der Erstellung der Bibliothek verbunden ist, so ist sie — abschließend bemerkt — eine vernünftige Investition.

1.1.7 Die in diesem Buch behandelten Rechner

Wir haben bisher gesehen, daß es drei Eingabemethoden, drei Speichertypen und drei Zahlendarstellungen gibt, die in Verbindung mit vier möglichen Funktionssätzen (hier nicht beschrieben) und zwei Eingabe-, Ausgabemöglichkeiten (automatisch oder manuell) jeder der drei Taschenrechnertypen besitzen kann. Daher könnten mindestens 432 verschiedene Rechnertypen aus verschiedenen Kombinationen dieser elektronischen Hardware-Alternativen zusammengesetzt werden. Wenn auch die Anzahl der sinnvollen Kombinationen etwas kleiner ist, um die 50, so ist sie doch viel zu groß, um sie in einem Buch darstellen zu können. Deshalb werden nur drei Standardtypen hypothetischer Taschenrechner untersucht. Der erste ist ein einfacher Vier-Funktionen-Rechner, der zweite ein technisch-wissenschaftlicher, der — obwohl ein hypothetischer Rechner — einen Funktionssatz besitzt, der charakteristisch für die Taschenrechner der Serien SR-50/51/51A bzw. HP 21/27/45 ist. Der dritte ist der programmierbare Taschenrechner, von dem wir annehmen, er habe vier Stack-Register neben neun adressierbaren Speicherregistern und einen Programmspeicher für 100 Befehle. Er ist ebenfalls ein hypothetischer Rechner, dessen Eigenschaften noch genau erklärt werden.

Von diesen drei hypothetischen Rechnern wird schwerpunktmäßig der zweite betrachtet: der technisch wissenschaftliche Rechner mit vier Stack-Registern und dem üblichen Komplement technisch-wissenschaftlicher Funktionen. Da heutzutage der einfache Vier-Funktionen-Rechner relativ billig ist, wird auch auf anspruchsvollere Rechnungen auf diesem Rechner eingegangen. Was den Verfasser immer wieder erstaunt hat, ist der Umfang, in dem der Vier-Funktionen-Rechner in der Praxis eingesetzt werden kann, wenn nur die zu lösenden Gleichungen derart umgeformt sind, daß zur Berechnung kein Speicher benötigt wird.

Bei den zu beschreibenden Rechnern beschränken wir uns auf ein 10ziffriges Anzeigeregister und verwenden Fließkommaarithmetik mit wissenschaftlicher Notation.

Das Tastenfeld des hypothetischen Vier-Funktionen-Rechners ist in groben Zügen in Bild 1.1.1 dargestellt. Die Tastatur eines technisch wissenschaftlichen und programmierbaren Taschenrechners zeigt Bild 1.1.2. Die Rechner der Serien HP-25/55/67 und SR-52/56 von Texas Instruments bilden zur Behandlung dieses Rechnertyps die Grundlage, weil sie auch für die in absehbarer Zeit zu erwartenden Taschenrechner repräsentativ sind.

Den detaillierten Aufbau der Anzeige aller hier besprochenen Rechner zeigt Bild 1.1.3. Zu den wesentlichen Eigenschaften der Anzeige, auf die von Zeit zu Zeit eingegangen wird, gehören folgende:

Dezimalpunkt   Es wird angenommen, daß der Dezimalpunkt jeweils rechts hinter der eingegebenen Zahl liegt, es sei denn, er wird durch die ⊡ Taste in eine andere Stellung gebracht.

Minus-Zeichen   Das Minuszeichen erscheint bei einer negativen Zahl links vor der 10-stelligen Mantisse und bei einem negativen Exponenten links vor diesem.

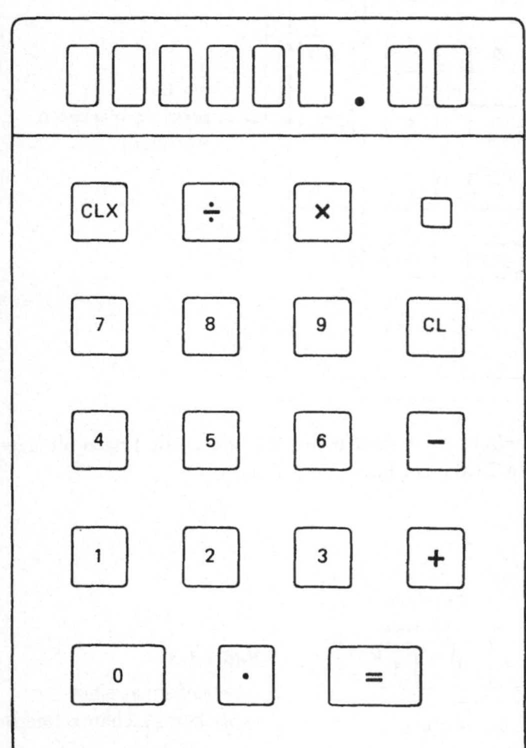

Bild 1.1.1

Tastenfeld eines hypothetischen Vier-Funktionen-Taschenrechners

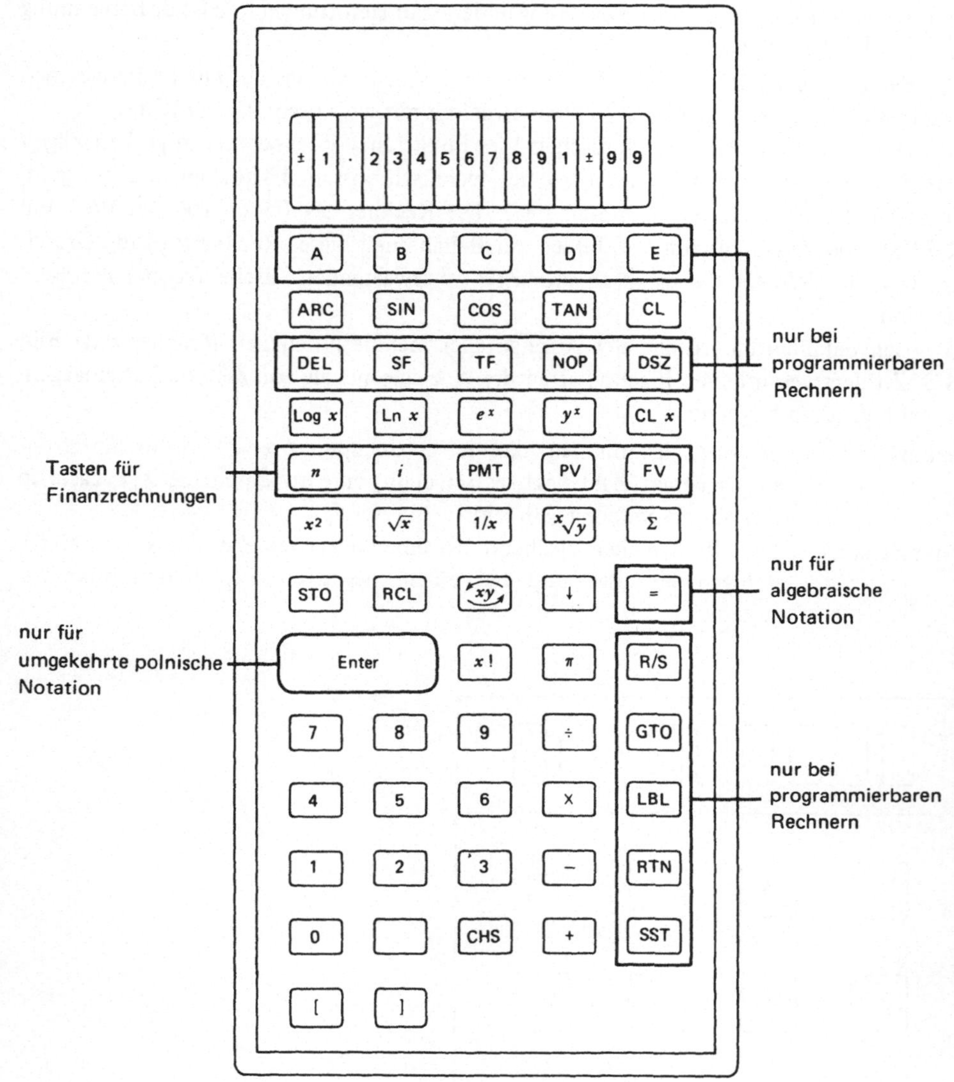

Bild 1.1.2 Tastenfeld eines hypothetischen technisch-wissenschaftlichen Rechners (mit Tasten für algebraische und umgekehrte polnische Notation und Tasten zur Programmierung)

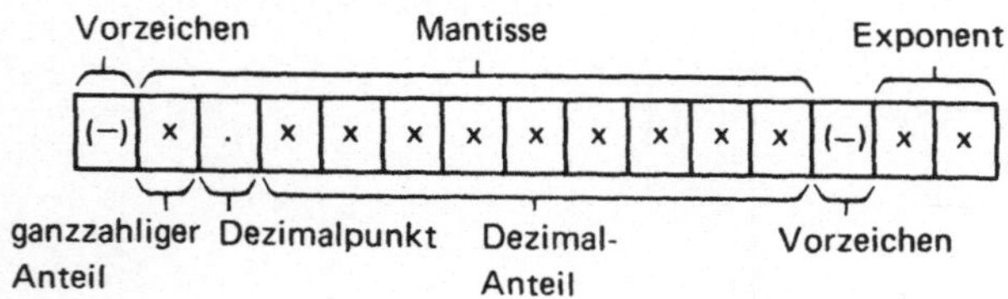

Bild 1.1.3
Anzeigeformat eines typischen Taschenrechners

Überlaufanzeige Die größte Zahl, die den meisten Taschenrechnern eingegeben werden kann, ohne einen Eingabeüberlauf hervorzurufen, ist 9.999999999 $\times 10^{99}$. Ist ein Berechnungsergebnis größer als diese Zahl, so blinkt entweder die Anzeige auf, oder es erscheint ein entsprechendes Überlaufzeichen.

Unterlaufanzeige Wird dem Rechner eine Zahl, die näher als $\pm 1.0 \times 10^{-99}$ an Null liegt, eingegeben, so blinkt die Anzeige auf oder gibt ein Zeichen für einen Unterlauf.

Während sich das Hauptaugenmerk auf die eben erwähnten hypothetischen Rechner richtet, werden an geeigneter Stelle Anmerkungen zu Rechnern mit etwas abweichenden Tastenfeldern gemacht.

1.1.8 Arithmetische Berechnungen und Notationen

Die arithmetischen Operationen der Addition, Subtraktion, Multiplikation und Division sind offenbar für einen Taschenrechner so elementar, daß man glaubt, sie kurz abhandeln zu können. Weil sie aber von so grundlegender Bedeutung sind, sollen sie an dieser Stelle etwas ausführlicher besprochen werden. Arithmetische Rechnungen, in einer bestimmten Notation ausgeführt, unterscheiden sich wesentlich von Rechnungen, die in anderen Notationen erfolgen. In der einen Notation sind arithmetische Berechnungen sehr bequem durchzuführen und für einen Ungeübten leicht zu merken. Eine andere hingegen, obwohl nicht so bequem für den Anfänger, ist für einen Geübten wirkungsvoller und flexibler. Schließlich, und das ist vielleicht das Wichtigste, kann man an gemischten arithmetischen Berechnungen die Verwendung eines Speichers erläutern. Dies kann ein manueller (bei Verwendung eines Hilfsspeichers), ein Zwischendatenspeicher (bei Verwendung automatischer Stack-Register), oder ein permanenter Datenspeicher (bei Verwendung von adressierbaren Speichern) sein.

Die am häufigsten vorkommenden Notationen sind die algebraische und die umgekehrte polnische (siehe Abschnitt 1.1.3). Tabelle 1.1.1 erläutert die für beide Notationen notwendigen Tastendrücke zur Ausführung von Additionen, Multiplikationen und von gemischten arithmetischen Rechnungen, wie zum Beispiel die Produktbildung von Summen und die Summenbildung von Produkten. Durch genaue Betrachtung der Tabelle können viele Erkenntnisse für die Rechenanalyse auf den verschiedenen Rechnertypen gewonnen werden. Am deutlichsten fällt auf, daß in der algebraischen Notation die Berechnung von einfachen arithmetischen Rechenfolgen der üblichen Schreibweise der Algebra entsprechend durchgeführt wird. Ebenso wird deutlich, daß in der umgekehrten polnischen Notation sogar einfache arithmetische Rechenfolgen auf verschiedene Weise berechnet werden können. Für einfache arithmetische Ausdrücke hat man also in der algebraischen Notation — im Gegensatz zur umgekehrten polnischen — eine eindeutige Tastenfolge zur Lösung dieser Aufgaben. Bevorzugt man die algebraische Notation, so wird man geneigt sein, die in der umgekehrten polnischen Notation vorhandene Mehrdeutigkeit der Darstellung eines arithmetischen Ausdrucks als nachteilig anzusehen, da sie den Benutzer des Taschenrechners verwirren kann. Für einen Anhänger der umgekehrten polnischen Notation bedeutet diese Eigenschaft jedoch ein gewisses Maß an

Flexibilität. Von seinem Standpunkt aus besitzt der Benutzer mehrere Möglichkeiten in der Wahl der algebraischen Darstellungsform zur numerischen Auswertung eines arithmetischen Problems. Ferner könnte er anführen, daß die in umgekehrter polnischer Notation angegebene erste Tastenfolge bei allen Kettenrechnungen in Tabelle 1.1.1 mit der in algebraischer Notation angegebenen Tastenfolge übereinstimmt, wobei nur der zweite und letzte Tastendruck unterschiedlich sind.

Tabelle 1.1.1 Arithmetik in algebraischer und umgekehrter polnischer Notation

Aufgabe	Tastendruckfolge	
	algebraische Notation	umgekehrte polnische Notation
Addiere $A + B$	$A + B =$	$A \uparrow B +$
Addiere $A + B + C$	$A + B + C =$	$A \uparrow B + C +$ $A \uparrow B \uparrow C + +$
Addiere $A + B + C + D$	$A + B + C + D =$	$A \uparrow B + C + D +$ $A \uparrow B \uparrow C + + D +$ $A \uparrow B \uparrow C + D + +$ $A \uparrow B \uparrow C \uparrow D + + +$
Multipliziere $A + B$	$A \times B =$	$A \uparrow B \times$
Multipliziere $A + B + C$	$A \times B \times C =$	$A \uparrow B \times C \times$ $A \uparrow B \uparrow C \times \times$
Multipliziere $A + B + C + D$	$A \times B \times C \times D =$	$A \uparrow B \times C \times D \times$ $A \uparrow B \uparrow C \times \times D \times$ $A \uparrow B \uparrow C \times D \times \times$ $A \uparrow B \uparrow C \uparrow D \times \times \times$
Berechne $(A \times B) + (C \times D)$	$A \times B \div D + C \times D$ $= \text{(ohne Speicher)}$ $A \times B + C \times D$ $= \text{(mit Hierarchie)}$ $A \times B\,\text{STO}\,C \times D + \text{RCL}$ $= \text{(mit Speicher)}$	$A \uparrow B \times C \uparrow D \times +$ $A \uparrow B \uparrow C \uparrow D \times R \downarrow \times R \uparrow +$ [1] . . .
Berechne $(A + B) \times (C + D)$	$A + B\,\text{STO}\,C + D \times \text{RCL} =$	$A \uparrow B + C \uparrow D + \times$ $A \uparrow B \uparrow C \uparrow D + R \downarrow + R \uparrow \times$ [1] . . .

[1] Für die Definition von $R \downarrow$ und $R \uparrow$ siehe Seite 17

Der Unterschied zwischen den beiden Sprachen tritt erst deutlich bei den letzten zwei Beispielen der Tabelle 1.1.1 auf, in denen die verschiedenen Möglichkeiten zur Berechnung der Summe von Produkten und der Produkte von Summen mit der algebraischen und der umgekehrten polnischen Notation aufgezeigt sind. Das erste Beispiel zur zahlenmäßigen Auswertung der Summe von Produkten in algebraischer Notation veranschaulicht, wie die algebraische Form für eine Berechnung umgeschrieben werden muß:

$$(A \times B) + (C \times D) \equiv \left(\frac{A \times B}{D} + C \right) D.$$

Die Summe von Produkten kann also ohne Verwendung eines Speichers berechnet werden. Dieser Berechnungsweg ist für den einfachen Vier-Funktionen-Rechner ideal, da kein Hilfsspeicher benötigt wird und alle notwendigen Operationen sogar auf den einfachsten Taschenrechnern durchgeführt werden können. Zur Berechnung des Produktes von Summen läßt sich ebenfalls ein entsprechender Ausdruck angeben, so daß kein Speicher erforderlich ist:

$$(A + B) \times (C + D) = \left(\frac{(A + B) \times C}{D} + A + B \right) D.$$

Die beiden Beispiele verdeutlichen, wie wichtig es ist, Terme so umzuformen, daß sie in geeigneter Weise mit einem Taschenrechner berechnet werden können. Das Beispiel für die Summe von Produkten (das vorletzte aus Tabelle 1.1.1) zeigt, daß die günstigste Termdarstellung von der Notation und von der Ausstattung des benutzten Rechners abhängt. So entspricht die zweite Tastendruckfolge der normalen algebraischen Schreibweise. Diese Tastenfolge kann man aber nur dann benutzen, wenn der Rechner eine Operandenhierarchie besitzt und demnach die Multiplikation vor der Summation ausführt. Die dritte, in algebraischer Notation angegebene Tastenfolge zur Berechnung der Summe von Produkten benutzt ebenso die übliche algebraische Schreibweise, wobei der Rechner in diesem Fall ein zusätzliches Speicherregister besitzt.

Der Tabelle 1.1.1 kann auch entnommen werden, daß zur Durchführung einfacher arithmetischer Berechnungen in der algebraischen Notation, außer bei der Produktbildung von Summen, kein Speicher erforderlich ist. Dieses gilt nicht für die umgekehrte polnische Notation. So werden zum Beispiel in der algebraischen Notation nur zwei Register für die Ausführung der einfachen Summe $A + B + C + D$ benötigt, in der umgekehrten polnischen Notation hingegen sind zur Berechnung dieser Summe nur dann zwei Register erforderlich, wenn man von den in Tabelle 1.1.1 angegebenen Möglichkeiten zur Berechnung dieser Summe die erste nimmt. Die anderen drei Möglichkeiten erfordern zusätzliche Register zur Speicherung der Daten A, B, C und D. Zweifellos würden für die algebraische Notation zusätzliche Register keine anderen Wege zur Berechnung dieser Summe erlauben, wohingegen in umgekehrter polnischer Sprache jedes zusätzliche Register zu einer weiteren Berechnungsmöglichkeit führt. Für das betrachtete Beispiel aus Tabelle 1.1.1 wird vorausgesetzt, daß vier Register zur Speicherung der Daten A, B, C und D zur Verfügung stehen. Hier wird deutlich, daß die umgekehrte polnische Sprache in Verbindung mit einem Stack-Register offensichtlich größere Flexibilität mit sich bringt. In diesem

Sinne ergänzen sich umgekehrte polnische Notation und Stack-Register bei einem Taschenrechner. Ebenso besteht in der algebraischen Notation anscheinend keine Notwendigkeit für ein extensives Stack-Register, da durch die Vergrößerung des Registerstapels keine zusätzliche Flexibilität geschaffen wird. Aus diesem Grunde haben die meisten Taschenrechner mit algebraischer Notation einen kleineren Speicher als diejenigen mit umgekehrter polnischer Notation.

Ferner kann der Tabelle 1.1.1 entnommen werden, daß von allen Taschenrechnern mit algebraischer Notation diejenigen die leistungsfähigsten sind, die eine Operandenhierarchie und zusätzliche Speicherregister besitzen (wie zum Beispiel der Rechner SR 50). Bei gemischten arithmetischen Rechnungen konkurrieren diese Rechner erfolgreich mit Rechnern mit umgekehrter polnischer Notation (wie zum Beispiel die Rechner der Serie HP-21/35/45 mit einem nicht so komplizierten elektronischen Schaltungsaufbau). Ein Rechner mit umgekehrter polnischer Notation und Stack-Register ermöglicht dem Benutzer jedoch mehr Rechenflexibilität, was ein Rechner mit algebraischer Notation nicht tut. Darüberhinaus müssen für einen Rechner mit algebraischer Notation die zu lösenden Gleichungen — insbesondere dann, wenn diese sehr umfangreich sind — in eine günstige Form umgeschrieben werden. In umgekehrter polnischer Notation hingegen braucht man bei der Berechnung sehr komplizierter Ausdrücke der Reihenfolge der Terme wenig Beachtung zu schenken. Diese Flexibilität ist teilweise den zusätzlichen arithmetischen Registern, die ein typischer Rechner mit umgekehrter polnischer Notation im allgemeinen besitzt, zuzuschreiben.

Da die Verarbeitung der Daten in den einzelnen Registern wesentlich zum Verständnis der Rechenlogik beider Rechnertypen beiträgt, wird diese Verarbeitung in den Speichern als nächstes besprochen.

Wenn wir von einem Rechner mit umgekehrter polnischer Notation und „Stack" sprechen, wird vorausgesetzt, daß ein „Stack" aus vier Registern zur Zahlenspeicherung besteht. Anlehnend an die Bezeichnungen von Hewlett-Packard werden diese Register X, Y, Z und T genannt. Das X-Register ist das unterste des Stacks und das T-Register das oberste. In der Anzeige erscheint immer der Inhalt des X-Registers. Die Zahlen in den einzelnen Registern werden mit den gleichen Buchstaben in Kursivschrift bezeichnet. So sind X, Y, Z, T die Inhalte der Register X, Y, Z, T. Wird eine Zifferntaste gedrückt, so wird diejenige Zahl in das X-Register gebracht, die in der Anzeige erscheint. Die Zahl wird in das Y-Register kopiert, wenn die „Enter"-Taste $\boxed{\uparrow}$ gedrückt wird. Derjenige Wert, der im Y-Register gespeichert war, wird hierdurch in das Z-Register „hochgeschoben" und der Inhalt des Z-Registers in das T-Register gebracht. Hierbei geht der Inhalt des T-Registers verloren (Bild 1.1.4). Sowie also Daten durch die $\boxed{\uparrow}$-Anweisung vom

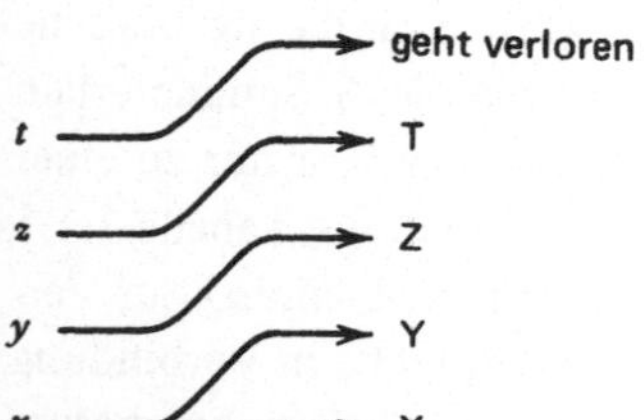

Bild 1.1.4
Datenfluß bei der Eingabe von Daten

X-Register in das Y-Register gebracht werden, werden die Daten in den anderen Registern automatisch „hochgeschoben", wobei nur die Daten des T-Registers verloren gehen. Der Inhalt des Y-Registers kann zur Anzeige gebracht werden, indem durch Drücken der Taste $\boxed{R\downarrow}$ (zyklisches Vertauschen nach „unten") der Inhalt des Y-Registers nach „unten" in das X-Register verschoben wird. Der Wert im X-Register wird dann „rückwärts" in das oberste T-Register geschoben, der Inhalt des T-Registers in das Z-Register kopiert, der Wert im Z-Register in das Y-Register gebracht und, wie schon erwähnt, die Daten im Y-Register in das X-Register geschoben, wo sie angezeigt werden. Ein nochmaliges Drücken der $\boxed{R\downarrow}$ -Taste hat zur Folge, daß die Zahl, die zu Anfang im Z-Register stand und dann in das Y-Register gebracht wurde, jetzt in das X-Register geschoben wird und in der Anzeige zu sehen ist. Die Inhalte aller anderen Register werden in diejenigen benachbarten Register gebracht, die durch die Richtung des zyklischen Vertauschens bestimmt sind. Nach viermaligem Drücken der $\boxed{R\downarrow}$ -Taste ist demnach die ursprüngliche Datenbelegung des Stacks wieder hergestellt, wobei die alten X, Y, Z, T wieder in den betreffenden Registern gespeichert sind und X angezeigt wird. Durch Drücken der $\boxed{R\downarrow}$ -Taste werden also die Speicherinhalte der einzelnen Register in die vom Y- zum X-Register weisende Richtung verschoben. Das Drücken der $\boxed{R\uparrow}$ -Taste (zyklisches Vertauschen nach „oben") ruft ein Verschieben der Speicherinhalte in die vom X- zum Y-Register weisende Richtung hervor. Der Datenfluß, der durch die Operationen ,zyklisches Vertauschen nach unten' und ,zyklisches Vertauschen nach oben' bewirkt wird, ist in Bild 1.1.5 dargestellt.

Eine andere häufig benutzte Umordnung der Stack-Inhalte besteht in der Vertauschung der Inhalte des X- und Y-Registers. Der durch Drücken der $\boxed{x\,y}$ -Taste (Vertauschen von X und Y) hervorgerufene Datenfluß ist in Bild 1.1.6 skizziert.

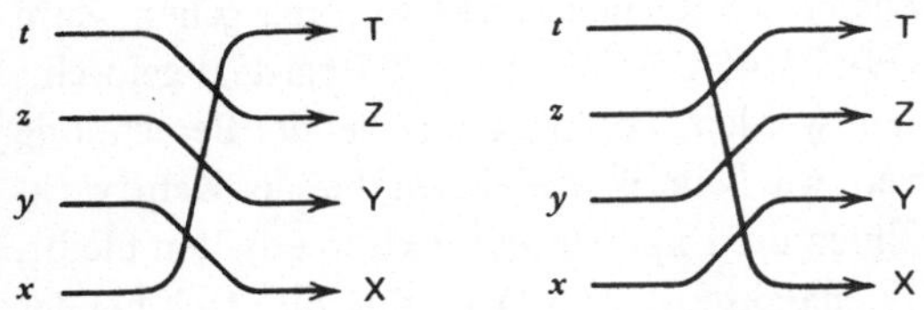

Bild 1.1.5 Datenfluß bei den Anweisungen $\boxed{R\downarrow}$ und $\boxed{R\uparrow}$

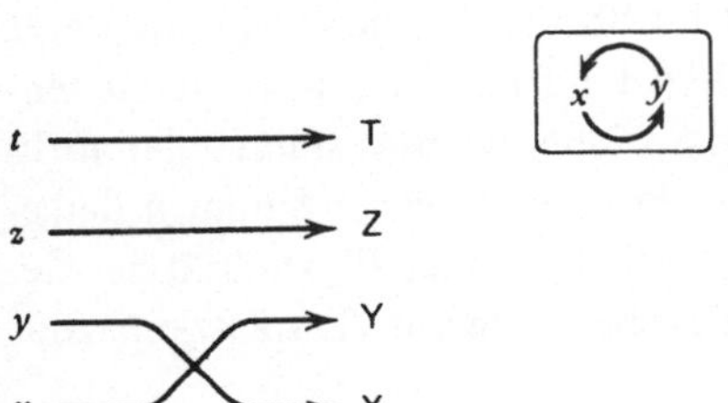

Bild 1.1.6
Datenfluß bei der Vertauschung von x und y

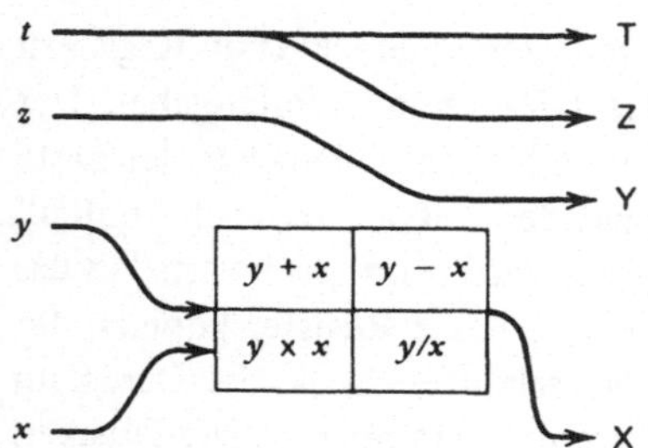

Bild 1.1.7

Datenfluß bei den Operationen +, −, × und ÷

In Bild 1.1.7 ist der Datenfluß im Stack bei der Ausführung einer Addition, Subtraktion, Multiplikation oder Division veranschaulicht:

1. Bei einer Summation werden die Inhalt des X- und Y-Registers addiert und das Ergebnis im X-Register angezeigt.
2. Bei einer Subtraktion wird der Inhalt des X-Registers vom Inhalt des Y-Registers subtrahiert und das Ergebnis im X-Register angezeigt.
3. Bei einer Multiplikation wird der Inhalt des X-Registers mit dem Inhalt des Y-Registers multipliziert und das Ergebnis im X-Register angezeigt.
4. Bei einer Division wird der Inhalt des Y-Registers durch den Inhalt des X-Registers dividiert und das Ergebnis im X-Register angezeigt.

Für diese vier Grundrechenarten bleibt der Inhalt des T-Registers stets erhalten und geht nicht verloren. Diese Eigenschaft des Register-Stacks ist bei bestimmten, sich wiederholenden Berechnungen sehr nützlich.

An dieser Stelle soll erwähnt werden, daß bei der Berechnung vieler Funktionen durch einen einzigen Tastendruck auf einem Taschenrechner mit umgekehrter polnischer Notation und Stacks die Inhalte einige Register des Rechen-Stacks verloren gehen. Zum Beispiel wird bei den Rechnern der Serie HP-35/45 der Inhalt des T-Registers gelöscht, wenn trigonometrische Funktionen berechnet werden, wohingegen er bei der Berechnung algebraischer und logarithmischer Funktionen, wie beim Wurzelziehen, bei der Kehrtwertbildung, beim Logarithmieren oder beim Bilden der Exponentialfunktion erhalten bleibt.

In den Bildern 1.1.8 und 1.1.9 ist der charakteristische Datenfluß im Stack bei der Bildung der Summe zweier Produkte und des Produktes zweier Summen dargestellt. Bild 1.1.8a zeigt das übliche Verfahren zur Bildung der Summe von Produkten ohne Verwendung des obersten Stack-Registers. Um die Flexibilität eines Taschenrechners mit umgekehrter polnischer Notation und Stacks zu demonstrieren und um Operationen mit dem obersten Stack-Register zu verdeutlichen, zeigt Bild 1.1.8b die gleiche Rechnung unter Verwendung der R↑ - und R↓ -Taste. In den Bildern 1.1.10 und 1.1.11 ist der Datenfluß in einem Rechner mit algebraischer Notation und Speicher beim Ausführen der arithmetischen Grundoperationen und der Berechnung des Produktes zweier Summen dargestellt. Ein Vergleich der Bilder 1.1.8 bis 1.1.11 zeigt deutlich, daß die Flexibilität des Gebrauchs eines Taschenrechners um so größer wird, je größer seine Speicherplatzkapazität ist.

	1	2	3	4	5	6	7	8	9	
T										
Z						$(A \times B)$	$(A \times B)$			
Y		A	A		$(A \times B)$	C	C	$(A \times B)$		
X	A	A	B	$(A \times B)$	C	C	D	$(C \times D)$	$(A \times B)+(C \times D)$	Anzeige-register
Taste	A	↑	B	×	C	↑	D	×	+	
Schritt	1	2	3	4	5	6	7	8	9	

Bild 1.1.8a Datenfluß bei der umgekehrten polnischen Notation für die Bildung der Summe der Produkte $(A \times B) + (C \times D)$ mit den Tastendrücken $A \uparrow B \times C \uparrow D \times +$

	1	2	3	4	5	6	7	8	9	10	11	12	
T						A	A	A	$(C \times D)$	$(C \times D)$	$(C \times D)$	$(C \times D)$	
Z				A	A	B	B	A	A	$(C \times D)$	A	$(C \times D)$	
Y		A	A	B	B	C	C	B	A	A	$(A \times B)$	A	
X	A	A	B	B	C	C	D	$(C \times D)$	B	$(A \times B)$	$(C \times D)$	$(A \times B)+(C \times D)$	Anzeige-register
Taste	A	↑	B	↑	C	↑	D	×	R↓	×	R↑	+	
Schritt	1	2	3	4	5	6	7	8	9	10	11	12	

Bild 1.1.8b Datenfluß bei der umgekehrten polnischen Notation für die Bildung der Summe der Produkte $(A \times B) + (C \times D)$ mit den Tastendrücken $A \uparrow B \uparrow C \uparrow D \times R\downarrow \times R\uparrow +$

	1	2	3	4	5	6	7	8	9	
T										
Z						$(A + B)$	$(A + B)$			
Y		A	A		$(A + B)$	C	C	$(A + B)$		
X	A	A	B	$(A + B)$	C	C	D	$(C + D)$	$(A + B) \times (C + D)$	
Taste	A	↑	B	+	C	↑	D	+	×	
Schritt	1	2	3	4	5	6	7	8	9	

Bild 1.1.9 Datenfluß bei der umgekehrten polnischen Notation für die Bildung des Produktes zweier Summen $(A + B) \times (C + D)$ mit den Tastendrücken $A \uparrow B + C \uparrow D + \times$

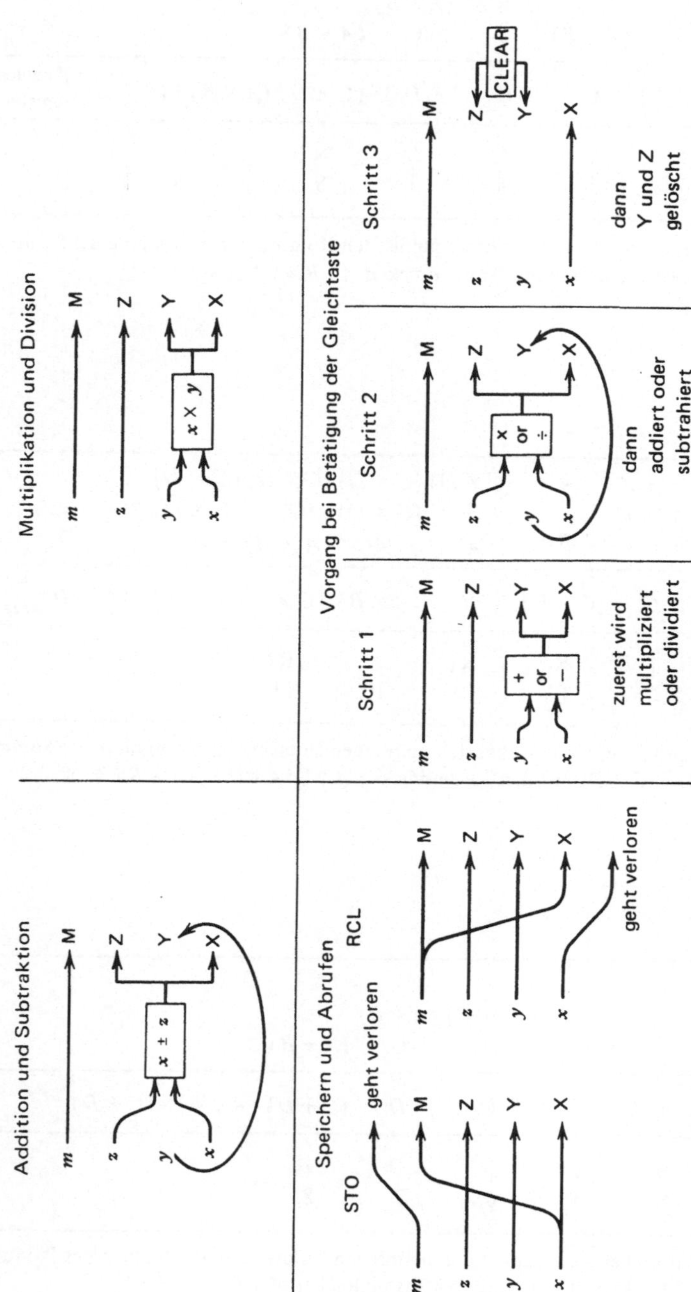

Bild 1.1.10 Datenfluß bei einem Rechner mit algebraischer Notation, Speicher und der Hierarchie „Multiplikation vor Addition"

	1	2	3	4	5	6	7	8	9	10	11	12
M					$(A+B)$	$(A+B)$	$(A+B)$	$(A+B)$	$(A+B)$	$(A+B)$	$(A+B)$	$(A+B)$
Z		A	A				C	C				
Y									$(C+D)$	$(C+D)$		
X	A	A	B	$(A+B)$	$(A+B)$	C	C	D	$(C+D)$	$(C+D)$	$(A+B)$	$(A+B)\times(C+D)$
Taste	A	$+$	B	$=$	STO	$\mathring{C}$	$+$	D	$=$	$\times$	RCL	$=$
Schritt		2	3	4	5	6	7	8	9	10	11	12

Bild 1.1.11 Datenfluß bei der Berechnung $(A+B) \times (C+D)$ durch die Tastendrücke $A+B =$ STO $C+D = \times$ RCL $=$ (auf einem Rechner mit algebraischer Notation und der Hierarchie „Multiplikation vor Addition")

Das Problem der Sprache bei Taschenrechnern findet man in ähnlicher Form bei Kleincomputern, Großcomputern oder schließlich bei verschiedenen Nationalitäten — die Sprache, die man am besten kennt, ist diejenige, die man am liebsten mag, es sei denn, man verfügt über genügend mehrsprachige Kenntnisse, um die subtilen Vorteile einer Sprache gegenüber einer anderen zu erkennen. Der Typ der Sprache oder die Größe des Speichers irgendeines bestimmten Taschenrechners interessieren uns nicht so sehr, als vielmehr, daß begonnen wird, Taschenrechner in der höheren Analysis zu verwenden. Durch die rasche Entwicklung auf dem Gebiet elektronischer Schaltkreise kann nun ein Ingenieur ziemlich schwierige Rechnungen an seinem Schreibtisch, zu Hause oder auf einer Reise durchzuführen, ohne dabei auf eine Rechenanlage zurückgreifen zu müssen. Wer — einfach gesagt — aus diesem Aspekt der raschen Entwicklung elektronischer Schaltkreise Nutzen zieht und sich über den Entwicklungsstand der Taschenrechner auf dem laufenden hält, ist gegenüber denjenigen, die dies nicht tun, enorm im Vorteil.

1.1.9 Entwicklungstendenzen technisch-wissenschaftlicher Taschenrechner

Für technisch-wissenschaftliche Taschenrechner gibt es zwei Entwicklungstendenzen: eine weist auf den für allgemeine Probleme programmierbaren Taschenrechner, die andere auf den für spezielle Probleme vorprogrammierten Taschenrechner. Die Rechner HP-25, HP-67, HP-69, SR-56 und SR-52 sind Beispiele für die erste, die Rechner HP-21, HP-27, SR-51 und SR-51a Beispiele für die zweite Richtung.

Im Gegensatz zu den früheren wissenschaftlichen Rechnern (wie dem HP-35 und der SR-50), die mehr Wert auf die algebraische, trigonometrische, logarithmische und exponentielle Funktionsberechnung legten, besitzt der HP-27 und der SR-51A nun vorprogrammierte Algorithmen für besondere Berechnungen. So hat zum Beispiel der SR-51A vorprogrammierte Algorithmen, um statistische Werte gruppierter Daten zu bestimmen, statistische Vorhersagen und Kurvenanpassungen durchzuführen und zur Erzeugung von Zufallszahlen durch Monte-Carlo-Simulationen. Der HP-27 hat andererseits vorprogrammierte Algorithmen zur Lösung von Geld-Zeit-Wert-Problemen, die bei kaufmännischen Rechnungen auftreten und besitzt auch statistische Algorithmen zur Bestimmung statistischer Werte gruppierter Daten und zur statischen Vorhersage wie auch die Gaußsche Verteilungsfunktion zur bequemen Berechnung des Risikoniveaus und des Vertrauensintervalls. Einen Zufallsgenerator besitzt der HP-27 hingegen nicht.

Beispiele für den Trend zur größeren Leistungsfähigkeit programmierbarer Taschenrechner sind die Rechner HP-65/SR-56 und HP-67/SR-52. Die ersten Rechner HP-65 und SR-56 hatten Programmspeicher für nur 100 Tastendrücke; bis zu 10 Speicherregister standen für die Datenspeicherung zur Verfügung. Beide Rechner verwendeten zur Programmierung eine einfache Maschinensprache, bei der jeder Tastenbefehl (a) sequentiell numeriert (adressiert) und (b) sequentiell ausgeführt wurde. Die weiterentwickelten Rechner HP-67 und SR-52 verfügen über einen Programmspeicher für 224 bis zu 256 Tastenbefehle und über etwa 20 bis 26 Register zur Datenspeicherung. Sie besitzen Möglichkeiten zur Programm-Korrektur wie zum Beispiel Anweisungen zum schrittweisen

Vor- und Zurückrücken im Programmspeicher. Weiterhin verwenden beide die *indirekte Adressierung* [1]).

Die für allgemeine Probleme programmierbaren Taschenrechner sind im Hinblick auf ihre leichte Handhabung gründlich durchdacht und erfordern bei ihrer Verwendung ein Minimum an Übung. Tatsächlich kann eigentlich alles in der „Lernphase", in der der Rechner eine benötigte Tastenfolge zur Lösung eines Problems lernt und dann automatisch die Folge der Berechnungen wiederholt, programmiert werden. Folglich kommt es nicht auf das Anwendungsgebiet an, der programmierbare Taschenrechner kann zur Lösung häufig auftretender Probleme sowohl aus dem kaufmännischen Bereich als auch aus der Quantenmechanik programmiert werden.

Welcher Taschenrechner ist nun für Sie der richtige? Wenn Sie ein erfahrener Analytiker sind oder in zunehmendem Maße professioneller mit Ihrem nichtprogrammierbaren Taschenrechner umgehen, so stellt Ihnen der programmierbare Rechner eine Fülle zusätzlicher Rechenmöglichkeiten zur Verfügung. Andernfalls liefert der vorprogrammierte Taschenrechner genügend Rechenfähigkeit, so daß Sie nicht programmieren zu lernen brauchen.

1.1.10 Die zahlenmäßige Auswertung der Funktionen im Tastenfeld eines technisch-wissenschaftlichen Taschenrechners

In diesem Abschnitt verwenden wir einen Vier-Funktionen-Rechner zur Berechnung der Funktionen, die gewöhnlich auf der Tastatur eines wissenschaftlichen Rechners vorhanden sind. Die Sinus-, Kosinus-, Tangens-, Exponential-, Logarithmus, Arkussinus-, Arkuskosinus- und Arkustangensfunktionen werden in geschachtelter Klammerschreibweise auf zwei verschiedene Arten dargestellt. Die erste besteht in der geschachtelten Klammerdarstellung der abgebrochenen Reihenapproximationen dieser Funktionen. Die zweite besteht aus einem Polynom zur Kurvenanpassung, das eine genaue Auswertung dieser Funktionen über einen größeren Bereich erlaubt, als dies bei einer einfachen Reihenentwicklung möglich ist. Die Berechnung der n-ten Potenz oder n-ten Wurzel einer Zahl wird ebenfalls hier behandelt.

Potenzieren einer Zahl

Das Potenzieren einer Zahl geschieht auf einem Vier-Funktionen-Rechner einfach durch mehrmaliges Multiplizieren dieser Zahl mit sich selbst. Für einen recht hohen Exponenten, wie zum Beispiel 100, sind 100 Dateneingaben und 100 Multiplikationen erforderlich. Dies führt zu vielen Tastendrücken und bringt viele Fehlermöglichkeiten mit sich. Eine andere Möglichkeit, eine Zahl zu potenzieren bietet die Konstanten-Taste, die bei vielen Vier-Funktionen-Rechnern vorhanden ist. Sie ermöglicht es, eine Reihe von Zahlen bequemer mit der gleichen Konstanten zu multiplizieren oder durch die gleiche Konstante zu dividieren. Zur Bildung der Potenz einer Zahl wird der Ketten-Konstantenschalter in die Konstanten-Stellung gebracht, die Zahl in das X-Register eingegeben, die

---

1) Für eine genaue Beschreibung der indirekten Adressierung siehe Abschnitt 4.2.

Konstantentaste gedrückt und dann durch n-maliges Drücken der Gleichheitstaste die Zahl in die $(n + 1)$-te Potenz erhoben. Dieser Lösungsweg zur einfachen Potenzberechnung eleminiert praktisch die möglichen Fehler, die mit einer mehrmaligen Dateneingabe verbunden sind. Selbst bei diesem Verfahren muß jedoch für einen Exponenten der Größe 100 die Gleichheitstaste 100-mal heruntergedrückt werden (eine fehleranfällige Prozedur). Dieser Umstand kann dadurch umgangen werden, daß der Exponent in seine Primfaktoren zerlegt wird und geschachtelte Klammermultiplikationen ausgeführt werden. Angenommen, man möchte zum Beispiel die Zahl π mit nur einer einzigen Eingabe in ihre 100ste Potenz erheben, so läßt sich diese Rechnung bequem mit einem Vier-Funktionen-Rechner ausführen, wenn beachtet wird, daß sich die Zahl 100 aus den Primfaktoren 2, 2, 5, 5 zusammensetzt:

$$(\pi)^{100} = \left(\left(\left(\left(\pi\right)^2\right)^2\right)^5\right)^5$$

$$= \left(\left(\left(9.86960440\right)^2\right)^5\right)^5$$

$$= \left(\left(97.40909108\right)^5\right)^5$$

$$= \left(8.769956822 \times 10^9\right)^5$$

$$= 5.187848391 \times 10^{49} \,.$$

Zur Berechnung von Wurzeln mit einem Vier-Funktionen-Rechner sind iterative Verfahren erforderlich. Unter den verschiedenen Verfahren zur Wurzelberechnung ist das einfachste die Newtonsche Methode. Sie eignet sich recht gut zur Berechnung der Wurzeln von Zahlen, obschon sie bei den meisten Anwendungen viel zu wünschen übrig läßt. Hierzu wird aber noch später etwas gesagt. An dieser Stelle soll nur die Formel zur Berechnung einer Wurzel angegeben werden. Sie lautet:

$$x_{k+1} = \frac{1}{n}\left(x_k\left(\frac{N}{x_k^n} + n - 1\right)\right),$$

wobei x_k der k-te Schätzwert von $\sqrt[n]{N}$ ist.

Zur Auswertung dieser Gleichung ist eine Anfangsnäherung erforderlich, mit der eine zweite genauere Näherung errechnet wird und diese dann wiederum zur Bildung einer dritten noch genaueren Näherung dient. Gewöhnlich konvergiert das Verfahren schnell, wenn eine Anfangsnäherung der n-Wurzel bekannt ist. Die Konvergenz kann jedoch auch ausgesprochen langsam sein, wenn der erste Schätzwerte nicht nahe genug bei der gesuchten Wurzel liegt. Beispiele zu den Konvergenzeigenschaften bei der Berechnung der 3ten, 5ten und 7ten Wurzel aus π mit der Newtonschen Methode sind in Tabelle 1.1.2 wiedergegeben.

Tabelle 1.1.2 Beispiele zur Konvergenz des Newtonschen Verfahrens
bei der Berechnung n-ter Wurzeln aus π

Anzahl der Iterationen	$\sqrt[3]{\pi}$	$\sqrt[5]{\pi}$	$\sqrt[7]{\pi}$
0	1.0	1.0	1.0
1	1.713864218	1.428318531	1.305941808
2	1.499089493	1.293620977	1.209849586
3	1.465379670	1.259260005	1.180121812
4	1.464592311	1.257280369	1.177679333
5	1.464591888	1.257274116	1.177664031
6	1.464591888	1.257274116	1.177664030
7	—	—	1.177664030
Kontrolle	3.141592656	3.141592658	3.141592655
π (genauer) Wert)	3.141592654	3.141592654	3.141592654
Absoluter Fehler	0.000000002	0.000000004	0.000000001

Eine nähere Betrachtung der Tabelle 1.1.2 zeigt, daß das Verfahren in 5 Iterationsschritten hinsichtlich der auf dem Taschenrechner erreichbaren Genauigkeit konvergiert.
Um dies zu erkennen, ist jedoch ein sechster und bei der Berechnung der 7ten Wurzel
auch ein 7ter Iterationsschritt erforderlich. Zur Kontrolle des Ergebnisses wurde dieses
wieder zur Berechnung von π verwendet. Der Vergleich mit dem wahren Wert von π
liefert eine Genauigkeit auf neun Stellen nach nur 6 bzw. 7 Iterationsschritten. Allgemein
kann von dieser Methode nicht erwartet werden, daß sie für andere Funktionen ebenso
schnell konvergiert. Die Konvergenz ist deshalb so gut, weil die Wurzelfunktion hierfür
besonders günstige Eigenschaften besitzt. Es soll noch angemerkt werden, daß das angegebene Verfahren auch für die Berechnung einfacher Quadratwurzeln gilt. Es braucht nur
in der oben aufgeführten Gleichung n durch 2 ersetzt zu werden. Die Gleichung zur
iterativen Berechnung der Quadratwurzel (die auch von Joseph Raphson, einem Zeitge-
nossen Newtons aufgestellt wurde und deshalb häufig mit Newton-Raphson-Verfahren
bezeichnet wird) lautet dann:

$$(\sqrt{N})_{k+1} = \frac{1}{2}\left(\frac{N}{(\sqrt{N})_k} + (\sqrt{N})_k\right).$$

Geschachtelte Klammerdarstellungen

Viele für einen Ingenieur wichtige Funktionen lassen sich durch Potenzreihen darstellen. Diese Reihen können durch Anwendung des Taylorschen und des Maclaurinschen
Satzes oder durch Chebyshev Polynome und andere Verfahren erzeugt werden. Ferner

kann man durch Potenzreihen empirische Daten in eine funktionale Abhängigkeit bringen. In der „Standard"-Form geschrieben, ergibt sich die Potenzreihe einer Funktion zu

$$f(x) = a_0 + a_1 x + a_2 x^2 + a_3 x^3 + \dots + a_n x^n + \dots . \tag{1.1.1}$$

Möchte man diese Reihe auf direktestem Wege mit einem Vier-Funktionen-Rechner auswerten, so müßte zuerst jedes einzelne Glied dieser Reihe berechnet und die Ergebnisse
auf einem Blatt Papier notiert werden. Danach würde man die Summe mit dem Taschenrechner bilden. Die Anzahl der notwendigen Tastendrücke für eine Reihe mit $(n + 1)$-
Gliedern und eine 10stellige Dateneingabe ist in Tabelle 1.1.3 wiedergegeben. Die Gesamtanzahl der für Dateneingabe und Anweisungen erforderlichen Tastendrücke beträgt unter
der Annahme, daß für jede Dateneingabe alle Stellen des Anzeigeregisters benötigt werden:

Gesamtzahl der Tastendrücke bei $(n + 1)$-Gliedern =

$$\sum_{i=1}^{n} 11\,(i + 1) + 11n = \frac{11}{2} \cdot (n) \cdot (n + 1) + 22n. \tag{1.1.2}$$

Tabelle 1.1.3 Erforderliche Tastendrücke zur Auswertung einer Potenzreihe
in Standardform

Operation	Tastendrücke
Notiere [1]$\,a_0$	0
Berechne und notiere $a_1 x$	22
Berechne und notiere $a_2 x^2$	33
Berechne und notiere $a_3 x^3$	$\vdots$
Berechne und notiere $a_{n-1} x^{n-1}$	$11n$
Berechne und notiere $a_n x^n + a_{n-1} x^{n-1} + \dots + a_1 x + a_0$	$11(n + 1) + 11n$

[1] Es ist überflüssig, a_0 zuerst in den Rechner einzugeben und dann a_0 auf einem Blatt Papier
zu notieren

Es leuchtet ein, daß für $n > 3$ die Anzahl der erforderlichen Tastendrücke sehr groß wird,
und für $n > 5$ die Chancen, Fehler zu begehen, enorm steigen. Wird die Gl. (1.1.1) umgeschrieben zu

$$a_0 + x\big(a_1 + x\big(a_2 + x\big(a_3 + \dots + x\big(a_{n-2} + x\big(a_{n-1} + a_n x\big)\big)\dots\big)\big)\big) \tag{1.1.3}$$

so wird hierdurch die Anzahl der notwendigen Tastendrücke reduziert, da diese Formel
der natürlichen Sprache des Rechners angepaßt ist, und zu ihrer Auswertung keine zusätzlichen Notizen notwendig sind. Auf einem Taschenrechner mit algebraischer Notation
würde man Gl. (1.1.3) beginnend mit der innersten Klammer durch folgende Befehlsfolge
lösen

$$\boxed{a_n}\ \boxed{\times}\ \boxed{x}\ \boxed{+}\ \boxed{a_{n-1}}\ \boxed{\times}\ \boxed{x}\ \boxed{+}\ \boxed{a_{n-2}}\ \boxed{\times}\ \boxed{x}\ \boxed{+}\ \cdots$$

$$\boxed{+}\ \boxed{a_2}\ \boxed{\times}\ \boxed{x}\ \boxed{+}\ \boxed{a_1}\ \boxed{\times}\ \boxed{x}\ \boxed{+}\ \boxed{a_0}\ \boxed{=}$$

Die Anzahl der Tastendrücke für diese Auswertung der Gl. (1.1.1) beträgt:

Anzahl der Glieder 1 [1] 2 3 ... $n+1$

Gesamtzahl der Tastendrücke 0 33 55 ... $11\,(2n+1)$.

Die Gesamtzahl der Tastendrücke für Dateneingabe und Anweisungen bei einer Reihe mit $(n+1)$-Gliedern ergibt sich zu

$$\text{Gesamtzahl der Tastendrücke} = 11\,(2n+1). \tag{1.1.4}$$

Man sieht also, daß in der geschachtelten Klammerdarstellung Anweisungen bis hin zu 10 Gliedern vorgenommen werden können, also bis zu 6 Terme mehr im Vergleich zur „Standard"-Form, wobei der Rechenaufwand überschaubar bleibt. Geschachtelte Klammerdarstellungen von Gleichungen bei Reihenberechnungen mit einem beliebigen Rechner oder Computer sind sehr zu empfehlen, da sie im Hinblick auf die Berechnungszeit allgemein „schneller" bearbeitet werden als die „Standard"-Darstellungen. Der Grund hierfür liegt darin, daß die Anzahl der arithmetischen Operationen für Reihen in der „Standard"-Form mit dem Quadrat der Anzahl der Reihenglieder und für Reihen in geschachtelter Klammerdarstellung nur proportional zur Anzahl der Reihenglieder anwächst. Ebenfalls sind für die geschachelte Klammerdarstellung keine zusätzlichen Notizen erforderlich, da die Operanden und Operationen bei Verwendung der algebraischen, polnischen oder umgekehrten polnischen Eingabemethode eine geeignete Anordnung haben.

Ein Vergleich der Gln. (1.1.2) und (1.1.4) zeigt, daß die geschachtelte Klammerdarstellung die Anzahl der Tastendrücke durch Reduzierung der für die Berechnung erforderlichen Dateneingaben wesentlich verringert. Einen noch größeren Einfluß hat dieses Umschreiben der Gleichung in geschachtelte Klammerdarstellung auf die erforderliche Zeit, die zur numerischen Berechnung von Potenzreihen mit Taschenrechnern benötigt wird. Unter der Annahme, daß im Mittel jeder Tastendruck und jede Ziffernregistrierung eine Sekunde beansprucht, benötigt man bei geschachtelter Klammerdarstellung etwa den $\frac{4}{5+n}$ ten Teil (für $n > 5$) derjenigen Zeit, die bei der Standarddarstellung erforderlich wäre. Allgemein kann gesagt werden, daß geschachtelte Klammerdarstellungen von Potenzreihen oder Polynomen schneller als die entsprechenden „Standard"-Formen zu berechnen sind. Folgende Funktionen, mit denen in der Regel ein technischwissenschaftlicher Taschenrechner ausgestattet ist, können mit Hilfe eines Vier-Funktionen-Rechners durch die nachstehend aufgeführten geschachtelten Formeln berechnet werden.

---

[1] Niemand würde eine Reihe, die aus einem Glied besteht, auf dem Taschenrechner berechnen.

$$\ln(1+x) \cong x\left(1 - \frac{x}{2}\left(1 - \frac{2x}{3}\left(1 - \frac{3x}{4}\left(1 - \frac{4x}{5}\right)\right)\right)\right), \qquad (|x| < 1)$$

$$\ln(x) \cong y\left(1 + \frac{y}{2}\left(1 + \frac{2y}{3}\left(1 + \frac{3y}{4}\left(1 + \frac{4y}{5}\right)\right)\right)\right), \qquad y = \left(\frac{x-1}{x}\right), \quad (x \geqslant \tfrac{1}{2})$$

$$\ln(x) \cong y\left(1 - \frac{y}{2}\left(1 - \frac{2y}{3}\left(1 - \frac{3y}{4}\right)\right)\right), \qquad y = (x-1), \qquad (|x-1| \leqslant 1)$$

$$\ln\left(\frac{x+1}{x-1}\right) \cong \frac{2}{x}\left(1 + \frac{1}{3x^2}\left(1 + \frac{3}{5x^2}\left(1 + \frac{5}{7x^2}\left(1 + \frac{7}{9x^2}\right)\right)\right)\right), \qquad |x| \geqslant 1$$

$$e^x \cong 1 + x\left(1 + \frac{x}{2}\left(1 + \frac{2x}{6}\left(1 + \frac{6x}{24}\left(1 + \frac{24x}{120}\left(1 + \frac{120}{720}x\right)\right)\right)\right)\right)$$

$$\sin(x) \cong x\left(1 - \frac{x^2}{6}\left(1 - \frac{6x^2}{120}\left(1 - \frac{120x^2}{5040}\left(1 - \frac{5040}{362880}x^2\right)\right)\right)\right)$$

$$\cos(x) \cong \left(1 - \frac{x^2}{2}\left(1 - \frac{2x^2}{24}\left(1 - \frac{24x^2}{720}\left(1 - \frac{720}{40320}x^2\right)\right)\right)\right)$$

$$\tan(x) \cong x\left(1 + \frac{x^2}{3}\left(1 + \frac{6x^2}{15}\left(1 + \frac{255}{630}x^2\right)\right)\right)$$

$$\cotan(x) \cong \frac{1}{x} - \frac{x}{3}\left(1 + \frac{3x^2}{45}\left(1 + \frac{90}{945}x^2\right)\right)$$

$$\arcsin(x) \cong x\left(1 + \frac{x^2}{6}\left(1 + \frac{18x^2}{40}\left(1 + \frac{600}{1008}x^2\right)\right)\right), \qquad |x| < 1$$

$$\arctan(x) \cong x\left(1 - \frac{x^2}{3}\left(1 - \frac{3x^2}{5}\left(1 - \frac{5x^2}{7}\right)\right)\right), \qquad x^2 < 1$$

$$\arctan(x) \cong \frac{\pi}{2} - \frac{1}{x}\left(1 - \frac{1}{3x^2}\left(1 - \frac{3}{5x^2}\right)\right), \qquad |x| > 1$$

Diese Formeln wurden ausgewählt, da sie „vernünftige" Konvergenzintervalle besitzen. Die vier unterschiedlichen Approximationen des natürlichen Logarithmus umfassen den Bereich von $x = -1$ bis $+\infty$. Jede Formel ist in geeigneter geschachtelter Klammerdarstellung geschrieben, um eine direkte Berechnung auf einem Taschenrechner zu ermöglichen. Wenn man diese Tabelle verkleinert kopiert, kann sie zu Referenzzwecken bequem auf die Rückseite eines Taschenrechners geklebt werden.

Ein anderer Lösungsweg zur numerischen Berechnung dieser Funktionen verwendet Kurvenanpassungspolynome über weite Bereiche des Argumentes. In Tabelle 1.1.4 sind Polynome dieser Art für solche Funktionen tabelliert, die auf einem technisch-wissenschaftlichen Rechner verfügbar sind. Diese Polynome erlauben eine genaue Auswertung logarithmischer, exponentieller und trigonometrischer Funktionen mit einem Vier-Funktionen-Rechner und ermöglichen somit jede Rechnung, die auf einem technisch-wissenschaftlichen Taschenrechner ausgeführt werden kann. Um Funktionen so darzustellen, daß sie leicht mit einem Taschenrechner berechnet werden können, verwende man zweckmäßigerweise folgende Verfahren:

Verfahren 1

a) Man stellt für die betreffende Funktion eine Wertetabelle auf, die entweder durch Nachschlagen oder eigene Rechnung mit der gewünschten Genauigkeit ermittelt wird.

b) Man bestimmt ein Interpolationspolynom (siehe Abschnitt 1.2), das durch ausgewählte Punkte der Wertetabelle geht, jedoch den gesamten interessierenden Bereich des Argumentes überspannt.

c) Man ermittle den maximalen Fehler der Polynom-Approximation im interessierenden Intervall.

d) Reicht die Genauigkeit aus, so wird das Polynom in geschachtelter Klammerdarstellung geschrieben und kann dann zur näherungsweisen Berechnung der Funktion auf einem Taschenrechner verwendet werden.

Falls keine Wertetabellen zur Verfügung stehen oder die Zeit fehlt, diese aufzustellen, verwende man Verfahren 2.

Verfahren 2

a) Ansetzen einer Reihenentwicklung der Funktion im Mittelpunkt des gewünschten Intervalls.

b) Reduzierung der Ordnung des Polynoms mit Hilfe einer „ökonomischen Darstellung" nach Chebyshev (Abschnitt 3.4).

c) Testen des Polynoms hinsichtlich der Genauigkeit im interessierenden Intervall des Argumentes.

d) Reicht die Genauigkeit nicht aus, so wird die ursprüngliche Reihenentwicklung durch zusätzliche Glieder höherer Ordnung erweitert, dann auf die ökonomischere Darstellung nach Chebyshev transformiert und dieses Polynom wieder auf seine Genauigkeit getestet.

e) Bei hinreichender Genauigkeit wird das Polynom in geschachtelter Klammerdarstellung geschrieben und kann dann zur Funktionsauswertung auf einem Taschenrechner benutzt werden.

Numerische Methoden zur Erzeugung von Interpolationspolynomen werden in Abschnitt 1.2 beschrieben. Das Verfahren zur Ökonomisierung der Darstellung nach Chebyshev und die Approximation durch rationale Funktionen können in Abschnitt 3.4 nachgelesen werden.

Als interessante Nebenbemerkung sei gesagt, daß logarithmische, exponentielle- und transzendente Funktionen, ihre Inversen und die entsprechenden hyperbolischen Funk-

Tabelle 1.1.4 Polynom-Approximationen von Funktionen, mit denen ein technisch-wissenschaftlicher Taschenrechner ausgestattet ist

---

(1)　$\log_{10}(x) = t\,(a_1 + t^2\,(a_3 + t^2\,(a_5 + t^2\,(a_7 + a_9\,t^2)))) + \epsilon(x)$

$$t = (x - 1)\,(x + 1)^{-1}$$

mit

$$|\epsilon(x)| \leqslant 10^{-7} \quad \text{wobei} \quad 10^{-1/2} \leqslant x \leqslant 10^{+1/2}$$

und

$$
\begin{array}{ll}
a_1 = 0.868591718 & a_7 = 0.094376476 \\
a_3 = 0.289335524 & a_9 = 0.191337714 \\
a_5 = 0.177522071 &
\end{array}
$$

---

(2)　$\log_{10}(x) = t\,(a_1 + a_3\,t^2) + \epsilon(x)$

mit

$$t = (x - 1)\,(x + 1)^{-1}, \quad a_1 = 0.86304 \quad \text{und} \quad a_3 = 0.36415$$

$$|\epsilon(x)| \leqslant 6 \times 10^{-4} \quad \text{wobei} \quad 10^{-1/2} \leqslant x \leqslant 10^{+1/2}$$

---

(3)　$\ln(1 + x) = x\,(a_1 + x\,(a_2 + x\,(a_3 + x\,(a_4 + a_5\,x)))) + \epsilon(x)$

mit

$$
\begin{array}{ll}
a_1 = 0.99949556 & a_4 = -0.13606275 \\
a_2 = -0.49190896 & a_5 = 0.03215845 \\
a_3 = 0.28947478 &
\end{array}
$$

und

$$|\epsilon(x)| \leqslant 10^{-5} \quad \text{wobei} \quad 0 \leqslant x \leqslant 1$$

---

(4)　$\ln(1 + x) = x\,(a_1 + x\,(a_2 + x\,(a_3 + x\,(a_4 + x\,(a_5 + x\,(a_6 + x\,(a_7 + a_8\,x))))))) + \epsilon(x)$

mit

$$
\begin{array}{ll}
a_1 = 0.9999964329 & a_5 = 0.1676540711 \\
a_2 = -0.4998741238 & a_6 = -0.0953293897 \\
a_3 = 0.3317990258 & a_7 = 0.3608840937 \\
a_4 = -0.2407338084 & a_8 = -0.0064535442
\end{array}
$$

und

$$|\epsilon(x)| \leqslant 3 \times 10^{-8} \quad \text{wobei} \quad 0 \leqslant x \leqslant 1$$

---

(5)　$e^{-x} = 1 + x\,(a_1 + a_2\,x) + \epsilon(x)$

mit

$$a_1 = -0.9664 \quad \text{und} \quad a_2 = 0.3536$$

und

$$|\epsilon(x)| \leqslant 3 \times 10^{-3} \quad \text{wobei} \quad 0 \leqslant x \leqslant \ln 2$$

Fortsetzung Tabelle 1.1.4

(6) $\quad e^{-x} = 1 + x\,(a_1 + x\,(a_2 + x\,(a_3 + a_4 x))) + \epsilon\,(x)$

mit

$$a_1 = -0.9998684 \qquad a_3 = -0.1595332$$
$$a_2 = 0.4982926 \qquad a_4 = 0.0293641$$

und

$$|\epsilon(x)| \leqslant 3 \times 10^{-5} \quad \text{wobei} \quad 0 \leqslant x \leqslant \ln 2$$

(7) $\quad \sin(x) = x\,(1 + x^2\,(a_2 + a_4 x^2)) + x\,\epsilon\,(x)$

mit

$$a_2 = -0.16605 \quad \text{und} \quad a_4 = 0.00761$$

und

$$|\epsilon(x)| \leqslant 2 \times 10^{-4} \quad \text{wobei} \quad 0 \leqslant x \leqslant \frac{\pi}{2}$$

(8) $\quad \sin(x) = x\,(1 + x^2\,(a_2 + x^2\,(a_4 + x^2\,(a_6 + x^2\,(a_8 + a_{10} x^2))))) + x\,\epsilon\,(x)$

mit

$$a_2 = -0.1666666664 \qquad a_8 = 0.0000027526$$
$$a_4 = 0.0083333315 \qquad a_{10} = -0.0000000239$$
$$a_6 = -0.0001984090$$

und

$$|\epsilon(x)| \leqslant 2 \times 10^{-9} \quad \text{wobei} \quad 0 \leqslant x \leqslant \frac{\pi}{2}$$

(9) $\quad \cos(x) = 1 + x^2\,(a_2 + a_4 x^2) + \epsilon\,(x)$

mit

$$a_2 = -0.49670$$
$$a_4 = 0.03705$$

und

$$|\epsilon(x)| \leqslant 9 \times 10^{-4} \quad \text{wobei} \quad 0 \leqslant x \leqslant \frac{\pi}{2}$$

(10) $\quad \cos(x) = 1 + x^2\,(a_2 + x^2\,(a_4 + x^2\,(a_6 + x^2\,(a_8 + a_{10} x^2)))) + \epsilon\,(x)$

mit

$$a_2 = -0.4999999963 \qquad a_8 = 0.0000247609$$
$$a_4 = 0.0416666418 \qquad a_{10} = -0.000002605$$
$$a_6 = -0.0013888397$$

und

$$|\epsilon(x)| < 2 \times 10^{-9} \quad \text{wobei} \quad 0 \leqslant x \leqslant \frac{\pi}{2}$$

(11) $\quad \tan(x) = x\,(1 + x^2\,(a_2 + a_4 x^2)) + x\,\epsilon\,(x)$

mit

$$a_2 = 0.31755$$
$$a_4 = 0.20330$$

und

$$|\epsilon(x)| < 10^{-3} \quad \text{wobei} \quad 0 \leqslant x \leqslant \frac{\pi}{4}$$

Fortsetzung Tabelle 1.1.4

---

(12) $\tan(x) = x\left(1 + x^2\left(a_2 + x^2\left(a_4 + x^2\left(a_6 + x^2\left(a_8 + x^2\left(a_{10} + a_{12}x^2\right)\right)\right)\right)\right)\right) + x\,\epsilon(x)$

    mit

$$a_2 = 0.3333314036 \qquad a_8 = 0.0245650893$$
$$a_4 = 0.1333923995 \qquad a_{10} = 0.0029005250$$
$$a_6 = 0.0533740603 \qquad a_{12} = 0.0095168091$$

    und

$$|\epsilon(x)| < 2 \times 10^{-8} \quad \text{wobei} \quad 0 \leqslant x \leqslant \frac{\pi}{4}$$

---

(13) $\cot(x) = \dfrac{1}{x}\left(1 + x^2\left(a_2 + a_4 x^2\right)\right) + \dfrac{\epsilon(x)}{x}$

    mit

$$a_2 = -0.332867$$
$$a_4 = -0.024369$$

    und

$$|\epsilon(x)| \leqslant 3 \times 10^{-5} \quad \text{wobei} \quad 0 \leqslant x \leqslant \frac{\pi}{4}$$

---

(14) $\cot(x) = \dfrac{1}{x}\left(1 + x^2\left(a_2 + x^2\left(a_4 + x^2\left(a_6 + x^2\left(a_8 + a_{10}x^2\right)\right)\right)\right)\right) + \dfrac{\epsilon(x)}{x}$

    mit

$$a_2 = -0.3333333410 \qquad a_8 = -0.0002078504$$
$$a_4 = -0.0222220287 \qquad a_{10} = -0.0000262619$$
$$a_6 = 0.0021177168$$

    und

$$|\epsilon(x)| \leqslant 4 \times 10^{-10} \quad \text{wobei} \quad 0 \leqslant x \leqslant \frac{\pi}{4}$$

---

(15) $\arcsin(x) = \dfrac{\pi}{2} - (1-x)^{1/2}\left(a_0 + x\left(a_1 + x\left(a_2 + a_3 x\right)\right)\right) + \epsilon(x)$

    mit

$$a_0 = 1.5707288 \qquad a_2 = 0.0742610$$
$$a_1 = -0.2121144 \qquad a_3 = -0.0187293$$

    und

$$|\epsilon(x)| \leqslant 5 \times 10^{-5} \quad \text{wobei} \quad 0 \leqslant x \leqslant 1$$

---

(16) $\arctan(x) = x\left(a_1 + x^2\left(a_3 + x^2\left(a_5 + x^2\left(a_7 + a_9 x^2\right)\right)\right)\right) + \epsilon(x)$

    mit

$$a_1 = 0.9998660 \qquad a_7 = -0.0851330$$
$$a_3 = -0.3302995 \qquad a_9 = 0.0208351$$
$$a_5 = 0.1801410$$

    und

$$|\epsilon(x)| \leqslant 10^{-5} \quad \text{wobei} \quad -1 \leqslant x \leqslant 1$$

tionen in Taschenrechnern eigens durch vorprogrammierte Rekursionsalgorithmen erzeugt werden. Diese Algorithmen erzeugen numerische Funktionswerte mit Hilfe von CORDIC-Techniken [1]. Die CORDIC-Techniken führen keine Reihenentwicklung zur Polynom-Approximation aus. Sie sind vielmehr Hardware-Algorithmen, die die numerischen Werte der betreffenden Funktionen erzeugen. Kurzum, Funktionsauswertungen auf dem Taschenrechner erfolgen mit einer hohen Genauigkeit unter Verwendung von Rechentechniken und Algorithmen, die nicht vom analytischen Standpunkt her, sondern bezüglich der elektronischen Schaltungsausführung bequem und effizient sind.

1.1.11 Genauigkeit bei Funktionsberechnungen

In Büchern über numerische Analysis oder numerisches Rechnen findet man gewöhnlich Gleichungen für die Fortpflanzung des absoluten Fehlers während eines Rechenprozesses. In diesem Buch soll etwas abweichend hiervon vorgegangen werden. Wir befassen uns hier mit dem Rechnen innerhalb der Grenzen, die durch die Rechenkapazität des Taschenrechners gegeben sind und mit den Einflüssen auf die Fehlerentstehung. Es sollen Methoden und Techniken angegeben werden, um die auftretenden Probleme zu überwinden.

Beim Fließkommasystem werden Rechnungen auf einem Taschenrechner durch das Auftreten eines Exponentenüberlaufs und -unterlaufs beeinflußt. Überschreitet eine Zahl die größtmögliche im Rechner darstellbare, so zeigt der Rechner gewöhnlich diese größtmögliche Zahl an, wodurch deutlich wird, daß der Wertebereich des Rechners überschritten wurde. So ähnlich ist es, wenn eine Rechnung eine kleinere als die kleinstmögliche im Rechner darstellbare Zahl erfordert. Die Zahl wird dann gewöhnlich gleich Null gesetzt, das heißt, die Rechnung führt zu einem Unterlauf der Rechnermöglichkeiten. Oberflächlich gesehen scheint es vernünftiger zu sein, einen Unterlauf durch Null als einen Überlauf durch die größtmögliche, dem Rechner verfügbare Zahl zu ersetzen. Bei dieser Verallgemeinerung ist jedoch Vorsicht geboten. Die Berechnung von e^{228} mit Hilfe des Kehrwertes von e^{-228} führt nämlich nicht zum gleichen Ergebnis wie die direkte Berechnung von e^{228}. Der Grund hierfür liegt darin, daß e^{-228} gleich Null gesetzt wird und deshalb der Kehrwert nicht definiert ist, während e^{228} innerhalb des Zahlenbereichs des Taschenrechners liegt.

$$\frac{1}{e^{-228}} = \frac{1}{0_{\text{Unterlauf}}} \rightarrow \text{nicht definiert}$$

$$e^{228} = 1.045061560 \times 10^{99}.$$

Es ist überraschend, daß diese „Randeffekte" zu einer praktischen Begrenzung des Zahlenbereichs, in dem die Funktion berechnet werden kann, führt. Tabelle 1.1.5 zeigt den Einfluß des Überlaufs und Unterlaufs auf den Zahlenbereich, in dem die Funktion $x^5 e^x/(e^x - 1)$ berechenbar ist.

---

[1] The Cordic trigonometric computing technique – IRE Transactions on Electronic Computer, September 1959

Tabelle 1.1.5 Einfluß des Überlaufs und des Unterlaufs auf
den auswertbaren Bereich einer Funktion

x	$x^5 e^x/(e^x - 1)$	$x^5/(1 - e^{-x})$
1	1.581976707	1.581976707
10	1.000045407×10^5	1.000045407×10^5
100	1.0×10^{10}	1×10^{10}
200	$3.200000023 \times 10^{11}$	$3.200000023 \times 10^{11}$
202	$3.363232171 \times 10^{11}$	$3.363232170 \times 10^{11}$
203	$3.447308829 \times 10^{11}$	$3.447308829 \times 10^{11}$
204	Überlauf	$3.533058573 \times 10^{11}$
220	Überlauf	$5.153631990 \times 10^{11}$
225	Überlauf	$5.766503900 \times 10^{11}$
226	Überlauf	$5.895792594 \times 10^{11}$
227	Überlauf	$6.027389914 \times 10^{11}$
228	Überlauf	Unterlauf

In der Tabelle ist die Funktion auf zwei Arten dargestellt, wobei die eine einen
Überlauf und die andere einen Unterlauf begünstigt. Das bedeutet: Die Funktionsdarstellung in der ersten Spalte führt zu einem Überschreiten des verfügbaren Zahlenbereichs,
da $x^5 e^x$ berechnet werden muß, während die Funktionsdarstellung in der zweiten Spalte
wegen der Berechnung von e^{-x} einen Unterlauf des verfügbaren Zahlenbereichs bewirkt.
Die Tabelle zeigt, daß der Bereich der Variablen x, in dem die Funktion berechnet werden kann, eher durch Überlaufeffekte als durch Unterlaufeffekte begrenzt wird. In der
Tat kann bei der in der zweiten Spalte gewählten Funktionsdarstellung ein um 12 %
größerer Bereich des Argumentes untersucht werden als bei der Funktionsdarstellung in
Spalte eins. Im allgemeinen ist bei Berechnungen auf einem Taschenrechner eine solche
Funktionsdarstellung günstig, die eventuell zu einem Unterlauf führt.

Rundungsfehler

Rundungsfehler haben eine gewisse Ähnlichkeit mit den Randeffekten, die beim
Unterlauf und Überlauf auftreten. Obwohl der Begriff Runden allgemein bekannt ist,
wird seine praktische Auswirkung auf anwendungsbezogene Berechnungen trotz gelegentlich überraschender Resultate oft nicht beachtet. Da einige der modernen Taschenrechner
13stellige Mantissen anzeigen, werden Rundungseffekte beim Rechnen leicht mißachtet,
da angenommen wird, daß auf Grund der großen Mantisse des Rechners die Genauigkeit
auch bei längeren Rechnungen erhalten bleibt. Die Frage lautet hier also nicht, wie ein
Rechenergebnis zu runden ist, sondern vielmehr wie in der Praxis durch Runden Fehler
in eine Rechnung gebracht werden. Der Rundungsvorgang ist ein Randeffekt. Er ähnelt
dem des Unterlaufs und Überlaufs insofern, als die letzte Ziffer in der Mantisse aufgrund
einer Vereinbarung durch eine andere Ziffer ausgetauscht wird. Er unterscheidet sich
andererseits von Unterlauf- und Überlaufeffekten, da Randeffekte, die auf das Zahlensystem im Rechner zurückzuführen sind, den berechenbaren Bereich des Argumentes

einengen können, wohingegen dies beim Rundungsvorgang nicht auftritt. Durch Rundung können sich aber Fehler bis in die signifikantesten Ziffern einer berechneten Zahl fortpflanzen. Man stellt sich die Frage, wie dies möglich ist. Das ist genau das Problem, das hier untersucht werden soll. An einem Beispiel, das zeigt, wie sich der Fehler beim Runden auf drei signifikante Ziffern in die erste signifikante Ziffer fortpflanzt und dadurch einen Fehler von 100 % verursacht, wird dieses Problem erläutert.

Tabelle 1.1.6 zeigt die Berechnung der Differenz der Produkte zweier Zahlen, die nur auf drei signifikante Ziffern genau bekannt sind.

Tabelle 1.1.6 Fortpflanzung des Fehlers von der letzten signifikanten Ziffer in die signifikanteste Ziffer

verlangte Rechnung	Ergebnisse	Einzelergebnisse gerundet	Endergebnis gerundet
0.234 X 0.567 − 0.232 X 0.566	0.132 678 − 0.131 312	0.133 − 0.131	0.132 678 − 0.131 312
0.xxx	1.366×10^{-3}	2×10^{-3}	1×10^{-3}

In der 1. Spalte steht die geforderte Rechnung. Die 2. Spalte zeigt das mit einem Taschenrechner ermittelte Ergebnis und die 3. Spalte das Ergebnis, das durch die Subtraktion der gerundeten Resultate der beiden Produkte entsteht. In der 4. Spalte wird zuerst die Differenz der beiden ungerundeten Produktergebnisse gebildet und dann die Rundung ausgeführt. Unter einer Rundung ist hier folgendes zu verstehen: Werden zwei dreiziffrige Zahlen miteinander multipliziert, so hat das Produkt entweder fünf oder sechs Stellen. Da aber die ursprünglichen Zahlen nur auf drei Stellen genau bekannt sind, sind die letzten zwei oder drei Ziffern des Produktes ohne Bedeutung. Beim Runden wird zu der Ziffer, die in der dritten Stelle steht, eine 1 addiert, wenn die folgende Ziffer größer oder gleich fünf ist, oder es wird eine 0 hinzuaddiert, wenn die folgende Ziffer kleiner als fünf ist.

Nun soll Tabelle 1.1.6 näher untersucht werden. Eine Rundung ist hier sinnvoll, da die Zahlen in den Produkten nur bis auf drei Stellen genau bekannt sind. Somit sind auch die auf 5 oder 6 Stellen angezeigten Ergebnisse nur auf drei Stellen gesichert und müssen deshalb gerundet werden. Das Ergebnis 1.366×10^{-3}, das man aus der Differenz der noch nicht gerundeten Produkte erhält, ist nur auf die erste Stelle genau. Werden die zweite, dritte und vierte Ziffer bei weiteren Rechnungen mit berücksichtigt, so bewirken sie zusätzliche Fehler, die sich bei jeder Berechnung weiter fortpflanzen. Natürlich kann die Fortpflanzung dieses Fehlertyps in umfangreichen Rechnungen zu sinnlosen Resultaten führen. Dieser Rundungsfehler ist allgemein bekannt und wird gewöhnlich nicht gemacht.

Diejenigen Fehler jedoch, die in der dritten Spalte der Tabelle gemacht werden, kommen gelegentlich bei Rechnungen vor. Sie entstehen durch scheinbar vernünftige, aber in der Tat mathematisch unkorrekte Rechnungen und führen so zu beträchtlichen Fehlern. Die Produkte werden, bevor sie voneinander subtrahiert werden, auf drei signifikante Stellen gerundet. Das Ergebnis dieser Rechnung beträgt 2×10^{-3}. In der 4. Spalte wird dagegen zuerst die Subtraktion ausgeführt und dann die Rundung vorgenommen.

Man sieht, daß die Resultate dieser beiden Rechnungen sich um den Faktor 2 (100 % Unterschied in den Ergebnissen) unterscheiden. Der grundlegende Gedanke zur Aufstellung der 3. Spalte ist der, daß die Zahlen tatsächlich nur auf drei signifikante Ziffern genau bekannt sind und deshalb jedes Produkt vor Ausführung der Subtraktion gerundet werden sollte. Die Überlegungen zu den Rechnungen in der 4. Spalte berücksichtigen, daß durch Rundung eine in der Rechnung vorkommende Zahl willkürlich verändert wird, was zu einem Randeffekt-Fehler führt. In der 3. Spalte treten zwei Randeffekt-Fehler auf, die zusammen zu einem beträchtlichen resultierenden Fehler führen können, während es in der 4. Spalte nur zu einem Randeffekt-Fehler kommt, wenn nach der Produktbildung und der Ausführung der Subtraktion das Ergebnis gerundet wird. Wird also bei einer Reihe von n Produkten, die voneinander subtrahiert werden sollen, die Rundung schon nach jeder einzelnen Multiplikation vorgenommen, so entstehen hierdurch n Möglichkeiten zur Fortpflanzung des Rundungsfehlers von der dritten in die erste signifikante Ziffer. Wird jedoch die Rundung erst nach den Subtraktionen vorgenommen, so besteht nur eine Möglichkeit für die Fortpflanzung des Rundungsfehlers in die signifikantesten Ziffern. Als Faustregel für genaue Rechnungen gilt deshalb: Erst nach dem letzten Schritt runden! In dem hier gewählten Beispiel überträgt sich der Rundungsfehler von der letzten signifikanten Ziffer direkt in die erste signifikante Ziffer. Dies ist gewöhnlich nicht der Fall. Es soll jedoch darauf hingewiesen werden, daß Rechnungen mit einer Genauigkeit von 10^{-4}, in denen Differenzen vorkommen, den Rundungsfehler um drei signifikante Ziffern nach vorn übertragen könen und somit die Ergebnisse genauer Rechnungen (z. B. die Berechnung von Ableitungen mit Hilfe endlicher Differenzen) in der dritten und sogar in der zweiten Stelle modifiziert werden können.

Zusammenfassend kann gesagt werden, daß das Runden hauptsächlich dann zu einem Problem wird, wenn zwei Zahlen gleicher Größenordnung voneinander subtrahiert werden. Bei einer Subtraktion pflanzt sich der Rundungsfehler deshalb fort, weil die führenden Ziffern entfallen. Somit werden die Rundungsfehler von der letzten signifikanten in die signifikantesten Stellen gebracht. Da die Anzeige eines Rechners eine Mantisse bis zu 13 Stellen anzeigt, kann der unerfahrene Analytiker hierdurch getäuscht werden, weil er fälschlicherweise annimmt, ein genaues Ergebnis erhalten zu haben.

Unglücklicherweise gibt es kein systematisches Verfahren, um Rundungseffekte in umfangreichen Rechnungen zu analysieren. Das einzige, was gesagt werden kann ist, daß Gleichungen nach Möglichkeit so dargestellt werden sollen, daß sie nicht zu Differenzen annähernd gleich großer Zahlen führen. Sogar dies ist schwierig, da solche Parameterwerte des Problems, die zu Differenzen annähernd gleich großer Zahlen führen, oft nicht unmittelbar in Erscheinung treten, so daß signifikante Rundungsfehler nicht leicht vorhergesagt werden können. Die einzige praktische Lösung ist, zu versuchen, Gleichungen derart darzustellen, daß möglichst wenige Subtraktionen ausgeführt werden müssen.

Relativer Fehler

Wie bereits erwähnt, ist beim Festkommasystem der absolute Fehler und beim Fließkommasystem der relative Fehler konstant. Das heißt, die Differenz zweier aufeinanderfolgender Zahlen hat beim Festkommasystem immer den gleichen Wert; beim Fließkommasystem ist dies nicht der Fall, denn die Differenz zweier aufeinanderfolgen-

der Fließkommazahlen im Bereich um Null ist kleiner als die Differenz zweier Fließkommazahlen nahe der größtmöglichen im Rechner darstellbaren Zahlen. Die Differenz
zweier Zahlen dividiert durch eine der beiden ist beim Fließkommasystem annähernd
konstant, wohingegen dieser Quotient beim Festkommasystem variiert. Beim Fließkommasystem wird also eher der relative als der absolute Fehler hervorgehoben, so wie
dies auch bei den meisten anwendungsbezogenen und wissenschaftlichen Analysen geschieht. Die Fließkommazahlen bilden daher das natürliche Zahlensystem für technisch-
wissenschaftliche Rechnungen.

So ähnlich ist es bei der numerischen Funktionsberechnung. Technisch-wissenschaftliche Auswertungen auf einem Taschenrechner sind für Funktionsdarstellungen,
die den relativen Fehler minimieren günstiger als solche, die den absoluten Fehler klein
halten. Obschon dieser Sachverhalt dem routinierten Analytiker gut bekannt und dem
Praktiker durchaus vernünftig erscheint, wird immer noch recht häufig der absolute
Fehler als Genauigkeitskriterium bei numerischen Analysen verwendet. Soll zum Beispiel
e^{+x} im Bereich von 0 bis 3 unter Verwendung einer Taylor-Reihenentwicklung auf 10^{-3}
genau berechnet werden, so sind in der Reihe Glieder bis zur 12ten Ordnung erforderlich,
das heißt, der vom Glied 13ter Ordnung gelieferte Betrag ist etwas kleiner als 10^{-3}.
Verlangt man jedoch — was vernünftiger ist —, daß der *relative* Fehler etwa 10^{-3} sein
soll, so werden in der Reihenentwicklung nur Glieder bis zur 9ten Ordnung benötigt. Das
Kriterium des absoluten Fehlers verlangt um 30 % mehr Glieder als gewöhnlich bei ingenieurmäßigen Analysen erforderlich sind. Allgemein ist es bei der Herleitung von Approxi-
mationsformeln wichtig, den für das zu lösende Problem entscheidenden Fehlertyp zu
bestimmen und diejenige Approximationsmethode, die eine angemessene Genauigkeit
liefert, zu verwenden. Zu oft sind Approximationen „anstrengend" lang und für den
betreffenden Zweck viel zu genau.

In Abschnitt 2.4 werden Potenzreihendarstellungen höherer mathematischer Funktionen, wie Bessel-Funktionen und Legendre-Polynome, ausgewertet. Unser Augenmerk
liegt dort auf beiden Fehlerkriterien, dem relativen und dem absoluten Fehler. Die auf
dem relativen Fehler basierenden Formeln haben weniger Terme als diejenigen, die für
den absoluten Fehler gelten. Bei technisch-wissenschaftlichen Rechnungen (bei denen der
relative Fehler von Bedeutung ist) ergibt sich hieraus eine bedeutende Herabsetzung des
Arbeitsaufwandes für die Auswertung dieser Funktionen auf einem Taschenrechner, da
diejenigen Tastendrücke, die für die Erhebung des Argumentes in hohe Potenzen erforderlich sind, wegfallen.

Umordnen von Formelausdrücken zur Fehlerminimierung bei Funktionsauswertungen

Die einzige Aufgabe eines Taschenrechners liegt in der numerischen Auswertung
mathematischer Funktionen. Er besitzt daher keine alphanumerische Anzeige oder die
Fähigkeit, Wörter, außer durch Koinzidenz, anzuzeigen. Die Einflüsse, die Unterlauf und
Überlauf, Rundung und selbst das Fehlerkriterium auf die Genauigkeit einer numerischen
Funktionsauswertung ausüben, sind bereits untersucht worden. Nun sollen kurz die aus-
zuwertenden Funktionen betrachtet werden. Dabei soll gezeigt werden, wie sie derart um-
geformt werden können, daß bei einer Subtraktion zweier fast gleichgroßer Zahlen die
Genauigkeit erhalten bleibt.

Es gibt viele „Tricks" zur Handhabung der Differenz zweier Zahlen fast gleicher Größe. Jedoch existiert eine allgemeine Technik, mit der viele Problemstellungen, in denen Differenzen annähernd gleichgroßer Zahlen vorkommen, gelöst werden können. Hierzu wird die Funktion

$$h(x) = f(x + \epsilon) - f(x)$$

betrachtet. Wie bereits diskutiert, kann sich bei der numerischen Auswertung von $h(x)$ der Rundungsfehler in führende signifikante Stellen fortpflanzen. Diese Funktion kann nun umgewandelt werden in

$$h(x) = \{ f(x + \epsilon) - f(x) \} \left\{ \frac{f(x + \epsilon) + f(x)}{f(x + \epsilon) + f(x)} \right\}$$

$$h(x) = \frac{f^2(x + \epsilon) - f^2(x)}{f(x + \epsilon) + f(x)} \; .$$

Dies ist eine allgemeine Gleichung, die — für algebraische und gewisse transzendente Funktionen — die Differenz zweier benachbarter Zahlen durch das Verhältnis von Summen solcher Zahlen ausdrückt, die auf einem Taschenrechner (oder irgendeinem anderen Rechner oder Computer) genau berechnet werden können. Ist zum Beispiel

$$f(x) = x^2$$

so wird

$$h(x) = \frac{(x + \epsilon)^4 - x^4}{2x^2 + 2x\epsilon + \epsilon^2} \cong \frac{4x^3\epsilon}{2x^2(1 + \epsilon / x)} \cong 2x\epsilon \; .$$

In einem anderen Beispiel wird die Funktion

$$f(x) = \sin(x + \epsilon)$$

betrachtet. Dann ist

$$h(x) = \sin(x + \epsilon) - \sin(x) = 2 \cos\left(x + \frac{\epsilon}{2}\right) \sin\left(\frac{\epsilon}{2}\right).$$

Für kleines ϵ (aber nicht notwendigerweise kleines x) läßt sich $h(x)$ darstellen zu

$$h \cong 2\left\{ \cos\left(x + \frac{\epsilon}{2}\right)\right\} \left\{ \frac{\epsilon}{2}\right\} \cong \epsilon \cos\left(x + \frac{\epsilon}{2}\right).$$

Ein von Hamming angegebenes Beispiel lautet:

$$(x + \epsilon)^{1/2} - (x)^{1/2} = \frac{\left[(x + \epsilon)^{1/2} - (x)^{1/2}\right]\left[(x + \epsilon)^{1/2} + (x)^{1/2}\right]}{(x + \epsilon)^{1/2} + (x)^{1/2}}$$

$$= \frac{\epsilon}{(x + \epsilon)^{1/2} + (x)^{1/2}} \; .$$

Im Hinblick auf andere Verfahren macht Hamming die interessante Bemerkung, daß die scheinbar große Anzahl von Kunstgriffen, die es zur Umformung einer Funktion gibt, damit deren endliche Differenzen besser gehandhabt werden können, dem Analytiker tatsächlich schon bekannt sind. Es sind nämlich genau dieselben Methoden, die in der Differentialrechnung zur Herleitung der Ableitung einer Funktion verwendet werden. Dies läßt sich anhand der Definition der Ableitung zeigen:

$$\lim_{\Delta x \to 0} \left\{ \frac{\Delta y}{\Delta x} \right\} = \lim_{\Delta x \to 0} \left\{ \frac{f(x + \Delta x) - f(x)}{\Delta x} \right\}.$$

Als letztes Mittel zur Vermeidung von Subtraktionen zweier fast gleichgroßer Zahlen können die meisten Funktionen in Reihen entwickelt oder durch verschiedene Reihentypen in dem interessierenden Intervall approximiert werden. Dann kann wie zuvor $h(x)$ gebildet und modifiziert werden, um das Subtraktionsproblem zu umgehen.

Eine Methode, die überraschend gute Ergebnisse bei bestimmten Funktionen liefert (siehe Beispiel 1.1.4), liegt in der Verwendung des Mittelwertsatzes der Differentialrechnung:

$$f(b) - f(a) = (b - a) f'(\theta) \qquad (a < \theta < b).$$

Als Beispiel für die Anwendung des Mittelwertsatzes soll

$$h(x) = \sin(x + \epsilon) - \sin(x)$$

berechnet werden, wobei $x + \epsilon$ nicht notwendigerweise klein sein muß. Unter Verwendung des Mittelwertsatzes erhält man

$$h(x) = [(x + \epsilon) - (x)] \cos(\theta) = \epsilon \cos \theta$$

für

$$x + \epsilon > \theta > x.$$

Die Schwierigkeit liegt in der Auswahl desjenigen Wertes θ, der den geeigneten Wert von $f'(x)$ liefert. Das heißt, θ ist so auszuwählen, daß sich ein kleinerer Fehler als derjenige ergibt, der durch Fortpflanzung des Rundungsfehlers in die signifikantesten Ziffern verursacht wird. Der Autor kennt keine Methode zur effektiven Abschätzung von θ, die eine größere Genauigkeit als die durch Bildung der Differenz selbst gegebene garantiert. Es ist jedoch naheliegend, für θ den Mittelwert des Intervalls zu nehmen. In diesem Falle wird

$$h(x) \cong \epsilon \cos\left(x + \frac{\epsilon}{2}\right).$$

Sicherlich ist diese Methode von fragwürdigem Wert (für genaue Berechnungen), es sei denn, θ ist bestimmbar. Die Gleichung ist jedoch unter Verwendung der Ausdrücke

$$\epsilon \cdot \cos(x + \epsilon)$$
$$\epsilon \cdot \cos(x)$$

für die Berechnung der Extremwerte der Differenz im betrachteten Intervall nützlich.

In Tabelle 1.1.7 sind einige häufig verwendete Differenzengleichungen zur Vermeidung großer Fehler bei der Differenzenbildung fast gleichgroßer Werte für transzendente Funktionen zusammengestellt.

Tabelle 1.1.7 Häufig verwendete Differenzengleichungen bei Funktionsberechnungen

$$\Delta e^x = e^x(e^{\Delta x} - 1)$$

$$\Delta \ln(x) = \ln\left(1 + \frac{\Delta x}{x}\right)$$

$$\Delta \sin(2\pi x) = 2\sin(\pi\Delta x)\cos\left[2\pi\left(x + \frac{\Delta x}{2}\right)\right]$$

$$\Delta \cos(2\pi x) = -2\sin(\pi\Delta x)\sin\left[2\pi\left(x + \frac{\Delta x}{2}\right)\right]$$

$$\Delta \tan(2\pi x) = \sin(2\pi\Delta x)\sec(2\pi x)\sec(2\pi x + 2\pi\Delta x)$$

1.1.12 Simultane Gleichungen [1])

Hat der Leser seinen Taschenrechner gerade in greifbarer Nähe, so stelle er „Bogenmaß" ein, bringe 0.5 ins Anzeigeregister und drücke dann wiederholt die cos-Taste. Folgende Zahlen werden dann im Anzeigeregister angezeigt:

Anzahl der Iterationen	Anzeige-Register
1	0.877582562
5	0.768195831
10	0.735006309
20	0.739006780
49	0.739085134
50	0.738085133
51	0.739085133

Gegen welche Zahl konvergiert diese Zahlenfolge? Anders ausgedrückt: Welches Problem wird durch wiederholtes Drücken einer Funktions-Taste gelöst? Die Antwort hierauf hat wichtige Konsequenzen und ist ebenso interessant wie von praktischem Nutzen. Die Zahl 0.739085133 ist die Lösung der simultanen Gleichungen

$$y = x$$

$$y = \cos(x).$$

---

[1]) Mit besonderer Erlaubnis entnommen aus: Chemical Engineering, April 26, 1976. Copyright 1976 McGraw-Hill, Inc., New York.

Anhand der Tabelle läßt sich ablesen, daß diese Gleichung nach dem 51sten Tastendruck konvergiert:

$$0.739085133 = \cos{(0.739085133)}.$$

Man hat also mit anderen Worten eine Bedingung für

$$x = \cos{(x)}$$

gefunden. Zu Beginn der Rechnung ist

$$x \neq \cos{(x)}.$$

Mit dem ersten Tastendruck wird eine erste Näherung

$$y_1 \approx \cos{(x_0)}$$
$$x_1 = y_1$$

berechnet. Hierauf aufbauend kann eine zweite Approximation gemacht werden:

$$y_2 \approx \cos{(x_1)}$$
$$x_2 = y_2.$$

Durch n-maliges Wiederholen dieser Iteration ergibt sich hieraus, wie aus der Tabelle zu entnehmen ist,

$$\lim_{n \to \infty} (x_n) = \cos{(x_{n-1})}.$$

Zusammenfassend kann also gesagt werden: Wird eine Funktionstaste auf einem Taschenrechner wiederholt gedrückt und konvergiert die Folge der angezeigten Zahlen, so ist das Ergebnis die Lösung der simultanen Gleichungen

$$y = x$$
$$y = f(x).$$

Diese Aussage ist für die Praxis sehr wichtig, da viele ingenieurmäßigen Probleme — obschon gewöhnlich nicht ganz so einfach wie dieses Beispiel — Iterationsprobleme mit impliziten Funktionen sind. Das Verfahren kann jedoch erweitert werden. Angenommen, man möchte die etwas schwierigeren simultanen Gleichungen

$$y = h(x)$$
$$y = f(x)$$

lösen, so können diese in eine implizite Funktion zur Lösung von x umgeschrieben werden:

$$x = h^{-1}(f(x)).$$

Zur Lösung dieses Problems durch die Methode der mehrfachen Tastendrücke ist es nur noch erforderlich, daß beide, die Funktionen f und h^{-1}, Tastenfeldfunktionen eines Taschenrechners sind. Wird zum Beispiel die Lösung der Gleichung $x^2 = \cos{(x)}$ gesucht, so kann x aus $x = \sqrt{\cos}(x)$ berechnet werden.

Die Tastendruckfolge lautet hier

Eingabe von x
drücke   cos
drücke $\sqrt{}$
drücke   cos
drücke $\sqrt{}$

usw., solange, bis der Prozeß konvergiert. Der Wert für x ergibt sich in diesem Falle zu $x = 0.824132312$.

Ein anderes Beispiel für dieses Verfahren ist

$$y = \cos(x)$$

$$y = \tan(x).$$

Die Gleichungen werden hier umgeformt zu

$$x = \arctan(\cos(x)).$$

Nach 21 Iterationsschritten erhält man den Wert für x zu $x = 0.666239433$.

Funktioniert die angegebene Methode nun immer? Nein! Soll zum Beispiel mit diesem Verfahren die Gleichung

$$x = \arccos(x)$$

gelöst werden, so stellt man fest, daß der Prozeß nicht konvergiert. Ähnliches zeigt sich, wenn man versucht, den Wert x für die Gleichung

$$\sin(x) = \cos(x)$$

durch Lösen von

$$x = \arcsin(\cos(x))$$

zu finden. Die berechneten x-Werte oszillieren ständig um einen festen Wert.

Als letztes sei gesagt, daß die Lösung der Gleichung

$$e^x = x$$

sogar ständig anwächst. Warum? Das Beispiel ist typisch für eine Aufgabe, die ein im numerischen Rechnen Unerfahrener aufstellt und nicht lösen kann. Sie zeigt sehr deutlich, wie wesentlich es ist, ein Problem an sich zu verstehen und nicht nur die zugehörigen Gleichungen.

Allgemein treten bei vielen Tastenfeldfunktionen Konvergenzschwierigkeiten auf, die zum Glück jedoch bei den meisten praktischen Problemen leicht zu überschauen sind. Entweder bricht der Lösungsvorgang infolge eines Überlaufs oder infolge eines undefinierten Argumentes ab oder das Verfahren konvergiert nicht. [1]

---

[1] siehe Abschnitt 2.1.6

An dieser Stelle soll darauf hingewiesen werden, daß das Lösen simultaner Gleichungen nur ein Spezialfall des viel allgemeineren Problems der Nullstellenbestimmung einer Funktion ist. Dies läßt sich veranschaulichen, wenn die Gleichung

$$y(x) = z(x)$$

umgeschrieben wird zu

$$y(x) - z(x) = 0 = Q(x).$$

Zur Lösung dieses allgemeinen Problems $Q(x) = 0$ gibt es viele brauchbare numerische Methoden, wovon einige in Abschnitt 3.5 beschrieben sind.

1.1.3 Beispiele

Beispiel 1.1.1: Berechne $\ln(0.9)$ mit Hilfe einer nach dem Glied 5ter Ordnung abgebrochenen Taylor-Reihenentwicklung von $\ln(1+x)$ um die Stelle $x = 0$.

$$\ln(1+x) \approx x\left(1 - \frac{x}{2}\left(1 - \frac{2x}{3}\left(1 - \frac{3x}{4}\left(1 - \frac{4x}{5}\right)\right)\right)\right), \qquad |x| < 1.$$

Es ist

$$1 + x = 0.9$$
$$x = -0.1.$$

Hieraus ergibt sich:

$$\ln(0.9) \approx -0.1\left(1 + \frac{0.1}{2}\left(1 + \frac{2\times0.1}{3}\left(1 + \frac{3\times0.1}{4}\left(1 + \frac{4\times0.1}{5}\right)\right)\right)\right).$$

Eine typische Tastendruckfolge zur Auswertung dieses Polynoms lautet in algebraischer Notation

$$4\times0.1 + 5 + 1\times3\times0.1 + 4 + 1\times2\times0.1 + 3 + 1\times0.1 + 2 + 1\times0.1\,\text{CHS} =$$

und in umgekehrter polnischer Notation:

$$4\uparrow0.1\times5 \div 1 + 3\times0.1\times4 \div 1 + 2\times0.1\times3 \div 1 + 0.1\times2 + 1 + 0.1\times\text{CHS}\,.$$

Genauigkeitsbetrachtungen für größere x-Bereiche sind in Tabelle 1.1.8 dargestellt.

Beispiel 1.1.2: Berechne $\ln(1+x)$ mit Hilfe des Chebyshev-Approximationspolynoms 5. Ordnung

$$\ln(1+x) \approx x\big(a_1 + x(a_2 + x(a_3 + x(a_4 + a_5 x)))\big), \qquad 0 \leqslant x \leqslant 1$$

im Bereich $0 \leqslant x \leqslant 1$ mit den Koeffizienten (siehe Seite 30)

$$a_1 = 0.99949556$$
$$a_2 = -0.49190896$$
$$a_3 = 0.28947478$$
$$a_4 = -0.13606275$$
$$a_5 = 0.03215845$$

Tabelle 1.1.8 Genauigkeit einer Taylor-Reihenentwicklung bis zu Gliedern 5ter Ordnung von $\ln(1+x)$

$(1+x)$	x	$\ln(1+x)$	$x[1-x/2(1-\cdots)]$	absoluter Fehler	relativer Fehler (%)
0.9	-0.1	-0.10536052	-0.10536033	-0.00000018	00.000173
0.8	-0.2	-0.22314355	-0.22313067	-0.00001288	00.005774
0.7	-0.3	-0.35667494	-0.35651100	-0.00016394	00.04596194
0.6	-0.4	-0.51082562	-0.50978133	-0.00104429	00.20443190
0.5	-0.5	-0.69314718	-0.68854167	-0.00460551	00.80241261
0.4	-0.6	-0.91629073	-0.89995200	-0.01633873	01.78313839
0.3	-0.7	-1.20397280	-1.15297233	-0.05100047	04.23601512
0.2	-0.8	-1.60943791	-1.45860264	-0.15083525	09.37192077
0.1	-0.9	-2.30258509	-1.83012300	-0.47246209	20.51876799

Tabelle 1.1.9 Genauigkeit der Chebyshev-Polynomapproximation von $\ln(1+x)$ bis zu Gliedern 5ter Ordnung

$(1+x)$	x	$\ln(1+x)$	$x[a_1+x(a_2+\cdots)]$	absoluter Fehler	relativer Fehler (%)
1.1	$+0.1$	0.09531018	0.09530666	0.00000352	0.003697
1.2	$+0.2$	0.18232156	0.18233114	-0.00000959	-0.005257
1.3	$+0.3$	0.26236426	0.26236872	-0.00000445	-0.001697
1.4	$+0.4$	0.33647224	0.33646527	0.00000696	0.002070
1.5	$+0.5$	0.40546511	0.40545592	0.00000919	0.002267
2.0	$+1.0$	0.69314718	0.69315708	0.00000990	-0.001428

Tabelle 1.1.10 Genauigkeit der Chebyshev-Polynomapproximation von $\ln(1+x)$ bis zu Gliedern 5ter Ordnung außerhalb des Bereichs $0 \leqslant x \leqslant 1$

$1+x$	x	$\ln(1+x)$	$x[a_1+x(a_2+\cdots)]$	absoluter Fehler	relativer Fehler (%)
0.9	-0.1	-0.10536052	-0.10517205	-0.00018847	0.178879
0.8	-0.2	-0.22314355	-0.22211926	-0.00102429	0.459028
0.7	-0.3	-0.35667494	-0.35311655	-0.00355840	0.997658
0.6	-0.4	-0.51082562	-0.50084255	-0.00998309	1.954301
0.5	-0.5	-0.69314718	-0.66841824	-0.02472894	3.567632
2.1	1.1	0.74193734	0.74210824	-0.00017089	-0.023034
2.2	1.2	0.78845736	0.78913899	-0.00068162	-0.086450
2.3	1.3	0.83290912	0.83478743	-0.00187831	-0.225512
2.4	1.4	0.87546874	0.87972822	-0.00425948	-0.486537
2.5	1.5	0.91629073	0.92481112	-0.00852039	-0.929878

Die erreichte Genauigkeit dieser Approximation ist in den Tabellen 1.1.9 und 1.1.10 wiedergegeben. Es sei erwähnt, daß das Polynom sogar außerhalb des Bereiches $0 \leqslant x \leqslant 1$ genauer als die „unkonditionierte" Taylor-Reihenentwicklung von $\ln(1+x)$ ist. Die numerische Auswertung von $\ln(1+x)$ mit Hilfe des Approximationspolynoms erfordert annähernd 60 Tastendrücke (20 Tastendrücke mehr als bei der Approximation durch die Taylor-Reihe) und zwar unabhängig von der verwendeten Sprache, sei es die algebraische oder umgekehrte polnische. Die zusätzlichen Tastendrücke ergeben sich in erster Linie durch die Eingabe der Koeffizienten $a_1, a_2, \ldots, a_5$.

Beispiel 1.1.3: Schreibe die Differenz

$$h(x) = \frac{1}{1+x} - \frac{1}{x}$$

mit Hilfe einer Reihenentwicklung derart um, daß Rundungsfehler möglichst klein gehalten werden. Das angestrebte Ziel liegt in der Beseitigung der Differenz zweier Zahlen annähernd gleicher Größe. Wird der erste Term entwickelt, so erhält man:

$$\frac{1}{x+1} = \frac{1/x}{1+1/x} = \frac{1}{x}\left(1 - \frac{1}{x} + \frac{1}{x^2} - \frac{1}{x^3} + \cdots\right). \qquad |x| > 1.$$

Hiermit ergibt sich h zu

$$h(x) = \frac{1}{x}\left(1 - \frac{1}{x} + \frac{1}{x^2} - \frac{1}{x^3} + \cdots\right) - \frac{1}{x}$$

$$h(x) = \frac{1}{x}\left[\left(1 - \frac{1}{x} + \frac{1}{x^2} - \frac{1}{x^3} + \cdots\right) - 1\right]$$

$$h(x) = -\frac{1}{x^2}\left(1 - \frac{1}{x} + \frac{1}{x^2} - \cdots\right)$$

$$h(x) = \frac{-1}{x^2}\left(\frac{1}{1+1/x}\right) = \frac{-1}{x(x+1)}$$

Diese Form von $h(x)$ benötigt keine Berechnung der Differenz zweier fast gleichgroßer Zahlen. Der Gültigkeitsbereich dieser Herleitung ist $|x| > 1$.

Beispiel 1.1.4: Bringe die Differenz

$$h(x) = \frac{1}{x+1} - \frac{1}{x}$$

mit Hilfe algebraischer Umformungen auf so eine Form, daß Rundungsfehler möglichst klein gehalten werden. Man erhält

$$h(x) = \frac{x - (x+1)}{x(x+1)} = \frac{-1}{x(x+1)}.$$

Das gewonnene Ergebnis ist gleich dem Resultat, das durch Reihenentwicklung hergeleitet wurde; es gilt sogar für alle x und nicht nur für $|x| > 1$. Dies ist ein wichtiger Punkt, den man im Auge behalten sollte, denn Herleitungen durch Reihenentwicklungen führen oft zu Ergebnissen, die über den Bereich hinaus Gültigkeit haben, der strenggenommen bei ihrer Herleitung für die unabhängige Variable zugelassen war. Mit einem Taschenrechner kann ohne Mühe der dynamische Bereich in dem eine hergeleitete Formel Gültigkeit hat, nachgeprüft werden.

Beispiel 1.1.5: Schätze $\sin(31°) - \sin(30°)$ mit Hilfe des Mittelwertsatzes der Differentialrechnung ab. Man erhält

$$h(x) = \sin(30° + 1°) - \sin(30°) \approx 0.017453293 \cdot \cos(30.5°).$$

Hier ist 0.017453293 das Bogenmaß von $1°$. Weiter ergibt sich:

$$
\begin{aligned}
0.017453293 \cdot \cos(30.5°) &= 0.015038266 \\
\sin(31°) - \sin(30°) &= 0.015038075 \\
\text{relativer Fehler (\%)} &= -0.0012700 \\
\text{absoluter Fehler} &= -0.000000191
\end{aligned}
$$

Tabelle 1.1.11 zeigt, daß der Mittelwertsatz bei ingenieurmäßigen Auswertungen nützlich sein kann, da der relative Fehler sehr klein ist. Es ist jedoch bei der Verwendung des Mittelwertsatzes Vorsicht geboten. Hätte man in der obigen Rechnung an Stelle von $\cos(30°)$ $\cos(30.5°)$ eingesetzt, so ergäbe sich:

$$0.017453293 \cdot \cos(30°) \quad = \quad 0.015114995$$

Tabelle 1.1.11 Genauigkeit bei der Berechnung von $\sin(\theta + 1°) - \sin\theta$ mit Hilfe des Mittelwertsatzes

θ (Grad)	$\sin(\theta + 1°) - \sin\theta$	nach Mittelwertsatz	absoluter Fehler	relativer Fehler (%)
0	0.017452406	0.017452628	− 0.000000222	− 0.0012
10	0.017160818	0.017161036	− 0.000000218	− 0.0012
20	0.016347806	0.016348014	− 0.000000208	− 0.0012
30	0.015038075	0.015038266	− 0.000000191	− 0.0012
40	0.013271419	0.013271588	− 0.000000169	− 0.0012
50	0.011101518	0.011101659	− 0.000000141	− 0.0012
60	0.008594304	0.008594412	− 0.000000109	− 0.0012
70	0.005825955	0.005824029	− 0.000000074	− 0.0012
80	0.002880587	0.002880624	− 0.000000037	− 0.0012
90	− 0.000152305	− 0.000152307	+ 0.000000002	− 0.0012

und

$$\sin(31°) - \sin(30°) \qquad = \quad 0.015038075$$
$$\text{absoluter Fehler} \qquad = -0.000076920$$
$$\text{relativer Fehler (\%)} \qquad = -0.5115024$$

Für $\cos(31°)$ an Stelle von $\cos(30.5°)$ würde folgen:

$$0.017453293 \cdot \cos(31°) \qquad = \quad 0.014960392$$
$$\sin(31°) - \sin(30°) \qquad = \quad 0.015038075$$
$$\text{absoluter Fehler} \qquad = \quad 0.000077683$$
$$\text{relativer Fehler (\%)} \qquad = \quad 0.5165751$$

Hieraus ist zu ersehen, daß der relative Fehler von ungefähr $\frac{1}{1000}$ % in der Mitte des θ-Intervalls auf ungefähr $\frac{1}{2}$ % an den Intervallrändern springt.

1.2 Differenzentafeln, Datenanalyse und Berechnung von Funktionen

1.2.1 Einführung

Dieser Abschnitt beschäftigt sich mit der Interpolation, der Extrapolation und der Anpassung tabellierter Daten. Viele Bücher über numerische Analysis behandeln diese Themenbereiche in Verbindung mit dem Gebrauch mathematischer Tafeln. Obwohl die Anwendung dieser Methoden, die ein genaues Nachschlagen in Tabellen ermöglichen, interessant ist, werden in diesem Abschnitt Funktionen entwickelt, die eine einfache Gestalt haben und komplizierte Funktionen ersetzen können. Diese Technik — analytische Substitution genannt — ist in der fortgeschrittenen Analysis üblich. Zum Beispiel können mit Hilfe von Kostendaten, die durch Computerprogramme mit bis zu 500 Kostenschätzungen (KSGs) ermittelt werden, Kostentabellen aufgestellt werden, wenn ein einzelner Formparameter verändert wird. Häufig ist es zweckmäßig, eine Interpolationsformel auf der Grundlage einer Tabelle diskreter Kosten zu entwickeln, so daß diese Formel die Systemkosten als Funktion eines einzigen Formparameters berechnet. Die einfache Formel kann analytisch das komplexe System der KSGs in dem großstufigen Kostenmodell vollständig ersetzen. Dies reduziert den Aufwand bei der Kostenschätzung und ermöglicht eine bequeme Analyse des vereinfachten Modells auf dem Taschenrechner (siehe Abschnitt 4.2).

Weiterhin werden wir die Anpassung tabellierter Daten an Hand von Schätzungen der Fehlerfortpflanzung in einer Differenzentafel untersuchen. Schließlich wird die Extrapolation oder Vorhersage betrachtet, vielleicht die wichtigste aber am wenigsten entwickelte Verwendung der Datentabellen. Hier wird die Begrenzung des Gültigkeitsbereichs von Entwürfen, Vorhersagen, Trenderkennungen und geschätzten Funktionswerten betrachtet und ebenso die praktische Notwendigkeit, das Verhalten dynamischer Prozesse aus ihren Datentabellen vorherzusagen, diskutiert.

1.2.2 Differenzentafeln von Daten gleicher Abstände

Vor der Zeit der Taschenrechner war das Aufstellen umfangreicher Differenzentafeln mit mechanischen Rechnern recht mühselig und laut. In der Praxis werden für diese Differenzentafeln Zahlen mit bis zu wenigstens fünf signifikanten Ziffern verlangt. Eine endliche Differenzentafel mit n Zahlen und Differenzen $m$ter Ordnung erfordert die Berechnung von

$$\frac{m(2n - m - 1)}{2}$$

Differenzen und ihre Eintragungen in die Differenzentafel. Für eine Tafel mit 50 Eingängen und Differenzen 5ter Ordnung müssen beipielsweise 235 Differenzen berechnet werden. Somit sind 470 Dateneingaben erforderlich, was auf den alten mechanischen Rechnern ungefähr eine Stunde dauerte. Auf dem elektronischen Taschenrechner sind diese Rechnungen schnell und geräuschlos durchgeführt, wobei eine Zeitbegrenzung durch das Erstellen der Differenzentafel entsteht. Tabellen mit 50 Eingangszahlen und Differenzen fünfter Ordnung lassen sich in ungefähr 15 Minuten auf jedem Taschenrechner bequem aufstellen.

Die Differenzentabellen, mit denen wir uns hier befassen, werden gewöhnlich auf zwei Wegen gewonnen. Entweder wird eine Funktion für bestimmte Werte ihrer unabhängigen Variablen berechnet, oder die Daten werden durch Messungen in einem Experiment bestimmt. In beiden Fällen lassen sich in der Regel Tabellen äquidistanter Daten — besonders wenn sie experimentell auf digitaler Basis bestimmt werden — aufstellen. Daten beliebiger Abstände diskutieren wir später.

Unsere Notation basiert ausschließlich auf der Definition der Vorwärtsdifferenzen:

$$\Delta y_i = y_{i+1} - y_i = y(x_0 + [i+1]\Delta x) - y(x_0 + i\Delta x), \qquad i = 0, 1, 2, \ldots, n$$

Bild 1.2.1 veranschaulicht die Definitionen der Differenzen, die in den Differenzentafeln vorkommen. Gelegentlich verwenden wir den Term h zur Darstellung des Abstan-

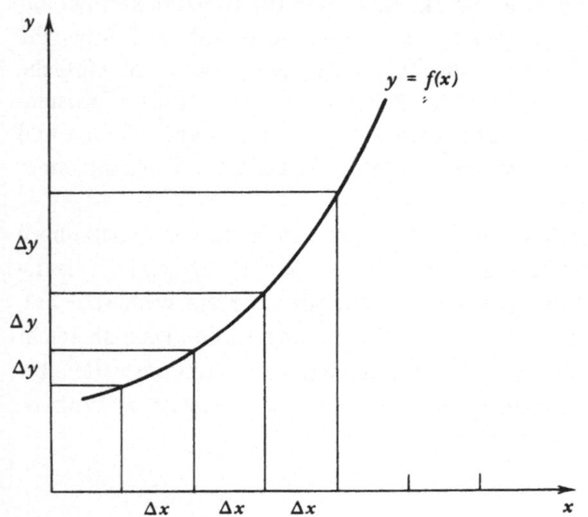

Bild 1.2.1

Definition gleichdistanzierter
Datendifferenzen

des $\Delta x = h = x_{n+1} - x_n$ der Daten. Rückwärtsdifferenzen und zentrale Differenzen werden hier nicht benutzt. Sie sind nur zur Darstellung der Gleichungen bei Herleitungen numerischer Approximationsmethoden nützlich. Da wir hier keine Gleichungen herleiten, sie jedoch numerisch berechnen wollen, verwenden wir nur die Notation der Vorwärtsdifferenz. Die wiederholte Anwendung der Definition der Vorwärtsdifferenz ergibt Differenzen höherer Ordnung. So erhält man zum Beispiel für die Differenz zweiter Ordnung

$$\Delta^2 y_i = \Delta y_{i+1} - \Delta y_i$$

$$= y_{i+2} - y_{i+1} - (y_{i+1} - y_i)$$

$$= y_{i+2} - 2y_{i+1} + y_i \, .$$

Die Differenz dritter Ordnung ergibt sich zu

$$\Delta^3 y_i = \Delta^2 y_{i+1} - \Delta^2 y_i$$

$$= \Delta y_{i+2} - \Delta y_{i+1} - (\Delta y_{i+1} - \Delta y_i)$$

$$= (y_{i+3} - y_{i+2}) - (y_{i+2} - y_{i+1}) - (y_{i+2} - y_{i+1}) + (y_{i+1} - y_i)$$

$$= y_{i+3} - 3y_{i+2} + 3y_{i+1} - y_i \, .$$

Differenzen können durch Anwendung der gerade entwickelten Gleichungen numerisch berechnet oder aber direkt aus den tabellierten Werten der abhängigen Variablen ermittelt werden, wie dies Bild 1.2.2 zeigt.

Der $n$te Differenzenoperator ist durch die Formel

$$\Delta^n = (z-1)^n = z^n - nz^{n-1} + \frac{n(n-1)}{2} z^{n-2} - \cdots \qquad (1.2.1)$$

gegeben, wobei z der Shift-Operator ist, der durch die Beziehung

$$z\,[y\,(x)] = y\,(x + \Delta x)$$

definiert ist. Durch wiederholtes Anwenden des Shift-Operators ergibt sich weiterhin

$$z^n\,[y\,(x)] = y\,(x + n\,\Delta x).$$

Gl. (1.2.1) läßt sich aus der folgenden Beziehung zwischen der Vorwärtsdifferenz und dem Shift-Operator herleiten:

$$\Delta y_i \quad = \quad y_{i+1} - y_i = zy_i - y_i = (z-1)y_i$$
$$\vdots \qquad \vdots \qquad\qquad \vdots$$
$$\Delta^n y_i \quad = \qquad \cdots \qquad = (z-1)^n y_i \, .$$

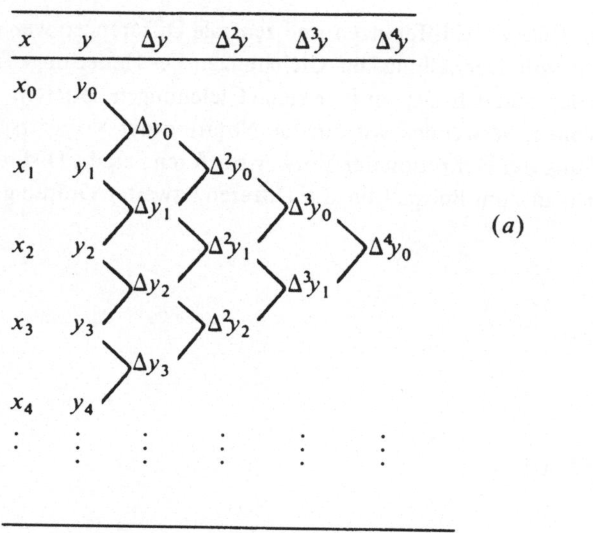

(a)

x	y	Δy	$\Delta^2 y$	$\Delta^3 y$	$\Delta^4 y$	$\Delta^5 y$
0	0					
		1				
1	1		14			
		15		36		
2	16		50		24	
		65		60		0
3	81		110		24	
		175		84		
4	256		194			
		369				
5	625					

(b)

Bild 1.2.2
Endliche Differenzentafeln
(a)   Aufbau einer Differenzentafel
(b)   Numerisches Beispiel $y = x^4$

Außerdem sei bemerkt, daß Gl. (1.2.1) sich in folgender Form schreiben läßt:

$$\Delta^n y_i = \left[z^n - C(n,1)z^{n-1} + C(n,2)z^{n-2} - \cdots \right] y_i$$

$$\Delta^n y_i = y_{i+n} - C(n,1)y_{i+n-1} + C(n,2)y_{i+n-2} - \cdots$$

mit

$$C(n,m) = \frac{n!}{m!(n-m)!} \quad .$$

$C(n,m)$ ist der $m$te Binomialkoeffizient der Ordnung n.

1.2.3 Dateninterpolation

Mit diesen Definitionen ausgerüstet, können wir nun mehrere Formeln zur analytischen Substitution oder Interpolation untersuchen. Die hier verwendete Methode schließt das Lozenge-Diagramm für Differenzen und Binomialkoeffizienten, die in Interpolationsformeln vorkommen, mit ein. Das Diagramm ist in Bild 1.2.3 dargestellt. Bestimmte Regeln, die beim Fortschreiten von links nach rechts längs der Pfade quer durch das Diagramm angewendet werden, definieren Interpolationsformeln. Dieses Diagramm ist so allgemein, daß es sowohl Newtonsche Vorwärtsdifferenzen als auch Newtonsche Rückwärtsdifferenzen, die Stirlingsche und die Besselsche Interpolationsformel und eine interessante, ungewöhnliche Formel nach Gauß, die sich aus einem zickzackförmigen Pfad quer durch das Diagramm ergibt, umfaßt. Die zu beachtenden Regeln, um diese und viele andere Interpolationsformeln zu erzeugen, sind folgende:

1. Geht man von links nach rechts durch das Diagramm, so muß bei jedem Schritt summiert werden.
2. Bewegt man sich von rechts nach links durchs Diagramm, so subtrahiere man bei jedem Schritt.
3. Hat ein Schritt positive Steigung, so ist der zu diesem Schritt gehörende Term in der Interpolationsformel ein Produkt aus der erreichten Differenz und dem unmittelbar darunter befindlichen Faktor.
4. Hat der Schritt negative Steigung, so ist der zugehörige Term das Produkt aus der erreichten Differenz und dem unmittelbar darüber befindlichen Faktor.

$$
\begin{array}{cccccc}
 & 1 & \Delta y(-4) & C(n+4,2) & \Delta^3 y(-5) & C(n+5,4) \\
-3 & y(-3) & C(n+3,1) & \Delta^2_y(-4) & C(n+4,3) & \Delta^4_y(-5) \\
 & 1 & \Delta y(-3) & C(n+3,2) & \Delta^3 y(-4) & C(n+4,4) \\
-2 & y(-2) & C(n+2,1) & \Delta^2_y(-3) & C(n+3,3) & \Delta^4_y(-4) \\
 & 1 & \Delta y(-2) & C(n+2,2) & \Delta^3 y(-3) & C(n+3,4) \\
-1 & y(-1) & C(n+1,1) & \Delta^2_y(-2) & C(n+2,3) & \Delta^4_y(-3) \\
 & 1 & \Delta y(-1) & C(n+1,2) & \Delta^3 y(-2) & C(n+2,4) \\
0 & y(0) & C(n,1) & \Delta^2_y(-1) & C(n+1,3) & \Delta^4_y(-2) \\
 & 1 & \Delta y(0) & C(n,2) & \Delta^3 y(-1) & C(n+1,4) \\
1 & y(1) & C(n-1,1) & \Delta^2_y(0) & C(n+3) & \Delta^4 y(-1) \\
 & 1 & \Delta y(1) & C(n-1,2) & \Delta^3 y(0) & C(n,4) \\
2 & y(2) & C(n-2,1) & \Delta^2_y(1) & C(n-1,3) & \Delta^4 y(0) \\
 & 1 & \Delta y(2) & C(n-2,2) & \Delta^3 y(1) & C(n-1,4) \\
3 & y(3) & C(n-3,1) & \Delta^2_y(2) & C(n-2,3) & \Delta^4 y(1) \\
 & & \Delta y(3) & C(n-3,2) & \Delta^3 y(2) & C(n-2,4) \\
\end{array}
$$

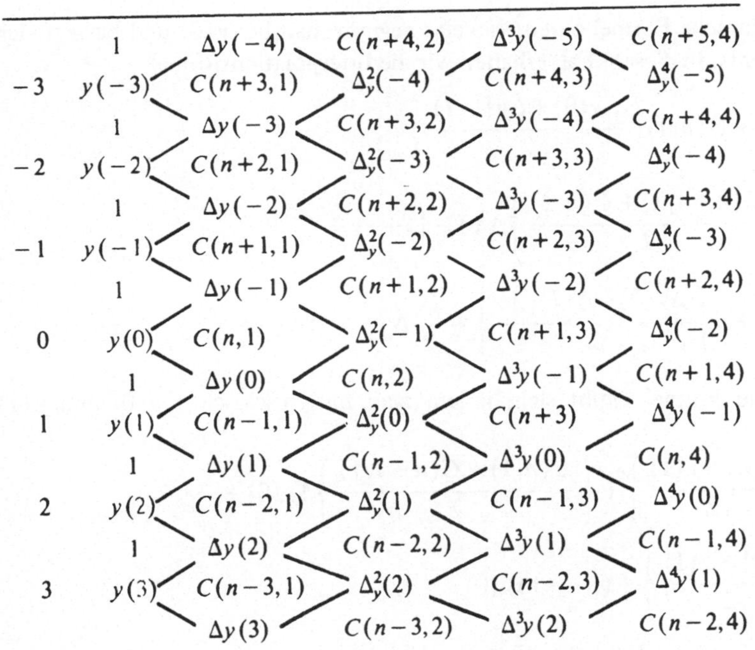

Bild 1.2.3 Das Lozenge-Diagramm

5. Ist der Schritt horizontal und führt hin zu einer Differenz, so ist der Term das Produkt aus dieser Differenz und dem Durchschnitt der darüber und darunter befindlichen Faktoren.

6. Ist der Schritt horizontal und führt hin zu einem Faktor, so ist der Term das Produkt aus diesem Faktor und dem Durchschnitt der darüber und darunter befindlichen Differenzen.

Indem man diese Regeln befolgt, bei $y(0)$ beginnt und sich nach rechts unten bewegt, erhält man die Interpolationsformel

$$y(n) = y(0) + C(n, 1)\, \Delta y(0) + C(n, 2)\, \Delta^2 y(0) + \dots .$$

Umgeformt lautet sie

$$y(n) = y(0) + n\, \Delta y(0) + \frac{n(n-1)}{2}\, \Delta^2 y(0) + \dots .$$

Dies ist die Newtonsche Interpolationsformel für Vorwärtsdifferenzen. Um die Newtonsche Formel für Rückwärtsdifferenzen zu erhalten, hat man den Prozeß umgekehrt durchzuführen. Indem man bei $y(0)$ beginnt und sich nach rechts oben bewegt, erhält man

$$y(n) = y(0) + C(n, 1)\, \Delta y(-1) + C(n + 1, 2)\, \Delta^2 y(-2) + \dots .$$

Nach Umformungen ergibt sich Newtonsche Formel für Rückwärtsdifferenzen

$$y(n) = y(0) + n\, \Delta y(-1) + \frac{n(n+1)}{2}\, \Delta^2 y(-2) + \dots .$$

Um die Stirlingsche Formel zu entwickeln, beginnt man bei $y(0)$ und bewegt sich horizontal nach rechts. In diesem Fall erhalten wir die Interpolationsformel

$$y(n) = y(0) + C(n,1)\left\{ \frac{\Delta y(0) + \Delta y(-1)}{2} \right\}$$

$$+ \left\{ \frac{C(n+1,2) + C(n,2)}{2} \right\} \Delta^2 y(-1) + \cdots$$

$$y(n) = y(0) + n\left\{ \frac{\Delta y(0) + \Delta y(-1)}{2} \right\} + \frac{n^2}{2}\, \Delta^2 y(-1) + \cdots .$$

Die Besselsche Formel ergibt sich, indem man mitten zwischen $y(0)$ und $y(1)$ beginnt

$$y(n) = 1\left\{ \frac{y(0) + y(1)}{2} \right\} + \left\{ \frac{C(n,1) + C(n-1,1)}{2} \right\} \Delta y(0) + \cdots$$

$$y(n) = \left\{ \frac{y(0) + y(1)}{2} \right\} + (n - \tfrac{1}{2}) \Delta y(0)$$

$$+ \frac{n(n-1)}{2}\left\{ \frac{\Delta^2 y(-1) + \Delta^2 y(0)}{2} \right\} + \cdots .$$

Natürlich kann eine große Anzahl anderer Formeln ermittelt und zur Interpolation von Daten angewendet werden.

Die Interpolation wird häufig zur Berechnung von Zwischenwerten tabellierter Funktionen eingesetzt. Während auf dem wissenschaftlichen Taschenrechner Sinus-, Kosinus-, Tangens-, Arcussinus-, Arcuscosinus- und Arcustangens-Funktionstasten zur Verfügung stehen (auf einigen weiterentwickelten wissenschaftlichen Rechnern findet man auch die Tastatur für die hyperbolischen Funktionen Sinus hyperbolicus, Cosinus hyperbolicus und Tangens hyperbolicus), lassen sich auf ihm gewöhnlich keine Besselschen Funktionen, Legendresche Polynome, Fehlerfunktionen und dgl. berechnen. Solche Funktionen werden häufig leicht mit Zahlentafeln ermittelt. In diesen Fällen ist es gelegentlich notwendig, zwischen zwei in der Tafel stehenden Werten zu interpolieren.

Bevor wir jedoch den Interpolationsprozeß diskutieren, muß man wissen, daß die meisten guten Tafeln häufig mit Hilfsfunktionen statt mit den tatsächlichen Funktionen selbst angefertigt werden. Ein Beispiel hierzu ist das Exponentialintegral, das für positives Argument durch

$$Ei(x) = \int_{-\infty}^{x} \frac{e^u}{u}\, du$$

definiert ist und die Reihenentwicklung

$$Ei(x) = \gamma + \ln(x) + \frac{x}{1 \cdot 1!} + \frac{x^2}{2 \cdot 2!} + \frac{x^3}{3 \cdot 3!} + \cdots$$

besitzt. Die Funktion läßt sich durch die Reihe

$$Ei(x) \cong \frac{e^x}{x}\left[1 + \frac{1!}{x} + \frac{2!}{x^2} + \frac{3!}{x^3} + \cdots \right] \qquad (x \rightarrow \infty)$$

approximieren. Die logarithmische Singularität in der ersten Reihe erlaubt in der Nähe von $x = 0$ keine einfache Interpolation. Die Funktion $Ei(x) - \ln x$ zeigt ein besseres Verhalten und läßt sich leichter interpolieren, wenn x nahe bei Null liegt. In der Tat ist $x^{-1}[Ei(x) - \ln(x) - \gamma]$ (wobei γ die Eulersche Konstante 0.577... ist) eine Hilfsfunktion, die eine etwas höhere Interpolationsgenauigkeit ergibt als die direkte Berechnung von $Ei(x)$ aus interpolierten Tafelwerten.

Im allgemeinen sind Tabellen so aufgebaut, daß Interpolationspolynome vernünftiger Ordnung (d.h. 1., 2. oder 3. Ordnung) benutzt werden können, um Zwischenwerte zu berechnen, wobei die Genauigkeit der Tafel erhalten bleibt. Zum Beispiel sind im *Handbook of Mathematical Functions* die meisten Tabellen mit der Angabe des maximalen Fehlers für eine lineare Interpolation zweier Tafelwerte versehen. Weiterhin ist die Anzahl der Funktionswerte, die in der Laplaceschen Formel oder nach der Atkinschen Methode benötigt werden, um mit fast vollständiger Tafelgenauigkeit zu interpolieren, angegeben.

Ein Beispiel aus dem *Handbook of Mathematical Functions* zeigt Tabelle 1.2.1. Die Genauigkeit ist geklammert angegeben. Die Zahlen bedeuten, daß der maximale Fehler bei einer linearen Interpolation 3×10^{-6} beträgt und daß beim Lagrangeschen-

Tabelle 1.2.1 Hilfsfunktion zur Berechnung des
Exponentialintegrals

x	$xe^xE_1(x)$	x	$xe^xE_1(x)$
7.5	0.892687854	8.0	0.898237113
7.6	0.893846312	8.1	0.899277888
7.7	0.894979666	8.2	0.900297306
7.8	0.896088737	8.3	0.901296023
7.9	0.897174302	8.4	0.902274695

$$\begin{bmatrix} (-6)3 \\ 5 \end{bmatrix}$$

oder Atkinschen Interpolationsverfahren 5 Funktionswerte benötigt werden, um mit
vollständiger Tafelgenauigkeit zu interpolieren. Die lineare Interpolationsformel lautet

$$f_p = (1-p)f_0 + pf_1,$$

wobei f_0 und f_1 aufeinanderfolgende Funktionswerte der Tabelle sind, die zu den Argumenten x_0 und x_1 gehören. p ist der vorgegebene Bruchteil des Argumentintervalls

$$p = \frac{x-x_0}{x_1-x_0}$$

und f_p der verlangte Interpolationswert. Wenn wir zum Beispiel aus Tabelle 1.2.1 den
Wert für $x = 7.9527$ durch Interpolation ermitteln wollen, ergibt sich

$$f_0 = 0.897174302$$

$$f_1 = 0.898237113$$

$$p = 0.527.$$

Wir erhalten dann

$$f_{0.527} = (1-0.527) \times 0.897174302 + 0.527 \times 0.898237113$$

$$f_{0.575} = 0.897734403.$$

Die Genauigkeit für die lineare Interpolation ist 3×10^{-6}. Daher runden wir das
Resultat auf 0.89773. Der maximal mögliche Fehler in diesem Rundungsergebnis ist mit
dem bei der letzten Rundung begangenen Fehler $0.4403 \times 10^{-5} + 3 \times 10^{-6}$ und kann
0.8×10^{-5} sicherlich nicht überschreiten.

Um eine größere Genauigkeit zu erhalten, können wir die Interpolation mit der
Lagrangeschen Formel durchführen. Für dieses Beispiel ist die Interpolationsformel
die fünfgliedrige Formel:

$$f(x_0 + p\Delta x) = \left\{\frac{(p^2-1)(p-2)p}{24}\right\}f_{-2} - \left\{\frac{(p-1)(p^2-4)p}{6}\right\}f_{-1}$$

$$+ \left\{\frac{(p^2-1)(p-2)p}{4}\right\}f_0 - \left\{\frac{(p+1)(p^2-4)p}{6}\right\}f_1$$

$$+ \left\{\frac{(p^2-1)(p+2)p}{24}\right\}f_2, \quad |p| < 1 \ .$$

Ein anderer Ansatz benutzt die Newtonschen Vorwärts- oder Rückwärtsdifferenzenformeln mit fünf Termen, eine Besselsche oder Stirlingsche Formel oder irgendeine Formel, die sich aus dem Lozenge-Diagramm ergibt. Die mit solchen Interpolationen verbundenen Einzelheiten findet man im Kapitel 25 des *Handbook of Mathematical Functions*.

Da gelegentlich die inverse Interpolation angewendet werden muß, wird sie hier kurz besprochen. Wenn eine Wertetafel der abhängigen Variablen y_n als Funktion der Werte der unabhängigen Variablen x_n vorliegt,

$$y_n = f(x_n) \qquad \text{(tabellierte Funktion)},$$

so können die Zwischenwerte von y durch Interpolation der Werte y_n mit Hilfe eines Interpolationspolynoms $g(x)$ berechnet werden, wobei gilt:

$$y = g(x) \cong f(x) \qquad \text{(stetige Funktion)}.$$

Die inverse Interpolation hängt vom Betrachtungsstandpunkt ab. In diesem Fall würden wir die Interpolation von der abhängigen Variablen aus betrachten:

$$x_n = f^{-1}(y_n) \qquad \text{(tabellierte Funktion)}.$$

Dann können Zwischenwerte von x durch Interpolation der Werte von x_n mit einem Interpolationspolynom $h(y)$ berechnet werden:

$$x = h(y) \cong f^{-1}(y) \qquad \text{(stetige Funktion)}.$$

Für die lineare Interpolation besteht prinzipiell kein Unterschied zwischen direkter und inverser Interpolation. In Fällen, in denen die lineare Formel nicht hinreichend genau ist, stehen zwei Verfahren zur Verfügung, um die Genauigkeit zu verbessern. Das erste benutzt zum Beispiel eine Lagrangesche Formel höherer Ordnung oder ein äquivalentes Polynomverfahren höherer Ordnung. Beim zweiten wird eine neue Tabelle mit kleineren Intervallen in der interessierenden Umgebung angefertigt und dann die genaue inverse lineare Interpolation für die nachtabellierten Werte benutzt.

Man muß erkennen, daß die Genauigkeit der inversen Interpolation von der Genauigkeit der direkten Interpolation sehr verschieden sein kann. Dies gilt besonders für Bereiche, in denen die Funktionswerte nur geringfügig variieren, wie zum Beispiel in der

Nähe eines flachen Maximums oder Minimums. Der größte absolute Fehler, der sich bei der inversen Interpolation ergibt, kann mit Hilfe der Formel

$$\delta x = \left(\frac{\partial f}{\partial x}\right)^{-1}\delta y\,, \quad \delta x \approx \left(\frac{\Delta f}{\Delta x}\right)^{-1}\delta y$$

abgeschätzt werden, wobei δy der größtmögliche Fehler bei der Tabellierung der y-Werte ist, und Δf und Δx die ersten aus der Tabelle ermittelten Differenzen in der Nachbarschaft des interessierenden Gebietes sind.

Wir wollen uns nun wieder der Entstehung der Differenzentafeln zuwenden. Beim Aufstellen von Interpolationspolynomen vernünftiger Größe müssen die endlichen Differenzen höherer Ordnung in der Tabelle klein sein. Ist dies nicht der Fall, stellt sich die Frage: „Was können wir tun, um die Größe der endlichen Differenzen zu reduzieren?"

Es gibt nur drei Überlegungen, die für alle Differenzentafeln gelten. Die erste betrifft die Anzahl der Differenzen, die in die Tafel aufgenommen werden, die zweite den Abstand verschiedener Werte der tabellierten Funktion und die dritte die Anzahl der tabellierten Ziffern. Eine Abstandshalbierung (Faktor $\frac{1}{2}$), die sich auf die unabhängige Variable bezieht, bedeutet, die erste Differenz durch 2, die zweite durch 4, die dritte durch 8, usw. zu dividieren. Beispiele für den Effekt, den unterschiedliche x-Abstände auf die Funktion $y = x^3$ haben, zeigt Tabelle 1.2.2. Als Antwort auf die obige Frage ergibt sich nun: Um die Differenz $n$ter Ordnung um den Faktor k zu verkleinern, muß das Datenintervall (unabhängige Variable) etwa um den Faktor $\sqrt[n]{k}$ reduziert werden.

Tabelle 1.2.2 Einfluß der Intervallhalbierung [1]

vollst. Intervall $\Delta x = 2$					halbes Intervall $\Delta x = 1$				
x	$y = x^3$	Δy	$\Delta^2 y$	$\Delta^3 y$	x	$y = x^3$	Δy	$\Delta^2 y$	$\Delta^3 y$
0	0				0	0			
		8					1		
2	8		48		1	1		6	
		56		48			7		6
4	64		96		2	8		12	
		152		48			19		6
6	216		144		3	27		18	
		296		48			37		6
8	512		192		4	64		24	
		488					61		
10	1000				5	125			

[1] Die Differenz 3ter Ordnung wird um den Faktor 8 reduziert, wenn die Intervalle zwischen den x-Werten halbiert werden.

1.2.4 Datenextrapolation

Das Extrapolieren außerhalb des Datenbereiches, der durch die Differenzentafel erfaßt wird, ist ein umstrittenes Verfahren. Es ist jedoch von großem praktischen Interesse. Bei vorgegebenem Verhalten eines dynamischen Prozesses, der nur in bestimmten Bereichen betrachtet wurde, ist es nur natürlich zu fragen: Wie weit läßt sich die Tafel außerhalb der benutzten Datenspanne zur *Vorhersage* des Verhaltens des betrachteten Prozesses ausdehnen? Dies ist ein sehr praktisches, wichtiges und reales Problem. Es ist von wissenschaftlichem Interesse, das Verhalten von Systemen, das auf Beobachtungen vergangenen Verhaltens basiert, vorherzusagen. Obwohl einzelne Börsenfachleute endliche Differenzentechniken anwenden, wird allgemein bejaht, daß das Extrapolieren außerhalb des Bereichs der Differenzentafel ebenso eine Kunst wie eine Wissenschaft ist. Wegen ihres praktischen Wertes und der bestehenden Aktualität wird die Extrapolation hier erwähnt, jedoch unter dem Vorbehalt, daß der Leser die Fragwürdigkeit des Verfahrens erkennt: Dieselbe Differenzentafel führt im allgemeinen zu signifikant verschiedenen Vorhersagen, wenn nur geringfügig verschiedene Extrapolationsmethoden benutzt werden. Wegen dieser fehlenden Stabilität der extrapolierten Daten hat das Verfahren zweifelhaften Wert.

Wir veranschaulichen das Problem der Vorhersage durch das folgende praktische Beispiel. Man betrachte ein Flugzeug, das eine vollständig automatisch gesteuerte Landung durchführt. Beobachtungswerte der Höhe zeigt Tabelle 1.2.3. Wie werden die Landebedingungen sein? Dieses spezielle Beispiel ist nicht trival, da es bei den für den täglichen Flugkontrollbetrieb wesentlichen Kontrollinstrumenten auf die Fähigkeit ankommt, das dynamische Verhalten von Hochenergieanlagen, – z.B. ein Flugzeug, wenn der Terminal-Betrieb unter automatischer Kontrolle abläuft – vorherzusagen. Als erstes muß offensichtlich die Differenzentafel aufgestellt werden, wie dies Tabelle 1.2.3 zeigt. Man sieht, daß die Tafel bis zu Differenzen dritter Ordnung entwickelt werden kann, ohne daß die Differenzen niedrigerer Ordnung konstant werden. Um zu Extrapolieren, müssen wir im nächsten Schritt offensichtlich annehmen, daß die Differenzen dritter Ordnung bis zum

Tabelle 1.2.3 Differenzentafel der Flughöhe
bei einer automatisch durchgeführten
Flugzeuglandung

t	$h(t)$	Δh	$\Delta^2 h$	$\Delta^3 h$
0	60			
		-13		
1	47		$+3$	
		-10		-2
2	37		$+1$	
		-9		0
3	28		$+1$	
		-8		
4	20			

Tabelle 1.2.4 Extrapolierte Landebedingungen bei einer automatischen Flugzeuglandung

	t	$h(t)$	Δh	$\Delta^2 h$	$\Delta^3 h$
	0	60			
			-13		
Bereich der	1	47		$+3$	
vorhandenen			-10		-2
Daten	2	37		$+1$	
			-9		0
	3	28		$+1$	
			-8		-1
	4	20		0	
			-8		-1
	5	12		-1	
			-9		-1
Bereich der	6	3		-2	
Extrapo-			-11		
lation	7	-8			

Bei $t = 6, 7$: Sinkrate beim Landen ~ 11 fps[1] (hart). Durchschnitt $= -1$.

[1] fps = Fuß (angelsächsisches Längenmaß) pro Sekunde

Landen konstant bleiben. Dann können wir das in Tabelle 1.2.4 gezeigte Verhalten voraussagen. Sicherlich sind die vorausgesagten Daten sehr ungenau. Eine so durchgeführte Extrapolation ist wenig vertrauenswürdig, weil die Differenzentafel nicht den Einfluß irgendeines Kontrollgesetzes auf die konstanten Differenzen, die zwischen zwei endlichen Differenzen gebildet werden, berücksichtigt. Hätte sich beispielsweise ergeben, daß alle Differenzen zweiter Ordnung konstant und diejenigen dritter Ordnung gleich Null sind, könnten wir zu Recht größeres Vertrauen in die Extrapolation des Landungsvorganges haben und annehmen, daß die zugrunde liegende Gesetzmäßigkeit objektiv gilt und die Differenzen dritter Ordnung Null sind. Folglich besteht eine Möglichkeit zur Vergrößerung des Vertrauens in die Extrapolation endlicher Differenzentabellen darin, eine Variablentransformation zu finden, die die zugrunde liegende Gesetzmäßigkeit und ihren Einfluß auf die Differenzentafel offenlegt.

Nach einigen Überlegungen zeigt sich, daß die der automatischen Landung eines Flugzeugs zugrunde liegende Gesetzmäßigkeit ein Exponentialgesetz der Form

$$\frac{dh}{dt} = -k\,(h + h_B)$$

ist. Aus ihr ergibt sich eine Landekurve der Form

$$h = k_0\,e^{-kt} - h_B,$$

die in Bild 1.2.4 skizziert ist. Hieraus läßt sich der Aufbau der Differenzentafel 1.2.5 entnehmen. Die zweiten Differenzen sind offensichtlich fast Null, so daß es für Vorhersagen

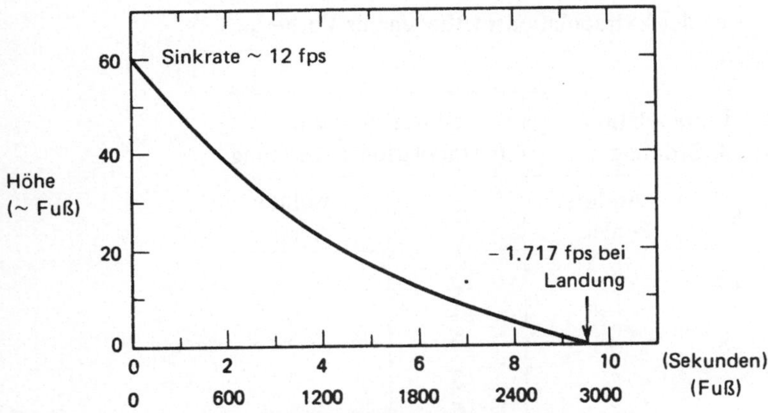

Bild 1.2.4 Typische Landeflugbahn eines Düsenflugzeugs

Tabelle 1.2.5 Logarithmische Extrapolation der Landebedingungen für ein automatisch gesteuertes Flugzeug

	t	$h(t)$	$\ln(h(t))$	$\Delta\ln(h(t))$	
	0	60	4.0943		
				-0.2442	
vorhan-	1	47	3.8501		
dener				-0.2392	Durch- $\cong -0.27465$
Daten-	2	37	3.6109		schnitt
bereich				-0.2787	
	3	28	3.3322		
				-0.3365	
	4	20	2.9957		
				-0.27465	
	5	15.2	2.7405		
				-0.27465	
	6	11.4	2.4464		
				-0.27465	
	7	8.7	2.17175		
Bereich				-0.27465	
der Extra-	8	6.7	1.89710		
polation				-0.27465	
	9	5.1	1.62245		
				-0.27465	
	10	3.8	1.3478		
				-0.27465	
	11	2.9	1.07315		

Sink-rate ~ 1.31 fps [1] (bei $t = 9, 10$)

[1] fps = Fuß pro Sekunde

Tabelle 1.2.6 Vergleich der Extrapolationsmethoden zur Vorhersage
der Landebedingungen

wirklich		Extrapolation 3. Ordnung		logarithmische Extrapolation 1. Ordnung	
t	h	h	absoluter Fehler	h	absoluter Fehler
5	16	12	-4	15	-1
6	11	3	-8	11	0
7	7	-8	-15	9	$+2$
8	4			7	$+3$
9	1.6			5	$+3.4$
10	0			4	$+4$
11	0			3	$+3$

über kleine Zeitspannen (die nächsten sieben Sekunden) begründet ist, anzunehmen, daß
$\Delta \ln(h)$ nahezu konstant -0.3062 ist. Die Unterschiede beider Ansätze sind in Tabelle
1.2.6 wiedergegeben. Offensichtlich ist die logarithmische Extrapolation für die kurz-
fristige Vorhersage besser geeignet als die Extrapolation mit Hilfe der Differenzen dritter
Ordnung (Extrapolieren dritter Ordnung genannt).

Zusammenfassend können wir wegen der beobachteten Eigenschaften des zugrunde
liegenden Gesetzes erwarten, mit Tabelle 1.2.5 besser als mit Tabelle 1.2.4 zu extrapolieren. Vom streng mathematischen Standpunkt betrachtet ist das Problem nicht ganz eindeutig. Die Anzahl der Differenzen zweiter Ordnung, die aus den gemessenen Höhen berechnet wurden, ist klein. Somit ist das mathematische Vertrauen in die Feststellung, daß
für das zugrunde liegende Gesetz die zweiten Differenzen Null werden, gering. Schließlich
erfordert die Extrapolation von Differenzentafeln eine sorgfältige Beurteilung.

1.2.5 Lokalisierung und Korrektur von Datenfehlern

Zahlentabellen beinhalten häufig Beobachtungs-, Berechnungs-, Messungs- oder
Schreibfehler. Diese Fehler, die in den Rechenprozeß mit eingehen, werden in den folgen-
den Differenzen wachsender Ordnung erheblich vergrößert (Tabelle 1.2.7). Die Fehler
pflanzen sich offenbar nach einer Binomialverteilung fort (in jeder Differenz vorgegebener
Ordnung sind die Fehler mit Binomialkoeffizienten gewichtet). Außerdem wächst der
Fehler offensichtlich sehr schnell, wenn er sich auf Differenzen wachsender Ordnung
fortpflanzt. Der Fehler in Tabelle 1.2.8 könnte demnach durch eine Betrachtung der
Form der dritten Differenz vorhergesehen werden. Das sich hierbei ergebende Vorzeichenmuster $(+)$, $(-)$, $(+)$, $(-)$ zeigt die Fehlerfortpflanzung an. Man erkennt außerdem, daß das
Vorzeichenmuster der vierten Differenzen auf $y = 17$ zentriert ist. Weiterhin entspricht
der Term 6ϵ aus Tabelle 1.2.7 der Zahl 6 in Tabelle 1.2.8, d.h.

$$6\epsilon = 6$$
$$\epsilon = 1.$$

Tabelle 1.2.7 Fehlerfortpflanzung in Differenzentafeln

y	Δy	$\Delta^2 y$	$\Delta^3 y$	$\Delta^4 y$
0				
	0			
0		0		
	0		0	
0		0		$+\epsilon$
	0		$+\epsilon$	
0		$+\epsilon$		-4ϵ
	$+\epsilon$		-3ϵ	
$+\epsilon$		-2ϵ		$+6\epsilon$
	$-\epsilon$		$+3\epsilon$	
0		$+\epsilon$		-4ϵ
	0		$-\epsilon$	
0		0		$+\epsilon$
	0		0	
0		0		
	0			
0				

Tabelle 1.2.8 Fortpflanzung eines Fehlers in der Differenzentafel für die Funktion $y = x^2$

x	y	Δy	$\Delta^2 y$	$\Delta^3 y$	$\Delta^4 y$
0	0				
		1			
1	1		2		
		3		0	
2	4		2		1
		5		1	
3	9		3		-4
		8		-3	
4	17		0		$+6$
		8		$+3$	
5	25		3		-4
		11		-1	
6	36		2		$+1$
		13		0	
7	49		2		
		15			
8	64				

Wäre darüberhinaus der Fehler in den Werten für y von der Form

$$y = x^2 + k,$$

könnten wir erwarten, daß sich in der Spalte der vierten Differenz ein Fehler der Form $6k$ zeigen würde. Somit ist ein Sechstel derjenigen vierten Differenz, die auf die fehlerhafte Zahl bezogen ist, ein Maß für den Fehler, der dann von dem betreffenden y-Wert abgezogen werden kann. Wir könnten Tabelle 1.2.8 abändern, indem wir 17 durch $(17 - 1) = 16$ ersetzen, um so eine in Tabelle 1.2.9 dargestellte Differenzentafel zu erhalten. Im allgemeinen wird eine Datenanpassung folgendermaßen erreicht:

1. Beachten des Vorzeichenmusters (+), (−), (+), (−), ... bei den Differenzen höherer Ordnung zur Erkennung der Fehlerfortpflanzung.
2. Identifizieren des tabellierten Wertes, auf den das Vorzeichenmuster bezogen ist.
3. Gleichsetzen des beobachteten Fehlers mit dem entsprechenden Fehler in der binomialen Verteilung.
4. Ermitteln des Fehlers und angemessene Modifizierung der Datentabelle.
5. Testen der Tabelle auf Eliminierung des Vorzeichenmusters (+), (−), (+), (−), ... hin.

Tabelle 1.2.9 Angepaßte Datentabelle für die Funktion $y = x^2$

x	y	Δy	$\Delta^2 y$	$\Delta^3 y$	$\Delta^4 y$
0	0				
		1			
1	1		2		
		3		0	
2	4		2		0
		5		0	
3	9		2		0
		7		0	
4	16		2		
		9			
5	25				

1.2.6 Fehlende Dateneingänge

Gelegentlich fehlen bei einer Differenzentafel einige Dateneingänge der abhängigen Variablen. Diese fehlenden Eingänge können auf verschiedenen Wegen geschätzt werden.

Die einfachste Methode besteht darin, die Tafel zu überprüfen und zu entscheiden, ob sich die Daten sinnvoll den Werten eines Polynoms anpassen lassen. So könnte sich eine Datentabelle mit 4 Werten, von denen einer unbekannt ist, zum Beispiel durch ein Polynom zweiter Ordnung anpassen lassen. Es ist charakteristisch für Differenzentafeln, daß Differenzen $n$ter Ordnung der Polynome $(n-1)$ten Grades gleich Null sind. Die Gleichung

$$y = 2x^2 + x + 3$$

ergibt zum Beispiel eine in Tabelle 1.2.10 dargestellt Differenzentafel, aus der hervorgeht, daß die Differenzen dritter Ordnung gleich Null sind. Diese Eigenschaft ist allgemein bei Polynomen $n$ter Ordnung vorhanden, d.h., die zugehörigen $(n+1)$ten (und alle höheren) Differenzen sind Null. In Anbetracht dieser Eigenschaft läßt sich erwarten, daß auch die vierten Differenzen Null sind, d.h., es gilt

$$\Delta^4 (y) = 0.$$

Tabelle 1.2.10 Differenzentafel für $y = 2x^2 + x + 3$

y-Indizierung zur Ermittlung fehlender Daten	x	y	Δy	$\Delta^2 y$	$\Delta^3 y$
	0	3			
			3		
	1	6		4	
			7		0
0	2	13		4	
			11		0
1	3	24		4	
			15		0
2	4	39		4	
			19		0
3	5	58		4	
			23		0
4	6	81		4	
			27		
	7	108			

Diese Gleichung kann in einer anderen Notation mit Hilfe des Shift-Operators dargestellt werden:

$$(z - 1)^4 y = (z^4 - 4z^3 + 6z^2 - 4z + 1)\, y = 0.$$

Hieraus folgt

$$y_4 - 4y_3 + 6y_2 - 4y_1 + y_0 = 0$$

$$y_2 = \tfrac{1}{6} [4(y_1 + y_3) - (y_4 + y_0)].$$

Wir verwenden hier eine Differenz gerader Ordnung, da alle Differenzengleichungen gerader Ordnung folgende Eigenschaften besitzen.

1. Es gibt immer eine Variable mit mittlerer Nummer, die die fehlende Zahl in der Tabelle ersetzen kann.
2. Die Bestimmung der fehlenden Eingangsdaten geschieht mit minimalem Rundungsfehler.
3. Sie sind numerisch stabiler als entsprechende Gleichungen ungerader Ordnung.

Nehmen wir zum Beispiel an, daß in Tabelle 1.2.10 der Eingangswert $y = 39$ fehlt, so können wir die Werte der Tabelle direkt einsetzen, um den fehlenden Eingangswert zu erhalten:

$$y_2 = \tfrac{1}{6}\,[4\,(24 + 58) - (81 + 13)] = 39.$$

Die gerade beschriebene Methode zur Ersetzung des fehlenden Wertes in der Datentabelle ist besonders für die Berechnung auf dem Taschenrechner geeignet, da nicht die Bestimmung unbekannter Koeffizienten eines Polynoms (die gewöhnliche Methode zur Bestimmung fehlender Daten) erforderlich ist. Für Tafeln mit großen Zahlen kann die arithmetische Rechnung ermüdend sein. Mit dem Taschenrechner ist es aber eine einfache Sache, die Summen und Produkte für Tafeln mit großen Zahlen, die große Genauigkeit erfordern, zu bilden. Ein weiterer wertvoller Aspekt hinsichtlich der Identifizierung fehlender Eingangswerte in Datentabellen besteht darin, daß es für Tafeln mit einer großen Anzahl von Werten, z.B. zwischen zwanzig und hundert, nicht notwendig ist, Differenzen der 20ten Ordnung zu betrachten, um eine Formel zur Berechnung der fehlenden Daten aufzustellen. Man braucht nur das Polynom zu bestimmen, das lokal geeignet ist, mit zwei, vier oder sechs Zahlen, die symmetrisch um den fehlenden Wert angeordnet sind, den fehlenden Wert zu finden.

Wir haben die Bestimmung von Interpolationspolynomen durch endliche Differenzentafeln hervorgehoben, da der Taschenrechner uns befähigt, endliche Differenzen schnell und bequem zu ermitteln. Hierdurch erhält man unmittelbar Interpolationsformeln hoher Ordnung und großer Genauigkeit, die selbst wiederum mit hoher Genauigkeit einfach auf dem Taschenrechner berechnet werden können. Das ist auch der eigentliche Grund für den Gebrauch des Taschenrechners im Zusammenhang mit den Differenzentafeln: Tabellen mit Differenzen hoher Ordnung ergeben Approximationspolynome hoher Ordnung, die — in geschachtelter Klammerform dargestellt — leicht mit großer Genauigkeit berechnet werden können.

Zu der Zeit, als es den Taschenrechner noch nicht gab, bestand die Schwierigkeit darin, daß bei manuellen Rechnungen mit Hilfe von Polynomen niedriger Ordnung diese Polynome im allgemeinen nicht genau genug waren, um präzise numerische Rechnungen, die für Präzisionsanalysen technischer, ökonomischer, chemischer oder anderer Art notwendig sind, zu erlauben. Auf dem Taschenrechner können wir nun Präzisionsanalysen relativ schnell und effektiv durchführen, indem wir Polynome hoher Ordnung verwenden, die mittels Differenzentafeln mühelos aufgestellt werden können.

1.2.7 Lagrangesche Interpolationsformeln

Bisher haben wir die Interpolation von Daten gleicher Abstände untersucht und zwar mit Hilfe der Differenzentafeln und des Lozenge-Diagramms als bequemes Mittel zur Darstellung einer großen Anzahl verschiedener Interpolationsformeln. Diese Interpolationsformeln sind jedoch nicht anwendbar, wenn die Werte der unabhängigen Variablen ungleiche Abstände haben und die $n$ten Differenzen der abhängigen Variablen weder klein noch gleich Null sind. In diesen Fällen können wir dann die Lagrangesche Interpolationsformel anwenden, um ein Polynom zu entwickeln, das wir zur analytischen Substitution einsetzen können. Obwohl es andere Interpolationsformeln für Daten ungleicher Abstände gibt, liegt der Vorteil der Lagrangeschen Interpolationsformel darin, daß die Koeffizienten besonders leicht zu merken und mit dem Taschenrechner einfach zu bestimmen sind. Die Methode ist für Daten gleicher Abstände und Daten ungleicher Abstände anwendbar und unabhängig davon, ob die $n$ten Differenzen klein sind. Die Lagrangesche Interpolationsformel lautet:

$$y = y_0 \frac{(x-x_1)(x-x_2)\cdots(x-x_p)}{(x_0-x_1)(x_0-x_2)\cdots(x_0-x_p)} + y_1 \frac{(x-x_0)(x-x_2)\cdots(x-x_p)}{(x_1-x_0)(x_1-x_2)\cdots(x_1-x_p)}$$

$$+ \cdots + y_p \frac{(x-x_0)(x-x_1)\cdots(x-x_{p-1})}{(x_p-x_0)(x_p-x_1)\cdots(x_p-x_{p-1})} \; .$$

Ein interessanter und wichtiger Gesichtspunkt besteht darin, daß die Formel sich offenbar aus n Termen zusammensetzt, wenn die Datentabelle n Eingänge hat. Die Terme heben sich jedoch teilweise auf, wenn die Tabelle zum Beispiel aus vier oder fünf Werten eines Polynoms zweiter Ordnung besteht. Es verbleiben dann nur die zu der quadratischen Funktion gehörenden Anteile. Die Datentafel in Tabelle 1.2.11 zeigt ein Beispiel hierzu. Nach der Lagrangeschen Interpolationsformel ergibt sich

$$y = 6\frac{(x-5)(x-7)(x-9)(x-11)}{(3-5)(3-7)(3-9)(3-11)} + 24\frac{(x-3)(x-7)(x-9)(x-11)}{(5-3)(5-7)(5-9)(5-11)}$$

$$+ 58\frac{(x-3)(x-5)(x-9)(x-11)}{(7-3)(7-5)(7-9)(7-11)} + 108\frac{(x-3)(x-5)(x-7)(x-11)}{(9-3)(9-5)(9-7)(9-11)}$$

$$+ 174\frac{(x-3)(x-5)(x-7)(x-9)}{(11-3)(11-5)(11-7)(11-9)}$$

Tabelle 1.2.11 Fünf Wertepaare einer
quadratischen Gleichung

x	3	5	7	9	11
y	6	24	58	108	174

Der Leser kann nun diese Gleichung vereinfachen. Man findet

$$y = 2x^2 - 7x + 9,$$

also ein Polynom *zweiten* Grades. Erwartet hätte man hingegen ein Polynom vierten Grades, da die Zählerpolynome aller Summenterme in der Lagrangeschen Formel vom vierten Grade sind. Bedingt durch Rundungen wird ein exaktes Aufheben der Koeffizienten höherer Potenzen von x im allgemeinen nicht eintreten. Diese Koeffizienten werden jedoch sehr klein sein, so daß sie gleich Null gesetzt werden können.

1.2.8 Dividierte Differenzentabellen

Ein weiterer Ansatz zur Entwicklung von Interpolationsformeln für Datentabellen mit beliebigen Abständen in den Werten der unabhängigen Variablen besteht in der Aufstellung einer Tabelle für die dividierten Differenzen. Werden die Werte der unabhängigen Variablen x mit $x_0, x_1, x_2, x_3, \ldots$ bezeichnet und ergeben sich die Werte der abhängigen Variablen aus $y = f(x)$, so kann man sukzessiv eine Tabelle für die dividierten Differenzen anfertigen, wobei die 1te, 2te und 3te dividierte Differenz durch die Formeln

$$f(x_0, x_1) = \frac{f(x_1) - f(x_0)}{x_1 - x_0}$$

$$f(x_0, x_1, x_2) = \frac{f(x_1, x_2) - f(x_0, x_1)}{x_2 - x_0}$$

$$f(x_0, x_1, x_2, x_3) = \frac{f(x_1, x_2, x_3) - f(x_0, x_1, x_2)}{x_3 - x_0}$$

gegeben sind. Das Schema, in dem die dividierten Differenzen angeordnet werden, zeigt Tabelle 1.2.12.

Tabelle 1.2.12 Dividierte Differenzentabelle

$x(0)$				
	$f(x_0, x_1)$			
$x(1)$		$f(x_0, x_1, x_2)$		
	$f(x_1, x_2)$		$f(x_0, x_1, x_2, x_3)$	
$x(2)$		$f(x_1, x_2, x_3)$		$f(x_0, x_1, x_2, x_3, x_4)$
	$f(x_2, x_3)$		$f(x_1, x_2, x_3, x_4)$	
$x(3)$		$f(x_2, x_3, x_4)$		
	$f(x_3, x_4)$			
$x(4)$				

Ebenso wie die $(n + 1)$te Differenz eines Polynoms $n$ter Ordnung ist die $(n + 1)$te dividierte Differenz eines Polynoms $n$ter Ordnung gleich Null. Die Newtonsche Interpolationsformel, die auf den dividierten Differenzen basiert, lautet:

$$y = f(x_0) + (x - x_0)f(x_0, x_1) + (x - x_0)(x - x_1)f(x_0, x_1, x_2) + \cdots$$

$$+ (x - x_0)(x - x_1) \cdots (x - x_{n-1})f(x_0, x_1, \ldots, x_n) + \epsilon(x)$$

mit

$$\epsilon(x) = \frac{f^{(n)}(\theta)}{n!} \prod_{k=0}^{n} (x - x_k),$$

θ liegt zwischen dem größten und dem kleinsten Wert von $x, x_0, x_1, \ldots, x_n$.

1.2.9 Inverse Interpolation

Wir haben uns mit der Interpolation beschäftigt, um Werte der abhängigen Variablen unter Vorgabe von Werten der unabhängigen Variablen in gleichen oder verschiedenen Abständen zu bestimmen. Bei der inversen Interpolation werden Werte der unabhängigen Variablen bei vorgegebenen abhängigen Werten gesucht. Dadurch sollen insbesondere fehlende Werte der unabhängigen Variablen in einer tabellierten Datenliste aufgefunden werden. Die inverse Interpolation kann in genau derselben Weise wie die Interpolation durchgeführt werden – eine angenehme Eigenschaft der numerischen Analyse, die endliche oder dividierte Differenzen verwendet. Man muß also einen Interpolationsprozeß durchführen, wobei die abhängige und die unabhängige Variable ausgetauscht werden, d.h., die Werte von x sind in Abhängigkeit von y zu bestimmen. Das Interpolationsproblem besteht folglich darin, ein Interpolationspolynom für die unabhängige Variable zu entwickeln. Dann entspricht das Verfahren der regulären Interpolation.

1.2.10 Genauigkeit auf dreizehn Stellen aus zweiziffrigen Tabellen

Ein interessanter Aspekt zur Anwendung der Differenzentafeln liegt darin, daß besonders angefertigte Tafeln eine Präzisionsinterpolation mit der Genauigkeit eines Taschenrechners erlauben, obwohl die Tafeleingänge nur zwei oder drei signifikante Ziffern haben. Tatsächlich wird eine „beliebig" große Genauigkeit erreicht, wobei aber nur zwei signifikante Stellen der Eingangsdaten von Null verschieden sind. Folgendes Beispiel erläutert dies: Eine Tafel für $y = x^2$ kann entweder die in Tabelle 1.2.13 oder die in Tabelle 1.2.14 dargestellte Form annehmen.

Beide Tabellen enthalten Differenzen der abhängigen Variablen bis zur dritten Ordnung. Die Werte der abhängigen Variablen in Tabelle 1.2.14 sind exakt, während sie in Tabelle 1.2.13 auf zwei Stellen genau sind. Der Unterschied beider Tabellen liegt darin, daß die erste eine Interpolation mit einer Genauigkeit von nur zwei Stellen erlaubt, während eine Interpolation mit der zweiten auf 10 Stellen genau ist. Dies gilt, obwohl die Eingangswerte beider Tabellen nur wenige signifikante Stellen haben. Genau deshalb kann der wissenschaftliche Taschenrechner und sogar der einfache Vier-Funktionen-Taschen-

Tabelle 1.2.13 Differenzentafel für $y = x^2$ mit $\Delta x = 1$, $x_0 = \pi$ (zwei Stellen genau) [1]

x	y	Δy	$\Delta^2 y$	$\Delta^3 y$
3.14	9.87			
		7.27		
			2.01	
4.14	17.14			-0.01
		9.28		
5.14	26.42		2.00	
		11.28		0
6.14	37.70		2.00	
		13.28		0
7.14	50.98		2.00	
		15.28		
8.14	66.26			

[1] Interpolationsformeln, die aufgrund dieser Tabelle ermittelt werden, können höchstens auf zwei Stellen nach demKomma genau sein. Dies gilt unabhängig von der Anzahl der betrachteten Reihenglieder, da die Differenzen nur bis zur zweiten Stelle bekannt sind.

Tabelle 1.2.14 Differenzentafel für $y = x^2$ mit $\Delta x = 1$, $x_0 = 3$ (unendliche Stellengenauigkeit) [1]

x	y	Δy	$\Delta^2 y$	$\Delta^3 y$
3	9			
		7		
4	16		2	
		9		0
5	25		2	
		11		0
6	36		2	
		13		0
7	49		2	
		15		0
8	64		2	
		17		
9	81			

[1] Interpolationsformeln, die aufgrund dieser Tabelle ermittelt werden, können so genau sein, wie es die Anzahl der verwendeten Reihenglieder zuläßt, da die Differenzen genau bekannt sind.

rechner eingesetzt werden, um höhere mathematische Funktionen mit einer extrem hohen Genauigkeit zu berechnen. Hierzu ist nur erforderlich, daß bestimmte x- und y-Werte der betrachteten Funktion genau bekannt sind und diese Werte außerdem nur wenige von Null verschiedene Stellen haben. Sie können dann in einer Differenzentafel hoher Ordnung benutzt werden, um eine Interpolationsformel zu entwickeln, die über den gesamten Datenbereich der Tafel sehr genau ist.

1.2.11 Beispiele

Beispiel 1.2.1: Mit der Definition

$$\Delta = z - 1$$

soll eine Formel zur Interpolation zwischen Datenwerten und Differenzen einer Datentabelle bestimmt werden. Da

$$z = (1 + \Delta)$$
$$z^n = (1 + \Delta)^n$$

ist, folgt

$$z^n[y(x)] = y(x + n\,\Delta x) = y(x) + n\,\Delta y(x) + \frac{n(n-1)}{2}\Delta^2 y(x) + \dots + \Delta^n y(x).$$

Dies ist offensichtlich die Newtonsche Interpolationsformel für Vorwärtsdifferenzen.

Beispiel 1.2.2: Es soll eine Differenzentafel benutzt werden, um die Gültigkeit eines interpolierenden Polynoms nachzuprüfen.

Die Newtonsche oder irgendeine andere Interpolationsformel lassen sich testen, indem die Datenwerte eines bekannten Polynoms, z.B. $y = x^2$ (siehe Tabelle 1.2.15), in die Formel eingesetzt werden. Dann gilt für $y(x + n\,\Delta x)$

$$y(0 + n) = y(n) = 0 + n + n(n-1) = n + n^2 - n = y(n) = n^2.$$

Man sieht, daß die Interpolationsformel wieder das ursprüngliche Polynom $y = x^2$ ergibt: ein zu erwartendes Resultat, da die Interpolationsformel selbst ein Polynom ist.

Tabelle 1.2.15 Numerisches Beispiel für $y = x^2$

x	y	Δy	$\Delta^2 y$	$\Delta^3 y$
0	0			
		1		
1	1		2	
		3		0
2	4		2	
		5		
3	9			

2 Numerische Funktionsauswertung mit einem Taschenrechner

2.1 Elementare Untersuchungen mit einem Taschenrechner

2.1.1 Einführung

In diesem Kapitel werden Hilfsmittel aus der Analysis, die bei elementaren Rechnungen benutzt werden, besprochen: so zum Beispiel häufig auftretende Reihen wie die arithmetische, geometrische oder harmonische Reihe und der Begriff des verallgemeinerten Mittels; die genaue Definition des absoluten und relativen Fehlers; geschachtelte Klammerdarstellungen häufig verwendeter unendlicher Reihen einschließlich der Taylorschen Reihe; verschiedene Darstellungsarten der binomischen Reihe; die Umkehrung von Reihen und bestimmte Methoden, eine langsam konvergierende in eine schneller konvergierende Reihe zu transformieren. Behandelt werden ebenfalls Verfahren zur Nullstellenbestimmung von Polynomen einschließlich der von Gleichungen zweiten, dritten, vierten und fünften Grades, Methoden zur numerischen Auswertung transzendenter Funktionen, Methoden zur Berechnung ebener und sphärischer Dreiecke und Verfahren zur numerischen Auswertung von Funktionen mit komplexen Variablen. Die auf dem Taschenrechner auszuwertenden Formeln und Gleichungen sind in der hierzu günstigsten Form geschrieben.

2.1.2 Numerische Auswertung von Reihen

Eine arithmetische Folge wird durch

$$a_n = a_1 + (n - 1) \cdot d \qquad (n = 1, 2, 3, 4, \dots),$$

definiert, wobei a_n und d reelle Zahlen sind. Für $a_1 = 3e$ und $d = -\pi$ ergeben sich die ersten 5 Glieder zu

n	a_n
1	8.154845484
2	5.013252830
3	1.871660176
4	-1.269932478
5	-4.411525132

Ein häufig auftretendes Problem ist die Berechnung der Summe $S_n(d)$ aus n Gliedern der arithmetischen Folge.

$$S_n(d) = a + (a + d) + (a + 2d) + ... + [a + (n - 1)d].$$

Zu ihrer Berechnung gibt es zwei verschiedene Formeln. Die erste lautet

$$S_n(d) = na + \tfrac{1}{2}n(n - 1)d \, .$$

Diese Formel kann zwecks einfacher Auswertung mit einem Taschenrechner in geschachtelte Klammerdarstellung umgeschrieben werden zu

$$S_n(d) = n\left(a + \frac{d}{2}(n - 1)\right) .$$

Die zweite Formel lautet

$$S_n(d) = \frac{n}{2}(a + l),$$

wobei l das letzte Glied der Reihe ist und sich aus

$$l = a + (n - 1)d$$

ergibt. Die Gleichung besitzt schon eine für die Auswertung mit einem Taschenrechner günstige Form.

Die geometrische Folge ist durch

$$a_n = a_1 r^{n-1} \qquad (n = 1, 2, 3, ...)$$

definiert, wobei a_n und r reelle Zahlen sind. Für $a_1 = 3e$ und $r = -\pi$ ergeben sich die ersten 5 Glieder zu

n	a_n
1	8.154845484
2	-2.561920267×10^1
3	$+8.048509891 \times 10^1$
4	-2.528513955×10^2
5	7.943560867×10^2

Die aus n Gliedern der geometrischen Folge gebildete Summe S_n lautet:

$$S_n = a_1 + a_1 r + a_1 r^2 + a_1 r^3 + a_1 r^4 + ... + a_1 r^{n-1} .$$

Sie kann durch die Formel

$$S_n = \frac{a_1(1 - r^n)}{1 - r} = \frac{a_1 - rl}{1 - r}$$

berechnet werden. l ist das letzte Glied der Reihe. Ist $|r| < 1$, so gilt für $n \to \infty$

$$\lim_{n \to \infty}(S_n) = \frac{a_1}{1 - r},$$

da das letzte Glied l gegen Null strebt. Zur Berechnung der Summe aus n Gliedern der geometrischen Reihe auf dem Taschenrechner wird ein Hilfsspeicher oder ein Speicherregister benötigt. In Tabelle 2.1.1 ist eine typische Tastendruckfolge für eine numerische Auswertung mit der erforderlichen Speicherung dargestellt.

In anspruchsvollen Rechnungen verwendet man drei verschiedene Mittelwertbildungen: das arithmetische, das geometrische und das harmonische Mittel. Obschon die drei Spezialfälle des verallgemeinerten Mittels

$$M(t) = \left(\frac{1}{n} \sum_{k=1}^{n} a_k^t \right)^{1/t}$$

sind, sollen sie hier expliziet dargestellt werden. Das arithmetische Mittel von n Werten wird durch die Gleichung

$$A_n = \frac{a_1 + a_2 + a_3 + \ldots + a_n}{n}$$

definiert. Diese Gleichung läßt sich mit einem Taschenrechner in geeigneter Weise (wenn auch nicht so einfach wie durch Aufsummieren und anschließendes Dividieren durch die Gesamtanzahl der Werte) mit Hilfe der Rekursionsformel

$$A_{n+1} = \frac{1}{n+1} (nA_n + a_{n+1})$$

lösen.

Tabelle 2.1.1 Typische Tastendruckfolge zur Auswertung der Summe einer geometrischen Reihe

algebraische Notation		umgekehrte polnische Notation	
(r)	+	(r)	(1.0)
y^x	(1.0)	$\uparrow$	+
(n)	$1/x$	(n)	÷
=	×	y^x	$\boxed{S_n}$
CHS	RCL	CHS	
+	=	(1.0)	
(1.0)	$\boxed{S_n}$	+	
×		a_1	
(a_1)		×	
=		(r)	
STO		CHS	
(r)		$\uparrow$	
CHS			

$(\ \ ) \rightarrow$ Eingabe

$\square \rightarrow$ Ausgabe

Diese Formel kann wie folgt hergeleitet werden:

$$A_n = \frac{1}{n} \sum a_i$$

$$A_{n+1} = \frac{1}{n+1} \left[\sum a_i + a_{n+1} \right]$$

$$\left(\frac{n+1}{n} \right) A_{n+1} = \frac{\sum a_i}{n} + \frac{a_{n+1}}{n} = A_n^{\cdot} + \frac{a_{n+1}}{n}$$

$$.A_{n+1} = \frac{n}{n+1} A_n + \frac{1}{n+1} a_{n+1} = \frac{1}{n+1} \left[nA_n + a_{n+1} \right]$$

Ein Vorteil in der Verwendung rekursiver Formeln zur Bildung eines Mittelwertes liegt darin, daß sich durch schrittweises Hinzufügen weiterer Terme das Konvergenzverhalten des Mittels gut beobachten läßt. Hierdurch kann der Rechenaufwand häufig reduziert werden, da nur so viele Werte für die Mittelwertbildung berücksichtigt werden müssen, wie zur Abschätzung des Mittels bezüglich einer geforderten Genauigkeit notwendig sind.

Die rekursive Berechnung des arithmetischen Mittels ist mit Hilfe der in Tabelle 2.1.2 gezeigten Tastendruckfolge direkt ausführbar.

Tabelle 2.1.2 Typische Tastendruckfolge zur rekursiven Berechnung des arithmetischen Mittels

algebraische Notation	umgekehrte polnische Notation
A_n	A_n^{*}
$\times$	(n)
(n)	$\times$
$+$	(a_{n+1})
(a_{n+1})	$+$
$\div$	$(n+1)$
$(n+1)$	$\div$
$=$	A_{n+1}
A_{n+1}	

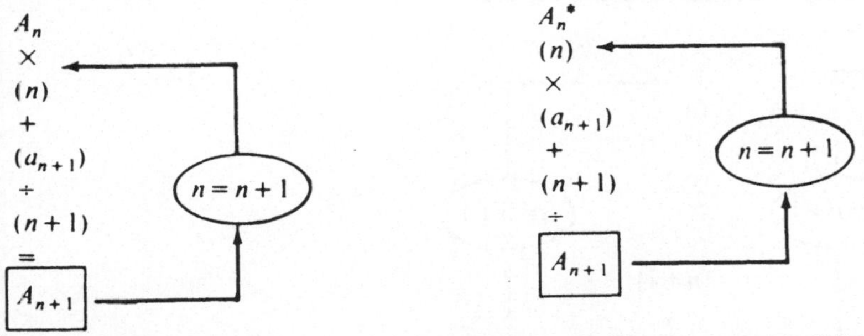

$n = n + 1$ (Gedankenschritt)

$(\ \ ) \rightarrow$ Eingabe

$\square \rightarrow$ Ausgabe

$\bigcirc \rightarrow$ Gedankenschritt

* Anfangsbedingungen: $A_n = 0$ für $n = 0$

Das geometrische Mittel von n Werten wird durch die Beziehung

$$G_n = (a_1 a_2 \dots a_n)^{1/n}, \qquad (a_i > 0, i = 1, 2, \dots, n)$$

definiert. Mit Hilfe der rekursiven Formel

$$G_{n+1} = (a_{n+1} G_n^n)^{1/n+1}$$

kann es ohne Mühe berechnet werden. Diese Formel entsteht wie folgt:

$$G_n = \left(\prod_{i}^{n} a_i \right)^{1/n}$$

$$G_n^n = \prod_{i}^{n} a_i$$

$$G_{n+1}^{n+1} = \left(\prod_{i}^{n} a_i \right)(a_{n+1})$$

$$G_{n+1}^{n+1/n} = (a_{n+1})^{1/n} \left(\prod_{i}^{n} a_i \right)^{1/n} = a_{n+1}^{1/n} G_n$$

$$G_{n+1} = a_{n+1}^{1/n+1} G_n^{n/n+1} = (a_{n+1} G_n^n)^{1/n+1}$$

Eine typische Tastendruckfolge zur Auswertung dieser Gleichung zeigt Tabelle 2.1.3.

Tabelle 2.1.3 Typische Tastendruckfolge zur rekursiven
Berechnung des geometrischen Mittels

---

algebraische Notation   umgekehrte polnische Notation

algebraische Notation	umgekehrte polnische Notation
G_n	G_n
y^x	$\uparrow$
(n)	(n)
$\times$	y^x
(a_{n+1})	(a_n)
y^x $n = n+1$	$\times$ $n = n+1$
$(n+1)$	$\uparrow$
$1/x$	$(n+1)$
$=$	$1/x$
G_{n+1}	y^x
	G_{n+1}

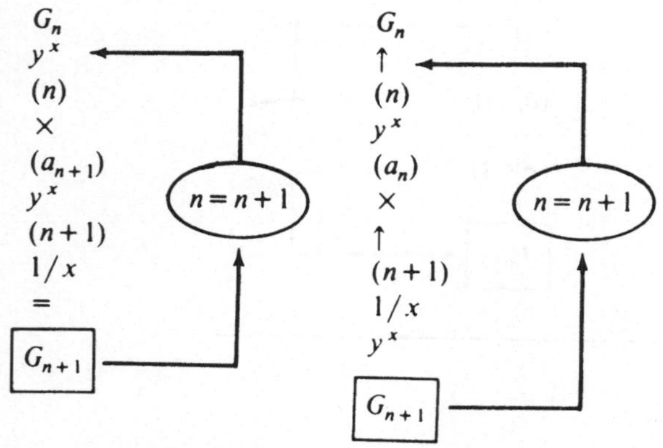

$(\ \ ) \rightarrow$ Eingabe
$\square \rightarrow$ Ausgabe
$\bigcirc \rightarrow$ Gedankenschritt

Das harmonische Mittel von n Werten wird durch

$$\frac{1}{H} = \frac{1}{n}\left(\frac{1}{a_1} + \frac{1}{a_2} + \cdots + \frac{1}{a_n}\right), \qquad (a_i > 0, i = 1, 2, \ldots, n)$$

definiert. Auch hier kann die numerische Auswertung mit Hilfe der Rekursionsformel

$$H_{n+1} = \left\{\frac{1}{n+1}\left(\frac{1}{a_{n+1}} + \frac{n}{H_n}\right)\right\}^{-1}$$

vorgenommen werden. Eine typische Tastendruckfolge zur rekursiven Berechnung des harmonischen Mittels ist in Tabelle 2.1.4 wiedergegeben.

Zum Schluß sei gesagt, daß das geometrische, das arithmetische und das harmonische Mittel sich durch folgende Relationen aus dem allgemeinen Mittel ergeben:

$$\lim_{t \to 0} M(t) = G$$

$$M(1) = A$$

$$M(-1) = H.$$

Tabelle 2.1.4 Typische Tastendruckfolge zur rekursiven
Berechnung des harmonischen Mittels

algebraische Notation   umgekehrte polnische Notation

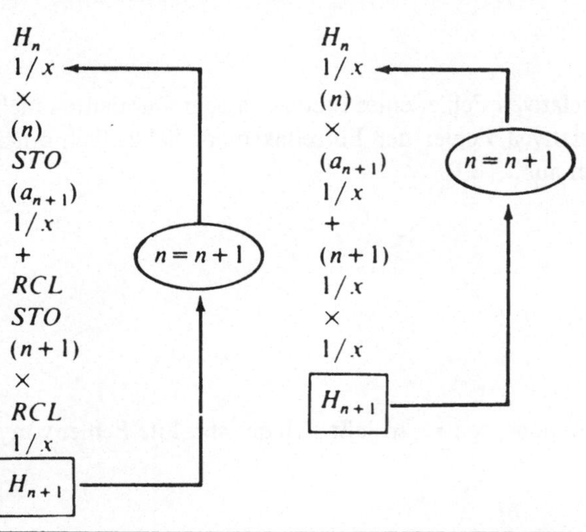

( ) → Eingabe
□ → Ausgabe
◯ → Gedankenschritt

2.1.3 Die Definition des absoluten und des relativen Fehlers

Absolute und relative Fehler sind uns schon im Zusammenhang mit verschiedenen Problemen begegnet. Da im nächsten Kapitel ebenfalls einige Fehlertypen vorkommen, ist es wichtig, eine genaue Definition des relativen und des absoluten Fehlers anzugeben. Ist x_0 ein Näherungswert des wahren Wertes x, so wird festgelegt:

1. Der absolute Fehler von x_0 beträgt $\Delta x = x_0 - x$
   (errechneter Wert − wahrer Wert).

2. Der relative Fehler von x_0 beträgt $\delta x = \dfrac{\Delta x}{x}$

$$\left(\frac{\text{errechneter Wert} - \text{wahrer Wert}}{\text{wahrer Wert}} \right).$$

Er ist annähernd gleich $\dfrac{\Delta x}{x_0}$.

3. Der prozentuale Fehler ist gleich dem Produkt aus relativem Fehler und 100.

Wenn in 2. zur Abschätzung des prozentualen Fehlers anstelle des wahren Wertes x der Näherungswert x_0 eingesetzt wird, so geschieht dies unter der Voraussetzung, daß sich hierdurch der relative Fehler nicht wesentlich ändert.

Der absolute Fehler der Summe oder Differenz verschiedener Zahlen ist „höchstens" gleich der Summe der absoluten Fehler der einzelnen Zahlen. Wenn vorausgesetzt werden kann, daß die einzelnen Fehler zufällig und unabhängig voneinander sind, so ist es sinnvoller den Fehler einer Summe oder Differenz mehrerer Zahlen durch die Wurzel aus der Summe der einzelnen Fehlerquadrate

$$\left(\sum \Delta x_i^2 \right)^{1/2}$$

abzuschätzen.

Eine obere Schranke für den relativen Fehler eines Produktes oder Quotienten mehrerer Glieder ist die Summe der relativen Fehler der Einzelfaktoren. Schließlich erhält man für $y = f(x)$ den relativen Fehler aus

$$\delta y = \frac{\Delta y}{y} \cong \frac{f'(x)}{f(x)} \Delta x$$

Ist

$$y = f(x_1, x_2, \dots, x_n)$$

und Δx_i der absolute Fehler der Komponenten x_i, so läßt sich der absolute Fehler von f darstellen in der Form:

$$\Delta f \approx \frac{\partial f}{\partial x_1} \Delta x_1 + \frac{\partial f}{\partial x_2} \Delta x_2 + \cdots + \frac{\partial f}{\partial x_n} \Delta x_n$$

Für den relativen Fehler von Potenzen und Wurzeln können ebenfalls einfache Regeln hergeleitet werden. Es ergibt sich, daß der relative Fehler einer n ten Potenz genau das n-fache des relativen Fehlers der Basis ist. Der relative Fehler der $n$ten Wurzel ist hingegen das $1/n$-fache des relativen Fehlers des Radikanten.

Rechnen mit Näherungswerten

Daten, die in Testversuchen ermittelt oder die Tabellen physikalischer Kenngrößen entnommen werden, sind im allgemeinen nur bis zu einem bestimmten Maß genau. Rechnungen mit gemessenen Daten rufen daher Fehler bestimmter Größe hervor. Ein anderer Fehlertyp entsteht beim Rechnen mit Näherungswerten durch die Benutzung von Zahlen, deren letzte Stellen „abgeschnitten" sind, wodurch Rundungsfehler erzeugt werden. Der hiermit verbundene maximale Fehler läßt sich abschätzen. Wird richtig gerundet, so ändert sich die Zahl höchstens um die halbe Einheit der Ordnung der letzten mitgeführten Ziffer.

Werden bei einer gerundeten Zahl hinter die letzte Stelle des Dezimalbruches Nullen angehängt, so ergeben sich hierdurch Unterschiede: 0.98700 ist zum Beispiel mit einer 100 mal größeren Genauigkeit angegeben als 0.987. In der ersten Schreibweise weicht der angegebene Zahlenwert höchstens um 5×10^{-6}, in der zweiten um 5×10^{-4} vom wahren Wert ab. Beim Zusammenstellen bestimmter Ergebnisse, die mit einem Taschenrechner errechnet wurden, sollte deshalb immer die Genauigkeitsschranke mit angegeben werden.

Fehler, die durch die Ungenauigkeit der Eingangsdaten verursacht werden, nennt man „Eingangsfehler". Fehler, die durch Näherungen aufgrund der Rechenkapazität und des zur Verfügung stehenden Zahlenfeldes entstehen, heißen „Rechnungsfehler". Bei jeder Rechnung sollte man darauf achten, daß der Rechnungsfehler merklich kleiner als der Eingangsfehler wird. Für praktische Rechnung ist dies bei fast allen Taschenrechnern glücklicherweise erfüllt, da sie über hinreichend große Zahlenfelder verfügen.

Sollen numerische Rechnungen richtig durchgeführt werden, so muß man bei der Berechnung der Differenz von fast gleichgroßen Zahlen recht sorgfältig vorgehen. Da gelegentlich die Größe des Rechnungsfehlers die zu verwendende Rechenmethode bestimmt, ist es von Interesse, aus den Eingangsfehlern den maximalen im Ergebnis zu erwartenden Fehler abzuschätzen der auf den Eingangsfehlern beruht. Aus diesem Grund sind die Regeln zur Berechnung des absoluten Fehlers von Summen, Differenzen, Produkten und Quotienten angegeben worden. Mit ihnen läßt sich die Größe des Eingangsfehlers ermitteln, wodurch man dann feststellen kann, ob der Rechnungsfehler in der gleichen Größenordnung liegt oder kleiner ist. Bei kleinen Rechnungsfehlern kann mit Hilfe dieser Formeln außerdem ermittelt werden, inwieweit fehlerhafte Dateneingaben die Genauigkeit einer Rechnung beschränken. Man bekommt also hierdurch einen Hinweis über die verbleibende Genauigkeit nach komplizierten oder schlecht überschaubaren Rechnungen.

Das Ergebnis einer Rechnung ist am ungenauesten, wenn in der Rechnung die Differenz von zwei fast gleichgroßen und nur annähernd bekannten Zahlen vorkommt. Um in diesem Fall den relativen Fehler zu bestimmen, dividiert man die Summe der absoluten Fehler, gebildet ohne Berücksichtigung des Vorzeichens, durch die Differenz der betreffenden zwei Zahlen (eine kleine Zahl, die sogar einen kleinen absoluten Fehler in einen großen relativen Fehler umkehren kann).

2.1.4 Unendliche Reihen

Es gibt viele Problemstellungen, bei denen eine Funktion in eine Taylorreihe entwickelt werden muß. Die Taylorsche Formel für Funktionen einer Veränderlichen lautet

$$f(x+h) = f(x) + hf'(x) + \frac{h^2}{2} f''(x) + \dots + \frac{h^{n-1}}{(n-1)!} f^{n-1} + R_n.$$

Das Restglied R_n in dieser Gleichung besitzt drei typische Darstellungen:

$$R_n = \frac{h^n}{n!} f^n(x + \theta_1 h), \qquad (0 < \theta_1 < 1)$$

$$R_n = \frac{h^n}{(n-1)!} (1 - \theta_2)^{n-1} f^n(x + \theta_2 h), \qquad (0 < \theta_2 < 1)$$

$$R_n = \frac{h^n}{(n-1)!} \int_0^1 (1-t)^{n-1} f^n(x + th) dt .$$

Wenn die Zahlenwerte der Ableitungen gegeben sind oder leicht berechnet werden können, kann zur numerischen Auswertung die Reihe ohne das Restglied in geschachtelter Klammerdarstellung geschrieben werden:

$$f_1 = f(x)$$

$$f_2 = f(x) + hf'(x)$$

$$f_3 = f(x) + h\left(f' + \frac{hf''}{2} \right)$$

$$f_4 = f(x) + h\left(f' + \frac{h}{2}\left(f'' + \frac{hf'''}{3} \right) \right)$$

$$f_5 = f(x) + h\left(f' + \frac{h}{2}\left(f'' + \frac{h}{3}\left(f''' + \frac{hf''''}{4} \right) \right) \right)$$

$$\vdots$$

$$f_n = f(x) + h\left(f' + \frac{h}{2}\left(f'' + \frac{h}{3}\left(f''' + \frac{h}{4}\left(f'''' + \dots \right. \right. \right. \right.$$

$$\left. \left. \left. \left. + \frac{h}{n-1}\left(f^{n-1} + \frac{hf^n}{n} \right) \right) \dots \right) \right) \right).$$

Die Taylorsche Reihenentwicklung von $f(x)$ um die Stelle a ergibt sich zu

$$f(x) = f(a) + (x-a)f'(a) + \frac{(x-a)^2}{2}f''(a) + \cdots + \frac{(x-a)^{n-1}}{(n-1)!}f^{n-1}(a) + R_n \,,$$

wobei das Restglied R_n durch

$$R_n = \frac{(x-a)^n}{n!}f^n(\zeta), \qquad (a < \zeta < x)$$

gegeben ist. Dieser Ausdruck kann ebenfalls in geschachtelte Klammerdarstellung umgeschrieben werden:

$$f_n = f(a) + (x-a)\left(f'(a) + \frac{(x-a)}{2}\left(f''(a) + \frac{(x-a)}{3}\left(f'''(a) + \cdots \right.\right.\right.$$

$$\left.\left.\left. + \frac{(x-a)}{n-1}\left(f^{n-1}(a) + \frac{(x-a)}{n}f^n(a) \right)\right) \cdots \right)\right)$$

Binomische Reihen

Der binomischen Reihe begegnet man recht häufig in der Kombinatorik sowie beim Aufstellen von Differenzengleichungen für numerische Untersuchungen. Sie lautet in allgemeiner Form

$$(1+x)^\alpha = \sum_{k=0}^{\alpha} \binom{\alpha}{k} x^k, \qquad (-1 < x < 1)$$

mit

$$\binom{\alpha}{k} = \frac{\alpha!}{(\alpha-k)!\,k!} \,.$$

Hier interessiert besonders die Darstellung

$$(1+x)^\alpha = 1 + \alpha x + \frac{\alpha(\alpha-1)}{2!}x^2 + \frac{\alpha(\alpha-1)(\alpha-2)}{3!}x^3 + \cdots \,.$$

Zur einfachen Berechnung auf dem Taschenrechner läßt sich diese Reihe in geschachtelter Klammerdarstellung umschreiben zu:

$$(1+x)^\alpha = 1 + \alpha x\left(1 + \frac{x(\alpha-1)}{2}\left(1 + \frac{x(\alpha-2)}{3}\left(1 + \frac{x(\alpha-3)}{4}\left(1 + \ldots \right.\right.\right.\right.$$

$$\left.\left.\left.\left. + \frac{x(\alpha-n+1)}{n-1}\left(1 + \frac{x(\alpha-n)}{n} \right) \cdots \right)\right)\right)\right).$$

Spezielle häufig vorkommende binomische Reihen sind folgende:

(a)

$$(1+x)^{-1} = 1 - x + x^2 - x^3 + x^4 - x^5 + \cdots, \qquad (|x| < 1)$$

$$\therefore (1+x)^{-1} = 1 - x\big(1 - x(1 - x(1 - x(1 - x(\cdots,))))\big) \qquad (|x| < 1)$$

(b)

$$(1+x)^{1/2} = 1 + \frac{x}{2} - \frac{x^2}{8} + \frac{x^3}{16} - \frac{5x^4}{128} + \frac{7x^5}{256} - \frac{21x^6}{1024}, \qquad (|x| < 1)$$

$$\therefore (1+x)^{1/2} = 1 + \frac{x}{2}\left(1 - \frac{x}{4}\left(1 - \frac{x}{2}\left(1 - \frac{5}{8}x(1\cdots,)\right)\right)\right) \qquad (|x| < 1)$$

(c)

$$(1+x)^{-1/2} = 1 - \frac{x}{2}\left(1 - \frac{3x}{4}\left(1 - \frac{5x}{6}\left(1 - \frac{7x}{8}(1\cdots,)\right)\right)\right) \qquad (|x| < 1)$$

(d)

$$(1+x)^{1/3} = 1 + \frac{x}{3}\left(1 - \frac{x}{3}\left(1 - \frac{5x}{9}\left(1 - \frac{2x}{3}(1\cdots,)\right)\right)\right) \qquad (|x| < 1)$$

(e)

$$(1+x)^{-1/3} = 1 - \frac{x}{3}\left(1 - \frac{2x}{3}\left(1 - \frac{7x}{9}\left(1 - \frac{5x}{6}(1\cdots,)\right)\right)\right) \qquad (|x| < 1).$$

Operationen mit abgebrochenen Darstellungen unendlicher Reihen

Ein wesentlicher Bestandteil fortgeschrittener Berechnungen auf dem Taschenrechner ist die numerische Auswertung abgebrochener Reihen. Hierzu wird die unendliche Reihe etwa nach dem Glied vierter Ordnung abgebrochen und dann die zahlenmäßige Auswertung der Funktion mit Hilfe der abgebrochenen Reihe in dem Bereich vorgenommen, in dem diese Reihe mit der betrachteten Funktion gut übereinstimmt. Ist eine Reihe aufgestellt, sei es durch Chebyshev-Polynome, die Taylorsche Formel, die binomische Formel, Legendresche Polynome oder durch andere Hilfsmittel, so können mit dieser Reihe Rechenoperationen durchgeführt werden, zum Beispiel die Kehrtwertbildung, das Quadratwurzelziehen oder Quadrieren, das Multiplizieren oder Dividieren mit einer anderen Reihe und das Potenzieren oder das Bilden des Logarithmus. Diese Rechnungen werden zweckmäßigerweise mit Hilfe von Koeffizientenberechnungen durchgeführt. In Tabelle 2.1.5 sind diese Operationen für die drei Reihen

$$s_1 = 1 + a_1 x + a_2 x^2 + a_3 x^3 + a_4 x^4 + \ldots$$
$$s_2 = 1 + b_1 x + b_2 x^2 + b_3 x^3 + b_4 x^4 + \ldots$$
$$s_3 = 1 + c_1 x + c_2 x^2 + c_3 x^3 + c_4 x^4 + \ldots$$

Tabelle 2.1.5 Reihenoperationen

Operation	c_1	c_2	c_3	c_4
$s_3 = s_1^n$	na_1	$\frac{1}{2}(n-1)c_1a_1 + na_2$	$c_1a_2(n-1) + \frac{c_1a_1^2}{6}(n-1)(n-2) + na_3$	$na_4 + c_1a_3(n-1) + \frac{1}{2}n(n-1)a_2^2 + \frac{1}{2}(n-1)(n-2)c_1a_1a_2 + \frac{1}{24}(n-1)(n-2)(n-3)c_1a_1^3$
$s_3 = s_1 s_2$	$a_1 + b_1$	$b_2 + a_1b_1 + a_2$	$b_3 + a_1b_2 + a_2b_1 + a_3$	$b_4 + a_1b_3 + a_2b_2 + a_3b_1 + a_4$
$s_3 = s_1 / s_2$	$a_1 - b_1$	$a_2 - (b_1c_1 + b_2)$	$a_3 - (b_1c_2 + b_2c_1 + b_3)$	$a_4 - (b_1c_3 + b_2c_2 + b_3c_1 + b_4)$
$s_3 = e^{(s_1-1)}$	a_1	$a_2 + \frac{a_1^2}{2}$	$a_3 + a_1a_2 + \frac{a_1^3}{6}$	$a_4 + a_1a_3 + \frac{a_2^2}{2} + \frac{a_2a_1^2}{2} + \frac{a_1^4}{24}$
$s_3 = 1 + \ln(s_1)$	a_1	$a_2 - \frac{a_1c_1}{2}$	$a_3 - \frac{(a_2c_1 + 2a_1c_2)}{3}$	$a_4 - \frac{(a_3c_1 + 2a_2c_2 + 3a_1c_3)}{4}$

wiedergegeben. Zu den nützlichen Reihenumformungen gehört auch die Umkehrung einer Reihe. Hierbei wird die abhängige Variable durch Terme der unabhängigen Variablen ausgedrückt. Ist die Reihe

$$y = ax + bx^2 + cx^3 + dx^4 + ex^5 + fx^6 + \dots$$

gegeben, so kann x als Funktion von y dargestellt werden zu

$$x \approx Ay + By^2 + Cy^3 + Dy^4 + Ey^5 + Fy^6 + \dots$$

mit

$$A = \frac{1}{a}$$

$$B = -\frac{b}{a^3}$$

$$C = \frac{2b^2 - ac}{a^5}$$

$$D = \frac{5abc - a^2d - 5b^3}{a^7}$$

$$E = \frac{6a^2bd + 3a^2c^2 + 14b^4 - 21ab^2c - a^3e}{a^9}$$

$$F = \frac{7a^3be + 7a^3cd + 84ab^3c - a^4f - 28a^2bc^2 - 42b^5 - 28a^2b^2d}{a^{11}} \, .$$

Reihentransformationen

In der numerischen Analysis, deren Ziel es ist, die Summe einer Reihe sehr genau zu berechnen, kommen gelegentlich langsam konvergierende Reihen vor. In solchen Fällen wird gewöhnlich ein Schema (siehe Abschnitt 3.4) angewendet, um die Genauigkeit einer derartigen Reihe zu verbessern. Mit Hilfe einer anderen bekannten Reihe, läßt sich jedoch die Konvergenz (Genauigkeit) der ursprünglichen Reihe ebenfalls verbessern. Diese Vorgehensweise ist für die numerische Auswertung der Summe einer langsam konvergierenden Reihe der Form

$$s = \sum_{k=0}^{\infty} a_k$$

recht günstig, wobei sichergestellt sein muß, daß diese Reihe tatsächlich konvergiert und man eine andere Reihe

$$c = \sum_{k=0}^{\infty} c_k$$

kennt, die ebenfalls konvergiert und den bekannten Summenwert c besitzt. Der Grenzwert von a_k/c_k für k gegen Unendlich muß außerdem den Wert λ (mit $\lambda \neq 0$) haben. Die Reihe läßt sich dann umformen zu

$$s = \lambda c + \sum_{k=0}^{\infty} \left(1 - \lambda \frac{c_k}{a_k} \right) a_k \,.$$

Die angewandte Technik heißt Kummersche Transformation. Eine Reihe wird in eine andere transformiert, die numerisch leichter ausgewertet werden kann. Obschon dieses Verfahren ursprünglich nicht für diesen Zweck entwickelt wurde, erweist es sich für die numerische Auswertung schlecht konvergierender Reihen als recht nützlich.

Ein anderer Ansatz verwendet die Euler-Maclaurinsche-Summationsformel. Dies ist ein weiteres Verfahren zur numerischen Auswertung einer Reihe mit Hilfe einer anderen, schneller konvergierenden Reihe. Unter der Voraussetzung, daß die Differenz der Ableitungen an den Endpunkten des Intervalls, in dem die Reihe ausgewertet werden soll, klein ist, lautet die Euler-Maclaurinsche-Summationsformel

$$s = \sum_{k=1}^{n-1} f_k \cong \int_0^n f(k)\,dk - \tfrac{1}{2}(f_0 - f_n) + \tfrac{1}{12}\left(f_n^{(\mathrm{I})} - f_0^{(\mathrm{I})} \right)$$

$$- \tfrac{1}{720}\left(f_n^{(\mathrm{III})} - f_0^{(\mathrm{III})} \right) + \frac{\left(f_n^{(\mathrm{V})} - f_0^{(\mathrm{V})} \right)}{30240} \,.$$

2.1.5 Auflösen von Polynomen

Die numerische Lösung eines Poylnoms mit Hilfe eines Taschenrechners erfordert einen genauen Überblick über die mögliche Lage der Wurzeln des Polynoms in der komplexen Ebene. Aus diesem Grunde sollen hier kurz die zum Verständnis von algebraischen Gleichungen notwendigen Grundbegriffe wiederholt werden. Eine algebraische Gleichung $n$ter Ordnung besitzt n Wurzeln. Sind die Koeffizienten des Polynoms reelle Zahlen, so sind die Lösungen der Gleichung entweder alle reell, wobei sie aber nicht sämtlich voneinander verschieden zu sein brauchen, oder neben den reellen Lösungen gibt es noch paarweise konjugiert komplexe Wurzeln. Das Auftreten der komplexen Lösungen als konjugiert komplexe Wurzelpaare ergibt sich aus der Voraussetzung, daß die Koeffizienten des Polynoms reelle und nicht komplexe Zahlen sind. Sind die Koeffizienten komplex, so können natürlich die Wurzeln der Gleichung an jeder beliebigen Stelle in der komplexen Ebene liegen. In diesem Buch sollen nur Polynome mit reellen Koeffizienten behandelt werden, da bei anwendungsbezogenen Analysen diese algebraischen Gleichungen am häufigsten vorkommen.

Die Lösung der quadratischen Gleichung

Ist die quadratische Gleichung

$$ax^2 + bx + c = 0$$

gegeben, so können die Lösungen dieser Gleichung durch die Formeln

$$z_1 = -\left(\frac{b}{2a}\right) + \frac{\sqrt{q}}{2a}$$

$$z_2 = -\left(\frac{b}{2a}\right) - \frac{\sqrt{q}}{2a}$$

mit

$$q = b^2 - 4ac$$

numerisch errechnet werden. Für die Lösungen gelten die folgenden leicht nachprüfbaren Beziehungen, die in diesem Buch gelegentlich benutzt werden:

$$z_1 + z_2 = -\frac{b}{a}$$

$$z_1 z_2 = \frac{c}{a}.$$

Aus den Gleichungen für die zwei Wurzeln ist ersichtlich, daß

1. für $q > 0$ die beiden Wurzeln reell und ungleich,
2. für $q = 0$ die beiden Wurzeln reell und gleich,
3. für $q < 0$ die beiden Wurzeln konjugiert komplex sind.

Bei der numerischen Bestimmung der Wurzeln mit einem Taschenrechner wird zweckmäßigerweise zuerst q errechnet, um die Lage der Wurzeln in der komplexen Ebene zu ermitteln. Danach wird die Gleichung hinsichtlich der Wurzeln ausgewertet.

Lösung der kubischen Gleichung

Zur Lösung der kubischen Gleichung

$$z^3 + a_2 z^2 + a_1 z + a_0 = 0$$

werden zuerst die Größen q und r, die durch

$$q = \frac{a_1}{3} - \frac{a_2^2}{9}$$

$$r = \frac{a_1 a_2 - 3a_0}{6} - \frac{a_2^3}{27}$$

gegeben sind, berechnet. Aus den Werten für q und r läßt sich die Lage der Wurzeln in der komplexen Ebene folgendermaßen bestimmen:

1. Ist $q^3 + r^2 > 0$, so hat die kubische Gleichung eine reelle und zwei konjugiert komplexe Wurzeln.
2. Ist $q^3 + r^2 = 0$, so sind alle Wurzeln reell und mindestens zwei von ihnen untereinander gleich.
3. Ist $q^3 + r^2 < 0$, so hat die Gleichung drei verschiedene reelle Wurzeln (irreduzibler Fall).

Ist bekannt, welcher der drei Fälle in Betracht kommt, so können die folgenden Gleichungen benutzt werden, um die Wurzeln auf dem Taschenrechner zu ermitteln. Zuerst werden die Ausdrücke

$$s_1 = \left[r + (q^3 + r^2)^{1/2} \right]^{1/3}$$

$$s_2 = \left[r - (q^3 + r^2)^{1/2} \right]^{1/3}$$

berechnet. Die Wurzeln ergeben sich dann aus den drei Gleichungen

$$z_1 = (s_1 + s_2) - \frac{a_2}{3}$$

$$z_2 = \frac{-(s_1 + s_2)}{2} - \frac{a_2}{3} + \frac{i\sqrt{3}}{2}(s_1 - s_2)$$

$$z_3 = -\frac{(s_1 + s_2)}{2} - \frac{a_2}{3} - \frac{i\sqrt{3}}{2}(s_1 - s_2).$$

Es sei erwähnt, daß für $q^3 + r^2 = 0$, $s_1 = s_2$ wird und die imaginären Anteile der Wurzeln verschwinden. Die Wurzeln z_2 und z_3 sind dann gleich, wohingegen z_1 nur mit z_2 und z_3 übereinstimmt, wenn s_1 und somit auch s_2 Null sind.

Die berechneten Wurzeln der kubischen Gleichung müssen folgende Bedingungen erfüllen

$$z_1 + z_2 + z_3 = -a_2$$

$$z_1 z_2 + z_1 z_3 + z_2 z_3 = a_1$$

$$z_1 z_2 z_3 = -a_0.$$

Diese Relationen können zur Rechenkontrolle verwendet werden.

Die Lösungsformel zur Bestimmung der Wurzeln einer Gleichung vierten Grades sind ziemlich kompliziert, auch wenn sie auf dem Taschenrechner ausgewertet werden sollen. Unter bestimmten Bedingungen kann jedoch eine einfache Berechnung vorgenommen werden. Als Beispiel wird die Gleichung

$$z^4 + a_3 z^3 + a_2 z^2 + a_1 z + a_0 = 0$$

betrachtet. Eine Lösungsmethode ist folgende: Zuerst wird eine reelle Wurzel der kubischen Gleichung

$$\mu^3 - a_2\mu^2 + (a_1 a_3 - 4a_0)\mu - (a_1^2 + a_0 a_3^2 - 4a_0 a_2) = 0$$

berechnet. Die Wurzeln der beiden quadratischen Gleichungen

$$v^2 + \left[\frac{a_3}{2} - \left(\frac{a_3^2}{4} + \mu_1 - a_2\right)^{1/2}\right] v + \frac{\mu_1}{2} - \left[\left(\frac{\mu_1}{2}\right)^2 - a_0\right]^{1/2} = 0$$

$$v^2 + \left[\frac{a_3}{2} + \left(\frac{a_3^2}{4} + \mu_1 - a_2\right)^{1/2}\right] v + \frac{\mu_1}{2} + \left[\left(\frac{\mu_1}{2}\right)^2 - a_0\right]^{1/2} = 0$$

sind dann die vier Lösungen der Ausgangsgleichung. Sind diese ermittelt, so kann die Gleichung vierten Grades umgeschrieben werden:

$$z^4 + a_3 z^3 + a_2 z^2 + a_1 z + a_0 = (z^2 + p_1 z + q_1)(z^2 + p_2 z + q_2),$$

wobei folgende Bedingungen gelten:

$$p_1 + p_2 = a_3$$
$$p_1 p_2 + q_1 + q_2 = a_2$$
$$p_1 q_2 + p_2 q_1 = a_1$$
$$q_1 q_2 = a_0.$$

Schließlich gelten für die Wurzeln z_1, z_2, z_3, z_4 der Gleichung vierten Grades die Beziehungen

$$z_1 + z_2 + z_3 + z_4 = -a_3$$

$$\sum z_i z_j z_k = -a_1$$

$$\sum z_i z_j = a_2$$

$$z_1 z_2 z_3 z_4 = a_0.$$

Versucht man, die Wurzeln von Polynomen bis zum vierten Grade mit einem Rechenstab oder rein analytisch oder sogar mit den alten mechanischen Rechenmaschinen (obschon hier genau) zu ermitteln, so erweisen sich diese Berechnungsarten als recht mühsam und im allgemeinen ungenau. Mit einem Taschenrechner kann die Auswertung jedoch relativ schnell und genau durchgeführt werden.

2.1.6 Sukzessive Approximationsmethoden

In diesem Abschnitt beschäftigen wir uns ebenfalls mit dem Aufsuchen der Wurzeln einer Gleichung, die aber eine allgemeine Form hat. Es soll die Bedingung für die Gültigkeit der Gleichung

$$f(x) = 0$$

gefunden werden, d.h., wir suchen nach den x-Werten, für die $f(x)$ Null wird. Hier ist es nicht erforderlich, daß $f(x)$ ein Polynom in x ist. Ist $x = x_n$ eine Näherung der Wurzel, so ist f_n — wenn es ungleich Null ist — gleich ϵ (dem Fehler). Wird nun ϵ dazu verwendet, die Näherung der Wurzel zu verbessern, so erhält man

$$\Delta x = c_n \epsilon_n = c_n f_n$$

oder

$$x_{n+1} = x_n + c_n f_n \qquad (n = 1, 2, 3, \dots). \tag{2.1.1}$$

Ist $f'(x)$ größer oder gleich Null und sind die Konstanten c_n negativ und beschränkt, so konvergiert die Folge der x_n monoton gegen die Wurzel $x = r$. Sind die c_n gleich einer Konstanten c, deren Wert kleiner als Null ist und ist $f'(c)$ größer als Null, so konvergiert das Verfahren zwar, aber nicht unbedingt monoton. Zur Berechnung der c_n gibt es mehrere Methoden wie zum Beispiel die „regula falsi", die sukzessive Iteration, das Newtonsche Verfahren und die Newton-Raphson-Methode. Die „regula falsi" geht von der gegebenen Funktion $y = f(x)$ aus; die Aufgabe liegt nun darin, einen Wert $x = r$ zu finden, für den $f(x) = 0$ wird. Werden für x zwei Werte x_0 und x_1 so ausgewählt, daß $f(x_0)$ und $f(x_1)$ unterschiedliches Vorzeichen besitzen, so kann Gl. (2.1.1) folgende Form annehmen

$$x_2 = x_1 - \left(\frac{x_1 - x_0}{f_1 - f_0} \right) f_1 = \frac{f_1 x_0 - f_0 x_1}{f_1 - f_0} \ . \tag{2.1.2}$$

Die dritte und vierte Näherung der Wurzel x_n wird berechnet, indem x_0 durch x_2 ersetzt wird, wenn $f(x_0)$ und $f(x_2)$ das gleiche Vorzeichen besitzen. Haben $f(x_1)$ und $f(x_2)$ gleiches Vorzeichen, so wird x_1 durch x_2 ersetzt. Aus der Gestalt der Gl. (2.1.2) kann entnommen werden, daß die „regula falsi" einer inversen Interpolation entspricht.

Bei der Anwendung der sukzessiven Iteration wird die Ausgangsgleichung auf die implizite Form $x = f(x)$ gebracht. Diese Gleichung wird durch das folgende Iterationsschema sukzessive gelöst:

$$x_{n+1} = f(x_n).$$

Die Folge der Lösungen konvergiert gegen die Lösung der Gleichung $x = f(x)$, falls es ein q gibt, so daß gilt:

$$f'(x) \leqslant q < 1 \quad \text{für } a \leqslant x \leqslant b$$

und

$$a \leqslant x_0 \pm \frac{|f(x_0) - x_0|}{1 - q} \leqslant b.$$

Diese Methode ist auf einem Taschenrechner sehr leicht anwendbar, da man sich nicht spezielle Formeln, wie sie bei der „regula falsi" oder dem Newtonschen Verfahren (Newton Raphson) benötigt werden, merken muß. Ein Problem bringt jedoch die Anwendung der sukzessiven Iteration zur Wurzelbestimmung von Gleichungen mit sich. Dieses Verfahren konvergiert im allgemeinen nicht so schnell wie andere Methoden, die zusätzliche Informationen (wie zum Beispiel die Ableitungen von $f(x)$) ausnutzen, um so eine schnelle Konvergenz zu sichern.

Beim Newtonschen Verfahren werden die Wurzeln der Funktion $f(x)$ rekursiv durch die Formel

$$x_{n+1} = x_n - \frac{f(x_n)}{f'(x_n)} \tag{2.1.3}$$

berechnet, wobei $x = x_n$ ein Approximationswert für $x = r$ mit $f(r) = 0$ ist. Die Folge x_n, die durch die Newtonsche Regel erzeugt wird, konvergiert quadratisch gegen $x = r$. Damit die Konvergenz monoton erfolgt, muß $f(x_0) \times f''(x_0)$ größer als Null sein und $f'(x)$ und $f''(x)$ dürfen im Intervall (x_0, r) das Vorzeichen nicht wechseln. Die Bedingungen für oszillierende Konvergenz sind ebenfalls recht einfach. Ist das Produkt $f(x_0) f''(x_0)$ kleiner als Null und wechseln $f'(x)$ und $f''(x)$ im Intervall (x_0, x_1) nicht das Vorzeichen, so konvergiert die Folge x_n in Gl. (2.1.3) – wenn auch oszillierend – gegen $x = r$. Diese Bedingungen gelten natürlich nur für

$$x_0 \leqslant r \leqslant x_1 .$$

Die Bestimmung der n ten Wurzel einer Zahl, bzw. die Lösung der Gleichung $x^n = N$ mit Hilfe des Newtonschen Verfahrens geschieht folgendermaßen: Ist x_k ein Schätzwert für $x = N^{1/n}$, so kann eine Folge x_k besserer Näherungen durch die Formel

$$x_{k+1} = \frac{1}{n} \left(x_k \left(\frac{N}{x_k^n} + n - 1 \right) \right)$$

erzeugt werden. Diese Methode konvergiert für alle n quadratisch gegen x. Sie ist, wie schon in Abschnitt 1.1 bemerkt, besonders nützlich für die iterative Berechnung der n ten Wurzel auf einem Vier-Funktionen-Taschenrechner. Die obige Formel soll nun hergeleitet werden, um die grundsätzliche Vorgehensweise zu erläutern.

1. Es soll $x = N^{1/n}$ bestimmt werden.
2. Umformen von 1. ergibt $f(x) = x^n - N = 0$.
3. Um die Newtonsche Regel:

$$x_{k+1} = x_k - \frac{f(x_k)}{f'(x_k)}$$

anzuwenden, müssen $f(x_k)$ und $f'(x_k)$ ermittelt werden.
4. Es gilt. $f(x_k) = (x_k^n - N)$ und $f'(x_k) = (n x_k^{n-1} - 0)$.
5. Einsetzen der Ergebnisse von 4. in 3. ergibt:

6.
$$x_{k+1} = x_k - \left(\frac{x_k^n - N}{nx_k^{n-1}}\right) = \frac{nx_k}{n} - \frac{x_k^n - N}{nx_k^{n-1}}$$

$$= \frac{1}{n}\left[\frac{N}{x_k^{n-1}} + (n-1)x_k\right] = \frac{1}{n}\left(x_k\left(\frac{N}{x_k^n} + n - 1\right)\right).$$

Einzelheiten zu Nullstellenbestimmungen, die für numerische Analysen sehr wichtig sind, werden in Abschnitt 3.5 behandelt.

2.1.7 Elementare transzendente Funktionen

In Abschnitt 1.1.1 sind Polynomapproximationen für fast alle transzendenten Funktionen, die auf der Tastatur eines technisch-wissenschaftlichen Rechners zu finden sind, angegeben worden, so daß solche Funktionen auch mit einem einfachen Vier-Funktionen-Rechner numerisch ausgewertet werden können. Nicht dargestellt wurden in diesem Abschnitt jedoch Approximationen mit Hilfe der Chebyshev Polynome. Da Approximationen durch Chebyshev Polynome „Mini-Max" Approximationen sind — der maximale Fehler wird im Intervall -1 bis $+1$ minimiert —, sind sie recht genau und nützlich. Sie sollen deshalb der Vollständigkeit halber hier dargestellt werden. Das Verfahren zur Reduzierung der Ordnung einer Reihenapproximation mit Hilfe von Chebyshev-Polynomen wird in Abschnitt 3.4 behandelt. Die numerische Berechnung der Chebyshev-Polynome wird hingegen ausführlicher in Abschnitt 2.2 besprochen. Hier werden die Chebyshev-Polynome benutzt, um elementare transzendente Funktionen auszuwerten [1].

Die numerische Bestimmung des natürlichen Logarithmus von y für kleine y kann Schwierigkeiten bereiten. Liegt y nahe bei 1, so wird zweckmäßigerweise

$$\ln(y)$$

in

$$\ln(1+x) \quad \text{mit} \quad y = 1 + x$$

umgeformt. Nun kann $\ln(1+x)$ in eine Reihe entwickelt werden

$$\ln(1+x) = \sum_{n=0}^{\infty} A_n T_n(x), \quad (0 < x < 1)$$

mit den Koeffizienten A_n

n	A_n	n	A_n
0	0.376452813	6	-0.000008503
1	0.343145750	7	0.000001250
2	-0.029437252	8	-0.000000188
3	0.003367089	9	0.000000029
4	-0.000433276	10	-0.000000004
5	0.000059471	11	0.000000001

[1] Hier werden die speziellen Chehyshev-Polynome erster Art verwendet: $T_n = \cos n\theta$ mit $\cos\theta = (2x - 1)$.

Die T_n lassen sich rekursiv errechnen aus

$$T_n = 2(2x - 1) T_{n-1} - T_{n-2}$$
$$T_0 = 1$$
$$T_1 = 2x - 1.$$

In ähnlicher Weise kann e^x und e^{-x} mit Chebyshev-Polynomen numerisch berechnet werden. Die Koeffizienten für die numerische Auswertung von

$$e^{-x} = \sum_{n=0}^{\infty} A_n T_n(x)$$

haben die Werte

n	A_n
0	0.645035270
1	-0.312841606
2	0.038704116
3	-0.003208683
4	0.000199919
5	-0.000009975
6	0.000000415
7	-0.000000015

Die Koeffizienten zur numerischen Bestimmung von e^x lauten:

n	A_n
0	1.753387654
1	0.850391654
2	0.105208694
3	0.008722105
4	0.000543437
5	0.000027115
6	0.000001128
7	0.000000040
8	0.000000001

Wieder gilt die Einschränkung für x: $0 \leqslant x \leqslant 1$.

Nun, nachdem einige Beispiele für Chebyshev-Entwicklungen von Funktionen angegeben worden sind, soll das Verfahren zur numerischen Ermittlung dieser Funktionen betrachtet werden:

Schritt 1: Die Aufgabe soll darin bestehen, e^x in der Umgebung von $x = x_0$ zu berechnen, wobei x_0 nicht die Bedingung $0 \leqslant x_0 \leqslant 1$ erfüllt. e^x muß deshalb derart umgeschrieben werden, daß der Exponent im Intervall $[0,1]$ liegt. Für dieses Problem wird

$$e^x = e^{(x - x_0) + x_0} = e^{x_0}[e^{(x - x_0)}] = e^{x_0} e^y .$$

Liegt x nun im Intervall

$$x_0 \leqslant x \leqslant x_0 + 1 \;,$$

so ergibt sich für y: $0 \leqslant y \leqslant 1$.

Schritt 2: Auswahl von x und Berechnung von y.

Schritt 3: Berechnung von $T_1 = 2y - 1$.

Schritt 4: Berechnung von $T_2 = 2(2y - 1) T_1 - 1$.

Berechnung von $T_3 = 2(2y - 1) T_2 - T_1$

$$\vdots \qquad \vdots \qquad \vdots \qquad \vdots \qquad \vdots$$

Berechnung von $T_n = 2(2y - 1) T_{n-1} - T_{n-2}$

Schritt 5: Berechnung von $e^y \cong \sum_0^n A_m T_m$ mit den zugehörigen A_m.

Schritt 6: Berechnung von $e^x = e^{x_0} e^y$.

Gewöhnlich wird für x_0 eine geeignete Zahl genommen, mit der sich e^{x_0} nach der Methode der Primfaktor-Zerlegung (siehe Abschnitt 1.1) genau berechnen läßt. Ist zum Beispiel $x_0 = 100$, so kann e^{100} umgeschrieben werden zu

$$\left(\left(\left(\left((e)^2 \right)^2 \right)^5 \right)^5 \right) .$$

Dieser Ausdruck läßt sich, nachdem man den Wert für e in einer Tabelle nachgeschlagen hat, auch auf einem Vier-Funktionen-Rechner bequem berechnen.

Die Chebyshev-Entwicklungen für die Sinus- und Kosinus-Funktion lauten

$$\sin\left(\frac{\pi x}{2} \right) = x \sum_{n=0}^{\infty} A_n T_n(x^2)$$

und

$$\cos\left(\frac{\pi x}{2} \right) = \sum_{n=0}^{\infty} A_n T_n(x^2) .$$

Die Koeffizienten A_n haben die Zahlenwerte:

	Sinus		Kosinus
n	A_n	n	A_n
0	1.276278962	0	0.472001216
1	-0.285261569	1	-0.499403258
2	0.009118016	2	0.027992080
3	-0.000136587	3	-0.000596695
4	0.000001185	4	0.000006704
5	-0.000000007	5	-0.000000047

Für den Bereich von x muß gelten: $|x| \leqslant 1$.

Formeln zur Berechnung von ebenen und sphärischen Dreiecken

Eine Berechnung von ebenen rechtwinkeligen Dreiecken, ebenen Dreiecken und sphärischen Dreiecken ist bei vielen elementaren Analysen erforderlich. Bild 2.1.1 zeigt ein ebenes rechtwinkeliges Dreieck. Hier sind A, B, C die den entsprechenden Seiten a, b, c gegenüberliegenden Winkel. Es gelten folgende Zusammenhänge:

$$\sin A = \frac{a}{c} = \frac{1}{\operatorname{cosec} A}$$

$$\cos A = \frac{b}{c} = \frac{1}{\sec A}$$

$$\tan A = \frac{a}{b} = \frac{1}{\cot A}.$$

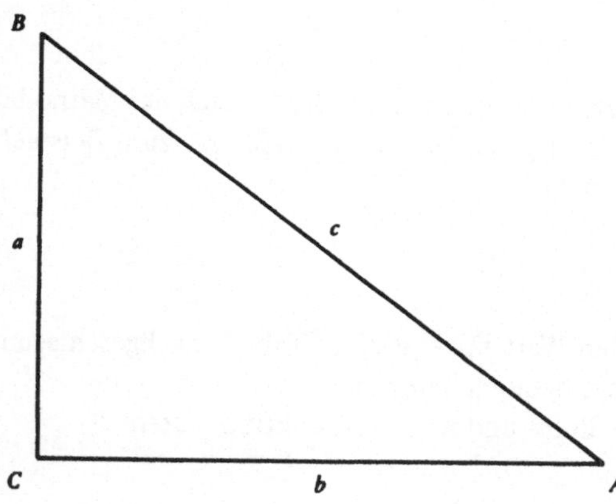

Bild 2.1.1
Rechtwinkeliges Dreieck

Bild 2.1.2 zeigt ein schiefwinkeliges Dreieck mit den Seiten a, b, c und den ihnen gegenüberliegenden Winkeln A, B, C. Nach dem Sinussatz gilt:

$$\frac{a}{\sin A} = \frac{b}{\sin B} = \frac{c}{\sin C}.$$

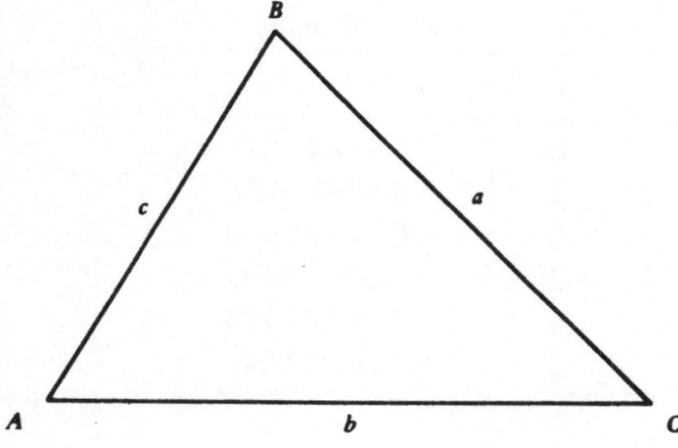

Bild 2.1.2
Schiefwinkeliges Dreieck

Der Kosinussatz lautet:

$$\cos A = \frac{c^2 + b^2 - a^2}{2\,bc}.$$

Die folgenden vier Beziehungen gelten ebenfalls für ebene Dreiecke:

$$a = b\,\cos C + c\,\cos B$$

$$\frac{a+b}{a-b} = \frac{\tan\frac{1}{2}\,(A+B)}{\tan\frac{1}{2}\,(A-B)}$$

$$\text{Flächeninhalt} = \frac{bc\,\sin A}{2}$$

$$\text{Flächeninhalt} = [s\,(s-a)\,(s-b)\,(s-c)]^{1/2}$$

mit

$$s = \tfrac{1}{2}\,(a+b+c).$$

Bild 2.1.3 zeigt ein sphärisches Dreieck mit den Winkeln A, B, C und den ihnen gegenüberliegenden Seiten a, b, c. Die vier in der sphärischen Trigonometrie gewöhnlich benutzten Formeln zur Berechnung sphärischer Dreiecke lauten:

$$\frac{\sin A}{\sin a} = \frac{\sin B}{\sin b} = \frac{\sin C}{\sin c}$$

$$\cos a = \cos b\,\cos c + \sin b\,\sin c\,\cos A$$

$$\cos a = \frac{\cos b \cdot \cos(c \pm \theta)}{\cos(\theta)} \quad \text{mit}\ \ \tan\theta = \tan b\,\cos A$$

$$\cos A = -\cos B\,\cos C + \sin B\,\sin C\,\cos a.$$

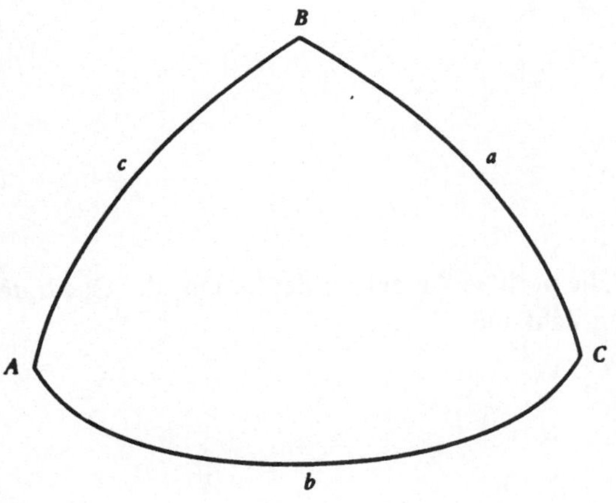

Bild 2.1.3
Sphärisches Dreieck

Die bei der Berechnung von sphärischen Dreiecken vorkommenden transzendenten Funktionen können entweder auf dem technisch-wissenschaftlichen Rechner durch die entsprechenden Tastenfeldfunktionen oder auf dem Vier-Funktionen-Rechner mit Hilfe von Polynom- oder Chebyshev-Approximationen ausgewertet werden. Die Formeln zur Berechnung von Dreiecken sind hier angegeben worden, nicht weil sie für den Taschenrechner besonders geeignet sind, sondern vielmehr der Vollständigkeit halber und weil sie sehr häufig in fast allen anwendungsbezogenen Berechnungsverfahren auftreten.

2.1.8 Komplexe Variablen und Funktionen [1])

Die in den weiteren Abschnitten dieses Buches und besonders in Abschnitt 2.2 angegebenen Formeln und Gleichungen gelten sowohl für reelle als auch für komplexe Variable. In diesem Abschnitt soll deshalb ein kurzer Überblick über das Rechnen mit komplexen Variablen gegeben werden.

Eine Rechnung mit komplexen Variablen auf einem Taschenrechner erfordert nichts weiter als eine getrennte Behandlung der reellen und imaginären Koordinate der komplexen Größe, ganz gleich, ob diese in kartesischen oder in Polarkoordinaten dargestellt ist. Taschenrechner mit Tasten für die Umwandlung von kartesischen in Polarkoordinaten ermöglichen einen besonders einfachen Umgang mit komplexen Variablen. Da faktisch alle anspruchsvolleren Taschenrechner diese Eigenschaft besitzen, soll sie hier als vorhanden angenommen werden. Eine Auswertung der nachstehend aufgeführten Formeln auf dem Vier-Funktionen-Rechner kann mit Hilfe der in diesem und in Abschnitt 1.1 angegebenen trigonometrischen Funktionen leicht durchgeführt werden.

Die Addition und Subtraktion zweier komplexer Zahlen ist definiert durch

$$(x_1 + iy_1) + (x_2 + iy_2) = (x_1 + x_2) + i(y_1 + y_2)$$

$$(x_1 + iy_1) - (x_2 + iy_2) = (x_1 - x_2) + i(y_1 - y_2) \ .$$

Die Multiplikation zweier komplexer Zahlen wird am zweckmäßigsten in Polarkoordinaten ausgeführt:

$$(x_1 + iy_1)(x_2 + iy_2) = r_1 r_2 e^{i(\theta_1 + \theta_2)}$$

mit

$$x_1 + iy_1 = r_1 e^{i\theta_1}$$

$$x_2 + iy_2 = r_2 e^{i\theta_2} \ .$$

In diesen Ausdrücken ist $r = (x^2 + y^2)^{1/2}$ die positive Wurzel aus der Summe der Quadrate des Real- und Imaginärteils der komplexen Zahl und

$$\theta = \arctan \frac{y}{x} \ .$$

---

[1]) siehe Anhang 3

Die Division zweier komplexer Zahlen läßt sich in Polarkoordinaten darstellen:

$$\frac{x_1 + iy_1}{x_2 + iy_2} = \frac{r_1}{r_2} e^{i(\theta_1 - \theta_2)}, \qquad (x_2 + iy_2 \neq 0).$$

In kartesischen Koordinaten ergibt sich

$$\frac{x_1 + iy_1}{x_2 + iy_2} = \frac{(x_1 + iy_1)(x_2 - iy_2)}{x_2^2 + y_2^2} = \frac{x_1 x_2 + y_1 y_2 + i(x_2 y_1 - x_1 y_2)}{x_2^2 + y_2^2},$$

wobei der Quotient mit der zum Nenner konjugiert komplexen Zahl erweitert wurde.

Wir werden häufig bestimmte elementare Funktionen einer komplexen Variablen (komplexe Funktionen) verwenden. Eine von diesen ist der Modul (Absolutbetrag) einer komplexen Zahl, der durch

$$|x + iy| = (x^2 + y^2)^{1/2}$$

definiert ist.

Eine andere häufig auftretende komplexe Funktion ist das Quadrat einer komplexen Zahl:

$$(x + iy)^2 = (x^2 - y^2) + i(2xy).$$

Etwas unübersichtlicher ist die Formel für die Quadratwurzel einer komplexen Zahl. Sie lautet:

$$\sqrt{x + iy} = \left[\frac{x + (x^2 + y^2)^{1/2}}{2} \right]^{1/2} \pm i \left[\frac{(x^2 + y^2)^{1/2} - x}{2} \right]^{1/2}$$

Potenzen und Wurzeln einer komplexen Funktion lassen sich offenbar in Polarkoordinaten mit geringerem Aufwand ermitteln. Die Formeln hierfür sind

$$(x + iy)^n = r^n e^{in\theta} = r^n (\cos n\theta + i \sin n\theta)$$

und

$$(x + iy)^{1/n} = r^{1/n} \left[\cos\left(\frac{\theta + 2\pi k}{n} \right) + i \sin\left(\frac{\theta + 2\pi k}{n} \right) \right].$$

Der Winkel θ ist hier im Bogenmaß einzusetzen, und k ist eine ganze Zahl, die jeden der Werte $k = 0, 1, 2, \ldots, n - 1$ annehmen kann.

Die natürliche Exponentialfunktion und der natürliche Logarithmus einer komplexen Veränderlichen können ebenfalls leicht hergeleitet werden, wenn die komplexe Variable in Polarkoordinaten geschrieben wird:

$$x + iy = re^{i\theta}.$$

Mit diesem Ausdruck läßt sich recht einfach zeigen, daß

$$e^{(x + iy)} = e^x (\cos y + i \sin y)$$

ist. Der natürliche Logarithmus einer komplexen Zahl ist auf ähnliche Weise durch

$$\ln(x+iy) = \ln r + i\theta \pm 2\pi ik, \qquad (k=0,1,2,\cdots) \tag{2.1.4}$$

gegeben. Diese Gleichungen können für beliebige Basen durch folgende Beziehungen verallgemeinert werden:

$$a^{(x+iy)} = e^{(x+iy)\ln a}$$

$$\log_a(x+iy) = \frac{\ln(x+iy)}{\ln a}.$$

Weiterhin lassen sich mit Hilfe von Polarkoordinaten ganz allgemeine komplexe Potenzen, komplexe Wurzeln und komplexe Logarithmen einer komplexen Veränderlichen entwickeln. Ist

$$z = x+iy \qquad \text{und} \qquad w = u+iv,$$

so gilt für die komplexe Potenz und die komplexe Wurzel einer komplexen Zahl

$$z^w = e^{w\ln z} \tag{2.1.5}$$

$$z^{1/w} = e^{\ln z(1/w)} \tag{2.1.6}$$

und für den Logarithmus von w zur Basis z

$$\log_z(w) = \frac{\ln(w)}{\ln(z)}. \tag{2.1.7}$$

Zur Berechnung der natürlichen Logarithmen in den Gln. (2.1.5) bis (2.1.7) kann Gl. (2.1.4) verwendet werden.

In Büchern über komplexe Zahlen werden die trigonometrischen Funktionen einer komplexen Variablen oft mehr unter dem Gesichtspunkt ihrer Herleitung und Entwicklung betrachtet als bezüglich ihrer zahlenmäßigen Bestimmung. Deshalb wird manchmal den Formeln zur numerischen Auswertung wenig Beachtung geschenkt. Hier werden solche Formeln angegeben, mit denen komplexe trigonometrische Funktionen auf einem Taschenrechner recht einfach numerisch ermittelt werden können. Auf eine Herleitung dieser Formeln wird verzichtet, da hier der Schwerpunkt auf der numerischen Anwendung liegt.

Sehr einfache Ausdrücke ergeben sich für den Sinus, Kosinus und Tangens der komplexen Veränderlichen

$$z = x+iy.$$

Man erhält

$$\sin z = \sin x \cosh y + i \cos x \sinh y$$

$$\cos z = \cos x \cosh y - i \sin x \sinh y$$

$$\tan z = \frac{\sin 2x + i \sinh 2y}{\cos 2x + \cosh 2y}.$$

Etwas komplizierter sind die Formeln für die komplexen inversen trigonometrischen Funktionen. Ist wieder

$$z = x + iy,$$

so erhält man den Arcussinus von z aus

$$\arcsin z = k\pi + (-1)^k \arcsin \beta + (-1)^k i \operatorname{sgn}(y) \ln\left[\alpha + (\alpha^2 - 1)^{1/2}\right]$$

mit

$$\alpha = \tfrac{1}{2}\sqrt{(x+1)^2 + y^2} + \tfrac{1}{2}\sqrt{(x-1)^2 + y^2} \tag{2.1.8}$$

$$\beta = \tfrac{1}{2}\sqrt{(x+1)^2 + y^2} - \tfrac{1}{2}\sqrt{(x-1)^2 + y^2} \tag{2.1.9}$$

und der Funktion $\operatorname{sgn}(y)$, die gegeben ist durch

$$\operatorname{sgn}(y) = \begin{cases} 1 & \text{für } y \geqslant 0 \\ -1 & \text{für } y < 0. \end{cases} \tag{2.1.10}$$

Die Größe k ist in dieser Formel eine ganze Zahl. Eine zweckmäßige Vereinfachung für die Berechnung auf dem Taschenrechner ergibt sich aus der Berücksichtigung der Tatsache, daß die inversen trigonometrischen Funktionen mehrdeutig sind. Daher kann der Arcussinus von z für den Wert $k = 0$ (numerisch der einfachste Fall) berechnet werden, wenn der Quadrant, in dem z liegt, mit beachtet wird. Die Formel für den inversen Sinus vereinfacht sich dann zu

$$\arcsin z = \arcsin \beta + i \operatorname{sgn}(y) \ln\left[\alpha + (\alpha^2 - 1)^{1/2}\right].$$

Für die numerische Bestimmung des Arcuscosinus ergibt sich eine ähnliche Formel. Sie lautet

$$\arccos z = \arccos \beta - i \operatorname{sgn}(y) \ln\left[\alpha + (\alpha^2 - 1)^{1/2}\right] \tag{2.1.11}$$

mit α aus Gl. (2.1.8), β aus Gl. (2.1.9) und $\operatorname{sgn}(y)$ aus Gl. (2.1.10). Diese Gleichung gilt – wie auch die vorhergehende – für $k = 0$. Ist $k \neq 0$, so ist die allgemeinere Form der Gl. (2.1.11) gegeben durch

$$\arccos z = 2k\pi \pm \left\{\arccos \beta - i \operatorname{sgn}(y) \ln\left[\alpha + (a^2 - 1)^{1/2}\right]\right\}.$$

Die Gleichung für den Arcustangens lautet in allgemeiner Form

$$\arctan z = \frac{1}{2}\left[(2k + 1)\pi - \arctan\left(\frac{1+y}{x}\right) - \arctan\left(\frac{1-y}{x}\right)\right] + \frac{i}{4}\ln\left[\frac{(1+y)^2 + x^2}{(1-y)^2 + x^2}\right].$$

Für den Fall $k = 0$ vereinfacht sie sich zu

$$\arctan z = -\frac{1}{2}\left[\arctan\left(\frac{1+y}{x}\right) + \arctan\left(\frac{1-y}{x}\right)\right] + \frac{i}{4}\ln\left[\frac{(1+y)^2 + x^2}{(1-y)^2 + x^2}\right].$$

Mit Hilfe dieser Beziehungen ist es sehr einfach, die komplexen hyperbolischen und inversen hyperbolischen Funktionen in Abhängigkeit von den trigonometrischen und ihren inversen Funktionen zu bestimmen. Es gilt

$$\sinh z = - i \sin iz$$

$$\cosh z = \cos iz$$

$$\tanh z = \frac{\sinh 2x + i \sin 2y}{\cosh 2x + \cos 2y}$$

Die inversen hyperbolischen Funktionen werden in ähnlicher Weise definiert:

$$\sinh^{-1} z = - i \arcsin iz$$
$$\cosh^{-1} z = i \arccos z$$
$$\tanh^{-1} z = - i \arctan iz$$

Andere für die Auswertung von komplexen Funktionen nützliche trigonometrische Beziehungen sind:

$$\operatorname{cosec} z = (\sin z)^{-1}$$
$$\sec z = (\cos z)^{-1}$$

$$\operatorname{cotan} z = \frac{\sin 2x - i \sinh 2y}{\cosh 2y - \cos 2x}$$

$$\operatorname{cosec}^{-1} z = \arcsin (z^{-1})$$
$$\sec^{-1} z = \arccos (z^{-1})$$

$$\operatorname{cotan}^{-1} z = \frac{\pi}{2} - \arctan (z)$$

$$\operatorname{cosech} z = i \operatorname{cosec} iz$$
$$\operatorname{sech} z = \sec iz$$

$$\coth z = \frac{\sinh 2x - i \sin 2y}{\cosh 2x - \cos 2y}$$

$$\operatorname{cosech}^{-1} z = i \operatorname{cosec}^{-1} iz$$
$$\operatorname{sech}^{-1} z = i \sec^{-1} z$$

$$\coth^{-1} z = i \operatorname{arccot} iz$$

2.2 Numerische Auswertung höherer Funktionen

2.2.1 Einführung

Sogar mit dem einfachsten Taschenrechner lassen sich *höhere mathematische Funktionen* so genau auswerten, wie es für den praktischen Gebrauch erforderlich ist, und sicherlich mit so vielen signifikanten Ziffern bestimmen, wie sie in speziellen mathematischen Handbüchern verzeichnet sind. Folglich liegt das Ziel dieses Kapitels teilweise darin, den Leser von umfangreichen Tabellen bei der numerischen Auswertung höherer mathematischer Funktionen unabhängig zu machen. Zu den hier betrachteten höheren Funktionen gehören das Exponentialintegral, die Gamma-Funktion, die Fehler-Funktion und die Fresnelschen Integrale, Legendresche Polynome, Bessel-Funktionen ganzer und gebrochener Ordnung, konfluente hypergeometrische Funktionen, Chebyshev-Polynome, hypergeometrische Funktionen, Hermitesche und Laguerresche Polynome. Auch hier legen wir nicht so sehr das Gewicht auf die Untersuchung der analytischen Eigenschaften dieser Funktionen, sondern vielmehr auf die numerische Auswertung auf einem Taschenrechner.

Zur numerischen Auswertung höherer mathematischer Funktionen gibt es drei Verfahren:

1. Die Funktion wird durch ein Approximations- oder Kurvenanpassungspolynom approximiert, das eine direkte Auswertung der Funktion mittels analytischer Substitution ermöglicht.
2. Wenn die Funktion zu einer Folge erzeugender Polynome gehört, können die Polynome niedriger Ordnung für das Argument der Funktion bestimmt und dann die Polynome höherer Ordnung durch rekursive Formeln berechnet werden.
3. Berechnung sukzessiver Partialsummen derjenigen Reihe, die die höhere Funktion beschreibt.

Von diesen drei Verfahren wird in der mathematischen Literatur das erste am ausführlichsten beschrieben. Es ist außerdem im Hinblick auf die numerische Auswertung höherer Funktionen das einfachste, da nur simple Polynome zu berechnen sind. Das dritte Verfahren ist am ungünstigsten, da die Entwicklung schnell konvergierender Reihen in allen interessierenden Bereichen oft Schwierigkeiten bereitet. So können zum Beispiel für die Bessel-Funktion einige Reihen angegeben werden, die in bestimmten Intervallen schnell konvergieren. Es gibt jedoch keine schnell konvergierende Reihe, die für den gesamten Definitionsbereich der Bessel-Funktion gilt. Tatsächlich sind für die Bessel-Funktion dieselben Überlegungen wie für die Entwicklung einer Polynom-Approximation erforderlich. Genauer bedeutet das, daß für eine Polynom-Approximation mit einer vernünftigen Anzahl von Gliedern mehr als nur ein Approximationspolynom erforderlich ist, um den Bereich der unabhängigen Variablen von $-\infty$ bis $+\infty$ zu umspannen.

Das zweite Verfahren schließlich (die Benutzung von Polynomen niedriger Ordnung zur Bestimmung des Argumentes der höheren Funktion und anschließendes Auswerten rekursiver Formeln zur numerischen Berechnung der Polynome höherer Ordnung) wird weitgehend zur Aufstellung genauer mathematischer Tabellen benutzt und ist somit — obschon gelegentlich etwas „ermüdend" — für eine Analyse auf dem Taschenrechner recht handlich.

In diesem Kapitel werden alle drei Verfahren angewendet, jedes einzelne dort, wo es für die Auswertung der hier betrachteten höheren mathematischen Funktionen geeignet ist. Hierbei wurde darauf geachtet, von den verfügbaren numerischen Methoden zur Auswertung dieser Funktionen diejenigen auszuwählen, die sich mit einem Minimum an Arbeit auf einem Taschenrechner und speziell auf einem Vier-Funktionen-Rechner ausführen lassen.

In diesen Fällen, wo Vergleiche schwierig sind, wird die Methode benutzt, mit der die Auswertung am schnellsten vorgenommen werden kann. Ein spezielles Beispiel dazu könnten die Chebyshev-Polynome sein, die in diesem Kapitel mit Hilfe von Rekursionsformeln und nicht durch die auf einem technisch-wissenschaftlichen Rechner verfügbaren Kosinus- und Sinusfunktionen berechnet werden. Der Grund hierfür — wie auch in einem ähnlichen Fall bei den Bessel-Funktionen halbzahliger Ordnung — liegt darin, daß mit dem hier angegebenen Verfahren sich die Berechnung auf einem Vier-Funktionen-Rechner durchführen läßt, der keine Sinus- und Kosinusfunktionen besitzt.

Diejenigen, die schon bestimmte höhere mathematische Funktionen auf Digitalrechnern mit großen Zahlenbereichen ausgewertet haben, sollten beachten, daß die hier gewählten Methoden nicht unbedingt mit den auf großen Digitalrechnern verwendeten Methoden übereinstimmen. Die Auswahl erfolgte zum Teil speziell für den Taschenrechner und zum Teil wegen des Lernwertes für Studenten und in der Praxis tätige Ingenieure, die vielleicht noch nicht diese Funktionen angewendet haben. Für diese Fälle wurden oft bekannte numerische Methoden gewählt, obwohl sie etwas aufwendiger als diejenigen sind, die für numerische Auswertungen auf Großcomputern eingesetzt werden. Ein wesentlicher Punkt, an den man denken sollte, ist der, daß bei Einsatz eines Taschenrechners eine mathematische Funktion gewöhnlich nur wenige Male berechnet wird, während sie bei großen digitalen Rechenmaschinen möglicherweise sehr oft ausgewertet werden muß. Bei Großrechnern liegt der Schwerpunkt auf der Maximierung der Genauigkeit bei einer minimalen Anzahl von Schritten im Unterprogramm. Bei Taschenrechneranalysen hingegen liegt der Schwerpunkt mehr im Verstehen der Methode und darin, wie für einmalige Rechnungen eine Genauigkeit erreicht werden kann, die mit der Anzeige des Rechners im Einklang steht. Somit unterscheiden sich die an eine numerische Methode gestellten Anforderungen für Auswertungen auf dem Taschenrechner wesentlich von den Anforderungen für Auswertungen auf Großcomputern.

2.2.2 Das Exponentialintegral, der Integralsinus und der Integralkosinus

Vier häufig auftretende Integrale bestimmen zwei Darstellungen des Exponentialintegrals, den Integralsinus und -kosinus. Die Exponentialintegrale, die hier besprochen werden, haben die Form

$$E_1(z) = \int_z^\infty \frac{e^{-t}}{t}\, dt, \qquad (|\arg z| < \pi)$$

$$Ei(x) = -\int_{-x}^\infty \frac{e^{-t}}{t}\, dt = \int_{-\infty}^x \frac{e^t}{t}\, dt, \qquad (x > 0).$$

Allgemeiner interessiert uns auch das Exponentialintegral

$$E_n(z) = \int_1^\infty \frac{e^{-zt}}{t^n}\, dt, \qquad (n = 0, 1, 2, \ldots, Re(z) > 0)$$

und Methoden zur numerischen Berechnung der beiden Integral

$$\alpha_n(z) = \int_1^\infty t^n e^{-zt}\, dt, \qquad (n = 0, 1, 2, \ldots, Re(z) > 0)$$

$$\beta_n(z) = \int_{-1}^{+1} t^n e^{-zt}\, dt, \qquad (n = 0, 1, 2, \ldots).$$

Obwohl jedes dieser Integrale für komplexe Argumente definiert ist, sind wir hier in erster Linie an der Auswertung für reelle Argumente interessiert. Gewöhnlich wird jedoch vorausgesetzt, daß der komplexe Integrationsweg nicht den Ursprung einschließt und nicht die negative reelle Achse kreuzt.

Zur numerischen Auswertung der Exponentialintegrals wird zunächst ein Verfahren benötigt, mit dem die Berechnung für $n = 1$ möglich ist. Dann werden mit Hilfe von Rekursionsformeln die Exponentialintegrale höherer Ordnung bestimmt. Es gibt zwei Ansätze zur Auswertung der Integrale: Einer verwendet unendliche Reihen, der andere rationale Polynom-Approximationen (siehe Abschnitt 3.4). Die Reihenentwicklungen für diese Funktionen lauten:

$$Ei(x) = \gamma + \ln x + \sum_{n=1}^{\infty} \frac{x^n}{nn!}, \qquad (x > 0)$$

$$E_1(z) = -\gamma - \ln z - \sum_{n=1}^{\infty} \frac{(-1)^n z^n}{nn!}, \qquad (|\arg z| < \pi)$$

$$E_n(z) = \frac{(-z)^{n-1}}{(n-1)!}[-\ln z + \psi(n)] - \sum_{\substack{m=0 \\ m \neq n-1}}^{\infty} \frac{(-z)^m}{(m-n+1)m!}, \qquad (|\arg z| < \pi)$$

$$\alpha_n(z) = n!\, z^{-(n+1)} e^{-z}\left(\sum_{i=0}^{n} \frac{z^i}{i!}\right)$$

$$\beta_n(z) = n!\, z^{-(n+1)}\left\{ e^z\left(\sum_{i=0}^{n}(-1)^i \frac{z^i}{i!}\right) - e^{-z}\left(\sum_{i=0}^{n} \frac{z^i}{i!}\right)\right\}.$$

In diesen Formeln ist

$$\psi(1) = -\gamma$$

$$\psi(n) = -\gamma + \sum_{m=1}^{n-1} \frac{1}{m}$$

und

$$\gamma = 0.5772156649 \quad (\text{Eulersche Konstante}).$$

Diese Funktionen können bequemer mit Hilfe von rationalen Polynom-Approximationen ausgewertet werden.

Liegt die unabhängige Variable im Intervall von 0 bis 1, so läßt sich das Exponentialintegral durch das Polynom

$$E_1(x) + \ln x = a_0 + x\big(a_1 + x(a_2 + x(a_3 + x(a_4 + a_5 x)))\big) + \epsilon(x)$$

mit einer Genauigkeit von 2×10^{-7} zahlenwertmäßig bestimmen. Die Koeffizienten in dem Polynom haben die Werte

$$
\begin{aligned}
a_0 &= -0.57721566 & a_3 &= 0.05519968 \\
a_1 &= 0.99999193 & a_4 &= -0.00976004 \\
a_2 &= -0.24991055 & a_5 &= 0.00107857 \,.
\end{aligned}
$$

Liegt x im Intervall

$$1 \leqslant x < \infty,$$

so kann durch die rationale Polynomapproximation

$$x e^x E_1(x) = \frac{x^2 + a_1 x + a_2}{x^2 + b_1 x + b_2} + \epsilon(x)$$

mit den Koeffizienten

$$
\begin{aligned}
a_1 &= 2.334733 & b_1 &= 3.330657 \\
a_2 &= 0.250621 & b_2 &= 1.681534
\end{aligned}
$$

das Hilfs-Exponentialintegral mit einem Fehler von

$$|\epsilon(x)| < 5 \times 10^{-5}$$

ermittelt werden.

Für Werte von x größer oder gleich 10 kann das Exponentialintegral sogar noch genauer bestimmt werden, wenn in dem oben angegebenen Ausdruck die Koeffizienten die Zahlenwerte

$$
\begin{aligned}
a_1 &= 4.03640 & b_1 &= 5.03637 \\
a_2 &= 1.15198 & b_2 &= 4.19160
\end{aligned}
$$

besitzen. Der Fehler beträgt hier

$$|\epsilon(x)| < 10^{-7}.$$

Für Werte von x größer oder gleich 1 läßt sich durch die rationale Polynom-Approximation

$$x e^x E_1(x) = \frac{a_4 + x(a_3 + x(a_2 + x(a_1 + x)))}{b_4 + x(b_3 + x(b_2 + x(b_1 + x)))} + \epsilon(x)$$

mit den Koeffizienten

$$
\begin{aligned}
a_1 &= 8.5733287401 & b_1 &= 9.5733223454 \\
a_2 &= 18.0590169730 & b_2 &= 25.6329561486 \\
a_3 &= 8.6347608925 & b_3 &= 21.0996530827 \\
a_4 &= 0.2677737343 & b_4 &= 3.9584969228
\end{aligned}
$$

das Exponentialintegral mit einer Genauigkeit von

$$|\epsilon(x)| < 2 \times 10^{-8}$$

bestimmen. Hat man das Exponentialintegral zahlenwertmäßig ermittelt, so können durch die folgenden Rekursionsformeln die Exponentialintegrale höherer Ordnung für gleiches Argument berechnet werden.

$$E_{n+1}(z) = \frac{1}{n}\left[e^{-z} - zE_n(z)\right], \qquad\qquad (n = 1, 2, 3, \ldots)$$

$$z\alpha_n(z) = e^{-z} + n\alpha_{n-1}(z), \qquad\qquad (n = 1, 2, 3, \ldots)$$

$$z\beta_n(z) = (-1)^n e^z - e^{-z} + n\beta_{n-1}(z), \qquad (n = 1, 2, 3, \ldots)$$

Die Sinus- und Kosinusintegrale werden definiert durch

$$Si(z) = \int_0^z \frac{\sin t}{t}\, dt$$

$$Ci(z) = \gamma + \ln z + \int_0^z \frac{\cos(t) - 1}{t}\, dt, \qquad (|\arg z| < \pi).$$

Ferner benutzen wir hier die Definition

$$si(z) = Si(z) - \frac{\pi}{2},$$

mit der zwei Hilfsfunktionen der Form

$$f(z) = Ci(z)\sin z - si(z)\cos z$$
$$g(z) = -Ci(z)\cos z - si(z)\sin z$$

gebildet werden können. Die Sinus- und Kosinusintegrale lassen sich dann durch die Hilfsfunktionen ausdrücken:

$$Si(z) = \frac{\pi}{2} - f(z)\cos z - g(z)\sin z$$

$$Ci(z) = f(z)\sin z - g(z)\cos z,$$

wobei die Hilfsfunktionen selbst durch die Beziehungen

$$f(z) = \int_0^\infty \frac{\sin t}{t+z}\, dt \qquad \text{oder} \qquad f(z) = \int_0^\infty \frac{e^{-zt}}{t^2+1}\, dt$$

und

$$g(z) = \int_0^\infty \frac{\cos t}{t+z}\, dt \qquad \text{oder} \qquad g(z) = \int_0^\infty \frac{te^{-tz}}{t^2+1}\, dt$$

bestimmt werden und der Konvergenzbedingung

$$\mathrm{Re}\,(z) > 0$$

unterliegen. Die hier gewählte Darstellung ist deshalb sinnvoll, weil für die Hilfsfunktionen leicht rationale Polynom-Approximationen mit hoher Genauigkeit gebildet werden können.

Um auf vier Stellen genau zu rechnen, können die Hilfsfunktionen für x größer oder gleich 1 durch die rationalen Approximationen

$$f(x) = \frac{1}{x}\left(\frac{a_2 + x^2(a_1 + x^2)}{b_2 + x^2(b_1 + x^2)}\right) + \epsilon(x) \qquad g(x) = \frac{1}{x^2}\left(\frac{a_2 + x^2(a_1 + x^2)}{b_2 + x^2(b_1 + x^2)}\right) + \epsilon(x)$$

$$|\epsilon(x)| < 2 \times 10^{-4} \qquad\qquad\qquad |\epsilon(x)| < 10^{-4}$$

bestimmt werden. Die Koeffizienten in diesen Gleichungen haben die Werte:

$$a_1 = 7.241163 \qquad\qquad a_1 = 7.547478$$
$$a_2 = 2.463936 \qquad\qquad a_2 = 1.564072$$
$$b_1 = 9.068580 \qquad\qquad b_1 = 12.723684$$
$$b_2 = 7.157433 \qquad\qquad b_2 = 15.723606.$$

Für eine Genauigkeit von 5×10^{-7} können die Hilfsfunktionen im Bereich $x \geq 1$ durch die rationalen Polynome

$$f(x) = \frac{1}{x}\left(\frac{a_4 + x^2\left(a_3 + x^2(a_2 + x^2(a_1 + x^2))\right)}{b_4 + x^2\left(b_3 + x^2(b_2 + x^2(b_1 + x^2))\right)}\right)$$

$$g(x) = \frac{1}{x^2}\left(\frac{a_4 + x^2\left(a_3 + x^2(a_2 + x^2(a_1 + x^2))\right)}{b_4 + x^2\left(b_3 + x^2(b_2 + x^2(b_1 + x^2))\right)}\right)$$

approximiert werden. Die Koeffizienten in der Gleichung für $f(x)$ haben die Werte

$$a_1 = 38.027264 \qquad\qquad b_1 = 40.021433$$
$$a_2 = 265.187033 \qquad\qquad b_2 = 322.624911$$
$$a_3 = 335.677320 \qquad\qquad b_3 = 570.236280$$
$$a_4 = 38.102495 \qquad\qquad b_4 = 157.105423.$$

Die Koeffizienten in der Gleichung für $g(x)$ sind:

$$a_1 = 42.242855 \qquad\qquad b_1 = 48.196927$$
$$a_2 = 302.757865 \qquad\qquad b_2 = 482.485984$$
$$a_3 = 352.018498 \qquad\qquad b_3 = 1114.978885$$
$$a_4 = 21.821899 \qquad\qquad b_4 = 449.690326.$$

Die unendlichen Reihen zur numerischen Bestimmung lauten für den Integral-sinus [1]

$$Si(z) = \sum_{n=0}^{\infty} \frac{(-1)^n z^{2n+1}}{(2n+1)(2n+1)!}$$

$$Si(z) = \pi \sum_{n=0}^{\infty} \mathbf{J}_{n+1/2}^2\left(\frac{z}{2}\right)$$

und für den Integralkosinus:

$$Ci(z) = \gamma + \ln z + \sum_{n=1}^{\infty} \frac{(-1)^n z^{2n}}{2n(2n)!} .$$

2.2.3 Numerische Auswertung der Gammafunktion und verwandter Funktionen

Die Gammafunktion ist durch das Eulersche Integral

$$\Gamma(z) = \int_0^{\infty} t^{z-1} e^{-t} dt, \qquad (\mathrm{Re}\, z > 0)$$

oder

$$\Gamma(z) = k^z \int_0^{\infty} t^{z-1} e^{-kt} dt, \qquad (\mathrm{Re}\, z > 0, \mathrm{Re}\, k > 0)$$

definiert. Die Eulersche Formel zur Auswertung der Gammafunktion hat die Gestalt:

$$\Gamma(z) = \lim_{n\to\infty} \frac{n! \, n^z}{z(z+1)(z+2)\cdots(z+n)}, \qquad (z \neq 0, -1, -2\ldots)$$

Euler hat ebenfalls eine unendliche Produktdarstellung der Gammafunktion angegeben:

$$\frac{1}{\Gamma(z)} = z e^{\gamma z} \prod_{n=1}^{\infty}\left[\left(1+\frac{z}{n}\right)e^{-z/n}\right]$$

mit

$$\gamma = \lim_{m\to\infty}\left[1 + \frac{1}{2} + \frac{1}{3} + \frac{1}{4} + \cdots + \frac{1}{m} - \ln m\right] = 0.5772156649\cdots$$

---

[1] Wir werden noch sehen, daß sich Bessel-Funktionen gebrochener Ordnung bequem mit einem technisch-wissenschaftlichen Taschenrechner auswerten lassen.

Diese Zahl ist unter dem Namen Eulersche Konstante bekannt. Man kann leicht zeigen, daß die Gammafunktion in der gesamten komplexen Ebene analytisch und eindeutig ist, außer in den Punkten $z = -n\,(n = 0, 1, 2, 3, ...)$, wo sie einfache Pole mit den Residuen

$$\frac{(-1)^n}{n!}$$

hat. Die zur Gammafunktion reziproke Funktion besitzt Nullstellen in den Punkten $z = -n\,(n = 0, 1, 2, ...)$. Die Rekursionsformel zur Berechnung der Gammafunktion ist durch die Beziehung

$$\Gamma(z + 1) = z\Gamma(z)$$

gegeben, die eng mit der Fakultät von z zusammenhängt:

$$\Gamma(z + 1) = z!$$

Hieraus folgt für die Gammafunktion mit dem Argument $(n + z)$:

$$\Gamma(n + z) = (n - 1 + z)! = (n - 1 + z)(n - 2 + z) \cdots (1 + z)z!$$

Eine weitere, mit einem Taschenrechner leicht berechenbare Beziehung für die Gammafunktion ist die Multiplikationsformel von Gauß:

$$\Gamma(nz) = (2\pi)^{\left(\frac{1-n}{2}\right)} n^{nz - 1/2} \prod_{k=0}^{n-1} \Gamma\left(z + \frac{k}{n}\right).$$

Als Spezialfälle dieser allgemeinen Multiplikationsformel ergeben sich die Verdopplungs- und Verdreifachungsformel, die meistens mit bei den charakteristischen Eigenschaften der Gammafunktion angegeben werden.

Zwischen der Gammafunktion, die mit der Fakultät einer Zahl verwandt ist, und den Binomialkoeffizienten besteht folgender Zusammenhang:

$$\binom{z}{w} = \frac{z!}{w!(z - w)!} = \frac{\Gamma(z + 1)}{\Gamma(w + 1)\Gamma(z - w + 1)}$$

Wegen der Beziehung der Gammafunktion zur Fakultät kann die Gammafunktion auf technisch-wissenschaftlichen Taschenrechnern, die eine Taste für die Fakultät besitzen, offenbar bequem zahlenmäßig bestimmt werden.

Die Gammafunktion läßt sich auf verschiedene Arten numerisch auswerten. Eine Möglichkeit besteht in der Reihenentwicklung von $1/\Gamma$ gemäß der Beziehung

$$\frac{1}{\Gamma(z)} = \sum_{k=1}^{\infty} c_k z^k, \qquad (|z| < \infty).$$

Die Koeffizienten in dieser Reihe sind in Tabelle 2.2.1 zusammengestellt, um ein auf 10 Stellen genaues Ergebnis zu erhalten. Der Vorteil einer so durchgeführten Reihenentwicklung liegt darin, daß das Konvergenzintervall dieser Reihe aus der gesamten reellen Achse besteht. Polynom-Approximationen lassen sich auch für begrenzte Intervalle anwenden.

Tabelle 2.2.1 Koeffizienten in der Entwicklung $1/\Gamma(z) = \sum\limits_{k=1}^{\infty} c_k z^k$

k	c_k	k	c_k
1	1.00000 00000	11	0.00012 80502
2	0.57721 56649	12	$-0.00002\,01348$
3	$-0.65587\,80715$	13	$-0.00000\,12504$
4	$-0.04200\,26350$	14	0.00000 11330
5	0.16653 86113	15	$-0.00000\,02056$
6	$-0.04219\,77345$	16	0.00000 00061
7	$-0.00962\,19715$	17	0.00000 00050
8	0.00721 89432	18	$-0.00000\,00011$
9	$-0.00116\,51675$	19	0.00000 00001
10	$-0.00021\,52416$		

Zwei derartige Approximationen lauten:

$$\Gamma(x+1) = x!$$
$$= 1 + x\left(a_1 + x\left(a_2 + x\left(a_3 + x\left(a_4 + a_5 x\right)\right)\right)\right) + \epsilon(x)$$

$$\Gamma(x+1) = x!$$
$$= 1 + x\left(b_1 + x\left(b_2 + x\left(b_3 + x\left(b_4 + x\left(b_5 + x\left(b_6 + x\left(b_7 + b_8 x\right)\right)\right)\right)\right)\right)\right)$$
$$+ \epsilon(x)$$

Die Koeffizienten in den Polynomen haben die Werte

$$a_1 = -0.5748646 \qquad\qquad b_1 = -0.577191652$$
$$a_2 = 0.9512363 \qquad\qquad b_2 = 0.988205891$$
$$a_3 = -0.6998588 \qquad\qquad b_3 = -0.897056937$$
$$a_4 = 0.4245549 \qquad\qquad b_4 = 0.918206857$$
$$a_5 = -0.1010678 \qquad\qquad b_5 = -0.756704078$$
$$b_6 = 0.482199394$$
$$b_7 = -0.193527818$$
$$b_8 = 0.035868343$$

Diese Approximationen gelten für x-Werte im Intervall von 0 bis 1 einschließlich der Intervallgrenzen. Der Fehler der ersten Approximation ist kleiner als 5×10^{-5} und der Fehler der zweiten Approximation ist kleiner als 3×10^{-7}. Da für $x!$ die Stirlingsche Approximationsformel gilt, kann auch die Gammafunktion mit Hilfe dieser Formel approximiert werden:

$$\Gamma(az+b) \approx \sqrt{2\pi}\, e^{-az} (az)^{az+b-1/2} \qquad (|\arg z| < \pi, a > 0).$$

Diese Formel läßt sich auf den meisten technisch-wissenschaftlichen Rechnern leicht auswerten.

2.2.4 Die Fehlerfunktion und die Fresnelschen Integrale

Die Fehlerfunktion und die komplementäre Fehlerfunktion werden durch

$$\mathrm{erf}\, z = \frac{2}{\sqrt{\pi}} \int_0^z e^{-t^2}\, dt$$

und

$$\mathrm{erfc}\, z = \frac{2}{\sqrt{\pi}} \int_z^\infty e^{-t^2}\, dt = 1 - \mathrm{erf}\, z$$

definiert. Die Fehlerfunktion kann mit Hilfe der Reihenentwicklung

$$\mathrm{erf}\, z = \frac{2}{\sqrt{\pi}} e^{-z^2} \sum_{n=0}^\infty \frac{2^n}{1 \cdot 3 \, ... \, (2n+1)}\, z^{2n+1}$$

recht gut berechnet werden. Auf Großrechnern wird tatsächlich der Wert der Fehlerfunktion durch Berechnung sukzessiver Partialsummen bestimmt. Der Berechnungsvorgang wird abgebrochen, wenn zwei aufeinanderfolgende Partialsummen gleich sind. Dieser Lösungsweg kann auch auf dem Taschenrechner beschritten werden, obwohl die Rechnungen langwierig sind. Hier werden wieder zur Auswertung der Fehlerfunktion rationale Polynom-Approximationen benutzt. Eine von ihnen lautet:

$$\mathrm{erf}\, z = 1 - \left[t\left(a_1 + t(a_2 + a_3 t)\right) \right] e^{-z^2} + \epsilon(z), \qquad (0 \leqslant z)$$

mit

$$t = \frac{1}{1 + pz}.$$

Die Koeffizienten haben die Werte

$$
\begin{aligned}
p &= 0.47047 \\
a_1 &= 0.3480242 \\
a_2 &= -0.0958798 \\
a_3 &= 0.7478556.
\end{aligned}
$$

Der Fehler dieser Approximation ist kleiner gleich $2{,}5 \times 10^{-5}$. Die Genauigkeit kann mit einer etwas längeren Reihe, in der zwei Glieder hinzugefügt sind, soweit erhöht werden, daß der maximale Fehler 1.5×10^{-7} beträgt. Es ergibt sich

$$\mathrm{erf}\, z = 1 - \left[t\left(a_1 + t(a_2 + t(a_3 + t(a_4 + a_5 t)))\right) e^{-z^2} \right] + \epsilon(z)$$

mit

$$t = \frac{1}{1 + pz}$$

und den Zahlenwerten für die Koeffizienten:

$$
\begin{aligned}
p &= 0.3275911 \\
a_1 &= 0.254829592 \\
a_2 &= -0.284496736 \\
a_3 &= 1.421413741 \\
a_4 &= -1.453152027 \\
a_5 &= 1.061405427.
\end{aligned}
$$

Die Fresnelschen Integrale werden durch die Beziehung

$$
C(z) = \int_0^z \cos\left(\frac{\pi t^2}{2}\right) dt
$$

$$
S(z) = \int_0^z \sin\left(\frac{\pi t^2}{2}\right) dt
$$

definiert. Ihre Berechnung kann mit Hilfe der Reihenentwicklungen

$$
C(z) = \sum_{n=0}^{\infty} \frac{(-1)^n (\pi/2)^{2n}}{(2n)!(4n+1)} z^{4n+1}
$$

$$
S(z) = \sum_{n=0}^{\infty} \frac{(-1)^n (\pi/2)^{2n+1}}{(2n+1)!(4n+3)} z^{4n+3}
$$

vorgenommen werden. Da diese Reihen schnell konvergieren, können sie recht effektiv auf dem Taschenrechner ausgewertet werden.

Die Fresnelschen Integrale können schließlich — wie auch zu erwarten ist — direkt in Abhängigkeit von Sinus- und Kosinusgliedern, die durch die Hilfsfunktionen $f(z)$ und $g(z)$ gewichtet sind, berechnet werden.

$$
C(z) = \frac{1}{2} + f(z)\sin\left(\frac{\pi z^2}{2}\right) - g(z)\cos\left(\frac{\pi z^2}{2}\right)
$$

$$
S(z) = \frac{1}{2} - f(z)\cos\left(\frac{\pi z^2}{2}\right) - g(z)\sin\left(\frac{\pi z^2}{2}\right).
$$

Die Hilfsfunktionen lassen sich mit einer nicht allzu hohen Genauigkeit durch

$$
f(z) = \frac{1 + 0.926 z}{2 + 1.792 z + 3.104 z^2} + \epsilon(z)
$$

mit

$$
|\epsilon(z)| \leqslant 2 \times 10^{-3}
$$

und

$$g(z) = \frac{1}{2 + 4.142z + 3.492z^2 + 6.670z^3} + \epsilon(z)$$

mit

$$|\epsilon(z)| \leqslant 2 \times 10^{-3}$$

approximieren.

2.2.5 Legendresche Funktionen

Die Legendreschen Funktionen lassen sich durch hypergeometrische Funktionen definieren. Die Legendresche Funktion erster Art ist durch

$$P_\nu^\mu(z) = \frac{1}{\Gamma(1-\mu)} \left[\frac{z+1}{z-1} \right]^{\mu/2} F\left(-\nu, \nu+1; 1-\mu; \frac{1-z}{2}\right)$$

gegeben, wobei F durch

$$F(a,b;c;z) = \sum_{n=0}^{\infty} \frac{(a)_n (b)_n}{(c)_n} \left(\frac{z^n}{n!}\right)$$

$$= \frac{\Gamma(c)}{\Gamma(a)\Gamma(b)} \sum_{n=0}^{\infty} \frac{\Gamma(a+n)\Gamma(b+n)}{\Gamma(c+n)} \left(\frac{z^n}{n!}\right)$$

definiert ist.

Diese Legendresche Funktion ist eine der beiden Lösungen der Differentialgleichung

$$(1-z^2)\frac{d^2w}{dz^2} - 2z\frac{dw}{dz} + \left[\nu(\nu+1) - \frac{\mu^2}{1-z^2}\right] w = 0.$$

Die Legendresche Funktion 2. Art ist durch die Gleichung

$$Q_\nu^\mu(z) = e^{i\mu\pi} 2^{-(\nu+1)} \pi^{1/2} \frac{\Gamma(\nu+\mu+1)}{\Gamma(\nu+3/2)} z^{-(\nu+\mu+1)}(z^2-1)^{\mu/2}$$

$$\times F\left(1 + \frac{\nu}{2} + \frac{\mu}{2}, \frac{1+\nu+\mu}{2}; \nu + \frac{3}{2}; \frac{1}{z^2}\right) \qquad (|z| > 1)$$

definiert, wobei hier F wieder die hypergeometrische Funktion bezeichnet. Diese kompliziert aussehenden Formeln lassen sich bequem auf einem Taschenrechner durch folgende rekursive Beziehungen mit variierender Ordnung und variierendem Grad auswerten:

$$(\nu - \mu + 1) P_{\nu+1}^\mu(z) = (2\nu+1)z P_\nu^\mu(z) - (\nu+\mu) P_{\nu-1}^\mu(z)$$

$$P_\nu^{\mu+1}(z) = (z^2-1)^{-1/2}\{(\nu-\mu)z P_\nu^\mu(z) - (\nu+\mu) P_{\nu-1}^\mu(z)\}$$

$$P_{\nu+1}^\mu(z) = P_{\nu-1}^\mu(z) + (2\nu+1)(z^2-1)^{1/2} P_\nu^{\mu-1}(z).$$

Beide Legendreschen Funktionen, die der ersten und zweiten Art, erfüllen dieselben rekursiven Beziehungen. Die Anfangswerte in diesen Rekursionen lauten $P_0(x) = 1$, $P_1(x) = x$ und

$$Q_0(z) = \tfrac{1}{2}\ln\left(\frac{z+1}{z-1}\right), \qquad\qquad Q_0(x) = \tfrac{1}{2}\ln\left(\frac{1+x}{1-x}\right),$$

$$Q_1(z) = \frac{z}{2}\ln\left(\frac{z+1}{z-1}\right) - 1, \qquad Q_1(x) = \frac{x}{2}\ln\left(\frac{1+x}{1-x}\right) - 1.$$

In diesen Formeln ist n ganzzahlig und nicht negativ.

Ein weiterer Lösungsweg zur Auswertung Legendrescher Funktionen ganzzahliger Ordnung besteht in der Anwendung der Rodrigues-Formel zur Erzeugung der Legendreschen Polynome, die dann in geschachtelter Klammerdarstellung geschrieben werden und wie jedes andere Polynom ausgewertet werden können. Obschon diese Vorgehensweise recht plausibel erscheint, wird sie hier nicht dargelegt, da sich die Legendreschen Polynome recht schnell mit Hilfe der Rekursionsformeln numerisch bestimmen lassen. Der Vollständigkeit halber sei angegeben, daß der andere Lösungsweg mit Hilfe der Beziehungen

$$P_n(z) = \frac{1}{2^n n!}\,\frac{d^n(z^2-1)^n}{dz^n}$$

und

$$Q_n(x) = \frac{P_n(x)}{2}\ln\left(\frac{1+x}{1-x}\right) - W_{n-1}(x)$$

mit

$$W_{n-1}(x) = \frac{2n-1}{n}\,P_{n-1}(x) + \frac{2n-5}{3(n-1)}\,P_{n-3}(x) + \frac{2n-9}{5(n-2)}\,P_{n-5}(x) + \cdots$$

$$W_{n-1}(x) = \sum_{m=1}^{n}\frac{1}{m}\,P_{m-1}(x)\,P_{n-m}(x).$$

und

$$W_{-1}(x) = 0$$

entwickelt werden kann.

Die Ableitung der Legendreschen Polynome erster Art kann durch folgende rekursive Beziehung numerisch ausgewertet werden

$$\frac{d}{dx}(P_n(x)) = \frac{n+1}{1-x^2}\left[\mathsf{X}\,P_n(x) - P_{n+1}(x)\right].$$

2.2.6 Bessel-Funktionen

Die Bessel-Funktionen sind die Lösungen der Differentialgleichung

$$z^2 \frac{d^2 w}{dz^2} + z \frac{dw}{dz} + (z^2 - \nu^2)w = 0 \, .$$

Es gibt drei Arten von Bessel-Funktionen. Die Bessel-Funktionen 1. Art lassen sich in der Form

$$\mathbf{J}_\nu(z) = \left(\frac{z}{2}\right)^\nu \sum_{k=0}^\infty \frac{\left(-\frac{z^2}{4}\right)^k}{k! \, \Gamma(\nu + k + 1)}$$

darstellen. Die Bessel-Funktionen 2. Art werden mit

$$\mathbf{Y}_\nu(z)$$

und die Bessel-Funktion 3. Art mit

$$\mathbf{H}_\nu^{(1)}, \qquad \mathbf{H}_\nu^{(2)}(z)$$

bezeichnet. Bessel-Funktionen der ersten Art können auch durch hypergeometrische Funktionen und durch ein Integral dargestellt werden:

$$\mathbf{J}_\nu(z) = \frac{(z/2)^\nu}{\Gamma(\nu + 1)} {}_0F_1\left(\nu + 1; -\frac{z^2}{4}\right)$$

$$\mathbf{J}_\nu(z) = \left(\frac{1}{2} z\right)^\nu \left[\pi^{1/2} \Gamma\left(\nu + \frac{1}{2}\right)\right]^{-1} \int_0^\pi \cos(z \cos\theta) \sin^{2\nu}\theta \, d\theta \, .$$

${}_0F_1$ ist hier die verallgemeinerte hypergeometrische Funktion. Um die numerische Auswertung der Bessel-Funktionen 2. und 3. Art zu vereinfachen, werden sie gemäß den Beziehungen

$$\mathbf{Y}_\nu(z) = \frac{\mathbf{J}_\nu(z)\cos(\nu\pi) - \mathbf{J}_{-\nu}(z)}{\sin(\nu\pi)}$$

$$\mathbf{H}_\nu^{(1)}(z) = \mathbf{J}_\nu(z) + i\mathbf{Y}_\nu(z)$$

$$\mathbf{H}_\nu^{(2)}(z) = \mathbf{J}_\nu(z) - i\mathbf{Y}_\nu(z)$$

durch Bessel-Funktionen erster Art dargestellt. Die numerische Auswertung dieser Bessel-Funktionen ist auf analytischem Weg etwas kompliziert. Alle Funktionen können jedoch mit Hilfe der Rekursionsformel

$$\mathbf{J}_{\nu+1} = \frac{2\nu}{z} \mathbf{J}_\nu - \mathbf{J}_{\nu-1}$$

berechnet werden, wobei die numerischen Werte der in diese Rekursionsformel eingehenden Bessel-Funktionen durch Polynom-Approximationen bestimmt werden. Da aber der Verlauf der Bessel-Funktion im Intervall $-3 \leqslant x \leqslant 3$ wesentlich von dem Verlauf für x größer 3 abweicht, sind zwei Polynom-Approximationen erforderlich.

In den Tabellen 2.2.2 und 2.2.3 sind die Polynom-Approximationen der Bessel-Funktionen 1. Art für $\nu = 0$ und $\nu = 1$ dargestellt.

Sphärische Bessel-Funktionen, oft auch Bessel-Funktionen gebrochener Ordnung genannt, genügen der modifizierten Besselschen Differentialgleichung

$$z^2 w'' + 2zw' + [z^2 - n(n+1)]w = 0, \qquad (n = 0, \pm 1, \pm 2, \cdots) \, .$$

Tabelle 2.2.2 Polynom-Approximation von $\mathbf{J}_0 (x)$

- im Intervall $-3 \leqslant x \leqslant +3$

$$\mathbf{J}_0(x) = 1 - 2.2499997\left(\frac{x}{3}\right)^2 + 1.2656208\left(\frac{x}{3}\right)^4 - 0.3163866\left(\frac{x}{3}\right)^6$$

$$+ 0.0444479\left(\frac{x}{3}\right)^8 - 0.0039444\left(\frac{x}{3}\right)^{10} + 0.0002100\left(\frac{x}{3}\right)^{12} + \epsilon$$

$|\epsilon| < 5 \times 10^{-8}$

- im Intervall $3 \leqslant x < \infty$

$$\mathbf{J}_0(x) = x^{-1/2} f_0 \cos\theta_0$$

mit

$$f_0 = 0.79788456 - 0.00000077(3/x) - 0.00552740(3/x)^2 - 0.00009512(3/x)^3$$

$$+ 0.00137237(3/x)^4 - 0.00072805(3/x)^5 + 0.00014476(3/x)^6 + \epsilon$$

$|\epsilon| < 1.6 \times 10^{-8}$

und

$$\theta_0 = x - 0.78539816 - 0.04166397(3/x) - 0.00003954(3/x)^2 + 0.00262573(3/x)^3$$

$$- 0.00054125(3/x)^4 - 0.00029333(3/x)^5 + 0.00013558(3/x)^6 + \epsilon$$

$|\epsilon| < 7 \times 10^{-8}$

Tabelle 2.2.3 Polynom-Approximation von $\mathbf{J}_1(x)$

- im Intervall $-3 \leqslant x \leqslant +3$

$$x^{-1}\mathbf{J}_1(x) = \tfrac{1}{2} - 0.56249985(x/3)^2 + 0.21093573(x/3)^4 - 0.03954289(x/3)^6$$

$$+ 0.00443319(x/3)^8 - 0.00031761(x/3)^{10} + 0.00001109(x/3)^{12} + \epsilon$$

$$|\epsilon| \leqslant 1.3 \times 10^{-8}$$

- im Intervall $3 \leqslant x < \infty$

$$\mathbf{J}_1(x) = x^{-1/2} f_1 \cos\theta_1$$

mit

$$f_1 = 0.79788456 + 0.00000156(3/x) + 0.01659667(3/x)^2 + 0.00017105(3/x)^3$$

$$- 0.00249511(3/x)^4 + 0.00113653(3/x)^5 - 0.00020033(3/x)^6 + \epsilon$$

$$|\epsilon| < 4 \times 10^{-8}$$

und

$$\theta_1 = x - 2.35619449 + 0.12499612(3/x) + 0.00005650(3/x)^2 - 0.00637879(3/x)^3$$

$$+ 0.00074348(3/x)^4 + 0.00079824(3/x)^5 - 0.00029166(3/x)^6 + \epsilon$$

$$|\epsilon| < 9 \times 10^{-8}$$

Die sphärische Bessel-Funktion 1. Art ist durch

$$j_n(z) = \sqrt{\frac{\pi}{2z}}\ \mathbf{J}_{n+1/2}(z)$$

und die 2. Art durch

$$y_n(z) = \sqrt{\frac{\pi}{2z}}\ \mathbf{Y}_{n+1/2}(z)$$

gegeben. Die Gleichungen für die sphärischen Bessel-Funktionen 3. Art lauten:

$$h_n^{(1)}(z) = j_n(z) + iy_n(z) = \sqrt{\frac{\pi}{2z}}\ \mathbf{H}_{n+1/2}^{(1)}(z)$$

$$h_n^{(2)}(z) = j_n(z) - iy_n(z) = \sqrt{\frac{\pi}{2z}}\ \mathbf{H}_{n+1/2}^{(2)}(z).$$

Diese Funktionen können mit Hilfe folgender Reihen für $n = 0, 1, 2, \ldots$ numerisch ausgewertet werden:

$$j_n(z) = \frac{z^n}{1 \cdot 3 \cdot 5 \ldots (2n+1)} \left\{ 1 - \frac{z^2/2}{1!\,(2n+3)} + \frac{(z^2/2)^2}{2!\,(2n+3)\,(2n+5)} - \cdots \right\}$$

$$y_n(z) = -\frac{1 \cdot 3 \cdot 5 \ldots (2n-1)}{z^{n+1}} \left\{ 1 - \frac{z^2/2}{1!\,(1-2n)} + \frac{(z^2/2)^2}{2!\,(1-2n)\,(3-2n)} - \cdots \right\}.$$

Eine andere Möglichkeit besteht darin, die sphärischen Bessel-Funktionen durch die Rayleigh-Formeln zu erzeugen und diese Entwicklungen dann numerisch auszuwerten. Die Rayleigh-Formeln lauten:

$$j_n(z) = z^n \left(-\frac{1}{z} \frac{d}{dz} \right)^n \left(\frac{\sin z}{z} \right)$$

$$y_n(z) = -z^n \left(-\frac{1}{z} \frac{d}{dz} \right)^n \left(\frac{\cos z}{z} \right).$$

Zur Vereinfachung der numerischen Auswertung sphärischer Bessel-Funktionen hoher Ordnung werden zuerst sphärische Bessel-Funktionen niedriger Ordnung zahlenwertmäßig bestimmt und dann mit Hilfe der Rekursionsformel

$$j_{n+1} = \frac{(2n+1)}{z} j_n - j_{n-1}$$

die Funktionen höherer Ordnung für das gleiche Argument berechnet. Diese Rekursionsformel gilt für jede der vier sphärischen Bessel-Funktionen.

Für Rechner, die Sinus- und Kosinusfunktionen besitzen, ist ein noch einfacherer Lösungsweg zur Berechnung von $j_n(z)$ durch die Rekursionsformel

$$j_n(z) = f_n(z) \sin z + (-1)^{n+1} f_{-(n+1)}(z) \cos z$$

gegeben. Die Funktion f_n wird durch

$$f_{n+1} = \frac{(2n+1)}{z} f_n(z) - f_{n-1}(z)$$

erzeugt und hat für $n = 0$ und $n = 1$ die Werte

$$f_0 = z^{-1}, \qquad f_1 = z^{-2}.$$

2.2.7 Die konfluente hypergeometrische Funktion

Die konfluente hypergeometrische Funktion, gewöhnlich dargestellt in der Form

$$M(a,b,z) = 1 + \frac{az}{b} + \frac{(a)_2 z^2}{(b)_2\,2!} + \cdots + \frac{(a)_n z^n}{(b)_n\,n!}$$

mit

$$(b)_n = b\,(b+1)\,(b+2)\,(b+3) \dots (b+n-1)$$
$$(a)_n = a\,(a+1)\,(a+2)\,(a+3) \dots (a+n-1)$$

und

$$(a)_0 = 1 = (b)_0$$

ist die Lösung der Kummerschen Differentialgleichung

$$z\,\frac{d^2w}{dz^2} + (b-z)\,\frac{dw}{dz} - aw = 0.$$

Für die numerische Auswertung dieser Funktion auf dem Taschenrechner werden direkt sukzessive Partialsummen der oben angegebenen Reihe berechnet.

Auch hypergeometrische Funktionen, die durch die Beziehung

$$F(a,b;c;z) = \sum_{n=0}^{\infty} \frac{(a)_n (b)_n}{(c)_n} \left(\frac{z^n}{n!} \right)$$

definiert sind, müssen durch Berechnung aufeinanderfolgender Partialsummen direkt bestimmt werden. Allgemein ist ein derartiger Berechnungsvorgang dann zu beenden, wenn ein Hinzunehmen weiterer Glieder zu der Reihe keine Änderung des Ergebnisses mehr bewirkt. Die obige Reihe ist offenbar nicht für Werte von $c = -m\,(m = 0, 1, 2, \dots)$ definiert, außer es ist

$$b = -n\,(n = 1, 2, 3, \dots)$$

und n kleiner als m. An dieser Stelle soll erwähnt werden, daß sich mit Hilfe der hypergeometrischen Funktion bestimmte Rekursionsformeln für andere höhere Funktionen aufstellen lassen, da die hypergeometrische Funktion mit vielen orthogonalen Polynomen verwandt ist.

2.2.8 Chebyshev; Hermitesche und Laguerresche Polynome

Chebyshev-Polynome können mit Hilfe der Rekursionsformel

$$T_{n+1}(x) = 2x\,T_n(x) - T_{n-1}(x), \qquad (-1 \leqslant x \leqslant 1)$$

ohne Mühe numerisch ausgewertet werden. Die Startpolynome in dieser Rekursion sind $T_0(x) = 1$ und $T_1(x) = x$.

Hermitesche und Laguerresche Polynome lassen sich ebenfalls mittels Rekursionen und den dazugehörigen Anfangspolynomen zahlenmäßig bestimmen. Zum Beispiel lautet die Rekursionsformel für Hermitesche Polynome

$$H_{n+1}(x) = 2x\,H_n(x) - 2n\,H_{n-1}(x),$$

wobei die Startwerte aus den ersten beiden Hermiteschen Polynomen $H_0(x) = 1$ und $H_1(x) = 2x$ zu berechnen sind. n steht in dieser Formel für eine ganze, nicht negative Zahl.

Laguerrsche Polynome können mit Hilfe der Rekursion

$$L_{n+1}(x) = \frac{(2n+1-x)L_n(x) - nL_{n-1}(x)}{n+1}$$

numerisch ausgewertet werden. Die Anfangspolynome lauten $L_0 = 1$ und $L_1 = 1 - x$. n ist wieder eine ganze, nicht negative Zahl.

An dieser Stelle soll nochmals wiederholt werden, daß zur numerischen Auswertung höherer mathematischer Funktionen gewöhnlich eines der drei folgenden Verfahren angewendet wird:

1. Approximation der Funktion durch ein Approximations- oder Kurvenanpassungspolynom, das eine direkte genaue Auswertung der Funktion mittels analytischer Substitution zuläßt.
2. Gehört die Funktion zu einer Folge erzeugender Polynome, so lassen sich die Polynome niedriger Ordnung für ein bestimmtes Argument der Funktion ermitteln und dann mit Hilfe von Rekursionsformeln die Polynome höherer Ordnung berechnen.
3. Berechnung aufeinanderfolgender Partialsummen derjenigen Reihe, die die höhere Funktion beschreibt.

Von diesen drei Verfahren ist das erste am einfachsten und das dritte — die direkte Auswertung der Reihe — am wenigsten attraktiv. Das zweite Verfahren schließlich ist ein vernünftiger Kompromiß zwischen der im ersten Verfahren durchgeführten analytischen Substitution und der im dritten Verfahren vorgenommenen Reihenauswertung.

3 Lösung von Problemen der höheren Mathematik mit dem Taschenrechner

3.1 Fourier-Analyse

3.1.1 Einführung

Wir wenden uns nun der Fourier-Analyse diskreter und stetiger Funktionen zu. Anders als in Abschnitt 2.2 wo wir hauptsächlich die numerische Auswertung höherer mathematischer Funktionen und nicht so sehr ihre Interpretation betrachteten, versuchen wir hier ebenso die Ergebnisse, die man bei der Berechnung der diskreten Fourier-Transformierten mit dem Taschenrechner erhält, zu verstehen. Derartige Sachverhalte, wie die Beziehungen zwischen dem diskreten Spektrum diskreter Funktionen und dem diskreten Spektrum stetiger Funktionen, werden diskutiert. Der „aliasing"-Effekt wird untersucht, um dem wenig erfahrenen Leser zu helfen, das Spektrum empirisch ermittelter Funktionen zu verstehen. Der Taschenrechner kann gewissermaßen eine wertvolle Lernhilfe für Analysen, in denen Häufigkeitsbetrachtungen vorrangig sind, sein, denn er erlaubt die schnelle Berechnung der Spektren diskreter Funktionen, die (wenn mit einer genügend hohen Häufigkeit entnommen) stetige Funktion approximieren. Aus diesem Grund und um eine schnelle Berechnung der Spektren in der Praxis zu sichern, sind die Formeln für diskrete Fourier-Spektren, die aus 12 Punkten bestehen, angegeben und die Verfahren zu ihrer schnellen Berechnung mit dem Taschenrechner dargestellt. Diejenigen, die einen einfachen Vier-Funktionen-Rechner benutzen, werden sich für die 12-Punkte-Formeln besonders interessieren, da keine Berechnung des Sinus oder Kosinus zur Bestimmung des diskreten Spektrums einer Folge abgetasteter Werte verlangt wird.

Schließlich diskutieren wir die Rekonstruktion von Funktionen auf Taschenrechnern mit wissenschaftlicher Tastatur und ferner Verfahren zur Berechnung von Fourier-Reihen.

3.1.2 Die Fourier-Reihe stetiger Funktionen

Die Fourier-Reihe einer stetigen periodischen Funktion mit der Periode L ist durch

$$F(x) = \frac{a_0}{2} + \left[a_1 \cos\left(\frac{2\pi x}{L} \right) + a_2 \cos\left(\frac{4\pi x}{L} \right) + a_3 \cos\left(\frac{6\pi x}{L} \right) + \cdots \right]$$

$$+ \left[b_1 \sin\left(\frac{2\pi x}{L} \right) + b_2 \sin\left(\frac{4\pi x}{L} \right) + b_3 \sin\left(\frac{6\pi x}{L} \right) + \cdots \right] \tag{3.1.1}$$

gegeben, wobei die Koeffizienten a_k und b_k durch

$$a_k = \frac{2}{L} \int_0^L F(x)\cos\left(\frac{2k\pi x}{L}\right)dx, \qquad (k = 0, 1, 2, \cdots) \tag{3.1.2}$$

$$b_k = \frac{2}{L} \int_0^L F(x)\sin\left(\frac{2k\pi x}{L}\right)dx, \qquad (k = 1, 2, \cdots) \tag{3.1.3}$$

vorgegeben sind. Diese Reihe besteht aus einer unendlichen Anzahl von Gliedern, und unendlich vielen Koeffizienten, die durch die Gln. (3.1.2) und (3.1.3) definiert sind. Diese unendliche Folge der Koeffizienten des Sinus und des Kosinus in der Reihenentwicklung der Gl. (3.1.1) kann physikalisch durch die Grundschwingung und eine unbegrenzte Anzahl ihrer harmonischen Oberschwingungen bestimmt werden.

Probleme bei der Konvergenz von Fourier-Reihen entstehen für spezielle Funktionen, die aber selten in der Anwendung vorkommen. Da der Sinus und der Kosinus, die die Fourier-Reihe aufbauen, orthogonale Funktionen sind, können ihre zugehörigen Koeffizienten in Polarform geschrieben werden. In diesem Fall kann der Betrag des Radiusvektors wie auch der Phasenwinkel der Resultierenden als eine Funktion der Frequenz dargestellt werden. So entstehen die Amplituden- und Phasenverschiebungskurven, die von Regelsystem-Analytikern gebraucht werden, um die Stabilität von Rückkopplungsregelkreisen zu prüfen.

Schließlich kann das Leistungsspektrum einer Funktion, die durch eine Fourier-Reihe angenähert wird, aufgestellt werden, indem die Quadrate der Beträge der in Polarform dargestellten Fourier-Koeffizienten graphisch aufgetragen werden. Da dies mit dem Aufsummieren der Quadrate der Koeffizienten der Sinus- und Kosinus-Funktionen derselben Frequenz gleichwertig ist, geht offensichtlich die Information über den Phasenwinkel verloren, wenn das Leistungsspektrum dargestellt wird.

Die Untersuchung der Fourier-Reihe zeigt, daß sich nur der Wert von a_0 ändert, wenn die Funktion $F(x)$ vertikal in Richtung der Ordinate verschoben wird. Dieses ist leicht einzusehen: Für $k = 0$ stellt der Koeffizient in Gl. (3.1.2) den Durchschnittswert von $F(x)$ im Intervall von 0 bis L dar. Würden wir $F_1(x) = F(x) - a_0/2$ in Gl. (3.1.1) setzen, dann hätte die Fourier-Reihe von $F_1(x)$ keine Durchschnittskomponente (DC-Komponente). Wird $F(x)$ horizontal in Richtung der Abszisse verschoben, ändert sich die Gewichtsverteilung unter den Koeffizienten der Fourier-Reihe. Speziell ist die Verteilung unter den Sinus- und Kosinustermen für jede gegebene Frequenzkomponente verschieden. Jedoch bleibt die Summe aus ihren Quadraten konstant. Hieraus ist zu ersehen, daß das Leistungsspektrum einer Fourier-Reihe gegenüber Verschiebungen der Funktion $f(x)$ entlang der Abszisse invariant ist (vorausgesetzt, $f(x)$ ist periodisch).

Es sollte im Auge behalten werden, daß die Funktion, die durch eine Fourier-Reihe approximiert wird, als periodisch vorausgesetzt werden muß, obwohl sie Unstetigkeitstellen über der Periode haben kann. Es mag zuerst nicht einleuchtend sein, daß das diskrete Spektrum dieser Funktion, die auf einem endlichen Intervall im Bereich der reellen Zahlen definiert ist, eine unendliche Anzahl von Linien aufweist, wobei dieses Spektrum über den unendlichen Bereich der diskreten Frequenzen definiert ist. Der Grund dafür liegt in der Natur der Fourier-Reihe. Die Grundfrequenzkomponente für die

Registrierung einer endlichen Länge wird durch die Registrierungslänge selbst bestimmt. Dann werden die Oberschwingungen, die die übrigen Reihenglieder ergeben, durch die Sinus- und Kosinusterme, die mit Mehrfachschwingungen über die Periode der periodischen Funktion passen, bestimmt. Von diesen Sinus- und Kosinusgliedern gibt es unendlich viele.

3.1.3 Die Fourier-Reihe diskreter Funktionen

Wir betrachten nun eine diskrete Funktion, die durch eine Menge gleichabständiger diskreter Werte der Funktion Y definiert ist, die über gleichabständigen Werten der unabhängigen Variablen gegeben ist. Mit Hamming betrachten wir nur eine gerade Anzahl $2N$ von Werten. Die ausgewählten Punkte im Bereich der unabhängigen Variablen sind somit:

$$0, \frac{L}{2N}, \frac{2L}{2N}, \frac{3L}{2N}, \ldots, \frac{(2N-1)L}{2N} . \tag{3.1.4}$$

Diese lassen sich umschreiben zu

$$x_n = \frac{nL}{2N}, \qquad (n = 0, 1, \ldots, 2N-1) . \tag{3.1.5}$$

Die Fourier-Reihenentwicklung einer beliebigen Funktion $F(x)$, die auf einer Menge von x_n Werten definiert ist, kann als

$$F(x) = \frac{A_0}{2} + \sum_{k=1}^{N-1} \left[A_k \cos\left(\frac{2k\pi x}{L}\right) + B_k \sin\left(\frac{2k\pi x}{L}\right) \right] + \frac{A_N}{2} \cos\left(\frac{2N\pi x}{L}\right) \tag{3.1.6}$$

geschrieben werden, mit

$$A_k = \frac{1}{N} \sum_{n=0}^{2N-1} F(x_n) \cos\left(\frac{2k\pi x_n}{L}\right), \qquad (k = 0, 1, \ldots, N) \tag{3.1.7}$$

$$B_k = \frac{1}{N} \sum_{n=0}^{2N-1} F(x_n) \sin\left(\frac{2k\pi x_n}{L}\right), \qquad (k = 0, 1, \ldots, N-1) . \tag{3.1.8}$$

Ein interessanter Aspekt der Fourier-Reihen ist, daß Sinus- und Kosinusfunktionen nicht nur definiert und orthogonal über ein stetiges Intervall der unabhängigen Variablen sind, sondern daß sie auch orthogonal sind über jeder Menge von gleichabständigen diskreten Punkten in dem gleichen Intervall. Dies ist für die numerische Berechnung der Frequenzkomponenten von diskreten Funktionen insofern wichtig, als gewöhnlich nur Funktionswerte auf einer Menge gleichabständiger Punkte vorgegeben sind. Man mag erwarten, daß die Koeffizienten der stetigen Fourier-Reihe dann durch numerische Integration approximiert werden können. Obwohl dies in der Tat möglich ist, zeigen die Gln. (3.1.7) und (3.1.8), daß die Koeffizienten für das Fourier-Spektrum einer diskreten Funktion exakt ohne numerische Integration berechnet werden können.

Aus den Gln. (3.1.7) und (3.1.8) ist ersichtlich, daß diese Entwicklung nur $2N$ Terme enthält und nicht unendlich viele Terme, wie das bei einer Fourier-Reihenapproximation von stetigen Funktionen der Fall ist. Auch hat das Frequenz-Spektrum der diskreten Fourier-Transformierten nur halb so viele Linien wie die Anzahl der vorgegebenen diskreten Werte. Bei 10 Werten hätte das Leistungsspektrum also nur fünf diskrete Linien. Es ist klar, daß folgende Frage beantwortet werden muß: „Was passiert mit dem Rest der unendlich vielen Komponenten des Spektrums der stetigen Funktion $F(x)$?" Eine andere gleich wichtige Frage ist diese: „Wie kann aus der Kenntnis des kontinuierlichen Spektrums und der Anzahl der vorgegebenen diskreten Werte das diskrete Spektrum gebildet werden?" und umgekehrt: „Was läßt sich bei gegebenem diskreten Spektrum der diskreten Funktion $f(n\,\Delta x)$ über das diskrete Spektrum der kontinuierlichen Funktion $f(x)$ aussagen?"

3.1.4 Beziehungen zwischen der Fourier-Reihenentwicklung diskreter und stetiger Funktionen

Es läßt sich leicht zeigen, daß die Spektralkomponenten einer diskreten Funktion mit denen der entsprechenden stetigen Funktion in folgendem Zusammenhang stehen:

$$A_k = a_k + \sum_{m=1}^{\infty} (a_{2Nm-k} + a_{2Nm+k}) \tag{3.1.9}$$

$$B_k = b_k + \sum_{m=1}^{\infty} (b_{2Nm+k} - b_{2Nm-k}). \tag{3.1.10}$$

Der konstante Term A_0 ist gegeben durch

$$A_0 = a_0 + 2 \sum_{m=1}^{\infty} a_{2Nm}. \tag{3.1.11}$$

Die Gl. (3.1.9) soll näher betrachtet werden. Die ersten sechs Terme des diskreten Spektrums einer geraden Funktion (sagen wir für $2N = 10$ (Sekunden)) haben folgende Form:

Spektral- komponente	Spektrum der diskreten Funktion erhalten vom Spektrum der stetigen Funktion
$2\alpha_{\omega=0} =$	$A_0 = a_0 + 2(a_{10} + a_{20} + a_{30} + a_{40} + \cdots)$
$\alpha_{\omega=1\,Hz} =$	$A_1 = a_1 + (a_9 + a_{11}) + (a_{19} + a_{21}) + (a_{29} + a_{31}) + \cdots$
$\alpha_{\omega=2\,Hz} =$	$A_2 = a_2 + (a_8 + a_{12}) + (a_{18} + a_{22}) + (a_{28} + a_{32}) + \cdots$
$\alpha_{\omega=3\,Hz} =$	$A_3 = a_3 + (a_7 + a_{13}) + (a_{17} + a_{23}) + (a_{27} + a_{33}) + \cdots$
$\alpha_{\omega=4\,Hz} =$	$A_4 = a_4 + (a_6 + a_{14}) + (a_{16} + a_{24}) + (a_{26} + a_{34}) + \cdots$
$2\alpha_{\omega=5\,Hz} =$	$A_5 = a_5 + (a_5 + a_{15}) + (a_{15} + a_{25}) + (a_{25} + a_{35}) + \cdots$

Bemerkung: $B_k = 0 = b_k$ für gerade Funktionen

Der Faktor 2 an den Randstellen des Spektrums ist auf die Form der Gleichung zurückzuführen. Jeder der Koeffizienten des diskreten Systems enthält ausgeschrieben eine unendliche Anzahl von Termen, die mit dem stetigen Spektrum zusammenhängen. Dieser recht erstaunliche Sachverhalt zeigt, daß jeder größere Betrag der Hochfrequenz-Komponenten des stetigen Funktionsspektrums einen Einfluß auf die Komponenten mit niedrigerer Frequenz im diskreten Funktionsspektrum hat. In dem oben gewählten Beispiel für $2N$ gleich 10 (Sekunden) enthält die niedrigste Frequenzkomponente des diskreten Spektrums (neben der Null-Frequenz-Komponente) die Amplitude der 9- und 11-Hz-Komponente der Fourier-Reihenentwicklung von $F(x)$ und ebenso die 19. und 21., die 29. und 31., die 39. und 41., 49. und 51. Komponente, usw.

Eine andere *physikalische* Betrachtungsweise ist diese: Würden wir eine Sinuskurve der Frequenz 11 Hz durch 10 Abtastungen pro Sekunde aufnehmen, so würde die diskrete Funktion eine Spektralkomponente bei der Frequenz 1 Hz haben, deren Amplitude dieselbe wäre wie die der 11-Hz-Sinuskurve des stetigen Spektrums. Im allgemeinen führen die Frequenzen, die in der ursprünglichen stetigen Funktion $F(x)$ vorhanden sind, aufsummiert zu einem Ergebnis des Abtastvorganges. Mit anderen Worten: Der alleinige Vorgang der Abtastung einer stetigen Funktion (d.h. einer diskreten Funktion, die nur für ganzzahlige Vielfache der Abtastperiode definiert ist) führt zu einer *Faltung* des Frequenzspektrums um die Informationsfrequenz (die Abtastfrequenz ω_s dividiert durch 2), was wiederum auf eine Faltung der hochfrequenten Komponenten des stetigen Funktionsspektrums in die niederfrequenten Komponenten des diskreten Funktionsspektrums hinausläuft. Dieser Effekt wird „aliasing" genannt (d.h., 1 Hz ist das „Sonstige" von 9 Hz bei einer Abtastfrequenz von 10 Hz). Hat der Abtastvorgang stattgefunden, so kann sein Einfluß auf das stetige Funktionsspektrum nicht mehr rückgängig gemacht werden. In unserem Beispiel gilt $A_k = a_k$ nur dann, wenn $a_k = 0$ für $k > 5$ ist. Ist $a_k \neq 0$ für $k > 5$, kann a_k nicht bestimmt werden, indem A_k untersucht wird. Die höchste Frequenzkomponente ist, abschließend bemerkt, $\omega_s/2$.

Die oben aufgeführten Formeln ermöglichen die Berechnung des diskreten Funktionsspektrums direkt aus dem stetigen Funktionsspektrum, wenn dieses bekannt ist. Das Buch *CRS Standard Mathematical Tables* besitzt eine umfangreiche Tabelle mit Fourier-Reihen häufig vorkommender Funktionen. Diese Tabelle kann dazu verwendet werden, das diskrete Funktionsspektrum nach den Gln. (3.1.9), (3.1.10) und (3.1.11) mit dem Taschenrechner zu berechnen.

3.1.5 Die numerische Berechnung der Fourier-Koeffizienten

Die Koeffizienten der Fourier-Reihenentwicklung einer diskreten Funktion sind durch die Gln. (3.1.7) und (3.1.8) gegeben. Um mit ihnen vertraut zu werden, werden diese Gleichungen nochmals wiedergegeben:

$$A_k = \frac{1}{N} \sum_{n=0}^{2N-1} F(x_n)\cos\left(\frac{2k\pi x_n}{L}\right), \qquad (k=0,1,\ldots,N) \tag{3.1.7}$$

$$B_k = \frac{1}{N} \sum_{n=0}^{2N-1} F(x_n)\sin\left(\frac{2k\pi x_n}{L}\right), \qquad (k=0,1,\ldots,N-1). \tag{3.1.8}$$

Diese Koeffizienten können durch rekursive Formeln numerisch ermittelt werden. Hierzu verfährt man folgendermaßen:

1. Schritt: Stelle eine Tabelle für die Werte U_m mit Hilfe der rekursiven Beziehung

$$U_m = \left(2\cos\frac{\pi k}{N}\right)U_{m-1} - U_{m-2} + F(2N-m) \qquad \text{für} \quad m=2,3,4,\ldots,2N-1 \tag{3.1.12}$$

mit $U_0 = 0$ und $U_1 = F(2N-1)$ auf.

2. Schritt: Berechne die Koeffizienten der Kosinusterme in der Reihe mit Hilfe der Gleichung

$$A_k = \frac{1}{N}\left\{\left(\cos\frac{\pi k}{N}\right)U_{2N-1} - U_{2N-2} + F(0)\right\}. \tag{3.1.13}$$

3. Schritt: Berechne die Koeffizienten der Sinusterme in der Reihenentwicklung mit Hilfe der Rekursion

$$B_k = \frac{1}{N}\left(\sin\frac{\pi k}{n}\right)U_{2N-1}. \tag{3.1.14}$$

Während die Berechnung nach diesen Formeln länger dauert als bei dem effektiven Algorithmus von Cooley-Tukey, braucht man zur Analyse von Fourier-Reihen niedriger Ordnung nur geringfügig weniger Operationen als bei dem Cooley-Tukey-Algorithmus. Darüberhinaus ist die Verwendung von Rekursionsformeln bei numerischen Funktionsauswertungen auf dem Taschenrechner recht effektiv.

Hamming gibt in seinem Buch *Numerical Methods of Scientists and Engineers* eine praktische 12-Punkte-Formel für die Fourier-Analyse an. Zuerst wird die Tabelle der diskreten Werte der Funktion F in Form eines Feldes $(A1)$ dargestellt:

$$\left.\begin{array}{ccccccc} F(0) & F(1) & F(2) & F(3) & F(4) & F(5) & F(6) \\ F(11) & F(10) & F(9) & F(8) & F(7) & & \end{array}\right\} A1$$

Aus diesem Feld können wir eine Folge von S- und T-Werten errechnen, indem wir die beiden Zeilen des Feldes $A1$ addieren bzw. subtrahieren, um ein Feld $(A2)$ mit S- und T-Werten zu erhalten:

$$\left.\begin{array}{llllllll} \text{Summe} & S(0) & S(1) & S(2) & S(3) & S(4) & S(5) & S(6) \\ \text{Differenz} & & T(1) & T(2) & T(3) & T(4) & T(5) & \end{array}\right\} A2.$$

Dann wird das Feld $(A2)$ umgeschrieben zu

$$\left.\begin{array}{ccccccc} S(0) & S(1) & S(2) & S(3) & T(1) & T(2) & T(3) \\ S(6) & S(5) & S(4) & & T(5) & T(4) & \end{array}\right\} A3.$$

Ein Feld $(A4)$ bestehend aus U-, V-, P- und Q-Werten wird darauf durch Addition der beiden Zeilen aus dem Feld $(A3)$ bzw. durch Subtraktion der zweiten von der ersten Zeile aus dem Feld $(A3)$ gewonnen:

$$\begin{array}{lccccccc}
\text{Summe} & U(0) & U(1) & U(2) & U(3) & P(1) & P(2) & P(3) \\
\text{Differenz} & V(0) & V(1) & V(2) & & Q(1) & Q(2) &
\end{array} \Bigg\} \ A4.$$

Nun können die Koeffizienten entwickelt werden, die zu den sechs diskreten Frequenzen gehören, aus denen die Fourier-Reihendarstellung einer diskreten 12-Punkte-Funktion besteht. Zuerst berechne man

$$\alpha_1 = V(0) + \frac{V(2)}{2} \qquad \beta_1 = \frac{P(1)}{2} + P(3)$$

$$\alpha_2 = U(0) + U(3) \qquad \beta_2 = P(1) - P(3)$$

$$\alpha_3 = U(1) + U(2) \qquad \beta_3 = \frac{\sqrt{3}}{2}(Q(1) + Q(2))$$

$$\alpha_4 = \frac{\sqrt{3}}{2} V(1) \qquad \beta_4 = \frac{\sqrt{3}}{2}(Q(1) - Q(2))$$

$$\alpha_5 = U(0) - U(3) \qquad \beta_5 = \frac{\sqrt{3}}{2} P(2)$$

$$\alpha_6 = U(1) - U(2)$$

$$\alpha_7 = V(0) - V(2)$$

danach

$$A_0 = \tfrac{1}{6}(\alpha_2 + \alpha_3)$$

$$A_1 = \tfrac{1}{6}(\alpha_1 + \alpha_4) \qquad B_1 = \tfrac{1}{6}(\beta_1 + \beta_5)$$

$$A_2 = \tfrac{1}{6}\left(\alpha_5 + \frac{\alpha_6}{2}\right) \qquad B_2 = \tfrac{1}{6}\beta_3$$

$$A_3 = \tfrac{1}{6}\alpha_7 \qquad B_3 = \tfrac{1}{6}\beta_2$$

$$A_4 = \tfrac{1}{6}\left(\alpha_2 - \frac{\alpha_3}{2}\right) \qquad B_4 = \tfrac{1}{6}\beta_4$$

$$A_5 = \tfrac{1}{6}(\alpha_1 - \alpha_4) \qquad B_5 = \tfrac{1}{6}(\beta_1 - \beta_5)$$

$$A_6 = \tfrac{1}{6}(\alpha_5 - \alpha_6).$$

Diese Koeffizienten gehören zur Fourier-Reihe:

$$F(x) = \frac{A_0}{2} + \sum_{k=1}^{n-1}\left(A_k \cos\frac{2\pi kx}{L} + B_k \sin\frac{2\pi kx}{L}\right) + \frac{A_n}{2}\cos\frac{2\pi Nx}{L}.$$

3.1.6 Zusammenfassung

Zur Fourier-Entwicklung diskreter Funktionen sind mehrere wichtige Feststellungen gemacht worden. Man betrachte zum Beispiel die 12-Punkte-Formel für die Fourier-Koeffizienten. Die 12 Werte der diskreten Funktion haben ein diskretes Spektrum mit nur sechs Frequenzkomponenten zur Folge. Im allgemeinen ergeben $2N$-Werte der diskreten Funktion ein Spektrum mit nur N Spektralkomponenten. Dies gilt allgemein unter Berücksichtigung der Faustregel, daß die Abtastfrequenz wenigstens doppelt so groß wie die höchste interessierende Frequenz sein muß, damit die Koeffizienten der Spektralkomponenten bei der interessierenden Frequenz bestimmt werden können.

Der zweite Gesichtspunkt beschäftigt sich mit dem physikalischen Charakter der abgetasteten Werte. Wenn die Funktionswerte erst einmal ermittelt sind, so besitzt das Spektrum der Folge der abgetasteten Funktionswerte keine Komponenten mit einer Frequenz größer als die Hälfte der Abtastfrequenz. Was geschieht dann mit den Hochfrequenz-Komponenten der stetigen Funktion, die abgetastet wurde? Sie werden auf die niederfrequenten Komponenten des diskreten Spektrums heruntergefaltet. In diesem Sinne werden die Hochfrequenz-Komponenten durch den Abtastvorgang im niedrigen Frequenzbereich stark verzerrt werden, obwohl der Abtastvorgang keine Hochfrequenz-Komponenten zur Folge hat.

3.1.7 Beispiele

Beispiel 3.1.1: Man berechne die Koeffizienten der Fourier-Reihenentwicklung einer stetigen periodischen dreieckförmigen Wellenfunktion. Danach verwende man diese Koeffizienten zur Berechnung des diskreten Funktionsspektrums durch die Gln. (3.1.9) bis (3.1.11).

Die stetige periodische dreieckförmige Welle zeigt Bild 3.1.1. Offensichtlich gilt

$$f(t) = -f(-t)$$

und

$$f\left(t \pm \frac{T}{2}\right) = -f(t).$$

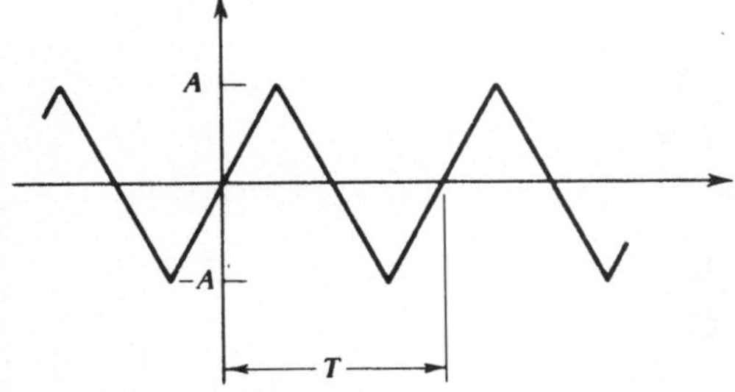

Bild 3.1.1 Stetige periodische dreieckförmige Welle

Die erste dieser beiden Gleichungen zeigt, daß $f(t)$ eine ungerade Funktion ist und somit nur die Sinuskomponenten in der Fourier-Reihenapproximation vorkommen. Die zweite Gleichung zeigt, daß nur Oberschwingungen mit ungeradem Index in der Reihe vorkommen. Weiterhin braucht man nur über ein Viertel der Periode der Funktion zu integrieren, um die Fourier-Koeffizienten zu erhalten, wenn zwei Symmetriebedingungen vorhanden sind (eine interessante Eigenschaft, die sich der Leser selbst leicht klarmachen kann). Es folgt daher

$$b_n = \frac{8}{T} \int_0^{T/4} f(t) \sin n\left(\frac{2\pi}{T}\right) t \, dt \qquad (n \text{ ungerade}).$$

Da

$$f(t) = \frac{4At}{T}, \qquad 0 \leqslant t \leqslant \frac{T}{4}$$

ist, folgt

$$b_n = \frac{8}{T} \int_0^{T/4} \left[\left(\frac{4A}{T}\right) t \sin\left\{ n\left(\frac{2\pi}{T}\right) t \right\} \right] dt$$

$$b_n = \frac{8A}{n^2\pi^2} \sin\left(\frac{n\pi}{2}\right), \qquad\qquad (n \text{ ungerade})$$

und somit

$$b_n = \begin{cases} \dfrac{8A}{n^2\pi^2}, & n = 1, 5, 9, \cdots \\[2ex] \dfrac{-8A}{n^2\pi^2}, & n = 3, 7, 11, \cdots. \end{cases}$$

Die ersten 15 Komponenten des Spektrums der stetigen Funktion sind nachstehend aufgeführt:

$$
\begin{array}{lll}
b_1 = \dfrac{8A}{\pi^2} & b_6 = 0 & b_{11} = \dfrac{-8A}{121\pi^2} \\[2ex]
b_2 = 0 & b_7 = \dfrac{-8A}{49\pi^2} & b_{12} = 0 \\[2ex]
b_3 = \dfrac{-8A}{9\pi^2} & b_8 = 0 & b_{13} = \dfrac{8A}{169\pi^2} \\[2ex]
b_4 = 0 & b_9 = \dfrac{8A}{81\pi^2} & b_{14} = 0 \\[2ex]
b_5 = \dfrac{8A}{25\pi^2} & b_{10} = 0 & b_{15} = \dfrac{-8A}{225\pi^2}.
\end{array}
$$

Die Komponenten des diskreten Spektrums werden mit Hilfe der Gl. (3.1.10) für den Fall $2N$ entwickelt:

$$B_1 = b_1 + (b_{11} - b_9) + (b_{21} - b_{19}) + (b_{31} - b_{29}) + \cdots$$

$$B_2 = b_2 + (b_{12} - b_8) + (b_{22} - b_{18}) + (b_{32} - b_{28}) + \cdots$$

$$B_3 = b_3 + (b_{13} - b_7) + (b_{23} - b_{17}) + (b_{33} - b_{27}) + \cdots$$

$$B_4 = b_4 + (b_{14} - b_6) + (b_{24} - b_{16}) + (b_{34} - b_{26}) + \cdots .$$

Mit der Tabelle für die Komponenten des Spektrums der stetigen Funktion folgt:

$$B_1 \cong \frac{8A}{\pi^2} \left[\left(1 - \frac{1}{121}\right) - \left(\frac{1}{81}\right) \right] = 0.9793900 \left(\frac{8A}{\pi^2}\right)$$

$$B_2 \cong \frac{8A}{\pi^2} \left[(0 + 0) - 0 \right] = 0$$

$$B_3 \cong \frac{8A}{\pi^2} \left[\left(-\frac{1}{9} + \frac{1}{169}\right) - \left(\frac{-1}{49}\right) \right] = -0.0847859 \left(\frac{8A}{\pi^2}\right)$$

$$B_4 \cong \frac{8A}{\pi^2} \left[(0 + 0) - (0) \right] = 0 .$$

Die folgende Tabelle zeigt die ersten 4 Komponenten des diskreten Funktionsspektrums und des stetigen Funktionsspektrums paarweise nebeneinander aufgeführt, um leicht vergleichen zu können. Der Unterschied ist auf das „aliasing"-Phänomen zurückzuführen.

Komponenten des stetigen Funktionsspektrums	Komponenten des diskreten Funktionsspektrums
$b_1 = 1.0\left(\dfrac{8A}{\pi^2}\right)$	$B_1 = 0.9793900\left(\dfrac{8A}{\pi^2}\right)$
$b_2 = 0$	$B_2 = 0$
$b_3 = -0.1111111\left(\dfrac{8A}{\pi^2}\right)$	$B_3 = -0.08478659\left(\dfrac{8A}{\pi^2}\right)$
$b_4 = 0$	$B_4 = 0$

Beispiel 3.1.2: Man berechne die Fourier-Koeffizienten für die Fourier-Reihenapproximation der diskreten Funktion

$$y_n = \sin(n\,\omega T)$$

mit $\omega = 1\,\text{Hz}$. Diese diskrete 12-Punkte-Funktion ist nachfolgend tabelliert.

n	nT (Sekunden)	$n\omega T$ (Grade)	$\sin(n\omega T) = F(n)$
0	0	0	0.00
1	0.1	36	0.59
2	0.2	72	0.95
3	0.3	108	0.95
4	0.4	144	0.59
5	0.5	180	0.00
6	0.6	216	-0.59
7	0.7	252	-0.95
8	0.8	288	-0.95
9	0.9	324	-0.59
10	1.0	360	0.00
11	1.1	396	$+0.59$

Eine nähere Betrachtung der Tabelle zeigt, daß die Sinusfunktion für das Intervall von 0 bis 1.2 Sekunden tabelliert ist, während die Periode der Funktion eine Sekunde beträgt. Sicherlich gelten die Koeffizienten, die durch die 12-Punkte-Formel erzeugt werden, für die Fourier-Reihenapproximation der so tabellierten Funktion (mit einer Periode von 1.2 − nicht 1 Sekunde), nicht aber für die Koeffizienten der Fourier-Reihenapproximation einer reinen 1-Hz-Welle. Der Grund, weshalb dieses ungewöhnliche Problem ausgewählt wurde, ist, daß es nicht nur die Anwendung der 12-Punkte-Formel zeigt, sondern auch die Konsequenz eines jener praktischen Probleme, die mit der Abtastung periodischer Funktionen verbunden sind. In der Realität sind die in einem Versuch gemessenen funktionalen Zusammenhänge selten genau periodisch, oder, wenn sie es sind, ist die Periode nicht genau bekannt. Dann muß die Periode approximiert werden. Dieses Beispiel könnte man als das Ergebnis eines Versuches auffassen, in dem die Periode der abgetasteten Funktionen zu 1.2 Sekunden geschätzt wurde, wohingegen die Periode in Wirklichkeit 1 Sekunde beträgt. Nach der 12-Punkte-Fourier-Analyse werden die 12-Punkte-Fourier-Koeffizienten der diskreten Funktion aus dem in Tabelle 3.1.1 aufgestellten Zahlenfeld ermittelt. Die in der Tabelle stehenden Zahlen entsprechen den Zahlen des Feldes im Text; sie sind hier der Einfachheit halber mit eingefügt. Die numerische Bestimmung der Koeffizienten der 12-Punkte-Fourier-Reihe ist zusammengefaßt in Tabelle 3.1.2 dargestellt. Die A-Koeffizienten gehören zu den Kosinuskomponenten, die B-Koeffizienten zu den Sinuskomponenten. Die Tabelle zeigt außerdem eine Prüfung der Anfangsbedingungen. Für $t = 0$ beginnt die diskrete Funktion bei Null. Daher sollte die Summe der Koeffizienten der Kosinusglieder Null sein, was auch der Fall ist.

Obwohl wir die Randeffekte durch eine Untersuchung der einzelnen Glieder der Reihenentwicklung diskutieren können, ist es üblich, das Leistungs- oder Amplitudenspektrum zur Untersuchung dieses Phänomens zu verwenden. Die Rechnungen zum 12-Punkte-Spektrum sind in Tabelle 3.1.3 wiedergegeben. Die DC-Komponente des Spektrums ist durch P_0 gegeben. Hierdurch wird angezeigt, daß der „Durchschnittseffekt" des „Schwanzes" unserer irregulären periodischen Ableitung den sonst vorhandenen

Tabelle 3.1.1 Felder, erzeugt durch die Koeffizienten der 12-Punkte-Fourier-Reihe diskreter Funktionen

$F(0)\to F(6)$	0.00	0.59	0.95	0.95	0.59	0.00	-0.59	(*A*1)
$F(12)\leftarrow F(7)$		0.59	0.00	-0.59	-0.95	-0.95		
addiere	0.00	1.18	0.95	0.36	-0.36	-0.95	-0.59	(*A*2)
subtrahiere		0.00	0.95	1.54	1.54	0.95		
	$S(0)$	$S(1)$	$S(2)$	$S(3)$	$S(4)$	$S(5)$	$S(6)$	(*A*2)
		$T(1)$	T(2)	$T(3)$	$T(4)$	$T(5)$		
$S(0)\to S(3)$	0.00	1.18	0.95	0.36	0.00	0.95	1.54	$T(1)\to T(3)$	(*A*3)
$S(6)\leftarrow S(4)$	-0.59	-0.95	-0.36		0.95	1.54		$T(5)\leftarrow T(4)$
addiere	-0.59	0.23	0.59	0.36	0.95	2.49	1.54	(*A*4)
subtrahiere	0.59	2.13	1.31		-0.95	-0.59		
	$(U(0)$	$U(1)$	$U(2)$	$U(3)$	$P(1)$	$P(2)$	$P(3)$	(*A*4)
	$V(0)$	$V(1)$	$V(2)$		$Q(1)$	$Q(2)$		

0-DC-Koeffizienten auf ein Level von 0.049 anhebt. Weiterhin enthält die Komponente mit der niedrigsten Frequenz (die Frequenz der Grundschwingung beträgt 1/1,2 Hz = 0,8333 ... Hz) den größten Leistungsbetrag von allen harmonischen Schwingungen. Dies ist deshalb so, da diese Frequenz am dichtesten bei der Frequenz 1 Hz der von uns abgetasteten periodischen Funktion liegt. Die Leistung der nächst höheren Harmonischen ist ungefähr ein zehntel derjenigen der Grundschwingung. Hätten wir die Meßpunkte in gleichen Abständen über der periodischen Wellenfunktion aufgenommen, würden wir eine einzige harmonische Komponente bei 1 Hz gefunden haben, die übrigen Komponenten wären Null oder sehr klein gewesen, was lediglich vom Abbruchfehler abhängt, der auf die Anzahl der Terme zurückzuführen ist, die bei der Analyse auf dem Taschenrechner berücksichtigt wurden. Hier sieht man, daß der „Schwanz" das DC-Level beeinflußt und die Leistung der 1-Hz-Sinusfunktion auf die höherfrequenten Oberschwingungen verteilt. Der Grund hierfür liegt darin, daß die Hochfrequenz-Komponenten erforderlich sind, um unstetige Randeffekte, die mit dem „Schwanz" in unserer periodischen diskret abgetasteten Funktion verbunden sind, zu berücksichtigen. Speziell hängen diese restlichen Glieder mit der Sprungstelle von $+0.59$ für $n = 11$ auf 0 für $n = 12$ der Beispiel-Funktion zusammen, die wir für eine Analyse gewählt haben. Hoffentlich wird dieses Beispiel den Leser veranlassen, sich weitergehend mit der in großem Umfang vorhandenen Literatur zur praktischen Fourier-Analyse zu beschäftigen.

Tabelle 3.1.2 Numerische Bestimmung der Koeffizienten der 12-Punkte-Fourier-Reihe

Kosinus-komponenten

$$2A_0 = \frac{1}{6}(-0.59 + 0.36 + 0.23 + 0.59) = 0.098$$

$$A_1 = \frac{1}{6}(0.59 + 0.655 + 0.866 \times 2.13) = 0.5149$$

$$A_2 = \frac{1}{6}(-0.59 - 0.36 - .18) = -0.188$$

$$A_3 = \frac{1}{6}(-.72) = -0.12$$

$$A_4 = \frac{1}{6}(0.59 + 0.36 - .41) = -0.107$$

$$A_5 = \frac{1}{6}(0.59 + .655 - 0.866 \times 2.13) = -0.0999$$

$$2A_6 = \frac{1}{6}(-0.59 - 0.36 - 0.23 + 0.59) = -0.098$$

Beachte:
$$\Sigma\, Ai \equiv 0$$

Sinus-komponenten

$$B_1 = \frac{1}{6}(0.475 + 1.54 + 0.866 \times 2.489) = 0.695$$

$$B_2 = \frac{0.866}{6}(-0.95 - 0.59) = -0.2223$$

$$B_3 = \frac{1}{6}(0.95 - 1.54) = 0.098$$

$$B_4 = \frac{0.866}{6}(-0.95 + 0.59) = -0.05196$$

$$B_5 = \frac{1}{6}(0.475 + 1.54 - 0.866 \times 2.49) = -0.0436$$

Tabelle 3.1.3 Berechnungen zum 12-Punkte-Spektrum

ω Hz	Leistungsspektrum (gerundet)	Amplituden-spektrum
0	$P_0 = A_0^2/4 = 0.00$	$\sqrt{P_0} = 0.049$
0.833	$P_1 = A_1^2 + B_1^2 = 0.75$	$\sqrt{P_1} = 0.865$
1.666	$P_2 = A_2^2 + B_2^2 = 0.08$	$\sqrt{P_2} = 0.291$
2.499	$P_3 = A_3^2 + B_3^2 = 0.02$	$\sqrt{P_3} = 0.155$
3.333	$P_4 = A_4^2 + B_4^2 = 0.01$	$\sqrt{P_4} = 0.119$
4.166	$P_5 = A_5^2 + B_5^2 = 0.01$	$\sqrt{P_5} = 0.109$
5.499	$P_6 = A_6^2/4 = 0.00$	$\sqrt{P_6} = 0.049$

3.2 Numerische Integration

3.2.1 Einführung

Es gibt grundsätzlich zwei Integraltypen, mit denen wir es in diesem Abschnitt zu tun haben: das bestimmte Integral und das unbestimmte Integral. Das bestimmte Integral ist durch die Formel

$$y(b) = y(a) + \int_a^b f(x)\, dx \qquad\qquad (3.2.1)$$

gegeben und das unbestimmte Integral durch

$$y(x) = y(a) + \int_a^x f(t)\, dt\, . \qquad\qquad (3.2.2)$$

Das bestimmte Integral ist charakterisiert durch die Berechnung der Fläche unter der Kurve einer beschränkten Funktion; das unbestimmte Integral kann als Berechnung der Stammfunktion des Integranden verstanden werden und liefert so eine Folge von Funktionswerten. Wir untersuchen bestimmte Integrale unter dem Gesichtspunkt der Quadratur — d.h. der Flächenberechnung unter einer Kurve. Unbestimmte Integrale werden unter dem Gesichtspunkt der Integration von Differentialgleichungen betrachtet. Zunächst befassen wir uns mit dem bestimmten Integral.

3.2.2 Bestimmte Integration

Die Flächenberechnung unter einer beliebigen Kurve basiert gewöhnlich auf dem Verfahren der analytischen Substitution. Hierbei wird die beliebige Funktion durch eine bekannte Funktion ersetzt, deren bestimmtes Integral leicht berechnet werden kann. Die Integration wird tatsächlich mit der substituierten Funktion ausgeführt und das Ergebnis dem Integral der beliebigen Funktion so weit zugeschrieben, wie die substituierte Funktion die letztere approximiert. In der klassischen Mathematik sind die zu integrierenden Substitutionsfunktionen meistens Polynome. Das Polynom wird dann analytisch integriert und je nach dem wie weit das Polynom die stetige Funktion approximiert, wird das Integral dem Integral der beliebigen Funktion zugeschrieben. Ist der Integrand und auch die Approximationsfunktion ein Polynom vom Grade n, so kann das Verfahren exakt werden, wenn man die Koeffizienten der Integrationsformel geeignet wählt.

Der Prozeß der analystischen Substitution oder auch andere Verfahren, um bestimmte und unbestimmte Integrale zu approximieren, sind so faszinierend, daß eigentlich jeder Numeriker neue Wege findet, viele der klassischen Formeln und ebenso einige andere wieder herzuleiten. Obwohl man stets dazu neigt, die anspruchsvollsten Integrationsmethoden darzustellen, beschränken wir uns hier auf klassische Entwicklungen, die unkompliziert und auf dem Taschenrechner leicht anzuwenden sind. Der Leser sollte jedoch die enorme Anzahl geeigneter mathematischer Verfahren zur numerischen Integration, die in den letzten 20 Jahren entwickelt wurden, beachten. Diese Entwicklung ist auf die numerischen Rechnungen, die mit digitalen Rechenanlagen ausgeführt werden müssen, und auf die Anwendung numerischer Analysen auf hochentwickelte technische Probleme der verschiedensten Gebiete zurückzuführen. Stahlkonstruktionen, Kommunikations- und Steuerungssysteme, Flugzeugkonstruktionen und die Gestaltung chemischer Anlagen sind Gebiete, in denen die Simulation von Systemen mit weit auseinanderliegenden Eigenwerten und die numerische Integration von Funktionen, die fast neutralstabil sind (bei großen Integrationsschritten), neue Integrationskonzepte hervorgerufen haben. Diese gründeten sich auf Technologien, auf die sie wiederum angewandt werden. Strukturdynamiker haben spezielle numerische Integrationsformeln entwickelt, um ihre sogenannten „steifen Differentialgleichungen" zu lösen. Regelungstechniker haben solche Formeln aufgestellt, die einzig und allein auf Betrachtungen des Frequenzbereichs beruhen. Weiterhin sind spezielle numerische Einschritt-Echtzeit-Integrationsformeln von Simulationswissenschaftlern entwickelt worden.

Diese Probleme können mit Hilfe des Taschenrechners und besonders des programmierbaren Taschenrechners behandelt werden. Hier jedoch konzentrieren wir uns auf die klassischen Formeln, die eine ziemlich allgemeine und breite Anwendung auf analytisch besser zu handhabende Funktionen erlauben. Außerdem gibt es umfangreiche Literatur zu diesen klassischen Methoden mit weiteren Hinweisen, falls dies erforderlich sein sollte.

Integration nach der Trapezregel

Wenn wir die Funktion $f(x)$ in einem beschränkten Intervall $a \leqslant x \leqslant b$ durch eine Gerade durch die Endpunkte approximieren, können wir die Gleichung der approximierenden Funktion in diesem Intervall schreiben zu

$$y(x) = f(a) + \left[\frac{f(b) - f(a)}{b - a} \right] (x - a)$$

$$y(x) = \frac{(b - x)f(a) + (x - a)f(b)}{b - a} .$$

(3.2.3)

Die Integration der Gl. (3.2.3) ergibt

$$\int_a^b y(x)\,dx = \left(\frac{f(b) + f(a)}{2} \right)(b - a) .$$

(3.2.4)

Die Gl. (3.2.4) berechnet die Fläche unter der geradlinigen Interpolationskurve zwischen den beiden Endpunkten. Dieses Verfahren wird Integration nach der Trapezregel genannt, weil die zu berechnende Fläche die eines Trapezes ist, das von der Geraden durch die Endpunkte, der Abszisse und den Senkrechten zur Abszisse durch die Endpunkte gebildet wird. Ist das Intervall groß, kann die Trapezregel zu großen numerischen Integrationsfehlern führen. Dieses Problem wird gelöst durch wiederholtes Anwenden der Trapezregel auf kleinere Intervalle der unabhängigen Variablen. Für gleichlange Intervalle Δx nimmt die Trapezregel folgende Form an

$$\int_a^b f(x)\,dx = \Delta x \left(\frac{f(a)}{2} + f(a + \Delta x) + f(a + 2\Delta x) + \cdots + \frac{f(b)}{2} \right) .$$

(3.2.5)

Obwohl die Trapezregel, verglichen mit anderen Verfahren, nicht am leichtesten abzuleiten oder auszuwerten ist (die Eulersche-, die modifzierte Eulersche-Integration oder die Rechteckintegration sind einfacher) und ihre Fehlerformeln nicht den geringsten Fehler für den kleinsten Berechnungsaufwand ergeben, ist sie bezüglich ihrer Anwendung auf dem Taschenrechner unkompliziert und leicht zu merken. Wenn im folgenden zu Integrationsformeln übergegangen wird, die Mittelwerte und ihre Ableitungen, Abschätzungen der Rundungs- und Abbruchfehler und Anpassungen der Phasenverschiebung und Amplitude einbeziehen, tritt die Anschaulichkeit der Integrationsprozesse mehr zurück. Dann müssen wir mehr dem Grundprinzip ihrer Herleitung vertrauen, um ihre Anwendbarkeit auf ein Problem sicherzustellen. Letzten Endes wird die analytische Integration mit der approximativen numerischen Integration verglichen, um den Unterschied zwischen verschiedenen Integrationsmethoden für ein bestimmtes Problem zu beurteilen. Sicher ist dieses ein Überziehen für eine anwendungsbezogene Analyse nach „Kochrezepten" oder für eine Analyse auf dem Taschenrechner, bei der nur die Fläche unter der Kurve einer gegebenen Funktion berechnet werden soll. In den Fällen, wo die Integration nach der Trapezregel genügend genau ist, und die für die gewünschte Genauigkeit erforderliche Anzahl von Intervallen nicht zu groß wird, ist diese Methode für die Analyse auf dem Taschenrechner sehr brauchbar.

3.2.3 Fehlerabschätzungen für die Trapezintegration

Es ist hier nicht beabsichtigt, die Herleitung der Integrations- oder der Fehlerformeln zu untersuchen. Es sollen lediglich die gewöhnlich benutzten Formeln zusammengestellt und auf eine Form gebracht werden, die für den Taschenrechner unmittelbar geeignet ist. Jedoch ist es lehrreich, den Fehler einer einfachen Integrationsformel zu untersuchen, um die Fehlergleichungen höher entwickelter Integrationsformeln verstehen zu können. Nach Hamming untersuchen wir somit den Abbruchfehler des Algorithmus für die Integration nach der Trapezregel, indem wir eine Taylor-Reihenentwicklung in die Integrationsformel substituieren. Werden dann beide Seiten der Gleichung miteinander verglichen, so kann der Fehler ermittelt werden, der mit der analytischen Substitution in der numerischen Integrationsformel verknüpft ist. Wenn man speziell den Integranden durch seine Taylor-Reihenentwicklung

$$f(x) = f(a) + (x-a)f'(a) + \frac{(x-a)^2}{2!}f''(a) + \cdots \tag{3.2.6}$$

darstellt und diese auf beiden Seiten in die Gl. (3.2.4) für die Trapezregel einsetzt, so ergibt sich für die linke Seite durch Integration

$$\frac{(b-a)}{1!}f(a) + \frac{(b-a)^2}{2!}f'(a) + \frac{(b-a)^3}{3!}f''(a) + \cdots . \tag{3.2.7}$$

Aus der rechten Seite wird

$$\frac{\Delta x}{2}\left[f(a) + (b-a)f'(a) + \frac{(b-a)^2}{2}f''(a) + \cdots + f(a) \right] + \epsilon \tag{3.2.8}$$

wobei $\Delta x = (b - a)$ ist. Nach Elimination gleicher Terme auf beiden Seiten, erhalten wir die Formel für den Abbruchfehler

$$\epsilon + \frac{(b-a)^3}{4}f''(a) + \cdots = \frac{(b-a)^3}{3!}f''(a) \tag{3.2.9}$$

$$\epsilon = \left(\frac{1}{3!} - \frac{1}{4}\right)(b-a)^3 f''(a) - \frac{(b-a)^4}{5}f'''(a) - \cdots . \tag{3.2.10}$$

Wenn wir annehmen, daß der größte Teil des Fehlerterms durch den ersten Term in seiner Reihenentwicklung gegeben wird, so läßt der Fehler sich in der Form

$$\epsilon \approx - \frac{(b-a)^3 f''(a)}{12} \tag{3.2.11}$$

oder allgemeiner

$$\epsilon \approx - \frac{(b-a)^3 f''(\theta)}{12}, \qquad (a \leqslant \theta \leqslant b) \tag{3.2.12}$$

darstellen.

Falls die Funktion jedoch Beiträge zur Fehlerformel liefert, die für Terme höherer Ordnung groß sind, ist diese Fehlerformel nicht zu gebrauchen. Sie ist aber bei vielen praktischen anwendungsorientierten Problemen anwendbar und wird daher im allgemeinen benutzt, wenn es um den zur Trapezregel gehörigen Fehler geht.

Die präzise Fehlerformel für die Trapezregel hat hier weniger Bedeutung als die Methode ihrer Herleitung. Wir benutzen die Taylor-Reihenentwicklung für den Integranden, um einen Abbruchterm für „die Fläche" zu erhalten. Eine Alternative wäre gewesen, eine Fourier-Reihendarstellung der Funktion zu verwenden, um den Fehler im Frequenzbereich zu bestimmen. Ein anderes Näherungspolynom für $f(x)$ hätte das Chebyshevsche sein können, das eine andere Abbruchfehlerformel ergibt. Während die Interpretation der Ergebnisse für jede Fehlerformel verschieden ist, so gilt das nicht für die Größe des Fehlers. Der Fehler ist ein Charakteristikum der Integrationsformel und nicht des Näherungspolynoms, das in der Fehlerabschätzung benutzt wurde.

Bild 3.2.1 zeigt, daß für Funktionen, deren Kurvenverläufe nach oben konkav sind, die Trapezregel immer zu einem leicht größeren Integrationsergebnis führt als wie es sich mit der zu approximierenden Funktion ergibt; für Funktionen, deren Kurvenverläufe nach unten konkav sind, ist dieses Ergebnis etwas geringer. Somit erscheint es einleuchtend, daß bei „wellenförmigen" Funktionsgraphen die Intervalle so gewählt werden sollten, das sich nach Augenmaß die Fehler ausgleichen. Die Fehlerformel der erweiterten Trapezregel kann durch ähnliche Überlegungen wie bei der einfachen Trapezregel gewonnen werden. Sie lautet:

$$\epsilon \approx - \frac{(b-a)\Delta x^2}{12}f''(\theta), \qquad (a \leqslant \theta \leqslant b). \tag{3.2.13}$$

Fehlerformeln wie (3.2.12) und (3.2.13) schreiben sich jedoch schneller hin als sie sich sinnvoll auswerten lassen. Einmal kann man die zweite Ableitung der zu untersuchen-

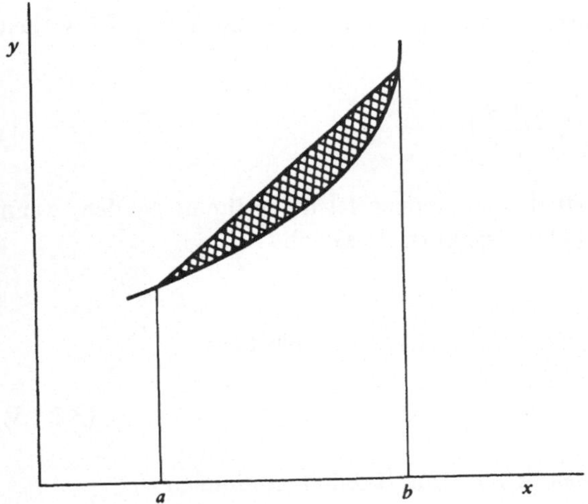

Bild 3.2.1
Approximationsfehler bei der
Trapezregel

den Funktion bilden, den minimalen- bzw. maximalen Fehler errechnen, deren Summe durch 2 dividieren und so den Durchschnittsfehler ermitteln. Als weitere Möglichkeit ließe sich die größtmögliche Abweichung bestimmen. Darüberhinaus gibt es noch viele andere Alternativen. Die Frage ist, nach welchem Kriterium wird ein Fehler numerisch bestimmt? Leider gibt es auf diese Frage keine leichte Antwort. Vom ingenieurmäßigen Standpunkt aus hat der Fehler nach Gl. (3.2.9) vielleicht mehr Bedeutung als die Fehlerformeln, die oft in Lehrbüchern der numerischen Analysis genannt werden. In diesem Sinne ist mehr die Herleitung der Fehlerformel die Grundlage, von der aus der Ingenieur oder der Wissenschaftler die passende Fehlerformel seines speziellen Problems bestimmt.

Ein anderer Aspekt der numerischen Fehlerformeln im Zusammenhang mit Integrationsformeln ist der, daß sie absolute Fehler darstellen, wohingegen gewöhnlich der relative Fehler interessiert. Wieder hat der Autor keine einfache Herleitung von relativen Fehlerformeln anzubieten. Die Schwierigkeit wird hier herausgestellt, um Studienanfängern und die in numerischen Analysen Unerfahrenen vor Fehlerformeln ganz allgemein zu warnen. Am besten leitet man seine eigene Fehlerformel für das bestimmte Problem her, das numerisch untersucht werden soll. Eine Fehlerabschätzung muß für die numerische Approximation einer analytischen Rechnung gemacht werden, aber seine Interpretation ist nicht einfach und darf nicht beliebig von einer fragwürdigen Fehlerformel abgeleitet werden.

3.2.4 Die Mittelpunktintegration (Tangententrapezregel)

Die Mittelpunktintegration benutzt den Mittelwert eines Intervalls und die Ableitung des Integranden im Mittelwert, um die Steigung im Mittelpunkt des Intervalls zu bestimmen. Wieder wird hierdurch ein Trapez gebildet, dessen Fläche das Integral der zu betrachtenden Funktion annähern soll.

Die Formel für die Mittelpunktintegration, wie sie von Hamming entwickelt wurde, ist leicht einzusehen und zeigt auf einfache Weise den Aufbau eines allgemeinen Ansatzes zur Herleitung von Polynom-Approximationen für analytische Substitutionen. Wir wollen eine Integrationsformel der Form

$$\int_a^b f(x)\,dx = w_1 f\left(\frac{a+b}{2}\right) + w_2 f'\left(\frac{a+b}{2}\right) \tag{3.2.14}$$

herleiten. Hammings Gewichtungskoeffizienten können leicht bestimmt werden, wenn gefordert wird, daß diese Formel für $f(x) = 1$ exakt ist. Das ergibt

$$b - a = w_1.$$

Wir fordern auch, daß diese Formel für $f(x) = x$ exakt ist. Das führt auf

$$\frac{b^2 - a^2}{2} = w_1\left(\frac{a+b}{2}\right) + w_2. \tag{3.2.15}$$

Aus den Gln. (3.2.15) und (3.2.16) lassen sich die Koeffizienten bestimmen zu

$$\begin{aligned} w_1 &= b - a \\ w_2 &= 0. \end{aligned} \tag{3.2.17}$$

Die Formel für die Mittelpunktintegration lautet somit

$$\int_a^b f(x)\,dx = (b - a)f\left(\frac{a+b}{2}\right). \tag{3.2.18}$$

Wir sehen, daß eine so durchgeführte Mittelpunktintegration auf eine Rechteckintegration hinausläuft. Das liegt daran, daß die Fläche des Rechtecks mit den Seiten $b - a$ und $f((b + a)/2)$ genau gleich der Fläche unter der Tangente im Mittelpunkt des Intervalls ist. Zuerst erscheint es paradox, daß die Rechteckmethode genau so gut wie die Trapezregel sein soll — daß also Formeln, die auf einem Wert von f (Stützwert) basieren, ebenso genau sein sollen, wie eine auf zwei Werten beruhende Trapezformel. In der Tat kann die Rechteckmethode zu jeder gewünschten Präzision führen, wenn die Stützstelle in einem abgeschlossenen Intervall variiert werden kann, bis der Mittelwertsatz der Analysis zutrifft. Die Rechteckintegration kann somit so genau wie die tatsächliche Integration durchgeführt werden, vorausgesetzt es kann eine passende Stelle im Intervall so bestimmt werden, daß folgendes gilt: Das mit Hilfe der Stützwerte gebildete Rechteck besitzt dieselbe Fläche wie das Flächenstück unter der Kurve über dem beschränkten Intervall. Dieser Sachverhalt wird durch Gl. (3.2.18) ausgedrückt.

Um den Term für den Abbruchfehler zu finden, verwenden wir wieder die Taylor-Reihe

$$f(x) = f(a) + \frac{(x - a)}{1!}f'(a) + \frac{(x - a)^2}{2!}f''(a) + \cdots. \tag{3.2.19}$$

Wird Gl. (3.2.19) auf beiden Seiten von Gl. (3.2.18) eingesetzt, so führt dies auf

$$\epsilon + \frac{(b - a)^3}{8} + \cdots = \frac{(b - a)^3}{6}. \tag{3.2.20}$$

Diese Gleichung wird gewöhnlich vereinfacht zu

$$\epsilon \approx \frac{(b-a)^3 f''(a)}{24} \, .$$

(3.2.21)

Allgemeiner geschrieben lautet sie für $a \leqslant \theta \leqslant b$

$$\epsilon \approx \frac{(b-a)^3 f''(\theta)}{24} \, .$$

Vergleicht man die Gln. (3.2.21) und (3.2.12) miteinander, so erkennt man, daß die Mittelpunkt-Rechteckintegration genauer als die Integration nach der Trapezregel ist, obwohl sich die erstere auf einen bekannten Funktionswert und letztere auf zwei bekannte Funktionswerte stützt.

Wie bei der Trapezregel läßt sich die Mittelpunktformel zu einer zusammengesetzten Formel erweitern:

$$\int_a^b f(x)\,dx = \Delta x \left[f\left(a + \frac{\Delta x}{2}\right) + f\left(a + \frac{3\Delta x}{2}\right) + f\left(a + \frac{5\Delta x}{2}\right) + \cdots + f\left(b - \frac{\Delta x}{2}\right) \right] + \epsilon,$$

wobei dann die Fehlerformel durch

$$\epsilon \approx \frac{(b-a)\Delta x^2}{24} f''(\theta), \qquad (a \leqslant \theta \leqslant b)$$

(3.2.22)

gegeben ist. Beachte, daß die erweiterte Trapezregel so verändert werden kann, daß sie auch für Endpunkte außerhalb des Intervalls $[a, b]$ gilt. Die modifizierte Trapezregel, die durch

$$\int_a^b f(x)\,dx = \Delta x \left[\frac{f(a)}{2} + f(a + \Delta x) + f(a + 2\Delta x) + \cdots + \frac{f(b)}{2} \right]$$

$$+ \frac{\Delta x}{24} \left[-f(a - \Delta x) + f(a + \Delta x) + f(b - \Delta x) - f(b + \Delta x) \right]$$

(3.2.23)

gegeben ist und die Fehlerformel

$$\epsilon = \frac{11(b-a)\Delta x^4}{720} f''''(\theta), \qquad (a + \Delta x) \leqslant \theta \leqslant (b + \Delta x)$$

(3.2.24)

besitzt, ist bei nur wenig größerem Rechenaufwand viel genauer als diejenige für die erweiterte Mittelpunktintegration.

Andere weit verbreitete Integrationsformeln für das bestimmte Integral

Die Simpsonsche Regel — sie ist vielleicht die am meisten verwendete — lautet

$$\int_0^{2\Delta x} f(x)\,dx = \frac{\Delta x}{3} (f_0 + 4f_1 + f_2)$$

(3.2.25)

und die zugehörige Fehlerformel

$$\epsilon = -\frac{\Delta x^5}{90} f''''(\theta), \qquad (0 \leqslant \theta \leqslant 2\Delta x).$$

Die Simpsonsche Regel besitzt die angenehme Eigenschaft, daß sich Polynome dritten Grades trotz nur dreier vorgegebener Stützwerte genau integrieren lassen. Außerdem sind die Fehlerterme sehr klein, wenn Δx kleiner als 1 ist und in der Größenordnung von $\frac{1}{2}$ liegt.

Die Simpsonsche Regel kann auch (auf einer geraden Anzahl von Intervallen) gemäß der Formel

$$\int_{x_0}^{x_{2n}} f(x)\,dx = \frac{\Delta x}{3}(f_0 + 4f_1 + 2f_2 + 4f_3 + 2f_4 + \cdots + f_{2n}) \tag{3.2.26}$$

erweitert werden. Die zugehörige Fehlerformel lautet:

$$\epsilon = -\frac{n\Delta x^5}{90} f''''(\theta), \qquad (x_0 \leqslant \theta \leqslant x_0 + 2n\Delta x). \tag{3.2.27}$$

Die vielleicht einfachste erweiterte Integrationsformel ist die Euler-Maclaurinsche Summenformel:

$$\int_{x_0}^{x_n} f(x)\,dx = \Delta x\left(\frac{f_0}{2} + f_1 + f_2 + f_3 + \cdots + \frac{f_n}{2}\right) - \left(\frac{B_2 \Delta x^2}{2!}\right)(f_n' - f_0') - \cdots$$

$$- \left(\frac{B_{2k}\Delta x^{2k}}{(2k)!}\right)(f_n^{(2k-1)} - f_0^{(2k-1)}) + \epsilon_{2k}, \tag{3.2.28}$$

mit der Fehlerformel

$$\epsilon_{2k} = \left\{\frac{\theta n B_{2k+2}\Delta x^{(2k+3)}}{(2k+2)!}\right\}\left\{\max_{x_0 \leqslant x \leqslant x_n} |f(x)^{2k+2}|\right\}, \qquad (-1 \leqslant \theta \leqslant 1). \tag{3.2.29}$$

B_{2k} sind hier Bernoullische Zahlen.

Die $\frac{3}{8}$-Regel zur Durchführung von bestimmten Integrationen ist gegeben durch

$$\int_{x_0}^{x_3} f(x)\,dx = \frac{3\Delta x}{8}(f_0 + 3f_1 + 3f_2 + f_3) \tag{3.2.30}$$

mit

$$\epsilon = -\frac{3\Delta x^5}{80} f''''(\theta), \qquad x_0 \leqslant \theta \leqslant x_3. \tag{3.2.31}$$

Zwei Typen von Quadraturformeln werden benutzt, wenn viele Stützpunkte bekannt sind: Die Bodeschen Formeln zur bestimmten Integration und die Newton-Cotes-Formeln offenen Typs. Die Bodeschen Quadraturformeln sind in Tabelle 3.2.1 aufgeführt und die Newton-Cotes-Formeln in Tabelle 3.2.2.

Tabelle 3.2.1 Bodesche Formeln zur bestimmten Integration, in denen der Wert des Integranden an den Endpunkten mit benutzt wird

Integrationsformeln	Fehlerformeln
$\displaystyle \int_{x_0}^{x_4} f(x)\,dx = \frac{2\Delta x}{45}\,(7f_0 + 32f_1 + 12f_2 + 32f_3 + 7f_4)$	$-\dfrac{8\Delta x^7 f^{VI}(\theta)}{945}$
$\displaystyle \int_{x_0}^{x_5} f(x)\,dx = \frac{5\Delta x}{288}\,(19f_0 + 75f_1 + 50f_2 + 50f_3 + 75f_4 + 19f_5)$	$-\dfrac{275\Delta x^7 f^{VI}(\theta)}{12096}$
$\displaystyle \int_{x_0}^{x_6} f(x)\,dx = \frac{\Delta x}{140}\,(41f_0 + 216f_1 + 27f_2 + 272f_3 + 27f_4 + 216f_5 + 41f_6)$	$-\dfrac{9\Delta x^9 f^{VIII}(\theta)}{1400}$
$\displaystyle \int_{x_0}^{x_7} f(x)\,dx = \frac{7\Delta x}{17280}\,(751f_0 + 3577f_1 + 1323f_2 + 2989f_3 + 2989f_4 + 1323f_5 + 3577f_6 + 751f_7)$	$-\dfrac{8183\,\Delta x^9 f^{VIII}_{(\theta)}}{518400}$
$\displaystyle \int_{x_0}^{x_8} f(x)\,dx = \frac{4\Delta x}{14175}\,(989f_0 + 5888f_1 - 928f_2 + 10496f_3 - 4540f_4 + 10496f_5 - 928f_6 + 5888f_7 + 989f_8)$	$-\dfrac{2368\,\Delta x^{11} f^{X}_{(\theta)}}{467775}$

Die Formeln höherer Ordnung können einige sehr unerwünschte Eigenschaften für große n haben. Für einige analytische und diskrete Funktionen konvergiert die Folge der Integrale der Interpolationspolynome nicht gegen das Integral der Funktion. Auch sind die Koeffizienten in diesen Integrationsformeln groß und haben alternierende Vorzeichen, was im Hinblick auf sich fortpflanzende Rundungsfehler unerwünscht ist. Hauptsächlich aus diesen Gründen werden die Newton-Cotes-Formeln kaum für hohe n-Werte eingesetzt. Für kleine n können sie vereinfacht werden, so zur zuvor diskutierten Trapezregel und zur Simpsonsschen Regel. Obwohl in der Bodeschen Regel die alternierenden Vorzeichen, wie sie bei den Newton-Cotes-Formeln auftreten, vermieden werden, gibt es auch hier Konvergenzprobleme für bestimmte, gelegentlich auftretende Funktionen. Es möge genügen, abschließend zu sagen, daß die erweiterte Trapezregel mit einer Modifikation für die Endpunkte (vgl. Gl. (3.2.23)) hohe Genauigkeit erzielt, Rundungsfehler nicht fortpflanzt, nur einen angemessenen Arbeitsaufwand benötigt, um das Integral irgendeiner Funktion zu berechnen und somit für den Taschenrechner empfehlenswert ist.

3.2.5 Unbestimmte numerische Integration

Unbestimmte numerische Integration ist die numerische Methode, Differentialgleichungen zu lösen. Gegeben sei die Differentialgleichung

$$\frac{dy}{dx} = f(x,y). \tag{3.2.32}$$

Tabelle 3.2.2 Newton-Cotes-Formeln zur bestimmten Integration, wobei der Wert des Integranden an den Endpunkten nicht definiert, unbekannt oder singulär ist

Integrationsformeln	Fehlerformeln
$\displaystyle\int_{x_0}^{x_3} f(x)\,dx = \frac{3\Delta x}{2}\,(f_1 + f_2)$	$\displaystyle\frac{\Delta x^3}{4}\,f^{\mathrm{II}}(\theta)$
$\displaystyle\int_{x_0}^{x_4} f(x)\,dx = \frac{4\Delta x}{3}\,(2f_1 - f_2 + 2f_3)$	$\displaystyle\frac{28\Delta x^5}{90}\,f^{\mathrm{IV}}(\theta)$
$\displaystyle\int_{x_0}^{x_5} f(x)\,dx = \frac{5\Delta x}{24}\,(11f_1 + f_2 + f_3 + 11f_4)$	$\displaystyle\frac{95\Delta x^5}{144}\,f^{\mathrm{IV}}(\theta)$
$\displaystyle\int_{x_0}^{x_6} f(x)\,dx = \frac{6\Delta x}{20}\,(11f_1 - 14f_2 + 26f_3 - 14f_4 + 11f_5)$	$\displaystyle\frac{41\Delta x^7}{140}\,f^{\mathrm{VI}}(\theta)$
$\displaystyle\int_{x_0}^{x_7} f(x)\,dx = \frac{7\Delta x}{1440}\,(611f_1 - 453f_2 + 562f_3 + 562f_4 - 453f_5 + 611f_6)$	$\displaystyle\frac{5257\,\Delta x^7}{8640}\,f^{\mathrm{VI}}_{(\theta)}$
$\displaystyle\int_{x_0}^{x_8} f(x)\,dx = \frac{8\,\Delta x}{945}\,(460f_1 - 954f_2 + 2196f_3 - 2459f_4 + 2196f_5 - 954f_6 + 460f_7)$	$\displaystyle\frac{3956\,\Delta x^9}{14175}\,f^{\mathrm{VII}}_{(\theta)}$

Sie wird gewöhnlich durch folgende unbestimmte Integration gelöst:

$$y = y_0 + \int_{x_0}^{x} f(t,y)\,dt. \tag{3.2.33}$$

Es ist offensichtlich, daß die Lösung der Differentialgleichung von der Berechnung des Integrals, die die Lösung selbst erfordert, abhängt. Da ist genau das Hauptproblem bei der unbestimmten Integration; unbestimmte Integrale tauchen in impliziter Form auf. Man beachte, daß das explizite unbestimmte Integral die Form

$$y = y_0 + \int_{x_0}^{x} f(t)\,dt \tag{3.2.34}$$

hat und ein Spezialfall der Differentialgleichung

$$\frac{dy}{dx} = f(x) \tag{3.2.35}$$

ist. Es ist klar, daß dieser Typ numerischer Integration analytisch behandelt werden kann und somit hier nicht von Interesse ist.

Der einfachste Algorithmus zur unbestimmten numerischen Integration ist die Eulersche Integrationsformel

$$y_{n+1} = y_n + \Delta x \left(\frac{dy}{dx} \right)_n. \tag{3.3.36}$$

Wir sehen, daß sich hier eine neue Näherung (y_{n+1}) aus der alten Näherung (y_n) und ihrer Ableitung $(dy/dx)_n$ ergibt. Die Ableitung wird gewöhnlich direkt aus der Differentialgleichung errechnet, wenn y erst einmal geschätzt ist. Da der Wert y_{n+1} auf den alten Werten von y_n' und y_n basiert, handelt es sich hier zweifellos um einen „offenen-Schleifen"-Prozeß, wobei der neue Wert y_n durch Extrapolation aus bekannten Daten ermittelt wird und somit Extrapolationsfehler auftreten. Der Prozeß, neue Werte für y zu bestimmen, ist tatsächlich eine einfache Erweiterung der Bestimmung des „Richtungsfeldes", das mit der Lösung einer Differentialgleichung verbunden ist. Im allgemeinen beginnt man mit einer Anfangsbedingung (x_0, y_0) und berechnet die Steigung anhand der Differentialgleichung

$$y_0' = f(x_0, y_0).$$

Dann bewegt man sich um ein Intervall Δx weiter in die Richtung der Steigung zu einem zweiten Punkt, der nun als neuer Anfangspunkt angesehen wird und wiederholt das Verfahren iterativ. Wenn die Schritte klein genug gewählt werden, können wir begründet hoffen, daß sich die Folge der auf diese Weise gewonnenen Lösungen der Lösung der Differentialgleichung annähert. Allgemein sind in dieser Vorgehensweise alle grundlegenden Elemente zur Lösung von Differentialgleichungen durch unbestimmte numerische Integration vorhanden. Eine Tabelle der Werte von x, y, y' und Δy muß bei jedem Schritt im numerischen Integrationsprozeß errechnet werden. Auch muß das Problem definiert werden, indem nicht nur die Differentialgleichung und ihre Anfangsbedingungen, sondern auch das Intervall über dem die Gleichung gelöst werden soll, spezifiziert werden. Es ist dann möglich, ein geeignetes Integrationsintervall und eine Integrationsformel, die für dieses Intervall genau ist, zu wählen. Ist zum Beispiel die Differentialgleichung

$$\frac{dy}{dx} = e^{-y} - x^2$$

mit den Anfangsbedingungen $y = 0$, $x = 0$ gegeben, so muß für die Integration nach der Eulerschen Formel

$$y_n = y_{n-1} + \Delta x y_{n-1}'$$

das Intervall Δx spezifiziert werden. Am einfachsten läßt sich dasjenige Δx, das (nach der Auffassung des Analysierenden) zu einer genauen Integration der Differentialgleichung führt, experimentell bestimmen. In Tabelle 3.2.3 sind Lösungen dieser Differentialgleichung für $\Delta x = 0.05$, 0.1, 0.2 und 0.3 dargestellt. Ein Vergleich der numerischen Lösungen mit den exakten Werten zeigt, daß der Grad der Lösungsgenauigkeit stark von der Größe des Integrationsschrittes abhängt. Das stimmt im allgemeinen für alle numerischen Integratoren, wenn die Integrationsschrittweite gerade ein angemessener Teil der „Einschwingzeit" der Differentialgleichung ist [1].

Ein Nachteil der Eulerschen Methode ist es, daß sich bei jedem Schritt systematische Phasenverschiebungs- oder Verzögerungsfehler (Extrapolationsfehler) ergeben. Das Verfahren kann modifiziert werden (die modifizierte Eulersche Formel), um bessere Ergebnisse zu erzielen, d.h. größere Genauigkeit bei grundsätzlichen derselben Methode und demselben Arbeitsaufwand.

Tabelle 3.2.3 Lösung von $dy/dx = e^{-y} - x^2$

	exakte Lösung	Lösungen nach der Eulerschen Formel			
x	y	$\Delta x = 0.05$	$\Delta x = 0.10$	$\Delta x = 0.2$	$\Delta x = 0.3$
0.0	0.0				
0.1	0.09498	0.09694	0.09900	—	—
0.2	0.17977	0.18261	0.18557	0.19200	—
0.3	0.25389	0.25672	0.25964	—	0.27300
0.4	0.31667	0.31872	0.32077	0.32506	—
0.5	0.36731	0.36786	0.36833	—	—
0.6	0.40488	0.40329	0.40152	0.39756	0.39333
0.7	0.42839	0.42407	0.41942	—	—
0.8	0.43686	0.42923	0.42119	0.40395	—
0.9	0.42929	0.41782	0.40582	—	0.35277
1.0	0.40477	0.38895	0.37264	0.33749	—

3.2.6 Die modifizierte Eulersche Formel

Um Verzögerungsfehler während der Rechnung zu vermeiden, kann man die Stützstellen für den Integranden so wählen, daß sie nicht in den Endpunkten des Integrationsintervalls, sondern im Mittelpunkt liegen. Diese Vorgehensweise ist der Entwicklung der Mittelpunkt-Trapezformel in Abschnitt 3.2.4 ähnlich. Die Aufgabe besteht darin, das Integral

$$\int_{x_{n-1}}^{x_{n+1}} y'(x)\,dx \tag{3.2.37}$$

mit Hilfe der Mittelpunktformel (siehe Abschnitt 3.2.4) darzustellen. Es soll der nächste y-Wert aufgrund des vorliegenden und vorgehenden Wertes der unabhängigen Variablen geschätzt werden. Der Mittelpunkt-Ansatz führt zu

$$p_{n+1} = y_{n-1} + 2\Delta x y'_n. \tag{3.2.38}$$

---

[1] Etwa die Zeit, die benötigt wird, um von einer Gleichgewichtsbedingung zu einer anderen zu gelangen.

Mit diesem ermittelten Wert können wir nun über die Differentialgleichung

$$p'_{n+1} = f(x_{n+1}, p_{n+1}) \qquad (3.2.39)$$

die Steigung im voraussichtlichen Lösungspunkt errechnen und dann die Trapezregel anwenden, um den Schätzwert des voraussichtlichen Lösungspunktes zu erneuern:

$$y_{n+1} = y_n + \frac{\Delta x}{2}(p'_{n+1} + y'_n). \qquad (3.2.40)$$

Diese Korrektur ergibt den sogenannten verbesserten Wert von y_{n+1}. Es ist ersichtlich, daß hier für die Durchschnittssteigerung im Integrationsintervall der Mittelwert aus den Steigungen in den Intervallendpunkten genommen wird.

Die Durchführung dieses Verfahrens beinhaltet folgende drei Schritte:

1. Schritt: Abschätzung des Wertes von y_{n+1} durch die Formel

$$p_{n+1} = y_{n-1} + 2\Delta x y'_n . \qquad (3.2.41)$$

2. Schritt: Berechnung der Ableitung im Punkt x_{n+1} mit dem geschätzten Wert unter Verwendung der Differentialgleichung, die das System beschreibt:

$$p'_{n+1} = f(x_{n+1}, p_{n+1}). \qquad (3.2.42)$$

3. Schritt: Bestimmung einer zweiten Schätzung des Wertes von y_{n+1} mit Hilfe der Trapezregel

$$y_{n+1} = y_n + \frac{\Delta x}{2}(y'_n + p'_{n+1}). \qquad (3.2.43)$$

Dieser Prozeß der Vorhersage und Korrektur hat zu dem Namen dieser Art von Integration geführt: das Praediktor-Korrektor-Verfahren der numerischen Integration. Eine Anzahl solcher Algorithmen ist am Ende dieses Kapitels zusammengestellt; sie können zur unbestimmten Integration von Differentialgleichungen mit Hilfe des Taschenrechners benutzt werden.

3.2.7 Startwerte

Bisher haben wir angenommen, daß für die unabhängige und die abhängige Variable Werte im Anfangspunkt vorhanden waren. Der Algorithmus benötigt jedoch nicht nur Anfangswerte, sondern auch vorhergehende Werte. Diese Werte können auf zwei Arten gewonnen werden: mit Hilfe des Taschenrechners oder auf analytischem Wege. Beide Methoden werden hier vorgestellt.

Die letztere basiert auf der Taylor-Reihenentwicklung der Funktion:

$$y(x + \Delta x) = y(x) + \Delta x y'(x) + \frac{\Delta x^2}{2} y''(x) + \cdots . \qquad (3.2.44)$$

Die Ableitungen in der Reihenentwicklung können aus der Differentialgleichung durch wiederholte Differentiation gewonnen werden. Die Anzahl der Terme hängt natürlich von der Schrittgröße und der gewünschten Genauigkeit ab. Sie läßt sich wieder mit dem

Taschenrechner leicht bestimmen, indem in der Taylor-Reihenentwicklung die Anzahl der berücksichtigten Glieder fortlaufend erhöht wird, bis die gewünschte Genauigkeit erreicht ist.

Die Methode der maschinellen Berechnung basiert auf wiederholtem Anwenden der Korrektor-Formel. Es sei wieder der Anfangspunkt (x_0, y_0) gegeben; dann kann der vorherige Punkt (x_{-1}, y_{-1}) mit Hilfe der „unmodifizierten" Eulerschen Formel bestimmt werden, indem folgendermaßen zurückgegangen wird:

$$x_{-1} = x_0 - \Delta x$$
$$y_{-1} = y_0 - \Delta x y_0' \quad \text{(erste Abschätzung von } y_{-1}) \tag{3.2.45}$$

Wir können den vorherigen Schätzwert von y mit der Differentialgleichung kombinieren, um die Ableitung im vorherigen Wert von y zu berechnen. Die Trapez-Korrektor-Formel kann dann wiederholt angewendet werden, um den vorherigen Wert iterativ zu korrigieren bis die gewünschte Genauigkeit erreicht ist. Die Gleichung für den Korrekturprozeß lauten:

$$y_{-1}' = f(x_{-1}, y_{-1}) \qquad \text{(erste Abschätzung von } y_{-1}')$$

$$y_{-1} = y_0 - \frac{\Delta x}{2} (y_0' + y_{-1}') \qquad \text{(zweite Abschätzung von } y_{-1}) \tag{3.2.46}$$

$$y_{-1}' = f(x_{-1}, y_{-1}) \qquad \text{(zweite Abschätzung von } y_{-1}')$$
$$\vdots$$

Falls sich nach einigen Iterationen der vorherige Wert von y nicht stabilisiert, kann die Iterationsschrittweite halbiert, der vorherige Wert von $y_{n-1/2}$ berechnet und der Prozeß wiederholt werden, um y_{n-1} zu berechnen. Eine andere Möglichkeit besteht darin, den Wert von $y_{n-1/2}$ für die Abschätzung von $y_{n+1/2}$ zu gebrauchen, dann durch Wiederholung des Prozesses einen halben Schritt vorwärts zu gehen, um y_{n+1} zu bestimmen und dann diese Werte als Startwerte für den Praediktor-Korrektor-Algorithmus zu nehmen.

3.2.8 Fehlerabschätzungen und Modifizierung des Praediktor-Korrektor-Verfahrens

Die diskutierte Praediktor-Formel ist eine Mittelpunkt-Integrationsformel mit dem Fehler

$$\epsilon_p = \frac{(\Delta x)^3}{3} y^{\mathrm{III}}(\theta). \tag{3.2.47}$$

Für die Korrektor-Formel lautet der Fehler (vgl. Gl. (3.2.13)):

$$\epsilon_c = -\frac{(\Delta x)^3}{12} y^{\mathrm{III}}(\theta). \tag{3.2.48}$$

Die Differenz zwischen geschätztem und korrigiertem Wert ergibt sich zu

$$y_p - y_c \approx (y_{\text{exakt}} - \epsilon_p) - (y_{\text{exakt}} - \epsilon_c). \tag{3.2.49}$$

Wegen der verschiedenen Vorzeichen in den Fehlerformeln hat diese Differenz bei jedem Schritt den Wert

$$-\frac{5}{12}(\Delta x)^3 y^{\mathrm{III}}(\theta).$$ (3.2.50)

Aus Gl. (3.2.49) ist ferner zu entnehmen, daß etwa $\frac{4}{5}$ der Differenz vom Praediktor- und $\frac{1}{5}$ vom Korrektoranteil herrührt. Eine natürliche Ausweitung dieser Praediktor-Korrektor-Technik ist es dann, den Integrationsprozeß während der Durchführung geringfügig zu modifizieren. Beim Abschätzen mit Hilfe der Gleichung

$$p_{n+1} = y_{n-1} + 2\Delta x y'_n$$ (3.2.51)

könnte man sofort den Wert dieser Praediktion modifizieren, indem man den vorherigen Wert der Praediktor-Korrektor-Differenz und die Formel

$$m_{n+1} = p_{n+1} - \tfrac{4}{5}(p_n - c_n)$$ (3.2.52)[1]

benutzt. Dann berechnen wir mit der Differentialgleichung die modifizierte Ableitung:

$$m'_{n+1} = f(x_{n+1}, m_{n+1}).$$ (3.2.53)

die mit Hilfe von

$$c_{n+1} = y_n + \frac{\Delta x}{2}(m'_{n+1} + y'_n)$$ (3.2.54)

zum endgültigen Wert von y_{n+1} führt:

$$y_{n+1} = c_{n+1} + \tfrac{1}{5}(p_{n+1} - c_{n+1}).$$ (3.2.55)

Zweifellos läßt sich dieses Verfahren von Praediktion, Modifizierung, Korrektor und nochmaliger Modifizierung hinsichtlich seines Umfanges zur Lösung von Differentialgleichungen auf dem Taschenrechner gerade noch rechtfertigen. Fortgeschrittenere Methoden werden zu schwerfällig.

3.2.9 Andere brauchbare Formeln zur unbestimmten numerischen Integration

Eine Anzahl von allgemein gebrauchten Praediktor-Korrektor-Algorithmen sind für die Lösung gewöhnlicher Differentialgleichungen mit Hilfe des Taschenrechners geeignet. Die Prozedur ist immer dieselbe. Es wird eine Datentabelle zur numerischen Berechnung der Lösung vorbereitet, und dann werden die Integrationsformeln genau wie beschrieben angewendet. Eine Umformung der Integrationsformeln führt nämlich nicht zu weniger Tastendrücken oder Dateneingaben zur Ausführung des Integrationsprozesses auf dem Taschenrechner.

---

[1] p_n Wert aus der Praediktor-Formel (3.2.41)
c_n Wert aus der Korrektor-Formel (3.2.43)

Die zwei beliebtesten Punkt-Steigungs-Formeln sind die Eulersche Praediktor- und die Mittelpunkt-Praediktor-Formel:

$$y_{n+1} = y_n + \Delta x y_n', \qquad (\epsilon \sim \Delta x^2)$$

$$y_{n+1} = y_{n-1} + 2\Delta x y_n', \qquad (\epsilon \sim \Delta x^3).$$

Sie werden gewöhnlich in Verbindung mit der Trapez-Korrektor-Formel gebraucht:

$$y_{n+1} = y_n + \frac{\Delta x}{2}(y_{n+1}' + y_n'), \qquad (\epsilon \sim \Delta x^3).$$

Eine andere weit verbreitete Praediktor-Korrektor-Methode ist die Adamsche. Die Adamschen Praediktor-Korrektor-Formeln lauten:

$$y_{n+1} = y_n + \frac{\Delta x}{24}(55y_n' - 59y_{n-1}' + 37y_{n-2}' - 9y_{n-3}'), \qquad (\epsilon \sim \Delta x^5)$$

$$y_{n+1} = y_n + \frac{\Delta x}{24}(9y_{n+1}' + 19y_n' - 5y_{n-1}' + y_{n-2}'), \qquad (\epsilon \sim \Delta x^5).$$

Diese Vier-Punkte-Formeln benötigen offensichtlich eine beträchtliche Anzahl von Operationen auf dem Taschenrechner. In der Tat enthält jeder Schritt wenigstens schon 22 Tastendrücke, ohne die Ableitungsbestimmung die vom jeweiligen Problem abhängt, mit zu berücksichtigen. Der Autor hat eine Anzahl von Differentialgleichungen mit den Adamschen Formeln integriert, aber sie waren alle Differentialgleichungen 1. Ordnung (jedoch mit komplexer nichtlinearer Art); die Auswertung läßt sich bequem (obwohl sie etwas Zeit erfordert) durchführen, da man eine ziemlich große Schrittweite nehmen kann, um eine gleiche Genauigkeit wie bei den Punkt-Steigungs-Formeln zu erzielen. Die numerische Stabilität dieser Methoden und der Rundungsfehler, der durch die wechselnden Vorzeichen der Koeffizienten bedingt ist, machen jedoch Schwierigkeiten; daher werden Integratoren niederer Ordnung für den Taschenrechner empfohlen. Beim programmierbaren Taschenrechner können ruhig die Integrationsformeln höherer Ordnung verwendet und deren größere Genauigkeit genutzt werden. Somit werden nun die Funktionen höherer Ordnung hier vorgestellt.

Runge-Kutta-Verfahren

Die Runge-Kutta-Verfahren beruhen auf impliziten, nach wachsenden Ordnungen entwickelten Taylor-Reihen einer Funktion, erstellt mit Hilfe von Kombinationen der numerisch über gewissen Intervallen berechneten Ableitungen der Funktion. Die Runge-Kutta-Verfahren sind somit eine andere Variante, die die Methode der Taylor-Reihenentwicklung verwendet. Daher sind sie in dem Sinne eingeschränkt, daß, falls der Integrand nicht in eine Taylor-Reihe entwickelt ist oder über eine Unstetigkeitsstelle hinweg ausgewertet werden soll, die Unstetigkeitsstelle lokalisiert werden muß, und die Lösung nur bis hierher bestimmt wird und dann an der Unstetigkeitsstelle wieder neu gestartet werden muß. Der Vorteil der Runge-Kutta-Verfahren ist der, daß sie keine Anfangswerte benötigt. Das Runge-Kutta-Verfahren 2ter Ordnung ist durch

$$y_{n+1}=y_n+\tfrac{1}{2}(k_1+k_2), \qquad (\epsilon\sim\Delta x^3) \tag{3.2.56}$$

gegeben mit

$$k_1=\Delta xf(x_n,y_n)$$

$$k_2=\Delta xf(x_n+\Delta x,y_n+k_1).$$

Die Runge-Kutta-Verfahren verwenden bei jedem Schritt die Eulersche Integration. Um so Gl. (3.2.56) zu lösen, muß man sowohl k_1 als auch k_2 berechnen. Zur Berechnung von k_2 muß der Näherungswert für y (y_n+k_1) ermittelt werden. Offenbar ist dieses Vorgehen der Eulerschen Methode äquivalent. Somit besteht das Verfahren darin, zuerst die Eulersche Methode anzuwenden, um die erste Näherung für y_{n+1} zu erhalten, die dann mit $x_n+\Delta x$ zusammen gebraucht wird, um den Wert der Ableitung an der Stelle $(x_n+\Delta x)$ zu berechnen, womit sich k_2 ermitteln läßt. Mit k_1 und k_2 wird Gl. (3.2.56) aufgestellt.

Eine andere Form, in der das Runge-Kutta-Verfahren 2. Ordnung angegeben werden kann, lautet

$$y_{n+1}=y_n+k_2, \qquad (\epsilon\sim\Delta x^3)$$

$$k_1=\Delta xf(x_n,y_n), \tag{3.2.57}$$

$$k_2=\Delta xf\left(x_n+\frac{\Delta x}{2},y_n+\frac{k_1}{2}\right).$$

In dieser Form wird k_1 für einen halben Schritt von x_n nach $x_n+\Delta x/2$ benutzt, wobei an Stelle von y_n $y_n+k_1/2$ berechnet wird. Dann wird die Ableitung an der mittleren Stelle $x_n+\Delta x/2$ berechnet und zur Schätzung des Zuwachses im Mittelwert benutzt, woraus sich k_2 ergibt. Allein mit k_2 wird dann Gl. (3.2.55) aufgestellt. Die Eulersche Integration wird wieder für den ersten halben Schritt gebraucht, der erste ganze Schritt wird mit Hilfe des im Mittelpunkt geschätzten Zuwachses über dem Intervall durchgeführt.

Ein weiteres Runge-Kutta-Verfahren gibt es ebenso in zwei Formeln. Eine davon ist durch

$$y_{n+1}=y_n+\frac{k_1}{6}+\tfrac{2}{3}k_2+\frac{k_3}{6}, \qquad (\epsilon\sim\Delta x^4)$$

$$k_1=\Delta xf(x_n,y_n)$$

$$k_2=\Delta xf\left(x+\frac{\Delta x}{2},y_n+\frac{k_1}{2}\right)$$

$$k_3=\Delta xf(x_n+\Delta x,y_n+2k_2-k_1)$$

gegeben. Dies ist die bekannteste und geeigneteste Form der Runge-Kutta-Integration 3. Ordnung. Sie wird von Hewlett-Packard zur Lösung der Differentialgleichung 1. Ordnung (Lösungsnummer: Math. Pac 1–36a) auf dem programmierbaren Taschenrechner benutzt.

Die andere Form des Runge-Kutta-Verfahrens 3. Ordnung lautet

$$y_{n+1}=y_n+\frac{k_1}{4}+\frac{3}{4}k_3, \qquad (\epsilon\sim\Delta x^4)$$

$$k_1=\Delta xf(x_n,y_n)$$

$$k_2=\Delta xf\left(x_n+\frac{\Delta x}{3},y_n+\frac{k_1}{3}\right)$$

$$k_3=\Delta xf\left(x_n+\frac{2\Delta x}{3},y_n+\frac{2k_2}{3}\right).$$

Obwohl diese Gleichungen kompliziert aussehen, umfaßt die Lösung höchstens drei Schritte der Eulerschen Integration. Wieder besteht der Vorteil darin, daß man keine Startwerte benötigt.

Die beiden bekanntesten Formen des Runge-Kutta-Verfahrens 4. Ordnung sind die folgenden:

$$y_{n+1}=y_n+\frac{k_1}{6}+\frac{k_2}{3}+\frac{k_3}{3}+\frac{k_4}{6}, \qquad (\epsilon\sim\Delta x^5)$$

$$k_1=\Delta xf(x_n,y_n)$$

$$k_2=\Delta xf\left(x_n+\frac{\Delta x}{2},y_n+\frac{k_1}{2}\right)$$

$$k_3=\Delta xf\left(x_n+\frac{\Delta x}{2},y_n+\frac{k_2}{2}\right)$$

$$k_4=\Delta xf(x_n+\Delta x,y_n+k_3)$$

und

$$y_{n+1}=y_n+\frac{k_1}{8}+\frac{3k_2}{8}+\frac{3k_3}{8}+\frac{k_4}{8}, \qquad (\epsilon\sim\Delta x^5)$$

$$k_1=\Delta xf(x_n,y_n)$$

$$k_2=\Delta xf\left(x_n+\frac{\Delta x}{3},y_n+\frac{k_1}{3}\right)$$

$$k_3=\Delta xf\left(x_n+\frac{2\Delta x}{3},y_n+k_2-\frac{k_1}{3}\right)$$

$$k_4=\Delta xf(x_n+\Delta x,y_n+k_3-k_2+k_1).$$

Bei allen in diesem Abschnitt angegebenen Verfahren wird angenommen, daß die Differentialgleichung die Ordnung 1 hat und allgemein in der Form $y'=f(x,y)$ geschrieben wird. Da eine Differentialgleichung $n$ter Ordnung zu einem System aus n Differentialgleichungen 1. Ordnung umgeschrieben werden kann, sind diese Verfahren auf Gleichungssysteme oder Gleichungen höherer Ordnung anwendbar.

Für Differentialgleichungen höherer Ordnung stehen eine Anzahl besonderer Verfahren zur Verfügung. Weiterhin können für sie spezielle Praediktor-Korrektor-Algorithmen entwickelt werden. Obwohl diese bei allgemeinen Rechnungen zur Bestimmung der Lösung der Differentialgleichung nicht sehr nützlich sind, verkürzen sie die Anzahl der Rechenschritte auf dem Taschenrechner. Die Milneschen Praediktor-Korrektor-Algorithmen für Differentialgleichungen 1. Ordnung haben zum Beispiel folgende Form:

$$\left.\begin{array}{c} P \\ C \end{array}\right\}\left\{\begin{array}{l} y_{n+1}=y_{n-3}+\dfrac{4\Delta x}{3}\left(2y_n'-y_{n-1}'+2y_{n-2}'\right) \\[2mm] y_{n+1}=y_{n-1}+\dfrac{\Delta x}{3}\left(y_{n-1}'+4y_n'+y_{n+1}'\right) \end{array}\right. \qquad (\epsilon\sim\Delta x^5)$$

$$\left.\begin{array}{c} P \\ C \end{array}\right\}\left\{\begin{array}{l} y_{n+1}=y_{n-5}+\dfrac{3\Delta x}{10}\left(11y_n'-14y_{n-1}'+26y_{n-2}'-14y_{n-3}'+11y_{n-4}'\right) \\[2mm] y_{n+1}=y_{n-3}+\dfrac{2\Delta x}{45}\left(7y_{n+1}'+23y_n'+12y_{n-1}'+32y_{n-2}'+7y_{n-3}'\right) \end{array}\right.$$

$$(\epsilon\sim\Delta x^7).$$

Die Milneschen Praediktor-Korrektor-Formeln für Differentialgleichungen 2. und 3. Ordnung für eine entsprechende Genauigkeit lauten folgendermaßen:

$$\left.\begin{array}{c} P \\ C \end{array}\right\}\left\{\begin{array}{l} y_{n+1}=y_{n-2}+3(y_n-y_{n-1})+\Delta x^2(y_n''-y_{n-1}''), \qquad (\epsilon\sim\Delta x^5) \\[2mm] y_{n+1}=y_n+\dfrac{\Delta x}{2}\left(y_{n+1}'+y_n'\right)-\dfrac{\Delta x^2}{12}\left(y_{n+1}''-y_n''\right) \end{array}\right.$$

$$\left.\begin{array}{c} P \\ C \end{array}\right\}\left\{\begin{array}{l} y_{n+1}=y_{n-2}+3(y_n-y_{n-1})+\dfrac{\Delta x^3}{2}\left(y_n'''-y_{n-1}'''\right) \\[2mm] y_{n+1}=y_n+\dfrac{\Delta x}{2}\left(y_{n+1}'+y_n'\right)-\dfrac{\Delta x^2}{10}\left(y_{n+1}''-y_n''\right) \end{array}\right. \qquad (\epsilon\sim\Delta x^7)$$

$$+\dfrac{\Delta x^3}{120}\left(y_{n+1}'''+y_n'''\right).$$

Für Differentialgleichungssysteme der Form

$$y'=f(x,y,z), \quad z'=g(x,y,z)$$

kann das Runge-Kutta-Verfahren 2. Ordnung folgendermaßen geschrieben werden:

$$\left\{\begin{array}{l} y_{n+1}=y_n+\dfrac{k_1}{2}+\dfrac{k_2}{2} \\[2mm] z_{n+1}=z_n+\dfrac{l_1}{2}+\dfrac{l_2}{2} \end{array}\right. \qquad (\epsilon\sim\Delta x^3)$$

$$k_1=\Delta x f(x_n,y_n,z_n) \qquad\qquad k_2=\Delta x f(x_n+\Delta x,y_n+k_1,z_n+l_1)$$

$$l_1=\Delta x g(x_n,y_n,z_n) \qquad\qquad l_2=\Delta x g(x_n+\Delta x,y_n+k_1,z_n+l_1).$$

Das Runge-Kutta-Verfahren 4. Ordnung hat für dieses Gleichungssystem die Form:

$$y_{n+1} = y_n + \frac{k_1 + 2k_2 + 2k_3 + k_4}{6}$$

$$z(n+1) = z_n + \frac{l_1 + 2l_2 + 2l_3 + l_4}{6}$$

$$k_1 = \Delta x f(x_n, y_n, z_n)$$

$$l_1 = \Delta x g(x_n, y_n, z_n)$$

$$k_2 = \Delta x f\left(x_n + \frac{\Delta x}{2}, yn + \frac{k_1}{2}, z_n + \frac{l_1}{2}\right)$$

$$l_2 = \Delta x g\left(x_n + \frac{\Delta x}{2}, y_n + \frac{k_1}{2}, z_n + \frac{l_1}{2}\right)$$

$$k_3 = \Delta x f\left(x_n + \frac{\Delta x}{2}, y_n + \frac{k_2}{2}, z_n + \frac{l_2}{2}\right)$$

$$l_3 = \Delta x f\left(x_n + \frac{\Delta x}{2}, y_n + \frac{k_2}{2}, z_n + \frac{l_2}{2}\right)$$

$$k_4 = \Delta x f(x_n + \Delta x, y_n + k_3, z_n + l_3)$$

$$l_4 = \Delta x f(x_n + \Delta x, y_n + k_3, z_n + l_3).$$

Eine andere spezielle Gestalt für eine Differentialgleichung 2. Ordnung lautet:

$$y'' = f(x, y, y')$$

Das Milnesche Praediktor-Korrektor-Verfahren läßt sich für diesen Typ einer Differentialgleichung 2. Ordnung folgendermaßen schreiben:

$$y'_{n+1} = y'_{n-3} + \frac{4\Delta x}{3}(2y''_{n-2} - y''_{n-1} + 2y''_n) \qquad (\epsilon \approx \Delta x^5)$$

$$y'_{n+1} = y'_{n-1} + \frac{\Delta x}{3}(y''_{n-1} + 4y''_n + y''_{n+1}).$$

Für das Einschrittverfahren nach Runge-Kutta ergibt sich:

$$y_{n+1} = y_n + \Delta x y'_n + \frac{\Delta x}{6}(k_1 + k_2 + k_3) \qquad (\epsilon \sim \Delta x^5)$$

$$y'_{n+1} = y'_n = \frac{1}{6}(k_1 + 2k_2 + 2k_3 + k_4)$$

$$k_1 = \Delta x f(x_n, y_n, y'_n)$$

$$k_2 = \Delta x f\left(x_n + \frac{\Delta x}{2}, y_n + \frac{\Delta x}{2} y'_n + \frac{\Delta x k_1}{8}, y'_n + \frac{k_1}{2}\right)$$

$$k_3 = \Delta x f\left(x_n + \frac{\Delta x}{2}, y_n + \frac{\Delta x y'_n}{2} + \frac{\Delta k_1}{8}, y'_n + \frac{k_2}{2}\right)$$

$$k_4 = \Delta x f\left(x_n + \Delta x, y_n + \Delta x y'_n + \frac{\Delta x k_3}{2}, y'_n + k_3\right).$$

Für Differentialgleichungen 2. Ordnung der Gestalt

$$y'' = f(x, y)$$

lautet das Milnesche Verfahren

$$
\left.P\right|\left\{
\begin{array}{l}
y_{n+1} = y_n + y_{n-2} - y_{n-3} + \dfrac{\Delta x^2}{4}\left(5y''_n + 2y''_{n-1} + 5y''_{n-2}\right) \\[2ex]
y_{n+1} = 2y_n - y_{n-2} + \dfrac{\Delta x^2}{12}\left(y''_{n+1} + 10y''_n + y''_{n-1}\right).
\end{array}
\right.
\qquad (\epsilon \sim \Delta x^6)
$$

Das Runge-Kutta-Verfahren ergibt sich hierfür zu

$$y_{n+1} = y_n + \Delta x\left[y'_n + \left(\frac{k_1 + 2k_2}{6}\right)\right]$$

$$y'_{n+1} = y'_n + \frac{k_1}{6} + \frac{2k_2}{3} + \frac{k_3}{6}, \qquad (\epsilon \sim \Delta x^4)$$

$$k_1 = \Delta x f(x_n, y_n)$$

$$k_2 = \Delta x f\left(x_n + \frac{\Delta x}{2}, y_n + \frac{\Delta x}{2} y'_n + \frac{\Delta x}{8} k_1\right)$$

$$k_3 = \Delta x f\left(x_n + \Delta x, y_n + \Delta x y'_n + \frac{\Delta x}{2} k_2\right).$$

Die Runge-Kutta-Algorithmen für Differentialgleichungen zweiter Ordnung beinhalten Zuwachsberechnungen durch Eulersche Integration der Differentialgleichung 2. Ordnung. Diese wechselseitigen Verfahren zur numerischen Auswertung von unbestimmten Integralen sind für den programmierbaren Taschenrechner mit begrenzter Speicherkapazität besonders nützlich. Denn hier ist die Berechnung der beiden Differentialgleichungen 1. Ordnung, die man sonst braucht, um die Gleichung 2. Ordnung mit allgemeinen unbestimmten Integrationsformeln 1. Ordnung zu ermitteln, nicht notwendig.

3.2.10 *T*-Integration

Die *T*-Integration (engl.: tunable integration) ist ein neues flexibles Integrationsverfahren, das die Integrationsformel dem zu lösenden Gleichungssystem anpassen kann. Die einfachste Form lautet:

$$y_n = y_{n-1} + \lambda T[\gamma \dot{y}_n + (1 - \gamma)\dot{y}_{n-1}].$$

Diese Gleichung basiert auf einer Anpassung der Integrationsphase, um den Mittelwertsatz zu erfüllen (im Gegensatz zu numerischen Integrationsalgorithmen, die auf analytischen Substitutionsmethoden basieren). Der Parameter γ kontrolliert die Größe der Transportvoreilung (oder Verzögerung) des Integranden. $\gamma = -\frac{1}{2}$ heißt zum Beispiel, daß der Integrand um eine Schrittdauer in der Berechnung zeitlich verzögert ist, während $\gamma = +\frac{3}{2}$ bedeutet, der Integrand um eine Schrittdauer zeitlich vorauseilt. Da bei der numerischen Integration von Differentialgleichungen die Lösung vor ihrer Berechnung nicht bekannt ist, und somit nicht zu einem Teil des Integrals gemacht werden kann, wird sie durch eine Extrapolationsformel geschätzt. Aus der Gleichung für diesen Integrator wird offenkundig, daß die Gewichtung der beiden Koeffizienten im Integranden den Interpolations- bzw. Extrapolationsvorgang bestimmt. Daher lautet eine angenähert äquivalente Form der Gleichung für die *T*-Integration:

$$y_n = y_{n-1} + \lambda T[(\gamma + 1)\dot{y}_{n-1} - \gamma \dot{y}_{n-2}].$$

In der Anwendung wird die *T*-Integration gewöhnlich in folgender Weise gebraucht:

1. Die Differentialgleichung und das Intervall, über das die Lösung ermittelt werden soll, werden zusammen mit den Anfangsbedingungen bestimmt.
2. Die Größe des Integrationsschrittes wird zu $\frac{1}{10}$ der Intervallänge gewählt oder zu $\frac{1}{10}$ der kürzeren Periode der Oszillation der erwarteten Lösung, je nachdem, was kleiner ist. Wenn man eine exponentielle, glatte oder monotone Lösung erwartet, wird die Schrittweite zu $\frac{1}{10}$ der Intervallänge des Intervalls festgesetzt, in dem die Lösung berechnet werden soll.
3. Handelt es sich um einen offenen Schleifen-Prozeß, d.h. ist der Integrand keine Funktion des Integrals, so wird $\gamma = \frac{1}{2}$ gesetzt und die Differentialgleichung numerisch integriert. Ist der Integrand jedoch eine Funktion des Integrals, wird $\gamma = \frac{3}{2}$ gesetzt. Für diesen Fall kann die Folge der Lösungen graphisch aufgetragen und die Punkte miteinander geradlinig verbunden werden.
4. Die Lösung kann dann mit Prüfbeispielen, die mit kleineren Integrationsschrittweiten ermittelt werden können, oder mit empirisch ermittelten Prüfbeispielen verglichen werden. Allgemein kann man feststellen, daß die durch den Gebrauch des *T*-Integrators ermittelte Lösung dem Prüfbeispiel nahezu um ein Integrationsintervall oder etwas weniger ‚vorauseilt‘.

Man beachte jedoch, daß die Dynamik der Lösung mit dem *T*-Integrator sich der Dynamik irgendeines Prüfbeispiels anpaßt. Das heißt, obwohl der *T*-Integrator – ein Integrator niedriger Ordnung – genaue Simulation der Dynamik eines diskreten Prozesses erlaubt, tut er das nur auf Kosten eines leichten Phasenfehlers. Nichts desto weniger ist er in vielen praktischen Anwendungen ausreichend, um zum Beispiel das Überschwingen eines Spitzenwertes, eine Eigenfrequenz, eine Dämpfung, eine Resonanzfrequenz und um die Bedingungen für eine dynamische Instabilität, zu deren Ermittlung die Analyse durchgeführt wird, zu bestimmen. Allgemein muß daran erinnert werden, daß alle hier angegebenen Integrationsformel gewöhnlich nicht dazu da sind, Zahlen auf sechs Stellen genau zu erzeugen, sondern vielmehr, um Probleme zu lösen und um das dynamische Verhalten von Prozessen für Planungs-, Test- und Auswertungszwecke oder für alle Zwecke zusammen besser zu verstehen.

3.3 Die Simulation linearer Systeme

3.3.1 Einführung

Die Analyse linearer Systeme mit konstanten Koeffizienten ist wichtig, weil man diesen Systemen häufig bei der Gestaltung kontinuierlicher Prozesse begegnet. Beim Festlegen der Parameter für die Formgebung eines Systems werden gewöhnlich die dynamischen Charakteristiken der Reaktion des linearen Systems auf bekannte Arten von Zwangsfunktionen studiert. In diesem Kapitel behandeln wir die Synthese rekursiver Formeln, durch die die Reaktion eines linearen dynamischen Prozesses auf die abgetasteten Werte seiner Zwangsfunktion bequem berechnet werden kann. Zur Berechnung des dynamischen Verhaltens kontinuierlicher Prozesse schneiden wir die numerische Integration und andere diskrete Approximationsmethoden für die Analyse auf dem Taschenrechner zu. Mit dem Taschenrechner ist es viel leichter, eine rekursive Formel zur Berechnung des dynamischen Verhaltens eines Prozesses zu iterieren, als die numerische Integration des Prozesses wirklich durchzuführen. Unter bestimmten Bedingungen (wenn keine starken Nichtlinearitäten wie Grenzschichten, Hysteresen und Unempfindlichkeitszonen vorkommen) ist es recht einfach, die Rekursionsformeln aus den Integrationsformeln zu entwickeln, wodurch viele Berechnungsschritte zur Lösung von Differentialgleichungen hoher Ordnung übergangen werden. Die Anzahl der Tastendrücke kann in der Tat mit Hilfe der Rekursionsformel (Differenzengleichungen) um 80 % reduziert werden, wenn sie mit derjenigen Tastendruckanzahl verglichen wird, die bei der direkten numerischen Integration einer Differentialgleichung erforderlich ist.

3.3.2 Herleitung von Differenzengleichungen durch Substitution numerischer Integrationsformeln

Wir haben bereits viele numerische Integrationsformeln kennengelernt, zum Beispiel die Eulersche Integrationsformel, die Rechteckintegration, die Trapezintegration, die T-Integration und einige Praediktor-Korrektor-Verfahren. Die Differentialgleichung wurde zur numerischen Berechnung der Ableitungen im Ausgangspunkt benutzt. Ausgehend von den Startwerten in der Integrationsformel konnten wir dann die Lösung der Differentialgleichung in einer Umgebung der Anfangswerte abschätzen.

Eine andere Anwendung einer numerischen Integrationsformel liegt im Aufstellen einer Differenzengleichung. Es sei eine Differentialgleichung 1. Ordnung mit konstanten Koeffizienten vorgegeben:

$$\tau \dot{x} + x = Q \tag{3.3.1}$$

mit

$$x = x(t)$$
$$Q = Q(t)$$
$$\tau = \text{konstant.}$$

Betrachten wir nun die Eulersche Integrationsformel

$$x_n = \dot{x}_{n-1} + T\dot{x}_{n-1}, \tag{3.3.2}$$

so können wir in ihr $\dot{x}_{n-1}$ mit Hilfe der obigen Differentialgleichung folgendermaßen ersetzen:

$$\dot{x}_{n-1} = \frac{1}{\tau}(Q_{n-1} - x_{n-1}). \tag{3.3.3}$$

Eingesetzt in die Eulersche Integrationsformel, ergibt sich

$$x_n = x_{n-1} + \frac{T}{\tau}(Q_{n-1} - x_{n-1}). \tag{3.3.4}$$

Nach einer einfachen Umformung erhält man die Differenzengleichung

$$x_n = \left(1 - \frac{T}{\tau}\right)x_{n-1} + \frac{T}{\tau}Q_{n-1}. \tag{3.3.5}$$

Mit dieser rekursiven Formel läßt sich zum Beispiel der 100. Schritt zur Lösung der Differentialgleichung mit Hilfe der ermittelten Daten im 99. Schritt berechnen. Die Indizes in der rekursiven Formel geben den jeweiligen Iterationsschritt an. Sie lassen ebenso den approximativen Zeitpunkt erkennen, zu dem die iterative Lösung mit $x(t)$ verglichen wird. Dieser Zeitpunkt ist $t = nT$, falls die Iteration zum Zeitpunkt $t \cong 0$ beginnt. Wir werden später noch sehen, daß zwar $t \neq nT$ ist, aber nahe genug bei nT liegt, so daß mit t die Zeit in der Folge der Störungswerte der Differenzengleichung näherungsweise bezeichnet werden kann.

Rekursionsformeln zur Lösung von Differentialgleichungen haben zwei Vorteile. Sie reduzieren die Anzahl der Tastendrücke zur Berechnung der Lösung der Differentialgleichung auf dem Taschenrechner. Weiterhin erlauben sie bei Prozessen mit linearen Koeffizienten die Verwendung impliziter Integrationsformeln. Dies sind solche Formeln, in denen der Zuwachs einer Zustandsvariablen vom neuen Zustand selbst abhängig ist. Die Trapezregel ist hierfür ein Beispiel:

$$x_{n+1} = x_n + \frac{T}{2}(\dot{x}_{n+1} + \dot{x}_n). \tag{3.3.6}$$

Die Integration nach der Trapezregel ermittelt den $(n+1)$ten Wert für x basierend auf dem $(n+1)$ten Wert von $\dot{x}$. Man braucht jedoch x_{n+1}, um $\dot{x}$ aus der Differentialgleichung zu berechnen. Dies hat eine implizite Gleichung zur Folge, deren Lösung eine Funktion von sich selbst ist. Wenn implizite Integrationsformeln benutzt werden, um Differenzengleichungen herzuleiten, kann die implizite Gleichung algebraisch gelöst werden. Man betrachte zum Beispiel die implizite Eulersche Integration (Rechteckintegration), die folgende Form annimmt:

$$x_n = x_{n-1} + T\dot{x}_n . \tag{3.3.7}$$

Mit Hilfe unserer Differentialgleichung 1. Ordnung erhalten wir:

$$\dot{x}_n = \frac{1}{\tau}(Q_n - x_n) . \tag{3.3.8}$$

Diese Beziehung eingesetzt in die implizite Rechteckintegrationsformel ergibt die Differenzengleichung

$$x_n = x_{n-1} + \frac{T}{\tau}(Q_n - x_n) . \tag{3.3.9}$$

Beachte, daß diese Gleichung noch implizit ist, das heißt x_n eine Funktion von sich selbst ist. Sie kann jedoch folgendermaßen algebraisch gelöst werden:

$$x_n + \frac{T}{\tau}x_n = x_{n-1} + \frac{T}{\tau}Q_n$$

$$\left(1 + \frac{T}{\tau}\right)x_n = x_{n-1} + \frac{T}{\tau}Q_n$$

$$\therefore x_n = \left(\frac{1}{1 + T/\tau}\right)x_{n-1} + \left(\frac{T/\tau}{1 + T/\tau}\right)Q_n . \tag{3.3.10}$$

Wir wollen nun die impliziten und expliziten Eulerschen Differenzengleichungen unter folgenden Gesichtspunkten vergleichen: Numerische Stabilität, numerischer Fehler, die Art, wie die Lösung der Differentialgleichung gegen ihren Endwert strebt und die Handhabung auf dem Taschenrechner.

Die Stabilität dieser Differenzengleichungen 1. Ordnung ist durch die Größe des ersten Koeffizienten in der Differenzengleichung vollständig bestimmt. Das heißt, wenn der Term

$$\frac{1}{1 + T/\tau} \qquad\qquad\qquad 1 - \frac{T}{\tau}$$

Implizite Integration   Explizite Integration

dem Betrage nach größer als 1 wird, wird die Differenzengleichung instabil. Ist zum Beispiel in der Differenzengleichung $y_n = ay_{n-1}$, $a = 2$, so nimmt die Differenzengleichung die in Tabelle 3.3.1 dargestellten Lösungswerte an. Für $a = 0.9$ jedoch ist die Differenzengleichung stabil, wie Tabelle 3.3.2 zeigt. Das Stabilitätskriterium für Differenzengleichungen 1. Ordnung besteht ganz allgemein darin, daß $|a| \leqslant 1$ gelten muß.

Tabelle 3.3.1 Instabiles Verhalten der Differenzengleichung $y_n = a y_{n-1}$ für $a = 2$

n	y_n
1	1
2	2
3	4
4	8
5	16
.	.
.	.
.	.

Tabelle 3.3.2 Stabiles Verhalten der Differenzengleichung $y_n = a y_{n-1}$ für $a = 0.9$

n	y_n
1	1
2	0.9
3	0.81
4	0.729
5	0.6561
.	.
.	.
.	.

Wir betrachten nun die Differenzengleichung 1. Ordnung, die durch die explizite Eulersche Integration hergeleitet wurde. Unser Ziel ist es, die Bedingungen zu ermitteln, für die die Integrationsschrittweite T und die Zeitkonstante τ des Systems eher eine stabile als instabile Differenzengleichung zulassen. Folglich bestimmen wir zuerst die Bedingung, für die der Betrag von a kleiner oder gleich 1 wird. Diese lautet für die mit der expliziten Eulerschen Integration hergeleiteten Formel

$$\left| 1 - \frac{T}{\tau} \right| < 1.$$

Durch Auflösung der Ungleichung nach T/τ, ergibt sich für den Stabilitätsbereich dieser Differenzengleichung:

$$0 < \frac{T}{\tau} < 2.$$

Für die mit der Rechteckintegration (implizite Eulersche Integration) hergeleitete Differenzengleichung erhält man die Beziehung

$$\left| \frac{1}{1 + T/\tau} \right| < 1$$

und somit den Stabilitätsbereich

$$0 < \frac{T}{\tau}.$$

Sicherlich ist die zur Rechteckintegration gehörende Differenzengleichung viel stabiler als die durch explizite Eulersche Integration ermittelte. Dies ist ein spezielles Beispiel für den allgemeineren Sachverhalt, daß die implizite Integration einer linearen Differentialgleichung mit konstanten Koeffizienten zu an sich stabileren Differenzengleichungen führt, als die explizite Integration. Wir beschränken uns daher auf die Verwendung der impliziten Integrationsformeln, um Differenzengleichungen zur Simulation kontinuierlicher Prozesse zu entwickeln.

Wir wollen nun die Genauigkeit dieser simulierenden Differenzengleichungen betrachten. Tabelle 3.3.3 zeigt die Folge der Lösungswerte für die explizite und implizite Differenzengleichung für eine Zwangsfunktion mit dem konstanten Wert 1. Die größere Genauigkeit wird offensichtlich mit der impliziten Formel erreicht. Diese Differenzengleichungen sind für die normierte Schrittweite $T/\tau = \frac{3}{2}$ untersucht worden, um die Stabilität der durch Eulersche Integration hergeleiteten Differenzengleichung auf die Probe zu stellen. Beide Gleichungen scheinen stabil zu sein. Die implizite Differenzengleichung ist jedoch offensichtlich exakter als die explizite. Dies ist ein weiterer Spezialfall einer allgemeinen Eigenschaft der Differenzengleichungen, die durch implizite Integration hergeleitet wurden, um lineare Systeme mit konstanten Koeffizienten zu simulieren: Die implizit hergeleiteten Differenzengleichungen sind im allgemeinen genauer als die explizit hergeleiteten.

Tabelle 3.3.3 Vergleich der Integrationsergebnisse der implizit hergeleiteten Differenzengleichung mit denjenigen der explizit hergeleiteten für $T/\tau = 1.5$

normierte Zeit	exakt	implizit		explizit	
	$x(nT)$	$x(nT)$	Fehler	$x(nT)$	Fehler
$\frac{T}{\tau} = 0$	0	0	0	0	0
$\frac{T}{\tau} = 1.5$	0.777	0.600	-0.177	1.50	$+0.723$
$\frac{T}{\tau} = 3.0$	0.950	0,840	-0.110	0.75	-0.20
$\frac{T}{\tau} = 4.5$	0.989	0.936	-0.053	1.125	$+0.136$

Schließlich wollen wir den stationären Zustand, den alle diese Differenzengleichungen erreichen, prüfen. Hierzu muß die inhomogene Gleichung betrachtet werden (da in der homogenen Gleichung alle Endbedingungen im stationären Zustand Null werden und somit Vergleiche unmöglich sind). Für die kontinuierliche Gleichung und die diskreten Gleichungen besitzt das Ergebnis für eine konstante Zwangsfunktion die Darstellung

$$y = Q(1 - e^{-t/\tau}),$$
exakt

$$y_n = \left(1 - \frac{T}{\tau}\right)y_{n-1} + \frac{T}{\tau}Q_{n-1}$$
explizit

$$y_n = \left(\frac{1}{1 + T/\tau}\right)y_{n-1} + \left(\frac{T/\tau}{1 + T/\tau}\right)Q_n.$$
implizit

Im stabilen Zustand gilt

$$y_n = y_{n-1}.$$

Somit können wir die Endwerte folgendermaßen schreiben:

$$\lim_{t \to \infty} y(t) = Q \qquad y_n = Q_n = Q_{n-1} \qquad y_n = Q_n.$$
$$\text{exakt} \qquad\qquad \text{explizit} \qquad\qquad \text{implizit}$$

Zusammenfassend läßt sich feststellen: Beide, die explizit wie auch die implizit hergeleitete Differenzengleichung erreichen für eine konstante Zwangsfunktion denselben Endwert und zwar den Endwert des tatsächlichen kontinuierlichen Prozesses. Eine implizit entwickelte Rekursionsformel ist aber stabiler und genauer als eine entsprechende explizite Formel.

Wir wollen nun die numerische Integration der Differentialgleichung mit den Lösungen vergleichen, die durch Rekursionsformeln gewonnen werden. Die Folge der Tastendrücke, die erforderlich ist, um die numerische Integration der Differentialgleichung 1. Ordnung

$$\tau \dot{x} + x = Q$$

mit Hilfe der Eulerschen Integrationsformel durchzuführen, zeigt Tabelle 3.3.4. Tabelle 3.3.5 zeigt die Anzahl der Tastendrücke, wenn die Differenzengleichung benutzt wird. Tabelle 3.3.6 faßt die Anzahl der Tastendrücke, die für vorbereitende Rechnungen und für die Iteration des ersten Schrittes, der ersten zehn Schritte und der ersten zwanig Schritte gebraucht wurden, zusammen.

Wir sehen, daß sogar für diese einfachen Integratoren in dieser einfachen Differentialgleichung, die Reduzierung der Tastendrücke für die Rekursionsformel so deutlich ist (8,4 % und 4,2 %), daß ihr Gebrauch gerechtfertigt erscheint. Eine größere Anzahl von Tastendrücken wird gespart, wenn Rekursionsformeln zur Simulation linearer Systeme höherer Ordnung verwendet werden.

Diese Rekursionsformeln sind besonders nützlich, um die Reaktion eines Systems auf eine beliebige Zwangsfunktion zu berechnen. Unter der Voraussetzung, daß die Integrationsschrittweite gegenüber der größten Periode, die für die Oszillation der Zwangsfunktion in Frage kommt, klein ist, kann mit Hilfe der Rekursionsformeln eine Reaktion des Systems auf beliebige Zwangsfunktionen auf dem Taschenrechner ausgewertet werden. Dies ist besonders auf dem programmierbaren Taschenrechner möglich, bei dem die impliziten Differenzengleichungen viel weniger Speicherkapazität beanspruchen, als es die numerischen Integrationsformeln und die direkte numerische Integration tun.

Eine mögliche Schwierigkeit, die mit der impliziten Integrationsformel zur Auswertung der Reaktion eines Systems auf eine beliebige Zwangsfunktion verbunden ist, liegt in der Voraussetzung, daß die Zwangsfunktion zum Zeitpunkt nT bekannt ist, so daß mit ihr die Reaktion des Systems zum Zeitpunkt nT berechnet werden kann. Wenn die Zwangsfunktion die Form

$$f = f(y, t)$$

Tabelle 3.3.4 Typische Tastendruckfolge zur numerischen Integration von $\tau\dot{x} + x = Q$

umgekehrte polnische Notation	algebraische Notation
(Q_{n-1})	(Q_{n-1})
RCL 1 $\leftarrow x\,(0)$ vorgespeichert	$-$
$-$	$RCL \leftarrow x\,(0)$ vorgespeichert
RCL 2 $\leftarrow \tau$ vorgespeichert	$\times$
$+$	$\left(\dfrac{1}{\tau}\right)$
RCL 3 $\leftarrow T$ vorgespeichert	$\times$
$\times$	(T)
RCL 1	$+$
$+$	RCL
	$=$
$\boxed{x_n}$	
STO 1	$\boxed{x_n}$
	STO

$(\ \ ) \rightarrow$ Dateneingabe $\qquad \boxed{} \rightarrow$ Ausgabe

Tabelle 3.3.5 Typische Tastendruckfolge zur Auswertung der Differenzengleichung zu $\tau\dot{x} + x = Q$

umgekehrte polnische Notation	algebraische Notation
(Q_{n-1})	(Q_{n-1})
RCL 1 $\leftarrow \left(\dfrac{T}{\tau}\right)$ vorgesepichert	$\times$
$\times$	$\left(\dfrac{T}{\tau}\right)$
RCL 2 $\leftarrow x\,(0)$ vorgespeichert	$+$
RCL 3 $\leftarrow \left(1-\dfrac{T}{\tau}\right)$ vorgespeichert	$RCL \leftarrow x\,(0)$ vorgespeichert
$\times$	$\times$
$+$	$\left(1-\dfrac{T}{\tau}\right)$
$\boxed{x_n}$	$=$
STO 2	$\boxed{x_n}$
	STO

$(\ \ ) \rightarrow$ Dateneingabe $\qquad \boxed{} \rightarrow$ Ausgabe

Tabelle 3.3.6 Anzahl der Tastendrücke zur Simulation des kontinuierlichen Prozesses
$\tau\dot{x} + x = Q$ [1])

	numerische Integration		Rekursionsformel nach Euler	
	umgekehrte polnische Notation	algebraische Notation	umgekehrte polnische Notation	algebraische Notation
Tastendrücke zur Vorausberechnung	39	13	39	13
Anzahl der Taten- drücke für die erste Iteration	22	47	20	45
Zwischensumme	(61)	(60)	(59)	(58)
Anzahl der Tasten- drücke für 10 Iterationen	220	470	200	450
Zwischensumme	(281)	(530)	(259)	(508)
Gesamtanzahl der Tastendrücke für 20 Iterationen	501	1000	459	958

[1]) 13stelliger Dateneingang vorausgesetzt

hat, gilt für die Berechnung von f_n:

$$f_n = f(y_n, t_n).$$

Da aber y_n noch aus der Differenzengleichung berechnet werden muß, findet man y_n nicht in der Tabelle der Lösungswerte; es ist lediglich y_{n-1} tabelliert. In diesem Fall können wir eine Extrapolationsformel benutzen, um y_n entweder durch die letzten bei- den Werte oder nur durch y_{n-1} abzuschätzen. Dieses ist möglich, wenn die Komponen- ten der Zwangsfunktion (von dem Gesichtspunkt der Fourier-Analyse aus) kleinere Fre- quenzen haben als die Eigenfrequenz des Systems, das durch die Differentialgleichung beschrieben wird. Um dieses zu prüfen, berechnen wir einige Werte der Differenzen- gleichung, indem wir zum Ermitteln der Zwangsfunktion annehmen, daß $y_n \approx y_{n-1}$ gilt. Dann werden die ersten Terme der Zwangsfunktion f bestimmt und mit Hilfe einer Diffe- renzentafel ausgerechnet, ob f sich stark ändert. Ist die Änderung groß, nehmen wir ein- fach eine Interpolationsformel, um die erste Näherung für y_n mit Hilfe von y_{n-1} und y_{n-2} vorzunehmen. Der Verfasser hält es selten für erforderlich, bei der praktischen Berechnung der Lösung von Differentialgleichungen das Extrapolationsverfahren zu be- nutzen.

Diese Technik in der Herleitung von Differenzengleichungen zur Simulation konti- nuierlicher, dynamischer Prozesse ist zur Simulation des dynamischen Verhaltens nicht- linearer Prozesse besonders nützlich. Ein Problem besteht darin, daß die meisten implizi- ten Differenzengleichungen für nichtlineare Differentialgleichungen nicht gelöst werden können, d.h. die implizite Gleichung ist eine nichtlineare Gleichung, und es können zu ihrer Lösung gewöhnlich nur iterative Verfahren angewandt werden. Die explizite Differenzengleichung ist jedoch leicht zu entwickeln und auf eine Form zu bringen, die schnell auf dem Taschenrechner ausgewertet werden kann, im Gegensatz zur numerischen Integration der nichtlinearen Gleichung.

3.3.3 Stabile Differenzengleichungen

Rekursive Formeln zur Simulation kontinuierlicher dynamischer Prozesse können auch durch das Aufstellen einer Differenzengleichung mit derselben Ordnung wie die zu simulierende Differentialgleichung hergeleitet werden. Die charakteristischen Wurzeln der Differenzengleichung werden dann an diejenigen der Differentialgleichung angepaßt und ein „Anpassungsfaktor" hinzugefügt, um den Endwert der Differenzengleichung dem der Differentialgleichung anzupassen. Dann hat man nur noch einen weiteren „Anpassungsfaktor" zu addieren, um die Phaseneinstellungen der Lösungen der Differenzen- und Differentialgleichung anzupassen. Man betrachte zum Beispiel wieder den einfachen kontinuierlichen Prozeß 1. Ordnung mit konstanten Koeffizienten:

$$\tau \dot{x} + x = Q.$$

Die zugehörige homogene Gleichung habe eine Lösung der Form

$$x = e^{ts}. \tag{3.3.11}$$

Durch Einsetzen in die homogene Gleichung folgt:

$$(\tau s + 1)e^{ts} = 0 \tag{3.3.12}$$

mit der charakteristischen Lösung für s:

$$s = -\frac{1}{\tau}. \tag{3.3.13}$$

Die allgemeine Lösung der homogenen Differentialgleichung nimmt dann natürlich die Form

$$x = c_1 e^{-t/\tau} \tag{3.3.14}$$

an.

Die Lösung der inhomogenen Gleichung läßt sich durch folgendes Integral ermitteln:

$$x = \frac{1}{\tau} \int_0^t Q(k) e^{[(k-t)/\tau]} dk. \tag{3.3.15}$$

Die vollständige Lösung der Differentialgleichung lautet somit:

$$x = e^{-t/\tau} \left\{ \frac{1}{\tau} \int_0^t Q(k) e^{k/\tau} dk + c_1 \right\}. \tag{3.3.16}$$

Ähnliche Formeln können für Differentialgleichungen höherer Ordnung gefolgert werden, indem man die Zeitbereichsanalyse, die Laplace-Transformationen oder sogar die Z-Transformation anwendet.

Wir wollen annehmen, daß dieser kontinuierliche Prozeß durch eine Differenzengleichung, deren Wurzeln und Endlösung denjenigen des kontinuierlichen Prozesses angepaßt sind, simuliert werden soll. Wir betrachten die Differenzengleichung

$$x_n = a x_{n-1} + b Q_{n-1}. \tag{3.3.17}$$

Eine Lösung der homogenen Differenzengleichung hat die Form

$$x_n = c_1 e^{-nT/\tau}. \tag{3.3.18}$$

Durch Einsetzen erhält man die Bestimmungsgleichung

$$c_1 e^{-nT/\tau}(1 - a e^{T/\tau}) = 0. \tag{3.3.19}$$

Um die Wurzeln der Differenzengleichung denjenigen der Differentialgleichung anzupassen, fordern wir

$$a = e^{-T/\tau}. \tag{3.3.20}$$

Hierdurch wird derjenige Koeffizient in der Differenzengleichung bestimmt, der das dynamische Verhalten von Differenzen- und Differentialgleichung einander angleicht. Die Lösung für die homogene Differenzengleichung lautet somit

$$x_n = e^{-T/\tau} x_{n-1}. \tag{3.3.21}$$

Dieses Vorgehen garantiert nun, daß sich das dynamische Verhalten der Differenzengleichung dem der Differentialgleichung anpaßt, da die Wurzeln beider Gleichungen sich entsprechen. Weiterhin liefern beide Gleichungen äquivalente Lösungswerte, wie aus dem exponentiellen Abfall hervorgeht. Schließlich muß noch der Endwert der Differenzengleichung berechnet und demjenigen der Differentialgleichung angepaßt werden. Das Verfahren ist hier sehr einfach, da die inhomogene Differenzengleichung die Form

$$x_n = e^{-T/\tau} x_{n-1} + b Q_{n-1} \tag{3.3.22}$$

annimmt, wobei der stationäre Zustand erreicht ist, wenn

$$Q_n = Q_{n-1}$$
$$x_n = x_{n-1}$$

ist. Damit gilt:

$$x_n = \frac{b}{1 - e^{-T/\tau}} Q_{n-1}. \tag{3.3.23}$$

Wird der Anpassungsfaktor für den Endwert zu

$$b = 1 - e^{-T/\tau} \tag{3.3.24}$$

gewählt, so wird erreicht, daß die Differenzengleichung denselben Endwert wie die Differentialgleichung erzielt. Die simulierende Differenzengleichung nimmt somit folgende Form an:

$$x_n = e^{-T/\tau} x_{n-1} + (1 - e^{-T/\tau}) Q_{n-1}. \tag{3.3.25}$$

Man beachte, daß die homogenen Lösungen dieser Differenzen- und der Differentialgleichung exakt übereinstimmen. Ebenso sind die Lösungen dieser Differenzengleichung für eine Zwangsfunktion mit Sprungcharakteristik ($Q(t) = U(t)$) genau. Weiterhin erzeugt sie Lösungen, die die Reaktion der Differentialgleichung auf eine beliebige Zwangsfunktion gut approximiert. Diese Differenzengleichung kann außerdem nicht instabil werden, ungeachtet der Integrationsschrittweite (da der Term $e^{-T/\tau}$ immer kleiner als 1 ist, egal wie groß T wird, vorausgesetzt $\tau > 0$ gilt).

Werden tabellierte Lösungswerte der dynamisch angepaßten Differenzengleichung mit denjenigen der kontinuierlichen Differentialgleichung verglichen, so kann es vorkommen, daß zwischen den Lösungen eine signifikante Abweichung besteht. Gl. (3.3.25) verdeutlicht aber, daß die Lösungen der Differenzengleichung den kontinuierlichen Lösungen nacheilen. Die dynamischen Eigenschaften beider Lösungen sind ansonsten — bis auf diese Phasenverschiebung — gewöhnlich identisch. Um die beiden Kurven mehr anzunähern, können wir natürlich die Schrittweite verkleinern; dies ist jedoch kein wirksamer bzw. korrekter Ansatz zur Reduzierung dieser Fehlerart. Wir können aber diesen Phasenfehler (Transportverzögerung) kompensieren, indem wir durch Interpolation entscheiden, zu welcher Zeit die Folge der Lösungen der Differenzengleichung sich der Differentialgleichung anpaßt und dann diese Transportzeit in einer Tabelle für die Lösungsfolge mit berücksichtigen. Angenommen wir wüßten, daß für den 4. Eingang in der Tabelle die richtige kontinuierliche Lösung irgendwo zwischen $t = 3T$ und $t = 4T$ liegt. Dann läßt sich durch inverse Interpolation die Zeit bestimmen, zu der die diskrete Lösung sich der kontinuierlichen anpaßt, worauf man dann diesen Zeitpunkt, von dem ab die Zeitintervalle gezählt werden als Bezugspunkt auswählt.

Es sei daran erinnert, daß die Lösungswerte der Differenzengleichung und sogar diejenigen der Integrationsformeln für Problemzeiten gelten, die von der Folge der Zeiten nT verschieden sind. Das heißt, die Problemzeiten in einer diskreten Approximation eines kontinuierlichen Zeitprozesses sind von der Folge der Werte nT verschieden. Somit zeigen die Indizes in den Rekursionsformeln die Anzahl der Iterationsschritte an, nicht aber die Zeit nT. Der Analysierende muß die tatsächliche Zeitzählung für die Folge der Lösungswerte bestimmen, um diese zur Kontrolle mit den wirklichen, zeitlich kontinuierlichen Lösungswerten vergleichen zu können. Der Autor hat die Erfahrung machen müssen, daß viele Ingenieure und Programmierer sowohl auf großen Digitalrechnern wie auch auf Taschenrechnern dieses Problem der Zeitzählung nicht beachten. Sie versuchen dann, kontinuierliche und diskrete Rechenprozesse zu Zeitpunkten nT zu vergleichen, anstatt zu erkennen, daß numerische Integration ein *Approximationsprozeß* ist. Ein Zeitanpassungsproblem gibt es auch in der Synthese simulierender Differenzengleichungen durch dynamische Anpassung. Diskrete Systeme verhalten sich in der Tat beim Verarbeiten des Informationsflusses in Rückkopplungsschleifen unterschiedlich, sei es für numerische Integratoren oder für Differenzengleichungen. Somit muß die Phasenverschiebung zwischen kontinuierlichen und diskreten Prozessen in den beiden Wertefolgen vom Analysierenden mit berücksichtigt werden. Das Problem tritt wirklich nur bei großen Integrationsschrittweiten auf, aber genau dann ist die Effektivität groß, und die Arbeitslast wird — besonders auf dem Taschenrechner — ungemein reduziert, vergleicht man sie mit dem Rechenaufwand bei nur halb so großer Integrationsschrittweite.

Wieder einmal zeigt sich, daß der Taschenrechner das analytische Mittel sein kann, um den Unterschied in der Dynamik diskreter und kontinuierlicher Systeme und um die Simulation des einen mit Hilfe des anderen Systems zu zeigen.

Einige der gängigen linearen Prozesse und die zugehörigen, mit Hilfe dynamischer Anpassungsmethoden gewonnene Differenzengleichungen, zeigt Tabelle 3.3.7.

Tabelle 3.3.7 Differenzengleichungen für häufig vorkommende lineare Systeme mit konstanten Koeffizienten

$G(s)$	Differenzengleichung
$\dfrac{y}{x} = \dfrac{1}{\tau s + 1}$	$y_n = e^{-T/\tau} y_{n-1} + (1 - e^{-T/\tau}) x_n$
$\dfrac{y}{x} = \dfrac{\tau s}{\tau s + 1}$	$\begin{cases} z_n = e^{-T/\tau} z_{n-1} + (1 - e^{-T/\tau}) x_n \\ y_n = x_n - z_n \end{cases}$
$\dfrac{y}{x} = \dfrac{w_n^2}{s^2 + 2\zeta w_n s + w_n^2}$	$\begin{cases} \qquad\qquad B = e^{-2\zeta w_n T} \\ A = 2e^{-\zeta w_n T} \cos\{w_n T (1 - \zeta^2)^{1/2}\}; \quad 0 < \zeta < 1 \\ y_n = A y_{n-1} - B y_{n-2} + (1 - A + B) x_n \end{cases}$
$\dfrac{y}{x} = \dfrac{s(s + 2\zeta w_n)}{s^2 + 2\zeta w_n s + w_n^2}$	$\begin{cases} z_n = A z_{n-1} - B z_{n-2} + (1 - A + B) x_n; \quad 0 < \zeta < 1 \\ y_n = x_n - z_n \\ A \text{ und } B \text{ wie oben} \end{cases}$

Werden simulierende Differenzengleichungen gebraucht, ist es unbedingt erforderlich, daß die Tabelle der Lösungswerte auf die Anzahl der Iterationen und nicht auf die Zeit nT bezogen wird. Der Vergleich diskreter Lösungswerte mit den durch eine Kontrolle gewonnenen kontinuierlichen Lösungswerten ist mit *Zeitanpassungsüberlegungen* verbunden und es ist die Verpflichtung des Analysierenden, einen geeigneten Vergleich so ähnlich wie oben erwähnt durchzuführen.

Die oben durch dynamische Anpassungsmethoden entwickelten Differenzengleichungen haben einige sehr wichtige, allgemeine Eigenschaften. Sie sind von sich aus stabil, wenn der betrachtete Prozeß stabil ist, d.h., es gibt keine Schrittweite T, die instabile Gleichungen zur Folge hat, wenn der zu simulierende kontinuierliche Prozeß stabil ist. Denn die Wurzeln der Differentialgleichung sind denjenigen der Differenzengleichung angepaßt. Wenn daher der kontinuierliche Prozeß stabil ist, ist auch der diskrete Prozeß stabil, unabhängig von der Schrittweite. Dies wird nachgewiesen, indem wir zeigen, daß die Wurzeln des diskreten Systems dem Betrage nach kleiner oder gleich 1 sind; der Weg, auf dem diese gewonnen wurden, zeigt, daß dies so ist. Für den betrachteten Fall 1. Ordnung zum Beispiel, wenn die Wurzeln des diskreten Systems denjenigen des kontinuierlichen Systems angepaßt sind, wird die Wurzel des diskreten Systems durch

$$e^{-T/\tau}$$

gegeben. Für alle $T > 0$ und $\tau > 0$ ist dieser Term immer kleiner oder gleich 1. Die einzige Bedingung beim Anwenden der Differenzengleichung besteht darin, daß die Zwangsfunktion mit einer doppelt so hohen Rate wie die höchsten auftretenden Frequenzen in der Zwangsfunktion abgetastet wird. Mehr Einzelheiten hierzu sind in Abschnitt 3.1 aufgeführt, wo die Abtastrate diskutiert wird.

Ferner wird der Endwert der diskreten Differenzengleichung immer demjenigen der kontinuierlichen Differentialgleichung angepaßt sein, unabhängig von der Schrittweite und ohne Anpassungsfaktor für den Endwert. Dieser Sachverhalt kann der Tatsache entnommen werden, daß im stationären Zustand der augenblickliche und der vorangegangene Wert der Reaktion des Systems übereinstimmen. Eingesetzt in die Differenzengleichung, kann dieser Endwert mit Hilfe der vorgegebenen Zwangsfunktion berechnet werden. Er paßt sich — wie sich zeigt — dem Endwert des simulierten, kontinuierlichen dynamischen Prozesses an.

Die Verwendung dieser simulierenden Differenzengleichungen ist begrenzt. Natürlich kann ein kontinuierliches System 2. Ordnung drei verschiedene dynamische Charakteristiken haben, wenn nämlich

1. die beiden Wurzeln des Systems reell und gleich,
2. reell und ungleich und
3. beide komplex sind.

Die Dynamik des kontinuierlichen Systems 2. Ordnung mit komplexen Wurzeln verläuft von Natur aus oszillatorisch gedämpft, während die Reaktion des Systems mit reellen Wurzeln nicht oszillatorisch verläuft und lediglich gedämpft ist. Jeder Fall verlangt verschiedenartige Differenzengleichungen. Es ist dann wichtig, wo die Lösungen in der komplexen Ebene liegen, um zu entscheiden, welche Differenzengleichung angewendet werden muß. Dies gilt besonders dann, wenn die Koeffizienten in der Differentialgleichung sich mit der Zeit ändern, also nicht konstant sind, wie es bei linearen Systemen mit konstanten Koeffizienten der Fall ist. Wenn sie mit der Zeit variieren, können diese Differenzengleichungen für eine stückweise lineare Approximation mit konstanten Koeffizienten verwendet werden, wobei sich die Ergebnisse der numerisch integrierten Lösung der zeitlich variierenden Differentialgleichung anpassen. Wenn jedoch die zeitlich variierenden Wurzeln auf die reelle Achse und von der reellen Achse springen, muß man von einer Differenzengleichung zu einer anderen übergehen. Das heißt, eine Differenzengleichung simuliert die Dynamik des Prozesses wenn die Wurzeln reell aber nicht gleich sind; eine andere Differenzengleichung wird bei komplexen Wurzeln benutzt. Die Auswahl des geeigneten Satzes von Differenzengleichungen ist ziemlich einfach. Man beachte aber, daß die in Abschnitt 3.3.2 hergeleitete implizite Differenzengleichung nicht dieses Wechseln der Differenzengleichungen verlangt und somit besser anwendbar sein mag, wenn kontinuierliche Prozesse auf dem Taschenrechner schnell simuliert werden sollen.

3.3.4 Die Varianzausbreitung

Das Berechnen des Rauschausbreitungsvorganges durch diskrete lineare Prozesse mit konstanten Koeffizienten ist sehr leicht, wenn das Rauschen „fast weiß" und stationär ist. Der Ansatz besteht darin, die Differenzengleichung in eine endliche „Speicherform" umzuschreiben, bei der die Reaktion nur eine Funktion der gegenwärtigen und vergangenen Werte der Zwangsfunktion ist. Dies kann sehr leicht in folgender Weise erreicht werden: Gegeben sei

$$x_n = \sum_{i=1}^{m} a_i x_{n-i} + \sum_{j=1}^{p} b_j Q_{n-j}. \qquad (3.3.26)$$

Wir wollen

$$x_n = \sum_{k=1}^{q} c_k Q_{n-k} \qquad (3.3.27)$$

finden. Der gewöhnliche Ansatz besteht darin $x_n = f(x_{n-1}, Q)$ in eine Folge

$$x_n = f(x_{n-1}, Q)$$

$$x_n = f[f(x_{n-2}, Q)]$$

$$x_n = f[f\{f(x_{n-3}, Q)\}]$$

$$\vdots$$

umzuschreiben. Durch Induktion kann dann der Rest der Serie gebildet werden. Zum Beispiel gilt

$$x_n = e^{-T/\tau} x_{n-1} + (1 - e^{-T/\tau}) Q_{n-1} \qquad (3.3.28)$$

$$x_n = e^{-T/\tau}[e^{-T/\tau} x_{n-2} + (1 - e^{-T/\tau}) Q_{n-2}] + (1 - e^{-T/\tau}) Q_{n-1} \qquad (3.3.29)$$

$$x_n = e^{-2T/\tau} x_{n-2} + (1 - e^{-T/\tau})[Q_{n-1} + e^{-T/\tau} Q_{n-2}]. \qquad (3.3.30)$$

Die nächste Substitution ergibt

$$x_n = e^{-3T/\tau} x_{n-3} + (1 - e^{-T/\tau})[Q_{n-1} + e^{-T/\tau} Q_{n-2} + e^{-2T/\tau} Q_{n-3}]. \qquad (3.3.31)$$

Wird die Folge der Subsitutionen unbegrenzt fortgesetzt, ergibt sich im Grenzfall

$$x_n = (1 - e^{-T/\tau})(Q_{n-1} + e^{-T/\tau} Q_{n-2} + e^{-2T/\tau} Q_{n-3} + \cdots). \qquad (3.3.32)$$

Wird diese Reihe abgebrochen, nennen wir sie die endliche Speicherform der ursprünglichen Rekursionsformel (unendliche Speicherform) von x_n.

Um nun näherungsweise die Reaktion eines kontinuierlichen Prozesses auf eine zufällig variierende Eingangsgröße zu berechnen, wird das gemittelte Quadrat der Ausgangsgröße als eine Funktion des mittleren Quadrats der Eingangsgröße auf folgende Weise ermittelt. Es sei

$$x_n \cong \sum_i a_i Q_{n-i}. \qquad (3.3.33)$$

Dann gilt

$$x_n^2 \approx \sum_i \sum_j a_i a_j Q_{n-i} Q_{n-j} \tag{3.3.34}$$

$$\overline{x_n^2} = \sigma_x^2 \cong \sum_i a_i^2 \,\overline{Q_i^2} = (\Sigma a_i^2) \sigma_Q^2 , \tag{3.3.35}$$

vorausgesetzt $Q(t)$ ist stationär und „fast weiß". Für unser Beispiel können wir schreiben

$$x_n = (1 - e^{-T/\tau})(Q_{n-1} + e^{-T/\tau} Q_{n-2} + \cdots) \tag{3.3.36}$$

$$x_n^2 = (1 - e^{-T/\tau})^2 (Q_{n-1}^2 + e^{-2T/\tau} Q_{n-2}^2 + \cdots) \tag{3.3.37}$$

$$\tag{3.3.38}$$

$$\overline{x_n^2} = (1 - e^{-T/\tau})^2 \left(\overline{Q_{n-1}^2} + e^{-2T/\tau}\, \overline{Q_{n-2}^2} + \cdots \right)$$

$$\tag{3.3.39}$$

$$\sigma_x^2 = (1 - e^{-T/\tau})^2 (1 + e^{-2T/\tau} + e^{-4T/\tau} + \cdots) \sigma_Q^2$$

$$\tag{3.3.40}$$

$$\sigma_x^2 = \frac{(1 - e^{-T/\tau})^2}{(1 - e^{-2T/\tau})} \sigma_Q^2 .$$

Im allgemeinen ist die Varianzübertragungsfunktion für die Eingangsgröße auf den Ausgang für fast „weißes" und stationäres Eingangsrauschen dann durch

$$\frac{\sigma_x^2}{\sigma_Q^2} = \Sigma a_i^2 \tag{3.3.41}$$

gegeben. Die Gleichungen zeigen, daß die Fortpflanzung des Rundungs- und Abbruchfehlers instabil ist, wenn der zu simulierende Prozeß instabil ist. Ist der zu simulierende Prozeß jedoch stabil, so wird der Rundungs- und Abbruchfehler schließlich die Gleichgewichtsbedingung erreichen, die durch die Varianzübertragungsfunktion vorgegeben ist. Es bleibt dann nur noch die Varianz des Rundungs- und Abbruchfehlers zu bestimmen, was durch andere Mittel, die in anderen Büchern über numerische Analysis ausführlich behandelt werden, möglich ist. Es bleibt zu sagen, daß diese Übertragungsfunktionen der Varianzausbreitung benutzt werden können, um näherungsweise die Reaktion eines kontinuierlichen Systems auf Rauscheingangsgrößen vorhersagen zu können, wenn ein Teil der Aufgabe darin besteht, die Reaktion des kontinuierlichen Systems auf Rauscheingangsgrößen zu analysieren.

3.4 Chebyshevsche und rationale Polynom-Approximation zur analytischen Substitution

3.4.1 Einführung

In diesem Kapitel beschäftigen wir uns nicht so sehr mit der numerischen Auswertung von Funktionen oder der Analyse von Daten sondern vielmehr mit der Herleitung von Polynomen, die zur analytischen Substitution verwendet werden können. Die einschlägigen Handbücher geben häufig für viele höhere Funktionen Reihenentwicklungen an, die — obwohl sehr nützlich — zu langsam konvergieren, um für numerische Berechnungen mit dem Taschenrechner verwendbar zu sein. Damit diese Reihen schneller konvergieren, können sie mit Hilfe von Chebyshev-Polynomen oder rationalen Polynom-Approximationen modifiziert werden. Polynom-Approximationen für abgebrochene Reihenentwicklungen von Funktionen haben bei Rechnungen mit dem Taschenrechner den Vorteil, daß sie in geschachtelter Klammerschreibweise geschrieben und mit großer Genauigkeit rationell berechnet werden können. Somit besteht das Ziel hier darin, die Konvergenz von Reihen-Approximationen vorgegebener Funktionen zu verbessern.

Mit Hilfe der Chebyshevschen Polynome kann eine abgebrochene Potenzreihenentwicklung einer Funktion in ein schneller konvergierendes Polynom transformiert werden, ein Prozeß, der gewöhnlich Ökonomisierung genannt wird. Nach dem Chebyschevschen Approximationssatz können daher Tabellen für unendliche Reihen, die zur numerischen Berechnung von zweifelhaftem Wert sind in schneller konvergierende Reihen (mit bekanntem Fehler) transformiert werden. Diese Polynome lassen sich dann zur Berechnung auf dem Taschenrechner in geschachtelte Klammerform umschreiben. Die Chebyshevschen Polynome ermöglichen kurz gesagt eine für die Taschenrechneranalyse eminent praktische Handhabung der Tabellen, in denen unendliche Reihen höherer Funktionen (von denen es sehr viele gibt) dargestellt sind. Da diese Ökonomisierung einfach auszuführen ist und direkt umfangreiche Tafeln der unendlichen Reihen bereitstellt, dient dieser Abschnitt dazu, die großartigen Eigenschaften der Chebyshev-Polynome darzustellen und zeigt, wie mit Hilfe dieser Polynome die Konvergenz von Reihen verbessert werden kann.

Chebyshev-Polynome haben fünf mathematisch wichtige Eigenschaften:

1. Es sind orthogonale Polynome mit einer passenden Gewichtsfunktion, sei es, daß sie auf einem kontinuierlichen Intervall oder einer diskreten Punktmenge definiert sind.
2. Es sind gleichmäßig „gewellte" Funktionen, d.h., sie alternieren zwischen Maxima und Minima gleicher Größe.
3. Die Nullstellen aufeinanderfolgender Chebyshev-Polynome sind ineinander verschachtelt.
4. Alle Chebyshev-Polynome genügen einer aus drei Termen bestehenden rekursiven Relation.
5. Sie sind einfach zu berechnen und können leicht in eine Potenzreihe übergeführt werden. Ebenso leicht ist es, eine Potenzreihe durch Chebyshev-Polynome auszudrücken.

Diese Eigenschaften zusammen ergeben ein approximierendes Polynom, das bei seiner Anwendung den maximalen Fehler minimiert — im Unterschied zur Approximation durch kleinste Quadrate, bei der die Summe der Fehlerquadrate minimiert wird. Bei der Approximation durch die Methode der kleinsten Quadrate kann nämlich der maximale Fehler selbst recht groß sein, da der durchschnittliche quadratische Fehler minimiert wird. Chebyshev-Approximationen einer Funktion werden auch häufig Mini-Max-Approximationen der Funktion genannt.

3.4.2 Die Definition der Chebyshevschen Polynome

Die Chebyshevschen Polynome werden einfach durch die Gleichungen

$$T_0(x) = 1 \tag{3.4.1}$$

$$T_n(x) = \cos(n\theta) \tag{3.4.2}$$

$$\cos\theta = x^* \tag{3.4.3}$$

definiert. Gl. (3.4.2) zeigt, daß die Chebyshev-Polynome orthogonal sind (mit einem passenden Gewichtsfaktor), da der Kosinus eine orthogonale Funktion ist und $\cos(n\theta)$ ein Polynom vom Grade n in $\cos\theta$ ist. Mit der trigonometrischen Identität

$$\cos(n+1)\theta + \cos(n-1)\theta = 2\cos\theta \cdot \cos n\theta \tag{3.4.4}$$

läßt sich unmittelbar schreiben

$$T_{n+1} + T_{n-1} = 2xT_n \;^{1)} \tag{3.4.5}$$

$$\therefore T_{n+1} = 2xT_n - T_{n-1}. \tag{3.4.6}$$

Mit Hilfe dieser Rekursion für die Chebyshev-Polynome können wir sehr leicht die aufeinanderfolgenden Polynome wie folgt erhalten: Da

$$T_0 = 1$$

und

$$T_1 = x$$

ist, erhalten wir mit Gl. (3.4.6)

$$T_2 = 2xT_1 - T_0 = 2x^2 - 1.$$

Dann beginnt man mit

$$T_1 = x$$

und

$$T_2 = 2x^2 - 1$$

und erhält durch erneute Anwendung der Gl. (3.4.6)

$$T_3 = 2xT_2 - T_1 = 4x^3 - 3x.$$

---

[1]) In Abschnitt 2.1.7, Seite 89 ist ein „spezielles Chebyshev-Polynom" verwendet worden, in dem $\cos\theta = 2x - 1$ gesetzt wurde. Die Rekursionsformel für dieses Polynom ergibt sich zu
$T_{n+1} + T_{n-1} = 2(2x - 1)T_n, \; T_{n+1} = 2(2x - 1)T_n - T_{n-1}.$

Wird in der gleichen Weise fortgefahren, so läßt sich die Tabelle der Chebyshevschen Polynome aufstellen:

$$T_0 = 1$$

$$T_1 = x$$

$$T_2 = 2x^2 - 1$$

$$T_3 = 4x^3 - 3x$$

$$T_4 = 8x^4 - 8x^2 + 1$$

$$T_5 = 16x^5 - 20x^3 + 5x$$

$$T_6 = 32x^6 - 48x^4 + 18x^2 - 1$$

$$T_7 = 64x^7 - 112x^5 + 56x^3 - 7x$$

$$T_8 = 128x^8 - 256x^6 + 160x^4 - 32x^2 + 1.$$

Für die Potenzen von x kann eine Tabelle aufgestellt werden, wobei diese durch die Chebyshev-Polynome ausgedrückt sind:

$$1 = T_0$$

$$x = T_1$$

$$x^2 = \frac{T_0 + T_2}{2}$$

$$x^3 = \frac{3T_1 + T_3}{4}$$

$$x^4 = \frac{3T_0 + 4T_2 + T_4}{8}$$

$$x^5 = \frac{10T_1 + 5T_3 + T_5}{16}$$

$$x^6 = \frac{10T_0 + 15T_2 + 6T_4 + T_6}{32}$$

$$x^7 = \frac{35T_1 + 21T_3 + 7T_5 + T_7}{64}$$

$$x^8 = \frac{35T_0 + 56T_2 + 28T_4 + 8T_6 + T_8}{128}.$$

Chebyshev hat eine wichtige Eigenschaft der nach ihm benannten Polynome bewiesen: Von allen Polynomen $n$ten Grades, die den Anfangskoeffizienten 1 haben, besitzen die Chebyshevschen Polynome (nach Division durch 2^{n-1}) dem Betrage nach den kleinsten maximalen Wert im Intervall

$$-1 \leqslant x \leqslant +1.$$

Keine anderen Polynome $n$ten Grades mit einem Anfangskoeffizienten 1 haben im Intervall $-1 \leqslant x \leqslant 1$ einen kleineren maximalen Wert als

$$\max \left| \frac{T_n(x)}{2^{n-1}} \right| = \frac{1}{2^{n-1}},$$

da $\max(|T_n(x)| = |\cos n\theta|) = 1$ ist. Dies ist eine besonders wichtige Erkenntnis, weil sie besagt, daß bei der Approximation einer Funktion im Intervall $|x| \leqslant 1$ durch Chebyshev-Polynome, wobei die Approximation nach n Termen abgebrochen wird, der maximale Approximationsfehler

$$\frac{1}{2^{n-1}}$$

ist. Die Aufgabe besteht nun darin, eine Entwicklung der Funktion $f(x)$ nach Termen der Chebyshev-Polynome zu finden:

$$f(x) = \sum_{n=0}^{N} a_n T_n(x). \tag{3.4.7}$$

Die mit den Chebyshev-Polynomen verbundenen Fehlereigenschaften sind so signifikant, daß an dieser Stelle heuristisch gezeigt werden soll, daß es keine anderen Polynome mit diesen Eigenschaften gibt.

Zunächst sei angemerkt, daß der Anfangskoeffizient der Chebyshev-Polynome, die mit Hilfe der rekursiven Formeln entwickelt wurden, 2^{n-1} für ein Polynom $n$ter Ordnung ist. Somit ist

$$\frac{T_n(x)}{2^{n-1}}$$

ein Polynom mit dem Anfangskoeffizienten 1. Da $T_n(x)$ eine Kosinusfunktion ist $(x = \cos\theta)$, existieren im Intervall

$$0 \leqslant \theta \leqslant \pi$$

$n+1$ Extremwerte, die von $+1$ nach -1 alternieren. Natürlich hat auch das normierte Chebyshev-Polynom $n+1$ Extremwerte in diesem Intervall.

Um zu zeigen, daß es kein anderes Polynom mit einem Anfangskoeffizienten 1 gibt, dessen Extremwerte im betrachteten Intervall kleiner sind, nehmen wir an, daß es ein derartiges Polynom gibt und zeigen dann, daß es sich um das Chebyshev-Polynom handeln muß.

$c(x)$ sei ein Polynom vom Grade n mit dem Anfangskoeffizienten 1, das im betrachteten Intervall einen kleineren Maximalwert als die Extremwerte unseres normierten Chebyshev-Polynoms hat. Dann ist

$$\frac{T_n(x)}{2^{n-1}} - c(x) = \mathbf{J}(x)$$

ein Polynom, das an den Extremstellen von $T_n(x)$ jedesmal das Vorzeichen wechselt. $\mathbf{J}(x)$ hat somit n Nullstellen. Das durch die Differenz des normierten Chebyshev-Polynoms und $c(x)$ gebildete Polynom hat aber den Grad $n - 1$. Da ein Polynom $(n - 1)$ten Grades nur n Nullstellen haben kann, wenn es das Nullpolynom ist, folgt

$$\mathbf{J}(x) = 0 = \frac{T_n(x)}{2^{n-1}} - c(x)$$

also

$$c(x) = \frac{T_n(x)}{2^{n-1}} \, .$$

Wegen der Bedeutung der Approximation durch Chebyshev-Polynome, sollen auch die Orthogonalitätseigenschaften untersucht werden, um die Orthogonalität der Chebyshev-Polynome nachzuweisen und um zu zeigen, daß zur Herleitung der Koeffizienten in der Reihenentwicklung der Gl. (3.4.7) eine Formel entwickelt werden kann. Wir können die orthogonalen Eigenschaften der Chebyshev-Polynome aus den Kenntnissen über die Orthogonalität der Kosinus-Funktionen ermitteln. Es gilt

$$\int_0^\pi \cos(m\theta)\cos(n\theta)\,d\theta = \begin{cases} 0 & (m \neq n) \\ \pi/2 & (m = n \neq 0) \\ \pi & (m = n = 0). \end{cases}$$

Indem wir

$$T_n(x) = \cos(n\theta)$$

$$\cos\theta = x$$

substituieren, um die orthogonalen Eigenschaften der Chebyshev-Polynome zu erhalten, finden wir

$$\int_{-1}^1 \frac{T_m(x)\,T_n(x)}{(1 - x^2)^{1/2}}\,dx = \begin{cases} 0 & (m \neq n) \\ \pi/2 & (m = n \neq 0) \\ \pi & (m = n = 0). \end{cases} \tag{3.4.8}$$

Nun sieht man, daß die Chebyshev-Polynome über dem Intervall

$$-1 \leqslant x \leqslant +1$$

eine Menge orthogonaler Funktionen mit der Gewichtsfunktion

$$w(x) = \frac{1}{(1-x^2)^{1/2}}$$

bilden.

Es kann ebenso gezeigt werden, daß die Chebyshev-Polynome über einer *diskreten* Menge von Werten x_n orthognal sind. Diese Orthogonalitätsbedingungen können dann benutzt werden, um die Koeffizienten a_n in Gl. (3.4.7) zu ermitteln:

$$a_n = \frac{2}{\pi} \int_{-1}^{+1} \frac{f(x)\,T_n(x)}{(1-x^2)^{1/2}}\,dx, \qquad (n \geqslant 1) \tag{3.4.9}$$

$$a_0 = \frac{1}{\pi} \int_{-1}^{+1} \frac{f(x)}{(1-x^2)^{1/2}}\,dx, \qquad (n = 0) \tag{3.4.10}$$

Wenn die Funktion $f(x)$ nur für

$$x_p = \cos\frac{\pi}{N}(p + \tfrac{1}{2})$$

definiert ist, sind die Koeffizienten in der Entwicklung

$$f(x) = \sum_{n=0}^{N-1} a_n T_n(x)$$

durch

$$a_n = \frac{2}{N} \sum_{p=0}^{N-1} f(x_p)\,T_n(x_p)$$

$$a_0 = \frac{1}{N} \sum_{p=0}^{N-1} f(x_p)$$

gegeben. Mit diesen Koeffizienten kann sowohl für den diskreten (einfacher zu handhaben) als auch für den stetigen Fall eine Chebyshev-Approximation der Funktion $f(x)$ durchgeführt werden.

Es gibt noch einen weiteren Ansatz, der auf Lanczos zurückgeht, um $f(x)$ durch Chebyshev-Polynome zu approximieren. Dieses Verfahren ist sehr nützlich, einfach zu handhaben und hat die angenehme Eigenschaft, in den meisten Fällen die Konvergenz irgendeiner abgebrochenen Reihenentwicklung einer Funktion zu verbessern. Folgende Schritte sind durchzuführen:

1. Man schreibe eine abgebrochene Reihe oder Polynom-Approximation einer Funktion $f(x)$ in geschachtelte Form.
2. Man drücke das Polynom durch Terme der Chebyshev-Polynome aus.

3. Man breche die Chebyshev-Approximation zusätzlich vor dem letzten oder vorletzten Term ab.

4. Man ersetze die Chebyshev-Polynome wieder durch Polynomterme in x.

5. Man schreibe dieses Polynom für eine geeignete numerische Auswertung auf dem Taschenrechner wieder in geschachtelter Klammerdarstellung.

Wenn wir zum Beispiel eine abgebrochene Potenzreihenentwicklung einer Funktion in der Form

$$f(x) = \sum_{n=0}^{m} a_n x^n \tag{3.4.11}$$

ansetzen, können wir diese in eine aus Chebyshev-Polynomen bestehende Reihe umwandeln, indem wir Gl. (3.4.11) zunächst in geschachtelter Klammerform darstellen

$$f(x) = a_0 + x(a_1 + x(a_2 + \cdots + x(a_{m-1} + a_m x) \cdots))$$

und dann, mit den inneren Klammern beginnend, diese folgendermaßen ersetzen:

$$a_{m-1} + a_m x = a_{m-1} T_0 + a_m T_1. \tag{3.4.12}$$

Ergibt sich für die $n$te Klammerung dann

$$\alpha_0 T_0 + \alpha_1 T_1 + \cdots + \alpha_n T_n, \tag{3.4.13}$$

so wird diese mit x multipliziert und hierzu der nächste Koeffizient in der Potenzreihe, a_{m-n-1}, addiert, um die $(n+1)$te Klammerung zu erhalten. Durch die Beziehungen

$$x T_0 = T_1$$

$$x T_n = \frac{T_{n+1} + T_{n-1}}{2} \tag{3.4.14}$$

wird dann die Potenzreihenentwicklung in der $n$ten Klammerung in eine Potenzreihe mit $(n+1)$ Klammerungen wie folgt umgewandelt

$$\frac{\alpha_n}{2} T_{n+1} + \frac{\alpha_{n-1}}{2} T_n + \ldots + \left(\frac{\alpha_1 + \alpha_3}{2}\right) T_2 + \left(\alpha_0 + \frac{\alpha_2}{2}\right) T_1 + \left(a_{m-n-1} + \frac{\alpha_1}{2}\right) T_0.$$

$$\tag{3.4.15}$$

Das Bestimmen der Koeffizienten zu irgendeiner vorgegebenen Stufe der Chebyshev-Polynomentwicklung von $f(x)$ ist in Bild 3.4.1 veranschaulicht. Hier werden die Koeffizienten einer gegebenen Stufe benutzt, um nach dem Diagramm die Koeffizienten der nächsten Stufe zu erhalten.

Bei dieser Methode wird aus dem $m$ten Term der Ausgangsreihe

$$a_m x^m$$

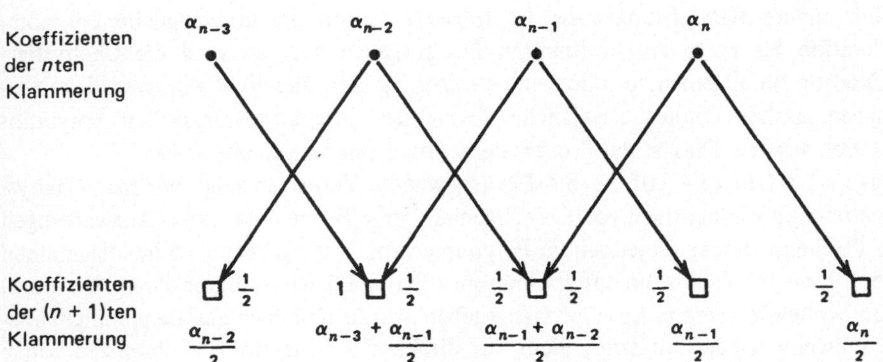

Bild 3.4.1 Verfahren zur Erzeugung der Koeffizienten für die Chebyshev-Entwicklung von $f(x)$

in der Chebyshev-Polynomentwicklung

$$\frac{a_m}{2^{m-1}}\, T_m(x).$$

Wenn wir also die Chebyshev-Polynomentwicklung von $f(x)$ vor dem $m$ten Term abbrechen, wird der Fehler in der Größenordnung von $a_m/2^{m-1}$ statt in der Größenordnung von a_m wie bei der ursprünglichen Polynomapproximation liegen (Tabelle 3.4.1). In diesem Sinne sprechen wir dann davon, daß die Chebyshev-Entwicklung schneller konvergiert als die ursprüngliche Entwicklung.

Tabelle 3.4.1 Entwicklung von $f_N(x) = \displaystyle\sum_{n=0}^{N} a_n x^n$ in Chebyshev-Polynome

Entwicklung nach Potenzen von x	Chebyshev-Entwicklung
$f_0 = a_0$	$a_0 T_0$
$f_1 = a_0 + a_1 x$	$a_0 T_0 + a_1 T_1$
$f_2 = a_0 + a_1 x + a_2 x^2$	$\left(a_0 + \dfrac{a_2}{2}\right)T_0 + a_1 T_1 + \left(\dfrac{a_2}{2}\right)T_2$
$f_3 = a_0 + a_1 x + a_2 x^2 + a_3 x^3$	$\left(a_0 + \dfrac{a_2}{2}\right)T_0 + \left(a_1 + \dfrac{3a_3}{4}\right)T_1 + \left(\dfrac{a_2}{2}\right)T_2 + \left(\dfrac{a_3}{4}\right)T_3$
$f_4 = a_0 + a_1 x + a_2 x^2 + a_3 x^3 + a_4 x^4$	$\left(a_0 + \dfrac{a_2}{2} + \dfrac{3a_4}{8}\right)T_0 + \left(a_1 + \dfrac{3a_3}{4}\right)T_1 + \tfrac{1}{2}(a_2 + a_4)T_2 + \left(\dfrac{a_3}{4}\right)T_3 + (\dfrac{a_4}{8})T_4$
$f_5 = a_0 + a_1 x + a_2 x^2 + a_3 x^3 + a_4 x^4$ $+ a_5 x^5$	$\left(a_0 + \dfrac{a_2}{2} + \dfrac{3a_4}{8}\right)T_0 + \left(a_1 + \dfrac{3a_3}{4} + \dfrac{5a_5}{8}\right)T_1 + \left(\dfrac{a_2 + a_4}{2}\right)T_2 + \tfrac{1}{4}\left(a_3 + \dfrac{5a_5}{4}\right)T_3 + \left(\dfrac{a_4}{8}\right)T_4 + \left(\dfrac{a_5}{16}\right)T_5$

Eine andere Betrachtungsweise ist folgende. Wenn die ursprüngliche Polynom-Approximation bis zu einem bestimmten Fehler genau war, so wird die Chebyshev-Approximation im allgemeinen schon mit weniger Termen dieselbe Fehlergenauigkeit erlangt haben. Daher können zusätzliche Terme des zurücktransformierten Polynoms fallengelassen werden. Dies ist der Prozeß, der Ökonomisierung genannt wird.

Das in den Gln. (3.4.10) bis (3.4.12) angewandte Verfahren zeigt, wie man Chebyshev-Polynom-Approximationen von $f(x)$ allgemein für n Terme entwickelt. Auswertungen auf dem Taschenrechner sind jedoch für Polynome vom Grade größer als 5 im allgemeinen unbequem. Eine Tabelle für die durch Chebyshev-Polynome dargestellten Potenzen von x, die schon vorher in diesem Abschnitt angegeben wurde und hier aus Bequemlichkeitsgründen teilweise wiederholt wird, dient zur direkten Substitution der Potenzen von x durch Chebyshev-Polynome.

$$1 = T_0$$

$$x = T_1$$

$$x^2 = \frac{T_0 + T_2}{2}$$

$$x^3 = \frac{3T_1 + T_3}{4}$$

$$x^4 = \frac{3T_0 + 4T_2 + T_4}{8}$$

$$x^5 = \frac{10T_1 + 5T_3 + T_5}{16} .$$

Eine Potenzreihe

$$f(x) = a_0 + a_1 x + a_2 x^2 + \ldots + a_M x^M$$

kann so in eine Entwicklung von Chebyshev-Polynomen umgewandelt werden:

$$f(x) = b_0 + b_1 T_1 + b_2 T_2 + \ldots + b_M T_M.$$

Damit diese Transformation durchzuführen ist, muß die Reihe so geschrieben werden, daß die Berechnung von $f(x)$ für x-Werte in dem Intervall $-1 \leqslant x \leqslant 1$ stattfindet. Wenn die Entwicklung nach Chebyshev-Polynomen vorliegt, so können diese Polynome wieder durch Polynome in x ersetzt werden. Einige dieser Polynome seien hier aus Bequemlichkeitsgründen nochmals genannt:

$$T_0 = 1 \qquad\qquad T_3 = 4x^3 - 3x$$

$$T_1 = x \qquad\qquad T_4 = 8x^4 - 8x^2 + 1$$

$$T_2 = 2x^2 - 1 \qquad\qquad T_5 = 16x^5 - 20x^3 + 5x .$$

Diese Polynome können nun algebraisch vereinfacht und in geschachtelte Klammerform zur schnellen Berechnung auf dem Taschenrechner geschrieben werden.

Hamming demonstriert an dem einfachen Beispiel

$$y = \ln(1+x) \cong x - \frac{x^2}{2} + \frac{x^3}{3} \quad ^1) \tag{3.4.16}$$

die Methode der Ökonomisierung. Durch direkte Substitution der Potenzen von x läßt sich diese Potenzreihenentwicklung durch Chebyshev-Polynome darstellen.

$$y \cong T_1 - \left(\frac{T_0 + T_2}{4}\right) + \left(\frac{3T_1 + T_3}{12}\right)$$

$$y \cong -\frac{T_0}{4} + \left(1 + \frac{3}{12}\right)T_1 - \frac{T_2}{4} + \frac{T_3}{12} \tag{3.4.17}$$

$$y \cong -\frac{T_0}{4} + \frac{15T_1}{12} - \frac{T_2}{4} + \frac{T_3}{12} \ .$$

Wird in der Potenzreihe (Gl. (3.4.16)) der letzte Term weggelassen, so heißt dies, daß bei der Berechnung von y für $x = 1$ der Wert 0.33 nicht berücksichtigt wird; ein in der gleichen Größenordnung liegender Fehler ergibt sich in Gl. (3.4.17), wenn die letzten beiden Terme unterdrückt werden. Dies kann man daraus ersehen, daß der Fehler höchstens

$$\epsilon = \tfrac{1}{12} - \tfrac{1}{4} = -0.1666\cdots$$

sein kann, da der Betrag der Werte der Chebyshev-Polynome für alle x aus dem Intervall kleiner oder gleich 1 ist. Somit können wir mit einer größeren Genauigkeit, als sie durch Gl. (3.4.16) gegeben wird, schreiben

$$y = \ln(1+x) \cong -\frac{T_0}{4} + \frac{15T_1}{12} - \frac{T_2}{4} \ . \tag{3.4.18}$$

Hierin besteht nun der Prozeß der Ökonomisierung. Indem wir die Definitionen der Chebyshev-Polynome benutzen, kann Gl. (3.4.18) wieder durch

$$y = \ln(1+x) \cong -\frac{1}{4} + \frac{15x}{12} - \frac{2x^2}{4} + \frac{1}{4} = x(1.25 - 0.5x)$$

ausgedrückt werden. Der numerische Vergleich des durch Ökonomisierung gewonnenen Polynoms vom Grade 2 mit dem ursprünglichen Polynom vom Grade 2 wird unten angegeben. Die ökonomisierte quadratische Gleichung hat einen kleineren durchschnittlichen Fehler (-0.0654) als die nicht ökonomisierte (0.0795); sie hat außerdem den kleinsten maximalen Fehler (0.1 für $x = 0.64$) in dem Intervall

$$0 \leqslant x \leqslant 1.$$

$^1)$ Hamming betrachtet 4 Terme – mehr als wir benötigen, um das Prinzip für Polynome, die eine für die Taschenrechnerauswertung bequeme Größe haben, zu veranschaulichen.

x	exakt $y = \ln(1+x)$	ökonomisiert $y \cong x\,(1.25 - 0.5x)$		nicht ökonomisiert $y \cong x - 0.5x^2$	
		y	Fehler	y	Fehler
0.1	0.09531018	0.12000000	−0.0246	0.0950	0.0003
0.3	0.26236426	0.33000000	−0.0676	0.2550	0.0074
0.6	0.47000363	0.57000000	−0.0999	0.4200	0.0500
0.9	0.64185389	0.72000000	−0.0781	0.4950	0.1469
1.0	0.693147181	0.75000000	−0.0569	0.5000	0.1931

Wir wollen nun die Chebyshev-Polynome im Hinblick auf eine Analyse mit dem Taschenrechner betrachten. In Abschnitt 1.1 sahen wir, daß die Auswertung von Polynomen mit einem Grad größer als drei oder vier eine beachtliche Anzahl an Tastendrücken erforderte. Durch das Umschreiben in geschachtelte Klammerform konnten wir dann mit der gleichen Anzahl von Tastendrücken, Polynome fünften und sechsten Grades berechnen. Somit ergab sich bei unveränderter Tastendruckanzahl eine zusätzliche Genauigkeit. Nun haben wir festgestellt, daß die Ökonomisierung, die durch die Chebyshev-Polynome erreicht wird, häufig eine Polynomgenauigkeit hoher Ordnung durch Polynome niedriger Ordnung bewirkt. Hierbei wird sogar die Anzahl der Tastendrücke für eine äquivalente Auswertungsgenauigkeit von Polynomen − beispielsweise − 5. Ordnung reduziert. Wird daher diese Auswertungsgenauigkeit bei der Entwicklung mit Chebyshev-Polynomen beibehalten, so kann dieselbe Genauigkeit wie für Polynomentwicklungen 7. oder 8. Grades erreicht werden. Wenn außerdem die Entwicklung noch in geschachtelter Klammerschreibweise geschrieben wird, bewirkt die Chebyshev-Polynomentwicklung diese Genauigkeit mit viel weniger Tastendrücken als sie gewöhnlich für Polynomentwicklungen 8. oder 9. Grades notwendig sind. Somit reduziert die Chebyshev-Polynom-Approximation in Verbindung mit der geschachtelten Klammerschreibweise den Arbeitsaufwand auf dem Taschenrechner, der für eine Polynom-Approximation 9. Grades von $f(x)$ erforderlich ist, auf den Arbeitsaufwand, der für eine Polynom-Approximation 2. oder 3. Grades von $f(x)$ benötigt wird. Dies hat eine erhebliche Reduzierung der Tastendrücke zur Folge.

Zur Auswertung höherer mathematischer Funktionen geht man im allgemeinen folgendermaßen vor:

1. Die Funktion wird in einer abgebrochenen Polynomform geschrieben.
2. Dieser Ausdruck wird so umgeschrieben, daß das Intervall, auf dem $f(x)$ berechnet werden soll, $-1 \leqslant x \leqslant 1$ ist.
3. Mit Hilfe der Chebyshev-Polynome wird die Reihe ökonomisiert.
4. Die Chebyshev-Approximation der Funktion wird in geschachtelter Klammerform dargestellt und
5. zur Berechnung auf dem Taschenrechner verwendet.

Numerische Auswertung der Chebyshev-Polynome

Es ist nützlich zu wissen, daß die Rekursionsformel zur Erzeugung der Chebyshev-Polynome (hier neu formuliert)

$$T_n(x) = 2x\,T_{n-1}(x) - T_{n-2}(x)$$

zur numerischen Berechnung der Chebyshev-Polynome verwandt werden kann. Die Startwerte für die Rekursionsformel sind

$$T_0 = 1$$
$$T_1 = x.$$

Somit braucht die Chebyshev-Polynomentwicklung einer Funktion, einmal aufgeschrieben, nicht notwendig in Potenzen von x vorgegeben zu sein, sondern kann direkt numerisch berechnet werden. Die Gleichung

$$y = \ln(1+x) \cong -\frac{T_0}{4} + \frac{15}{12}\,T_1 - \frac{T_2}{4} + \frac{T_3}{12} \qquad (3.4.17)$$

ist zum Beispiel die Chebyshev-Approximation von $\ln(1+x)$, die vorher entwickelt wurde. Durch Anwendung der Rekursionsformel mit den angegebenen Startwerten können wir nun den Term in Gl. (3.4.17) berechnen, indem wir zunächst die numerischen Werte für die drei Chebyshev-Polynome ermitteln. Für $x = 0.3$ ergibt sich zum Beispiel:

$$T_0 = 1$$
$$T_1 = 0.3$$
$$T_2 = (2)\,(0.3)\,T_1 - T_0 = 2 \times 0.3 \times 0.3 - 1 = -0.82$$
$$T_3 = (2)\,(0.3)\,T_2 - T_1 = -2 \times 0.3 \times 0.82 - 0.3 = -0.792.$$

Diese Werte können in die Potenzreihenentwicklung zur numerischen Berechnung der Reihe eingesetzt werden:

$$y = \ln(1.3) \cong -\frac{1}{4} + \frac{15}{12} \times 0.3 - \frac{1}{4}(-0.82) + \frac{1}{12}(-0.792) = 0.2640$$

$$y = \ln(1.3) \equiv 0.26236426\,.$$

Nach dieser Methode lassen sich Chebyshev-Polynome hoher Ordnung (z. B. 20) bequem berechnen. Obwohl es möglich ist, die Chebyshev-Polynomentwicklung einer Funktion in geschachtelter Klammerform zu schreiben, ist dies lästig und kann zu Fehlern führen, wenn man vergißt, welche Klammer gerade bei der Berechnung betrachtet wird. Eine bessere Alternative besteht darin, zunächst die numerischen Werte der Chebyshev-Polynome zu errechnen und dann diese in die Entwicklungsgleichung einzusetzen, da hierbei nicht direkt Polynomberechnungen hoher Ordnung vorkommen.

3.4.3 Approximation durch rationale Polynome

Bis jetzt haben wir gesehen, daß die Entwicklung einer Funktion nach Chebyshev-Polynomen benutzt werden kann, um eine Funktion in eine Reihe zu entwickeln, so daß der maximale Fehler in der Approximation in dem Intervall $-1 \leqslant x \leqslant 1$ minimiert wird. Wie in Abschnitt 2.1 bemerkt wurde, werden die ökonomisierten Chebyshev-Approximationen nicht im großen Umfang zur genauen Auswertung von Funktionen benutzt. Der Grund liegt darin, daß sie für den Taschenrechner nicht notwendig die besten Approximationen darstellen — unter dem Gesichtspunkt der erforderlichen Zeit zur Funktionsauswertung und der Speicherkapazität, die zur Speicherung der Koeffizienten benötigt wird, gesehen. Ein besseres Verfahren besteht darin, den Quotienten zweier Polynome zur Approximation von Funktionen zu verwenden. Dieses Verfahren ist besser, weil geschachtelte Polynome numerisch bequemer auf jedem Digitalrechner einschließlich Taschenrechner auszuwerten sind.

Man betrachte den Fall, daß eine Funktion als Quotient zweier Polynome dargestellt werden soll:

$$f(x) \cong \frac{a_0 + a_1 x + a_2 x^2 + \cdots + a_n x^n}{1 + b_1 x + b_2 x^2 + \cdots + b_m x^m} = R_N(x), \qquad (N = n + m).$$

Hier werden solche rationalen Polynom-Approximationen verwendet, deren Zählergrad gleich oder um 1 größer als der Nennergrad ist. Der konstante Term im Nenner kann ohne Beschränkung der Allgemeinheit zu 1 gewählt werden. Da wir hier das Intervall $-1 \leqslant x \leqslant 1$ betrachten, können wir die Reihenentwicklung nach Maclaurin für $f(x)$ verwenden, um die Koeffizienten des rationalen Polynoms zu bestimmen. Es werden soviel Glieder der Maclaurinschen Reihe benötigt, wie die Summe aus Zählergrad und Nennergrad des rationalen Polynoms angibt, da dies die Anzahl der zu bestimmenden Koeffizienten ist. Wenn wir die Maclaurinsche Reihe von $f(x)$ in der Form

$$f(x) = (c_0 + c_1 x + c_2 x^2 + \ldots + c_N s^N)$$

schreiben, so kann die Differenz zwischen der Maclaurinschen Reihe und dem rationalen Approximationspolynom wie folgt geschrieben werden:

$$f(x) - R_N(x) = (c_0 + c_1 x + c_2 x^2 + \cdots + c_N x^N) - \frac{a_0 + a_1 x + \cdots + a_n x^n}{1 + b_1 x + \cdots + b_m x^m}$$

$$f(x) - R_N(x) = \frac{(c_0 + c_1 x + c_2 x^2 + \cdots + c_N x^N)(1 + b_1 x + \cdots + b_m x^m)}{1 + b_1 x + \cdots + b_m x^m} \qquad (3.4.19)$$
$$\frac{- (a_0 + a_1 x + \cdots + a_n x^n)}{}$$

Wenn nun gilt

$$f(x) = R_N(x)$$

an der Stelle $x = 0$, dann folgt

$$c_0 - a_0 = 0.$$

Wenn ähnlich die ersten N Ableitungen von $f(x)$ und $R_N(x)$ an der Stelle $x = 0$ gleich sein sollen, müssen im Zähler von $(f(x) - R_N(x))$ die Koeffizienten der Glieder bis zur Nten Potenz in x alle Null werden. Diese Bedingung ergibt folgendes Gleichungssystem:

$$b_1 c_0 + c_1 - a_1 = 0$$

$$b_2 c_0 + b_1 c_1 + c_2 - a_2 = 0$$

$$b_3 c_0 + b_2 c_1 + b_1 c_2 + c_3 - a_3 = 0$$

$$\vdots$$

$$b_m c_{n-m} + b_{m-1} c_{n-m+1} + \cdots + c_n - a_n = 0$$

$$b_m c_{n-m+1} + b_{n-1} c_{n-m+2} + \cdots + c_{n+1} = 0$$

$$b_m c_{n-m+2} + b_{m-1} c_{n-m+3} + \cdots + c_{n+2} = 0$$

$$\vdots$$

$$b_m c_{N-m} + b_{m-1} c_{N-m+1} + \dots + c_N = 0.$$

Zusammen mit Gl. (3.4.19) kann dieses System für alle Koeffizienten des rationalen Polynoms gelöst werden.

Das gerade beschriebene Verfahren nennt man die Padé-Approximation. Wir wollen die Padé-Approximationen an einem einfachen Beispiel erläutern.

Beispiel: $\arctan x$ soll durch ein rationales Polynom für $N = 9$ approximiert werden. Wir verwenden ein Polynom 5. Grades im Zähler. Die Maclaurinsche Reihenentwicklung bis x^9 von $\arctan x$ lautet:

$$\arctan x \cong x - \frac{x^3}{3} + \frac{x^5}{5} - \frac{x^7}{7} + \frac{x^9}{9} = M_9(x).$$

Nach dem oben aufgezeigten Verfahren haben wir folgende Differenz zu bilden:

$$f(x) - R_9(x) = \frac{\left(x - \frac{1}{3}x^3 + \frac{1}{5}x^5 - \frac{1}{7}x^7 + \frac{1}{9}x^9\right)\left(1 + b_1 x + \cdots + b_4 x^4\right) - \left(a_0 + \cdots + a_5 x^5\right)}{1 + b_1 x + b_2 x^2 + \cdots + b_4 x^4}$$

Hieraus können die Koeffizienten für das rationale Polynom ermittelt werden:

$$a_0 = 0 \qquad a_3 = -\frac{1}{3} + b_2 \qquad b_1 = \frac{5}{3} b_3 \qquad b_3 = \frac{5}{7} b_1$$

$$a_1 = 1 \qquad a_4 = -\frac{1}{3} b_1 + b_3 \qquad b_2 = \frac{5}{7} + \frac{5}{3} b_4 \qquad b_4 = -\frac{5}{9} + \frac{5}{7} b_2$$

$$a_2 = b_1 \qquad a_5 = \frac{1}{5} - \frac{1}{3} b_2 + b_4$$

Für die Werte a und b ergibt sich

$$a_0 = 0 \qquad\qquad b_1 = 0$$
$$a_1 = 1 \qquad\qquad b_2 = \tfrac{10}{9}$$
$$a_2 = 0 \qquad\qquad b_3 = 0$$
$$a_3 = \tfrac{7}{9} \qquad\qquad b_4 = \tfrac{5}{21}$$
$$a_4 = 0$$
$$a_5 = \tfrac{10}{945}$$

Das rationale Polynom zur Approximation von $\arctan x$ wird somit durch

$$\arctan x \cong \frac{x + \tfrac{7}{9}\,x^3 + \tfrac{64}{945}\,x^5}{1 + \tfrac{10}{9}\,x^2 + \tfrac{5}{21}\,x^4} = \frac{x\,(1 + \tfrac{7}{9}\,x^2\,(1 + \tfrac{576}{6615}\,x^2))}{1 + \tfrac{10}{9}\,x^2\,(1 + \tfrac{45}{210}\,x^2)}$$

gegeben. Die folgende Tabelle vergleicht diese rationale Polynom-Approximation (Padé-Approximation) und die Maclaurinsche Reihenentwicklung für $\arctan x$.

x	$\arctan x$	$R_9(x)$	Fehler	$M_9(x)$	Fehler
0.2	0.19740	0.19740	0.00000	0.19740	0.00000
0.6	0.54042	0.54042	0.00000	0.54067	-0.00025
1.0	0.78540	0.78558	-0.00018	0.83492	-0.04952

Die bei den Padé-Approximationen entstehenden Fehler können durch Berechnung des nächsten von Null verschiedenen Terms im Zähler des rationalen Polynoms $f(x) - R_N(x)$ abgeschätzt werden. Dieses Vorgehen, obwohl etwas ermüdend, liefert eine Fehlerformel in Form desjenigen nächsten Terms, der einen von Null verschiedenen Koeffizienten besitzt. Die Fehlerformel kann weiterhin auf dem Intervall, in dem die Funktion berechnet wird, ausgewertet werden. Eine Alternative besteht darin, eine einfache Fehlerkurve zu erarbeiten, wie hier in den noch folgenden Beispielen gezeigt wird; dies läßt sich bequem auf dem Taschenrechner durchführen.

Die rationale Polynom-Approximation ist wesentlich genauer, als die Maclaurinsche Approximation. Für $x = 1$ konvergiert die Maclaurinsche Reihe für $\arctan x$ nicht mehr, während die Padé-Approximation trotzdem noch recht genau ist.

Bei der Auswertung der rationalen Polynom-Approximation auf dem Taschenrechner schreiben wir Zähler und Nenner in geschachtelter Klammerschreibweise, berechnen jedes Polynom numerisch getrennt und führen dann die Division numerisch durch.

Ganz ähnlich könnte man $\arctan x$ im Intervall $-1 \leqslant x \leqslant 1$ zunächst durch eine Chebyshev-Reihe approximieren und ein rationales Polynom nach Chebyshev-Polynomen bilden und dann die unbekannten Koeffizienten berechnen. Dieses Vorgehen unterscheidet sich von dem oben angegebenen darin, daß das Produkt der beiden Chebyshev-Polynome Quadrate und Produkte der Polynome selbst ergibt. Es stellt sich jedoch heraus, daß das Produkt zweier Chebyshev-Polynome durch

$$T_n(x)\,T_m(x) = \tfrac{1}{2}\,(T_{n+m}(x) + T_{|n-m|}(x))$$

gegeben wird. Auch hier gibt es wiederum ein praktikables Vorgehen zur Berechnung der Koeffizienten im Zähler der rationalen Chebyshev-Polynom-Approximationsformel. Nachdem die Approximation durch Chebyshev-Polynome durchgeführt ist, kann sie anschließend in eine Approximation nach der unabhängigen Variablen x über dem Intervall von $+1$ bis -1 umgeschrieben werden. Als einfaches Beispiel betrachten wir die Chebyshev-Polynomentwicklung von e^x, die durch (siehe Beispiel 3.4.2 auf Seite 187)

$$e^x \cong 1.2661\, T_0 + 1.1303\, T_1 + 0.2715\, T_2 + 0.0444\, T_3 = f(x)$$

gegeben ist. Nach den Prinzipien der rationalen Polynom-Approximation ergibt sich die Approximation R_3 in der Form:

$$R_3 = \frac{a_0 + a_1 T_1 + a_2 T_2}{1 + b_1 T_1} \,.$$

Als nächstes bilden wir

$$f - R_3 = \frac{(1.2661 + 1.1303\, T_1 + 0.2715\, T_2 + 0.0444\, T_3)(1 + b_1 T_1) - (a_0 + a_1 T_1 + a_2 T_2)}{1 + b_1 T_1} \,,$$

wobei der Zähler dieses Quotienten die Gestalt

$$1.2661 + 1.1303\, T_1 + 0.2715\, T_2 + 0.0444\, T_3 + 1.2661 b_1 T_1 + 1.1303 b_1 T_1^2$$

$$+ 0.2715 b_1 T_1 T_2 + 0.0444 b_1 T_1 T_3 - a_0 - a_1 T_1 - a_2 T_2$$

hat. Unter Berücksichtigung der Formel

$$T_n(x) T_m(x) = \tfrac{1}{2}\left[T_{n+m}(x) + T_{n-m}(x) \right]$$

lassen sich die Produkte der Chebyshev-Poylnome im Zähler durch Chebyshev-Polynome ausdrücken. Aus der Forderung, daß im Zähler die Koeffizienten der Chebyshev-Polynome T_0 bis T_3 Null sein sollen, erhalten wir die Bestimmungsgleichungen für a und b:

$$a_0 = 1.2661 + \frac{1.1303}{2}\, b_1$$

$$a_1 = 1.303 + \left(\frac{0.2715}{2} + 1.2661 \right) b_1$$

$$a_2 = 0.2715 + \left(\frac{1.1303}{2} + \frac{0.0444}{2} \right) b_1$$

$$0 = 0.0444 + \frac{0.2715}{2}\, b_1$$

Also folgt

$$b_1 = -0.3271 \qquad a_1 = 0.6718$$
$$a_0 = 1.0813 \qquad a_2 = 0.07939.$$

Die Approximation lautet somit

$$e^x \cong \frac{1.0813 + 0.6718\,T_1 + 0.07939\,T_2}{1 - 0.3271\,T_1}.$$

Durch die Substitution

$$T_1 = x$$
$$T_2 = 2x^2 - 1$$

ergibt sich:

$$e^x \cong \frac{1.0013 + 0.6718\,x + 0.1588\,x^2}{1 - 0.3271\,x}.$$

Ein Vergleich der beiden Approximationsverfahren wird in Bild 3.4.2 gezeigt. Die Approximation, die durch die Gleichung

$$e^x = \left(\frac{R_3 + C_3}{2}\right) + \left(\frac{\epsilon_R + \epsilon_C}{2}\right)$$

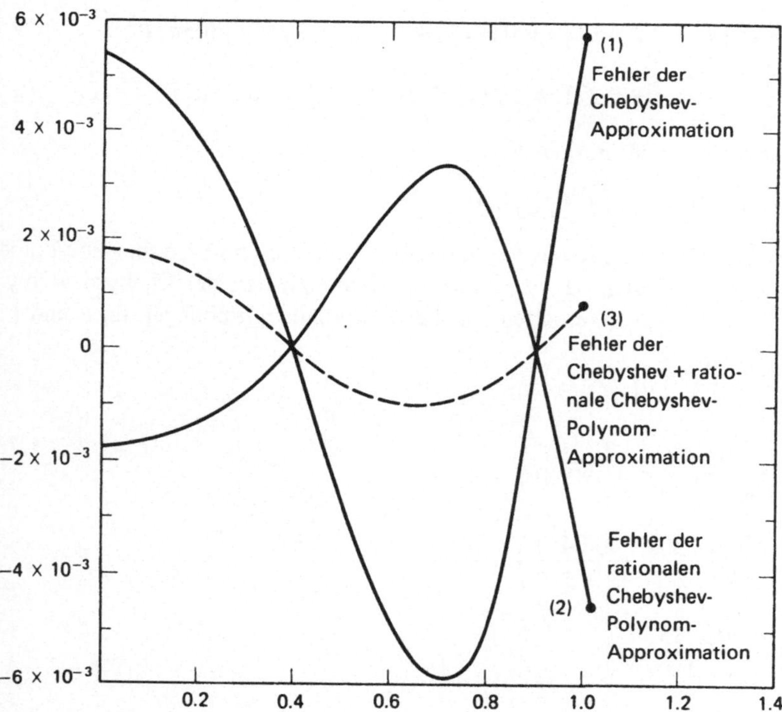

Bild 3.4.2 Approximation von e^x.

1. Approximation durch Chebyshev-Polynome allein
2. rationale Polynom-Approximation mit Chebyshev-Polynomen
3. eine Kombination beider Verfahren

gegeben ist (wobei c_3 die Chebyshev-Approximation von $f(x)$ ist, die im Beispiel 3.4.2 auf der Seite 187 entwickelt wird), besitzt die gestrichelte Linie in der Abbildung als Fehlerkurve und ist offensichtlich etwas genauer als jede der beiden Approximationen für sich allein.

3.4.4 Beispiele

Beispiel 3.4.1: Für $\sin x$ soll ein rationales Polynom $R_5(x)$ in der Umgebung von $x = 0$ entwickelt werden. Es ist

$$R_5(x) = \frac{a_0 + a_1 x + a_2 x^2 + a_3 x^3}{1 + b_1 x + b_2 x^2}$$

und

$$\sin x \cong x - \frac{x^3}{6} + \frac{x^5}{120} \cong c_0 + c_1 x + c_2 x^2 + c_3 x^3 + c_4 x^4 + c_5 x^5.$$

Aus den Ansätzen für R_5 und $\sin x$ folgt:

$$
\begin{array}{lll}
c_0 = 0 & a_0 = a_0 & b_0 = 1 \\
c_1 = 1 & a_1 = a_1 & b_1 = b_1 \\
c_2 = 0 & a_2 = a_2 & b_2 = b_2 \\
c_3 = -\frac{1}{6} & a_3 = a_3 & b_3 = 0 \\
c_4 = 0 & a_4 = 0 & b_4 = 0 \\
c_5 = \frac{1}{120} & a_5 = 0 & b_5 = 0.
\end{array}
$$

Die sechs Gleichungen zur Bestimmung der sechs Koeffizienten a_0, a_1, a_2, a_3, b_1, b_2 lauten:

$$c_0 - a_0 = 0$$

$$c_0 b_1 + c_1 - a = 0$$

$$c_0 b_2 + c_1 b_1 + c_2 - a_2 = 0$$

$$c_0 b_3 + c_1 b_2 + c_2 b_1 + c_3 - a_3 = 0$$

$$c_0 b_4 + c_1 b_3 + c_2 b_2 + c_3 b_1 + c_4 = 0$$

$$c_0 b_5 + c_1 b_4 + c_2 b_3 + c_3 b_2 + c_4 b_1 + c_5 = 0.$$

Durch direktes Einsetzen der oben ermittelten Werte für a, b und c finden wir:

$$a_0 = 0$$

$$a_1 = 1$$

$$a_2 = b_1$$

$$a_3 = -\tfrac{1}{6} + b_2$$

$$0 = -\frac{b_1}{6} \quad \therefore b_1 = 0$$

$$0 = \tfrac{1}{120} - \frac{b_2}{6} \quad \therefore b_2 = \tfrac{1}{20}.$$

Also folgt:

$$a_0 = 0$$

$$a_1 = 1$$

$$a_2 = 0$$

$$a_3 = (\tfrac{1}{20} - \tfrac{1}{6}) = (\tfrac{6}{120} - \tfrac{20}{120}) = -\tfrac{14}{120}$$

$$b_1 = 0$$

$$b_2 = \tfrac{1}{20}$$

und

$$\sin x \cong \frac{x - \tfrac{14}{120}\, x^3}{1 + \tfrac{1}{20}\, x^2}.$$

Die aus dieser Approximation gewonnenen Näherungswerte lassen sich mit den entsprechenden Werten aus der Maclaurinschen Reihen-Approximation und den tatsächlichen Werten von $\sin x$ vergleichen. Dies ist in Tabelle 3.4.2 geschehen. Im Intervall zwischen 0 und 1 liefert die Maclaurinsche Entwicklung genauere Werte (wie man erwarten konnte), während das rationale Polynom außerhalb des (0,1)-Intervalls genauere Werte ergibt.

Dieses Beispiel zeigt die wichtige Tatsache, daß rationale Polynomentwicklungen, obschon die dazugehörigen Polynome kleinere Potenzen als das Polynom, aus denen sie hergeleitet werden, besitzen, nicht notwendigerweise über alle Intervalle gleich genau sind. In diesem Beispiel wird jedoch außerdem veranschaulicht, wie rationale Polynom-Approximationen von Funktionen erzeugt werden können.

Tabelle 3.4.2

x	$\sin x$	R_5	Fehler	M_5	Fehler
0.25	0.24740396	0.24740395	1×10^{-8}	0.24740397	-1×10^{-8}
0.50	0.47942554	0.47942387	1.67×10^{-6}	0.47942708	-1.54×10^{-6}
0.75	0.68163876	0.68161094	27.82×10^{-6}	0.68166504	-26.28×10^{-6}
1.00	0.84147098	0.84126984	201.14×10^{-6}	0.84166667	-195.68×10^{-6}
1.25	0.74898462	0.94806763	916.99×10^{-6}	0.94991048	-925.86×10^{-6}
1.50	0.99749499	0.99438202	3112.96×10^{-6}	1.00078125	-3286.26×10^{-6}
$\pi/2$	1.00000000	0.99577290	4227.10×10^{-6}	1.00452486	-4524.86×10^{-6}
2.00	0.90929743	0.88888888	2.040854×10^{-2}	0.93333333	-2.403591×10^{-2}

Beispiel 3.4.2: Es soll die Maclaurinsche Reihenentwicklung von e^x:

$$e^x = 1 + x + \frac{x^2}{2} + \frac{x^3}{6} + \frac{x^4}{24} + \frac{x^5}{120} + \frac{x^6}{720} + \cdots$$

ökonomisiert werden. Da

$$1 = T_0$$

$$x = T_1$$

$$x^2 = \tfrac{1}{2}(T_0 + T_2)$$

$$x^3 = \tfrac{1}{4}(3T_1 + T_3)$$

$$x^4 = \tfrac{1}{8}(3T_0 + 4T_2 + T_4)$$

$$x^5 = \tfrac{1}{16}(10T_1 + 5T_3 + T_5)$$

$$x^6 = \tfrac{1}{32}(10T_0 + 15T_2 + 6T_4 + T_6)$$

gilt, können wir schreiben

$$e^x = T_0 + T_1 + \tfrac{1}{4}(T_0 + T_2) + \tfrac{1}{24}(3T_1 + T_3) + \tfrac{1}{192}(3T_0 + 4T_2 + T_4)$$

$$+ \tfrac{1}{1920}(10T_1 + 5T_3 + \cdots) + \tfrac{1}{23040}(10T_0 + 15T_2 + \cdots) + \cdots$$

$$e^x = 1.2661 T_0 + 1.1303 T_1 + 0.2715 T_2 + 0.0444 T_3 + \cdots$$

$$e^x = 1.2661 + 1.1303 x + 0.2715(2x^2 - 1) + 0.0444(4x^3 - 3x) + \cdots$$

$$e^x \cong 0.9946 + 0.9971 x + 0.5430 x^2 + 0.1776 x^3 + \cdots .$$

Man beachte, daß alle Glieder bis x^6 in der Maclaurinschen Reihe einen Beitrag für die Koeffizienten der Terme T_0, T_1, T_2 und T_3 liefern. Somit überträgt sich die durch den sechsten Term in der Maclaurinschen Reihe erzielte Wirkung auf den ersten und die folgenden Terme der Chebyshev-Approximation – der Effekt, der die Ökonomisierung bewirkt.

Ein Vergleich der Chebyshevschen und der Maclaurinschen Approximationen wird in Tabelle 3.4.3 gezeigt.

Man sieht, daß der Chebyshev-Fehler bei $x = 0$ nicht den kleinsten Wert annimmt, während der Maclaurinsche Fehler an dieser Stelle minimal ist. Dies liegt daran, daß die Kurve für die Maclaurin-Approximation horizontal in den Ursprung mündet, während die Chebyshev-Approximation auf dem Intervall $(0,1)$ Mini-Max-Charakter aufweist. Bild 3.4.3 veranschaulicht den Sachverhalt.

Tabelle 3.4.3

x	e^x	Maclaurin	Chebyshev	Fehler M	Fehler C
1.0	2.7183	2.6667	2.7123	0.0516	0.0060
0.8	2.2255	2.2053	2.2307	0.0202	− 0.0052
0.6	1.8221	1.8160	1.8267	0.0061	− 0.0057
0.4	1.4918	1.4907	1.4917	0.0011	0.0001
0.2	1.2214	1.2213	1.2172	0.0001	0.0042
0.0	1.0000	1.0000	0.9946	0.0000	0.0054

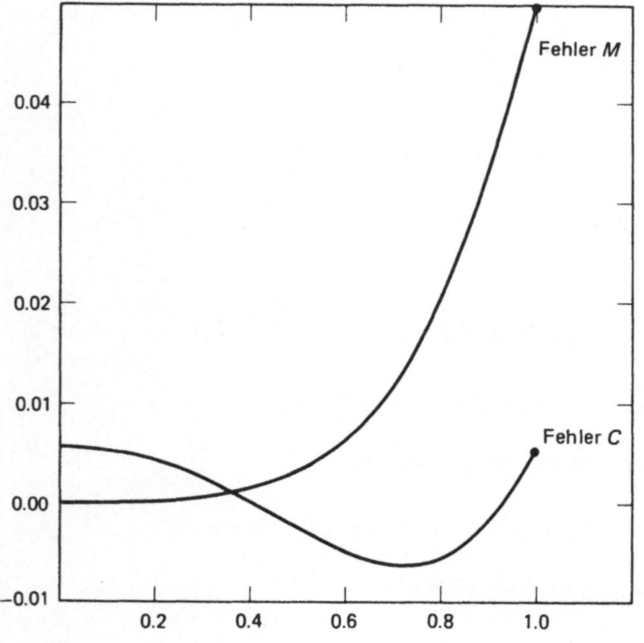

Bild 3.4.3

Fehler der Chebyshev-Ökonomisierung einer Maclaurinschen Reihenentwicklung von e^x

Beispiel 3.4.3: $\sin x$ soll durch Chebyshev-Polynome nach der Ökonomisierungsmethode approximiert werden.

Bei diesem einfachen Beispiel verwenden wir wieder die Maclaurinsche Approximation, weil sie auf das Intervall $-1 \leqslant x \leqslant +1$ zentriert ist. Es gilt

$$\sin x \cong x - \frac{x^3}{6} + \frac{x^5}{120}$$

und

$$\sin x \cong T_1 - \tfrac{1}{24}(3T_1 + T_3) + \tfrac{1}{1920}(10T_1 + 5T_3 + T_5)$$

$$\sin x \cong \tfrac{169}{192} T_1 - \tfrac{5}{128} T_3 + \tfrac{1}{1920} T_5 \ .$$

Die Hinzunahme von weiteren Gliedern aus der Maclaurinschen Reihe mit höheren Potenzen von x würde die Koeffizienten von T_1, T_2 und T_3 noch ändern, wobei diese Änderung jedoch geringfügig ist. Insbesondere der Term x^5 ändert den Koeffizienten von T_1 um weniger als 1 %, der Term x^7 ändert diesen Koeffizienten um weniger als 0.01 %.

Durch Ökonomisierung der Chebyshev-Approximation (vernachlässigen von T_5) finden wir

$$\sin x \cong \frac{169}{192} T_1 - \frac{5}{128} T_3 \ .$$

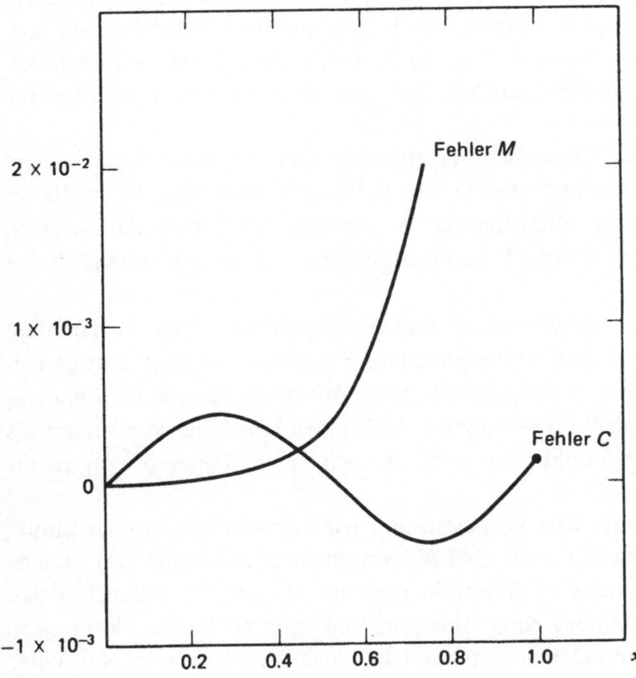

Bild 3.4.4

Ein Vergleich der Fehler, die durch eine Maclaurinsche und eine ökonomisierte Chebyshevsche Approximation von $\sin x$ entstehen

Mit der Substitution

$$T_1 = x$$
$$T_3 = 4x^3 - 3x$$

ergibt sich

$$\sin x \cong 0.9974\,x - 0.1562\,x^3$$
$$\sin x \cong x\,(0.9974 - 0.1562\,x^2).$$

Die Fehler der Maclaurinschen Approximation von $\sin x$ und der ökonomisierten Chebyshev-Approximation werden in Bild 3.4.4 verglichen.

3.5 Die Bestimmung der Nullstellen einer Funktion

3.5.1 Einführung

In diesem Abschnitt beschäftigen wir uns ausführlicher mit dem Problem der Nullstellenbestimmung einer Funktion, das wir bereits in Abschnitt 2.1 kurz angesprochen haben. Zunächst diskutieren wir die reellen Nullstellen einer stetigen Funktion und gehen dann kurz auf das Problem komplexer Nullstellen ein. Die Notwendigkeit, Nullstellen einer stetigen Funktion zu bestimmen, stellt sich häufig in der Technik, gewöhnlich beim Lösen impliziter Gleichungen, bei der Bestimmung von Maxima und Minima oder beim Auffinden der Lösungen simultaner Gleichungen. Diejenigen Verfahren, die sich besonders zur Durchführung auf dem Taschenrechner eignen, werden hier besprochen. Sie unterscheiden sich von den Standardverfahren zur Berechnung von Nullstellen auf großen Digitalrechnern dadurch, daß der Analysierende die Funktion, von der die Nullstellen zu bestimmen sind, verstanden haben muß, um den geeigneten Ansatz für das Problem zu finden.

Es werden drei Verfahren zur reellen Nullstellenbestimmung einer Funktion besprochen. Vielleicht ist der einfachste Ansatz die Halbierung desjenigen Intervalls, in dem man die Nullstelle zu finden hofft. Das Halbierungsverfahren konvergiert langsam, aber es ist in seiner Anwendung praktisch narrensicher (d.h., es ist fast unmöglich das Verfahren falsch anzuwenden).

Ein weiterer Ansatz ist die modifizierte Form der „Regula falsi", die von Hamming entwickelt wurde. Dies ist ein schnell konvergierendes Verfahren, benötigt aber geringfügig mehr Rechenaufwand als das Halbierungsverfahren. Außerdem kann es vorkommen, daß die modifizierte „Regula falsi" für bestimmte Funktionen langsamer konvergiert als das Halbierungsverfahren; diese Funktionen treten jedoch in der Praxis bei ingenieurmäßigen Analysen nicht häufig auf.

Schließlich bleibt das Newtonsche Verfahren und seine Anwendung auf das Ermitteln von Potenzen oder $n$ten Wurzeln einer Zahl N (verwendet in Abschnitt 1.2) zu nennen. Obwohl es für andere numerische Berechnungen sehr nützlich ist, beinhaltet das Newtonsche Verfahren die Berechnung einer Ableitung und kann ein langsam konvergierender Prozeß sein. Befindet man sich jedoch schon relativ nahe genug an einer Nullstelle, so verdoppelt sich bei jedem weiteren Iterationsschritt im wesentlichen die Anzahl der Dezimalstellen, auf die der Näherungswert für die Nullstelle bekannt ist. In diesem Sinne ist es ein schnell konvergierendes Verfahren, wenn sich der Näherungswert „hinreichend" dicht bei der Nullstelle befindet.

Bei der Berechnung komplexer Nullstellen einer Funktion beschränken wir uns auf eine Methode, deren Suchschema die Nullstellen nur grob bestimmt. Ihre genaue Bestimmung ist möglich, aber die notwendigen Verfahren und Durchführungsmethoden sind für die Behandlung auf dem Taschenrechner zu komplex. Die Approximation ist jedoch im allgemeinen hinreichend genau für technische Anwendungen.

Der Abschnitt wird mit einer Diskussion der Nullstellen von Polynomen $n$ter Ordnung abgeschlossen (wir behandelten in Abschnitt 1.2 nur Polynome 1., 2., 3. und 4. Ordnung). Die Suche nach den Nullstellen eines Polynoms wird in diesem Abschnitt behandelt, weil über die Nullstellen von Polynomen viel bekannt ist. Insbesondere wissen wir:

1. Polynome $n$ter Ordnung haben genau n Nullstellen. Somit wissen wir genau, wann alle Nullstellen ermittelt worden sind.
2. Ist eine Nullstelle gefunden, so läßt sich der dazugehörige Linearfaktor vom Ausgangspolynom abspalten, um ein Polynom niedrigeren Grades zur leichteren Berechnung der noch nicht ermittelten Nullstellen zu erhalten.
3. Die meisten Polynome können zur leichteren Nullstellenberechnung skaliert werden.
4. Das Polynom kann manchmal in reelle lineare und reelle quadratische Faktoren faktorisiert werden, eine wichtige Vereinfachung für die Berechnung der Nullstellen von Polynomen.

3.5.2 Die reellen Nullstellen stetiger Funktionen

Eine reelle Nullstelle einer stetigen Funktion zu finden, bedeutet vom mathematischen Standpunkt aus betrachtet, eine Zahl x anzugeben, die — eingesetzt in den Funktionsterm $f(x)$ — genau den Funktionswert Null ergibt. Auf dem Taschenrechner genügt es, benachbarte Werte von x so zu finden, daß sie — in $f(x)$ eingesetzt — Werte unterschiedlichen Vorzeichens, die nahezu Null sind, ergeben. In diesem Fall können wir die Nullstelle der Funktion durch den Mittelwert dieser beiden x-Werte approximieren.

Bei der Berechnung der Nullstellen von Funktionen, die aus algebraischen und transzendenten Termen zusammengesetzt sind, werden gewöhnlich unendlich viele Nullstellen gefunden. Für diese Funktionen muß deshalb das Gebiet angegeben werden, in dem die interessierende Nullstelle liegt. Dies kann gewöhnlich schnell durch eine Skizze der beiden Funktionsteile geschehen, oder indem man die Nachbarschaft der Nullstelle analytisch durch Ausprobieren bestimmt. Dann kann die Suche nach der Nullstelle beginnen. Zum Beispiel hat die Funktion

$$f(x) = \frac{1}{\sin x} - \frac{1}{2}\left(\frac{x}{\pi} + 3\right)\sin x \qquad (3.5.1)$$

eine unendliche Nullstellenanzahl, wie Bild 3.5.1 zeigt. Die Entscheidung, welche Nullstelle zu berechnen ist, ist Sache des Analysierenden.

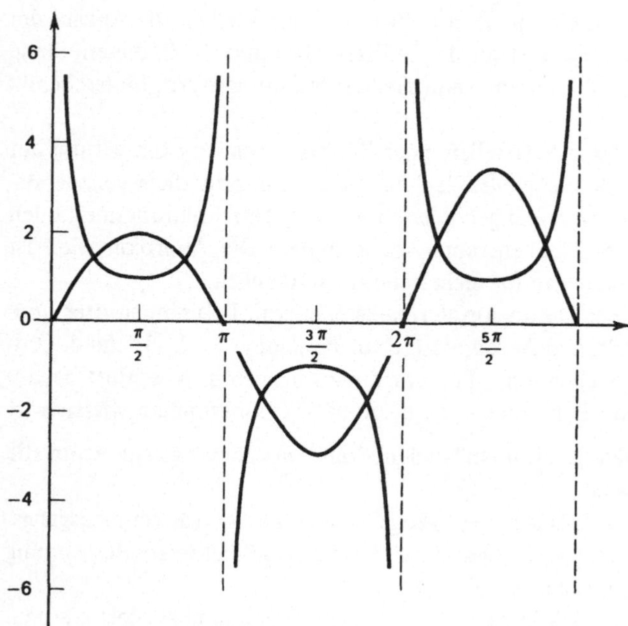

Bild 3.5.1

Eine Funktion mit einer unendlichen Anzahl von Nullstellen

Die einfachste Methode, die reellen Nullstellen von $f(x)$ zu finden, ist die Intervallhalbierung. Zunächst bestimmen wir ein Intervall

$$x_1 \leqslant x \leqslant x_2$$

so, daß das Produkt

$$(f(x_1))\,(f(x_2)) < 0 \tag{3.5.2}$$

wird. An einer Intervallgrenze ist $f(x)$ also positiv und an der anderen negativ. Sicherlich liegt die Nullstelle nun zwischen den beiden Intervallgrenzen. Dies zeigt Bild 3.5.2. Wenn das Intervall erst bestimmt ist, wird ein weiteres Intervall, das die gleichen Bedingungen

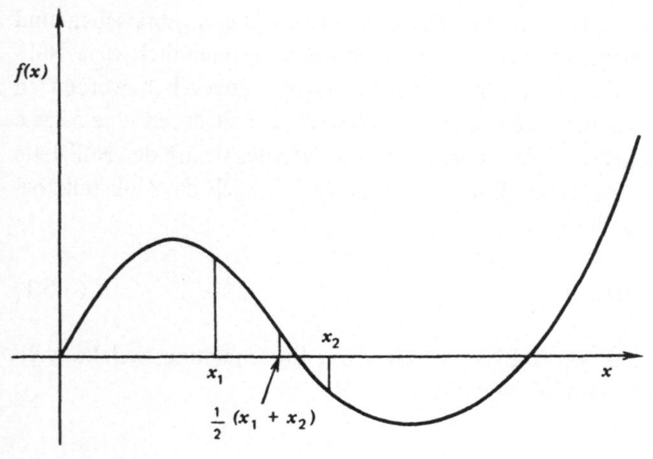

Bild 3.5.2

Die Suche nach Nullstellen mit Hilfe des Halbierungsverfahrens

erfüllt (Gl. (3.5.2)) und zugleich kleiner ist durch das Halbierungsverfahren ermittelt. Hierzu berechnen wir den Funktionswert an der mittleren Stelle des Intervalls und überprüfen ob der Funktionsterm Null wird. Ist dies nicht der Fall (was gewöhnlich so ist), so wird die mittlere Stelle als eine Grenze des neuen Intervalls, das kleiner als das vorhergehende ist, angesehen. Haben insbesondere die Funktionswerte an der mittleren Stelle und an der ursprünglich linken Intervallgrenze dasselbe Vorzeichen, so liegt die Nullstelle rechts vom Intervallmittelpunkt und das neue Intervall hat die mittlere Stelle und die ursprünglich rechte Intervallgrenze als Grenzen. Haben die Funktionswerte an der mittleren Stelle und an der ursprünglich linken Intervallgrenze jedoch unterschiedliches Vorzeichen, liegt die Nullstelle links vom Intervallmittelpunkt; dann bilden linke Intervallgrenze und die mittlere Stelle die Grenzen des neuen Intervalls. Die Überlegungen lassen sich folgendermaßen zusammenfassen:

$$\left(f\left(\frac{x_1 + x_2}{2} \right) \right) \; (f(x_1)) \begin{cases} = 0 & \text{falls } \dfrac{x_1 + x_2}{2} \text{ Nullstelle von } f(x) \text{ ist} \\[2ex] > 0 & \text{falls die Nullstelle im neuen Intervall } \left(\dfrac{x_1 + x_2}{2}, x_2 \right) \text{ liegt.} \\[2ex] < 0 & \text{falls die Nullstelle im neuen Intervall } \left(x_1, \dfrac{x_1 + x_2}{2} \right) \text{ liegt.} \end{cases}$$

$$(3.5.3)$$

Bei jedem Iterationsschritt wird die Länge des Intervalls halbiert. Im Idealfall sollte die anfängliche Intervallänge so klein wie möglich sein, um die Anzahl der notwendigen Iterationsschritte zu begrenzen. Zum Beispiel wird die ursprüngliche Intervallänge durch drei Iterationsschritte auf $\frac{1}{8}$, durch vier Schritte auf ein $\frac{1}{16}$ und durch fünf auf $\frac{1}{32}$ reduziert. Mit zehn Iterationsschritten kann schon eine Reduktion auf etwa $\frac{1}{1000}$ erreicht werden. Allgemein verkleinert sich die ursprüngliche Intervalllänge nach n Iterationsschritten um den Faktor $1/2^n$.

Das Halbierungsverfahren wirft die Frage auf, wie die iterative Auswertung der Lösung zu beenden ist. Hierzu gibt es fünf herkömmliche Techniken. Der erste, attraktivste Ansatz besteht darin, die Anzahl der Rechenschritte festzusetzen und dann zu entscheiden, ob das Halbierungsverfahren so langsam konvergiert, daß die Anwendung einer anderen Methode gerechtfertigt ist. Der zweite Weg testet die absolute Genauigkeit für x, d.h., es wird bestimmt, ob der Betrag der Differenz zwischen zwei Lösungen kleiner oder gleich einer vorgegebenen kleinen Zahl ist. Ein weiterer Weg untersucht die relative Genauigkeit. Hierbei wird überprüft, ob der Betrag der Differenz zweier aufeinanderfolgender Werte von x_n dividiert durch x_{n-1} kleiner oder gleich einer Zahl ζ ist. Noch weitere Tests sind erforderlich, um zu bestimmen, ob

1. $f(x_n)$ kleiner oder gleich einem angenommenen Wert ist und
2. ob die Differenz zwischen aufeinanderfolgenden Werten von $f(x)$ kleiner oder gleich einem angenommenen Wert ist.

Diese Methoden werden bei Digitalrechnern verwendet, um die iterativen Lösungen der Gleichung $f(x) = 0$ abzubrechen. Bei der Berechnung von Nullstellen auf dem Taschenrechner können jedoch Werte von x_n und $f(x_n)$ in Tabellenform schnell ermittelt werden, so daß der Analysierende das Konvergenzverhalten überschauen kann. In der Tat wird der Iterationsprozeß gewöhnlich abgebrochen, wenn sich die berechneten Werte von Iterationsschritt zu Iterationsschritt kaum noch ändern.

Eine Einschränkung des Halbierungsverfahrens ergibt sich bei der Berechnung der Nullstellen von Funktionen mit Polstellen. Die Folge der Lösungswerte kann gegen die Polstelle konvergieren (wenn die Funktionswerte links und rechts von der Polstelle unterschiedliches Vorzeichen haben). Diesem Problem wird man wahrscheinlich nicht begegnen, da der Benutzer des Taschenrechners die Funktion, deren Nullstellen er ermitteln will, wenigstens skizziert haben wird und somit die Eigenschaften der Funktion in der Umgebung der Nullstelle kennt.

3.5.3 Die modifizierte Regula falsi

Die Methode des falschen Ansatzes, auch „Regula falsi" genannt, basiert auf folgender Überlegung: Wenn (a) das Intervall, in dem die vermutete Nullstelle liegt, verkleinert wird und (b) der Funktionswert an der einen Intervallgrenze groß gegenüber dem Funktionswert an der anderen Intervallgrenze ist, so kann angenommen werden, daß die Nullstelle näher an der Intervallgrenze mit dem kleineren als an derjenigen mit dem größeren Funktionswert liegt. Durch Interpolation zwischen den Funktionswerten an den Intervallgrenzen läßt sich der Schnittpunkt der Interpolationsgeraden mit der x-Achse aus folgender Gleichung ermitteln:

$$y(x) = f(x_1) + \frac{f(x_2) - f(x_1)}{x_2 - x_1}(x - x_1). \tag{3.5.4}$$

Die Nullstelle der in Gl. (3.5.4) gegebenen linearen Funktion ist

$$x = \frac{x_1 f(x_2) - x_2 f(x_1)}{f(x_2) - f(x_1)} \tag{3.5.5}$$

Nach der Ermittlung dieser neuen Näherung für die Nullstelle von f wird der Funktionswert $f(x)$ an dieser Stelle berechnet und diejenige Intervallgrenze, an der der Funktionswert das gleiche Vorzeichen wie $f(x)$ hat, nun durch die in Gl. (3.5.5) gegebene Stelle ersetzt. Zugleich wird der Funktionswert an der anderen Intervallgrenze halbiert.

Bild 3.5.3 zeigt die Auswahl des neuen Näherungswertes für die Nullstelle und Bild 3.5.4 veranschaulicht den Prozeß, durch den das Intervall verkleinert und die Approximationsgerade gebildet wird, um eine schnelle Konvergenz der Näherungen zu erreichen.

3.5.4 Das Newtonsche Verfahren

Beim Newtonschen Verfahren wird die Nullstelle abgeschätzt und für diesen Näherungspunkt die Gleichung der Tangente an den Funktionsgraphen aufgestellt. Der Schnittpunkt dieser Tangente mit der x-Achse bestimmt die zweite Abschätzung der Nullstelle. Erneut wird an dieser Stelle die Ableitung berechnet und die Tangentengleichung aufge-

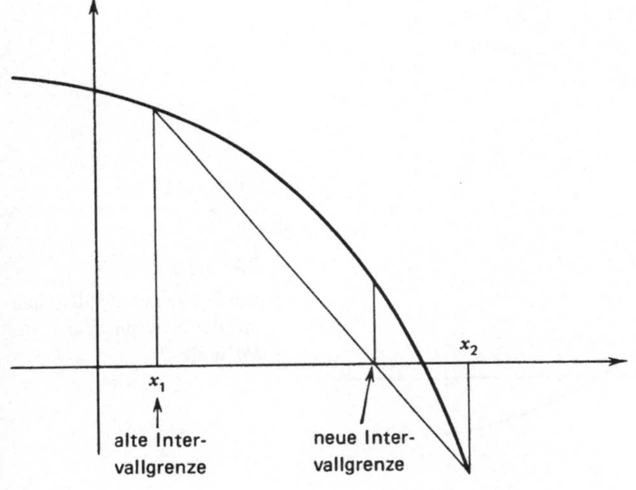

Bild 3.5.3

Die Suche nach Nullstellen
mit Hilfe der modifzierten
Regula falsi

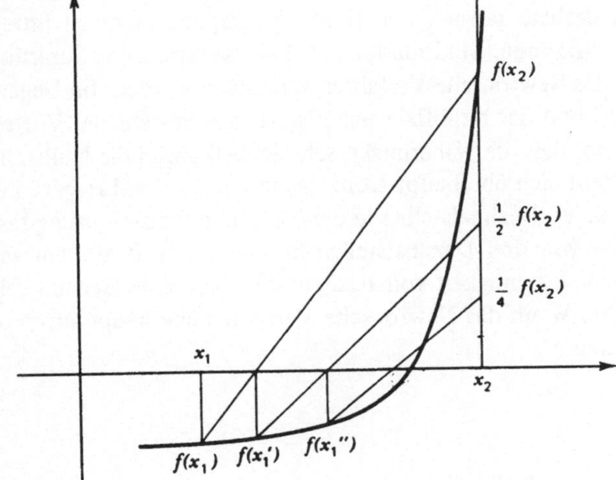

Bild 3.5.4

Intervallhalbierung zur
Konvergenzverbesserung
bei der modifizierten
Regula falsi

stellt, um die dritte Näherung zu erhalten. Dieser Prozeß ist in Bild 3.5.5 skizziert. Das Verfahren ist einfach, schließt jedoch die Berechnung von Ableitungen mit ein. Aus der Tangentengleichung, die durch

$$y(x) = f(x_n) + f'(x_n)(x - x_n) \tag{3.5.6}$$

gegeben ist, ergibt sich für $y(x) = 0$ die Iterationsformel zur iterativen Abschätzung der Lösung:

$$x_{n+1} = x_n - \frac{f(x_n)}{f'(x_n)} . \tag{3.5.7}$$

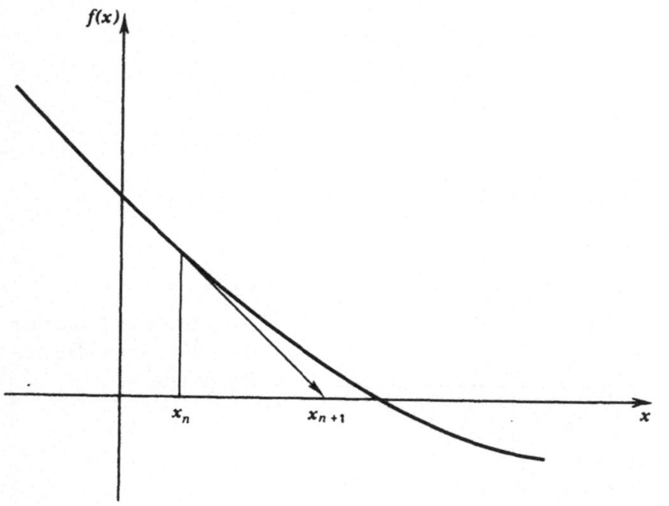

Bild 3.5.5
Die Suche nach Nullstellen
mit der Newtonschen
Methode

In Bild 3.5.6 sind Fälle skizziert, bei denen die Anwendung des Newtonschen Verfahrens Schwierigkeiten bereitet. Es ist deshalb ratsam, den Funktionsgraphen einer zu untersuchenden Funktion vorher zu skizzieren. Sind die lokalen Eigenschaften der Funktion jedoch nicht gut bekannt, sollte das Newtonsche Verfahren vermieden werden. Im Gegensatz zu dem Halbierungsverfahren und der modifizierten Regula falsi besteht der Vorteil des Newtonschen Verfahrens darin, daß die Näherungen sehr schnell gegen die Nullstelle konvergieren, vorausgesetzt, es stellt sich überhaupt Konvergenz ein. In der Tat wird bei jedem Schritt die Anzahl der genauen Dezimalstellen in der Näherung für die Lösung fast verdoppelt. Bei einer Genauigkeit von drei Dezimalstellen für einen Schritt können wir somit für den nächsten Schritt eine Genauigkeit von sechs und danach eine Genauigkeit von zwölf Dezimalstellen erwarten. Wenn das Newtonsche Verfahren überhaupt anwendbar ist, funktioniert es ausgezeichnet.

3.5.5 Komplexe Nullstellen

Zur Ermittlung der komplexen Nullstellen einer analytischen Funktion verwenden wir die konventionelle Notation für komplexe Variable — die unabhängige Variable ist $z = x + iy$ und die abhängige Variable ist $w = f(z) = f(x + iy)$, wobei auch $w = u(x, y) + iv(x, y)$ geschrieben werden kann. Die Bedingung

$$f(x + iy) = 0 \tag{3.5.8}$$

ist dann den beiden Bedingungen

$$u(x, y) = 0 \tag{3.5.9}$$
$$v(x, y) = 0 \tag{3.5.10}$$

äquivalent. Da die Gleichung $u(x, y) = 0$ Kurven in der komplexen Ebene definiert, und die Gleichung $v(x, y) = 0$ eine andere Menge von Kurven festlegt, gilt nur für den Schnitt

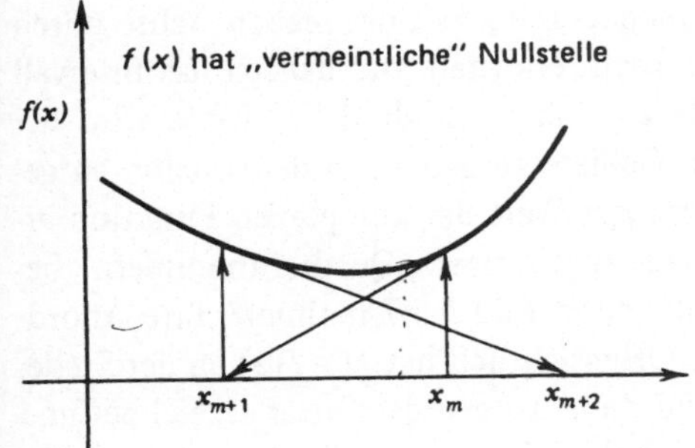

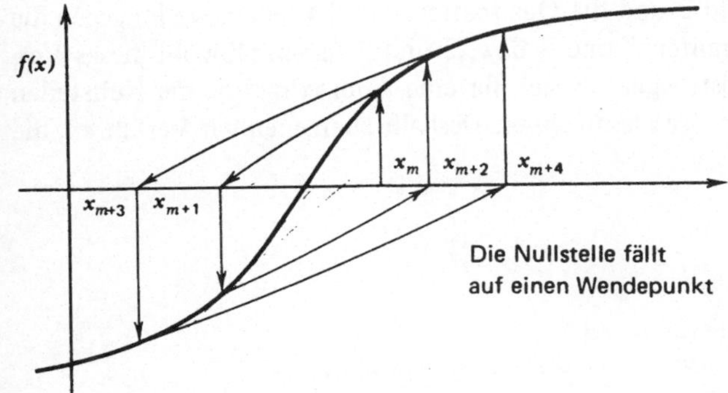

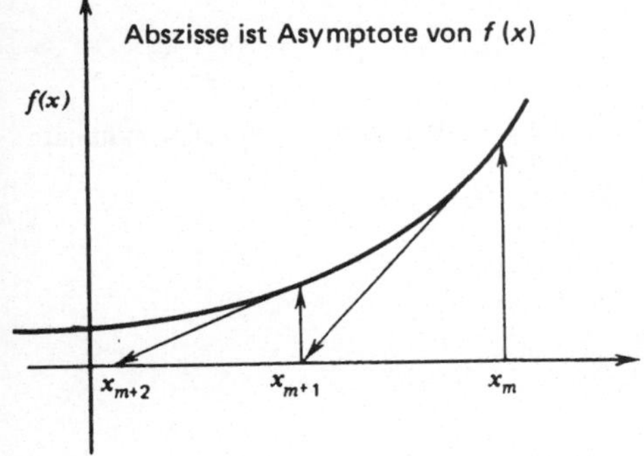

Bild 3.5.6
Mögliche Probleme bei der
Anwendung der Newtonschen
Methode

dieser beiden Kurvenmengen $w(z) = 0$. In diesem Sinne entspricht das Problem, die komplexen Nullstellen von $w = f(z)$ zu finden, dem Suchen nach der Schnittmenge zweier Kurven mit $u = 0 = v$. Offensichtlich ist das Problem hierbei die simultane Lösung zweier Gleichungen. Wenn die Nullstelle $z = x + iy$ sich nicht auf der reellen Achse befindet, so ist die konjugiert komplexe Zahl $z_c = x - iy$ ebenfalls Nullstelle.

Das Halbierungsverfahren kann zur Ermittlung komplexer Nullstellen erweitert werden. Für reelle Nullstellen wird das Intervall, in dem die Nullstelle erwartet wird, bestimmt und dann die Schätzung der Nullstelle durch Verkleinerung des Intervalls verbessert. Hierbei wird zuerst das in Frage kommende Teilgebiet der reellen Achse durch das Intervall, in dem $f(x)$ sein Vorzeichen wechselt, ermittelt und danach das Intervall verkleinert, um die genaue Lage der Nullstelle zu finden. In ähnlicher Weise wird bei komplexen Nullstellen die komplexe Ebene in Gebiete aufgeteilt, in denen dann an geeigneten Punkten nur das Vorzeichen und nicht der Wert der komplexen Funktion ermittelt wird. Hierdurch lassen sich die zu $w = f(z)$ zugehörigen „Quadrantnummern" bestimmen. Die Quadrantnummern sind allgemein wie in Bild 3.5.7 definiert. Ihre Anordnung in der komplexen Ebene zeigt Bild 3.5.8. Offensichtlich hat $w = f(z)$ an der Stelle, an der sich die vier Quadranten treffen, eine Nullstelle. Ist erst das Gitter gezeichnet und die Quadrantnummern an die Gitterpunkte geschrieben, können die Kurven zu $u = 0$ und $v = 0$ gewöhnlich schnell skizziert werden, wenn man beachtet, daß die Kurven zu $u(x, y) = 0$ die Quadranten 1 und 2 und die Quadranten 3 und 4 teilen, wo hingegen die Kurven zu $v(x, y) = 0$ die Quadranten 1 und 4 bzw. 2 und 3 teilen. Obwohl dieses Verfahren nicht sehr anspruchsvoll ist, eignet es sich für eine Approximation der Nullstellen in der komplexen Ebene auf dem Taschenrechner. Deshalb übergehen wir Verfahren, die

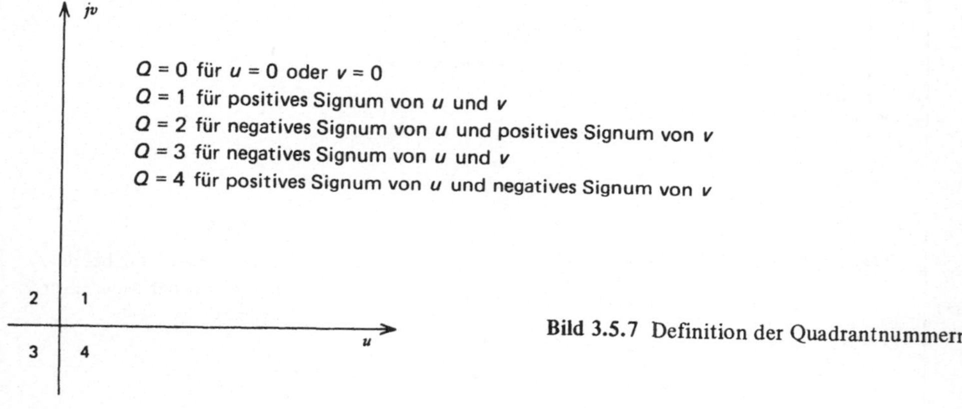

Bild 3.5.7 Definition der Quadrantnummern

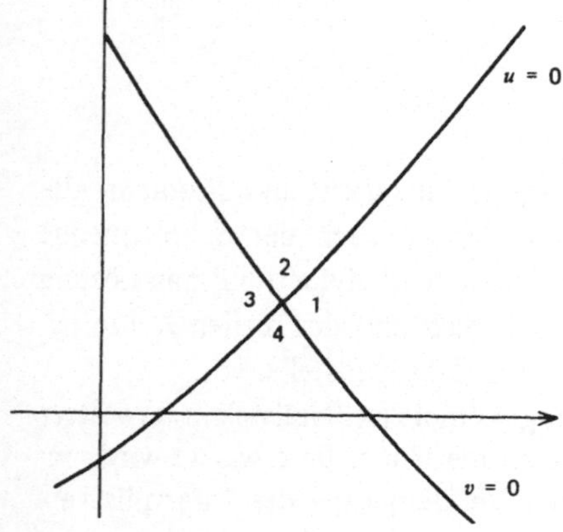

Bild 3.5.8

Quadrantnummern in der komplexen Ebene

in anderen Büchern dargestellt sind und eine noch genauere Berechnung komplexer Nullstellen ermöglichen. Folgendes soll jedoch herausgestellt werden: Wenn eine komplexe Nullstelle auf die angegebene Weise lokalisiert ist, so kann das Gebiet in der Nachbarschaft der Nullstelle weiter unterteilt werden, um ein verfeinertes Gitter für eine genauere Nullstellenbestimmung zu bilden.

Als Beispiel für dieses Verfahren sollen die komplexen Nullstellen der Funktion

$$w = az + b$$

bestimmt werden. Die Nullstellen dieser komplexen Funktion sind leicht zu ermitteln; das Beispiel ist deshalb gewählt, da es hier besonders einfach ist, die Kurven zu $u = 0 = v$ zu skizzieren, um das Gebiet, in dem die komplexe Nullstelle liegt, zu finden (das dann für die nächste verfeinerte Suche nach der komplexen Nullstelle verwendet werden kann). Zunächst ist es aufschlußreich, die Nullstelle von w analytisch zu bestimmen. Indem z durch $(x + iy)$ ersetzt wird, finden wir:

$$w = (ax + b) + i(ay) = u(x, y) + iv(x, y).$$

Die Kurven zu $u = 0$ in der komplexen Ebene werden durch

$$u = 0 = ax + b$$

$$x = -\frac{b}{a}$$

festgelegt, diejenigen Kurven zu $v = 0$ durch

$$v = 0 = ay$$

$$y = 0.$$

Der Schnittpunkt dieser beiden Kurven ergibt die Nullstelle der Funktion $w = 0$. Sie ist durch

$$x = -\frac{b}{a}$$

$$y = 0$$

bestimmt. Wir wollen nun für diese Funktion mit Hilfe des modifizierten Halbierungsverfahrens die Kurven zu $u = 0 = v$ skizzieren.

Tabelle 3.5.1 zeigt die Einzelheiten zur Ermittlung der Quadrantnummern von 25 Testpunkten in der komplexen Ebene. Die ausgewählten Punkte des Testgebietes haben die Werte

$$x = -2, -1, 0, +1, +2$$

$$y = -1, 0, +1, +2, +3.$$

Die Berechnung von u und v und die analytische Ermittlung der Quadrantnummern durch die Bestimmung von $\pm \arctan(v/u)$ läßt sich auf technisch-wissenschaftlichen Taschenrechnern und insbesondere auf denjenigen mit einer Umrechnungstaste von kartesischen

Tabelle 3.5.1 Quadrantnummern der Funktion
$\omega = az + b = (ax + b) + i(ay) = u(x,y) + iv(x,y)$
für $a = 1$ und $b = 1$

| | | | | Quadrantnummer durch Rechnung | | Quadrantnummer durch Betrachtung des Vorzeichens von u und v |
x	y	u	v	$\pm \arctan v/u$	Quadrant-nummern	$(\operatorname{sign} u, \operatorname{sign} v)$
-2	-1	-1	-1	$-135°$	3	$(-,-)\to 3$
-1	-1	0	-1	$-90°$	0	$(0,-)\to 0$
0	-1	1	-1	$-45°$	4	$(+,-)\to 4$
$+1$	-1	2	-1	$-27°$	4	$(+,-)\to 4$
$+2$	-1	3	-1	$-18°$	4	$(+,-)\to 4$
-2	0	-1	0	$180°$	0	$(-,0)\to 0$
-1	0	0	0	nicht definiert	0	$(0,0)\to 0$
0	0	1	0	$0°$	0	$(+,0)\to 0$
$+1$	0	2	0	$0°$	0	$(+,0)\to 0$
$+2$	0	3	0	$0°$	0	$(+,0)\to 0$
-2	$+1$	-1	$+1$	$135°$	2	$(-,+)\to 2$
-1	$+1$	0	$+1$	$90°$	0	$(0,+)\to 0$
0	$+1$	1	$+1$	$45°$	1	$(+,+)\to 1$
$+1$	$+1$	2	$+1$	$27°$	1	$(+,+)\to 1$
$+2$	$+1$	3	$+1$	$18°$	1	$(+,+)\to 1$

in Polarkoordinaten recht einfach vornehmen. In Tabelle 3.5.2 ist das Verfahren zur Berechnung der Quadrantnummern abgebildet. Der Wert für $Q = H(\theta)$ wird hier folgendermaßen festgelegt:

$Q = 1$ für $0° < \theta < 90°$

$Q = 2$ für $90° < \theta < 180°$

$Q = 3$ für $\begin{cases} 180° < \theta < 270° \\ -90° > \theta > -180° \end{cases}$

$Q = 4$ für $\begin{cases} 270° < \theta < 360° \\ 0° > \theta > -90° \end{cases}$

$Q = 0$ für $\theta = 0, 90, 180, 270.$

Obwohl die Berechnung der Quadrantnummern nur wenige Tastendrücke auf dem technisch-wissenschaftlichen Taschenrechner erfordert und ein systematisches analytisches

Tabelle 3.5.2 Verfahren zur Berechnung der Quadrantnummern

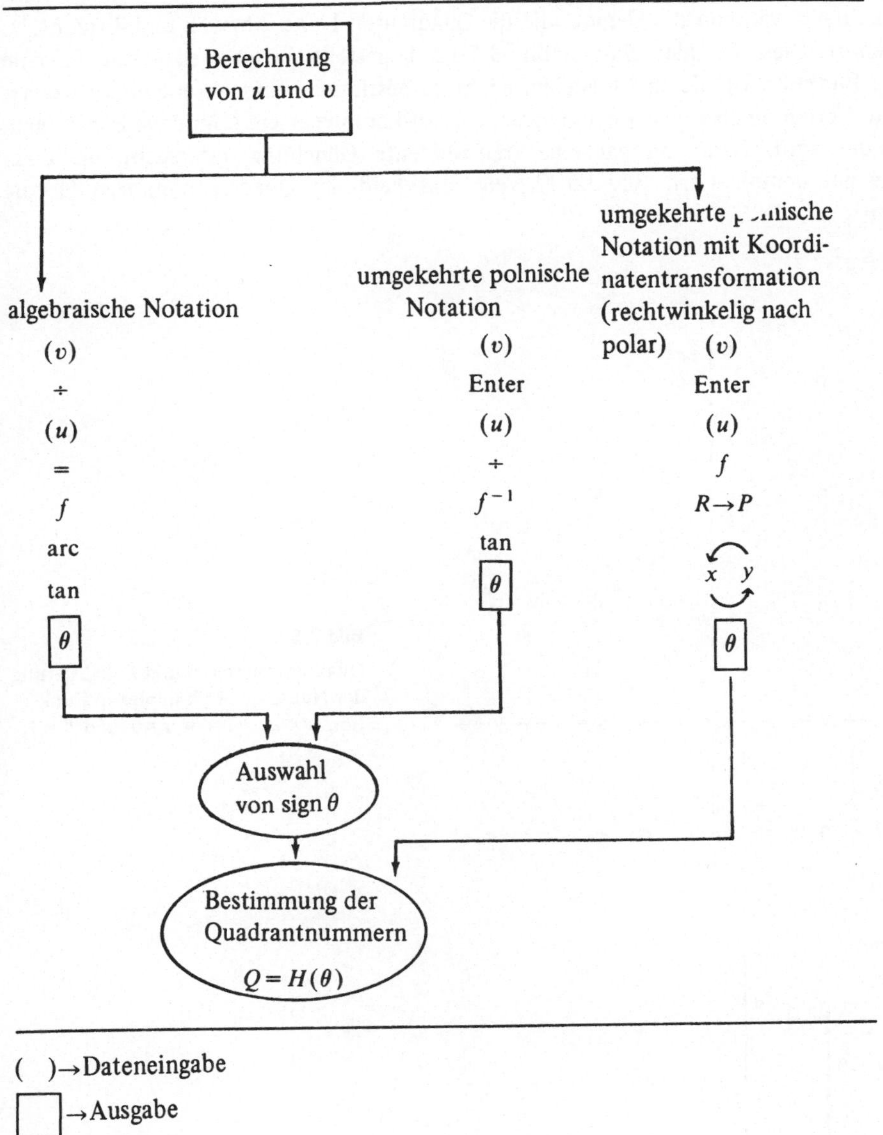

( ) → Dateneingabe

□ → Ausgabe

○ → Gedankenschritt

Vorgehen darstellt, werden die Quadrantnummern schneller durch die Betrachtung der Vorzeichen von u und v bestimmt. Die Ermittlung der Quadrantnummern durch Berechnung wird hier mehr aus Gründen der Vollständigkeit als aus Nützlichkeitsgründen aufgeführt.

Bild 3.5.9 zeigt das Feld der Quadrantnummern, die an die entsprechenden Testpunkte geschrieben sind. Die Gerade, die die Quadranten 1 und 4 bzw. 2 und 3 teilt, gehört zu $v = 0$ während die Gerade, die die Quadranten 1 und 2 bzw. 3 und 4 trennt, zu $u = 0$ gehört. Diese Geraden sind in Bild 3.5.10 dargestellt. Wenn auch $w = az + b$ eine einfache Funktion ist, deren Nullstellen leicht zu bestimmen sind, so entspricht das angewandte Verfahren aber genau demjenigen, das auf kompliziertere komplexe Funktionen angewendet wird. Hamming hat eine transzendente Gleichung untersucht, die diese Methode gut demonstriert. Bild 3.5.11 zeigt das Feld der Quadrantnummern für die Funktion

$$w = e^z - z^2$$

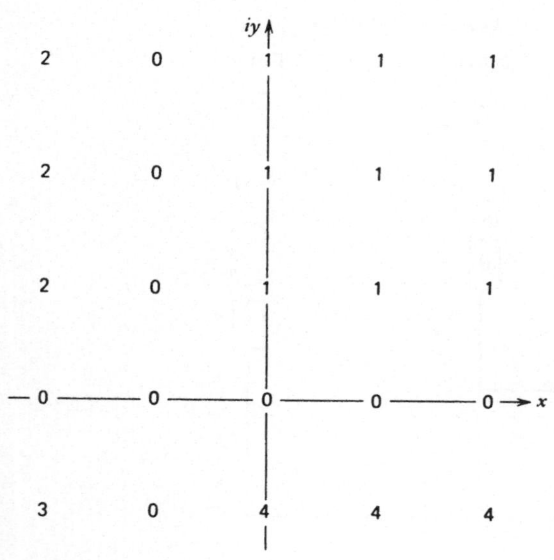

Bild 3.5.9

Quadrantnummern und Lokalisierung der Nullstelle der komplexen Funktion $w = az + b$ mit $a = 1$ und $b = 1$

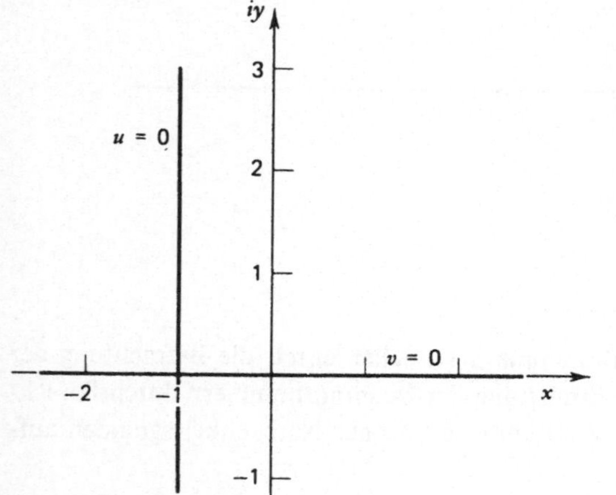

Bild 3.5.10

Die Geraden $u = 0$ und $v = 0$ für die komplexe Funktion $w = az + b$ $(a = 1, b = 1)$

in der Umgebung von $x = y = 0$. Durch Auswertung des Feldes ist es möglich, die zu $u = v = 0$ gehörenden Kurven zu skizzieren (Bild 3.5.12).

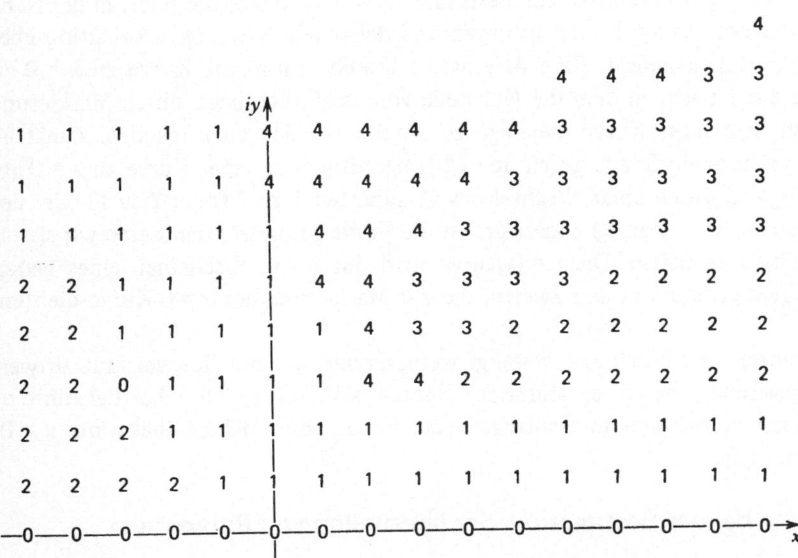

Bild 3.5.11 Das zu $w = e^z - z^2$ gehörende Feld der Quadrantnummern

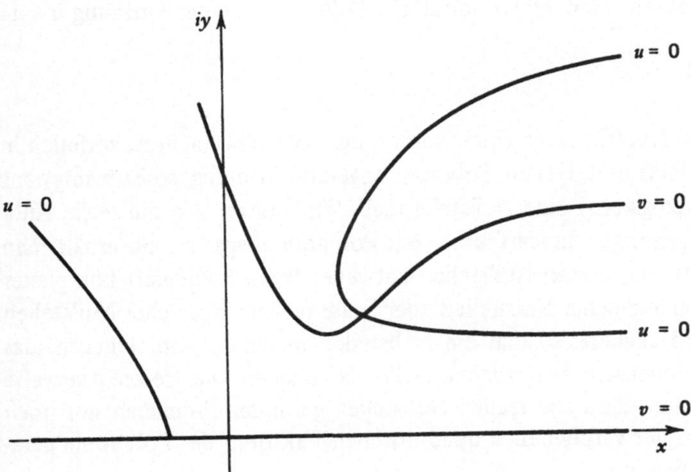

Bild 3.5.12 Die Kurven zu $u = 0 = v$ für die komplexe Funktion $w = e^z - z^2$, gekennzeichnet unter Verwendung des in Bild 3.5.11 gezeigten Feldes der Quadratnummern

3.5.6 Eine verbesserte Suchmethode

Der besprochene grobe Ansatz zur Nullstellenbestimmung einer komplexen Funktion hat einen grundsätzlichen Nachteil. Die Berechnung der Quadranten für jeden Gitterpunkt verlangt viele Rechenschritte zur Bestimmung von Punkten, die nicht in der Nähe der Nullstelle der komplexen Funktion liegen und daher relativ wenig Information über die Lage der Nullstellen liefern. Eine Alternative besteht darin, die Kurve zu $u = 0$ zu markieren und das Gebiet, in dem die Nullstelle voraussichtlich liegt, durch Markierung des Bereichs, in dem diese Kurve diejenige zu $v = 0$ schneidet, auszumachen. Zunächst sucht man die vorliegende Ebene gegen den Uhrzeigersinn nach einer Kurve zu $u = 0$ ab. Die $u = 0$-Kurve wird durch einen Wechsel des Quadranten 1 zu 2 (oder 2 zu 1) oder des Quadranten 3 zu 4 (oder 4 zu 3) angezeigt. Ist die Kurve gefunden, markieren wir sie bis wir die $v = 0$-Kurve erreichen. Die $v = 0$-Kurve wird durch das Erscheinen eines neuen Quadranten angezeigt, der von den zweien, die zur Markierung der $u = 0$-Kurve dienten, verschieden ist.

Das Verfahren ist einfach und verlangt wenig Praxis, um mit ihm vertraut zu werden. Der Analysierende, der diese Methode erlernen will, sollte sich daher bekannte u- und v-Funktionen vornehmen und solange üben, bis er ohne Mühe unbekannte $u = 0$-Kurven zeichnen kann.

3.5.7 Probleme bei der Bestimmung der Nullstellen von Polynomen

In Abschnitt 1.2 besprachen wir Methoden zur Berechnung der Wurzeln algebraischer Gleichungen bis zur Ordnung 4. Die in diesem Abschnitt aufgeführten Verfahren erlauben die Berechnung der Wurzeln von Polynomen höherer Ordnung. Polynome werden bei der Nullstellenbestimmung von Funktionen gesondert behandelt, da über ihre Nullstellen viel bekannt ist. Der Fundamentalsatz der Algebra sagt aus, daß ein Polynom $n$ter Ordnung genau n Nullstellen hat. Ist erst eine Nullstelle z_1 gefunden, kann der Faktor $z - z_1$ abgespalten werden. Man erhält somit ein Polynom mit der Ordnung $n - 1$:

$$\frac{P_n(z)}{(z - z_1)} = P_{n-1}(z).$$

Alle Polynome mit reellen Koeffizienten (hier werden nur solche betrachtet) zerfallen in lineare und quadratische Faktoren. Hat ein Polynom ungerade Ordnung, so ist wenigstens ein Faktor linear und (wenigstens) eine Nullstelle reell. Wir müssen also die reelle Nullstelle finden und den zugehörigen Linearfaktor vom Polynom abspalten. So erhält man ein Polynom gerader Ordnung, dessen Nullstellen entweder Paare konjugiert komplexer Nullstellen oder Paare reeller gleicher Nullstellen oder Paare reeller; ungleicher Nullstellen sind. Dieses Polynom wird skaliert, so daß die Nullstellen in einem Gebiet liegen, das bequem nach dem Vorhandensein zusätzlicher reeller Nullstellen (sie treten paarweise auf) untersucht werden kann. Sind alle reellen Nullstellen gefunden, brauchen nur noch die komplexen Nullstellen der verbliebenen quadratischen Faktoren der Polynome gerader Ordnung gefunden zu werden.

Auch wenn numerische Methoden zur Bestimmung der Nullstellen von Polynomen verfügbar sind, treten immer noch signifikante Schwierigkeiten bei der numerischen Berechnung auf. Um zum Beispiel lineare Differentialgleichungen mit konstanten Koeffizienten zu lösen, wird gewöhnlich die charakteristische Gleichung aufgestellt, aus der die Eigenwerte des Systems bestimmt werden. Diese Werte werden dann für den Lösungsansatz der Differentialgleichung verwendet. Besitzt eine Differentialgleichung 2. Ordnung negative reelle und gleiche Eigenwerte, so nimmt die Lösung folgende Gestalt an:

$$y = e^{-kx}(c_1 + c_2 x) \, .$$

Wenn sich jedoch bei der Berechnung mit dem Taschenrechner ein numerischer Fehler einschleicht, so daß sich zwei reelle, geringfügig verschiedene Werte ergeben, z.B.

Wurzel $1 = -k + \epsilon$

Wurzel $2 = -k - \epsilon$

so lautet dann die Lösung

$$y = c_1 e^{-(k+\epsilon)x} + c_2 e^{-(k-\epsilon)x}$$

Die dynamischen Eigenschaften dieser Lösung unterscheiden sich von der mit zwei reellen, gleichen Wurzeln. In diesem Beispiel beeinflußt somit der kleinste Fehler bei der Berechnung der Eigenwerte der Differentialgleichung die dynamischen Eigenschaften der resultierenden Lösung. In einem anderen Fall könnten uns die Werte von x und y interessieren, die ein System simultaner Gleichungen erfüllen, wobei kleine Fehler bei der Berechnung der Werte für x und y nur kleine Fehler in der Lösung der simultanen Gleichungen verursachen.

Die angeführten Beispiele dienen zur Illustration des folgenden, wichtigen Punktes: Das Problem der Nullstellenbestimmung einer Funktion kann recht unterschiedlich aufgefaßt werden. Es ist notwendig, genau festzulegen, was vom Analysierenden verlangt wird, wenn er die Wurzeln einer Gleichung (oder die Nullstellen einer Funktion) zu ermitteln versucht.

Hamming führt diesen wichtigen Punkt noch weiter aus, indem er bemerkt, daß Sätze aus der Mathematik nicht notwendig für eine Berechnung verwendet werden können. Der Begriff der Nullstelle einer Funktion ist in der Mathematik einfach, aber nicht in der numerischen Rechnung. Daher wird die Frage: „Was wird von den Nullstellen eines Polynoms $P(x)$ verlangt?" gewöhnlich wie folgt beantwortet:

1. Diejenigen Werte x_i, die $P(x_i)$ klein machen, sollten so genau sein, wie es verlangt wird.
2. An den Stellen x_i sollte das Polynom $P(x_i)$ so klein wie nötig sein.
3. Das Polynom sollte mit Hilfe der Nullstellen so genau wie nötig rekonstruiert werden können.
4. Die Nullstellen sollten die in Abschnitt 2.1 angegebenen Bedingungen für die Wurzeln der Polynome erfüllen.

Was für ein Problem verlangt wird, braucht für ein anderes Problem möglicherweise nicht gefordert zu werden. Allgemein wird angenommen, daß der Punkt 1. die Antwort auf die gestellte Frage gibt, aber die Punkte 3. und 4. sind tatsächlich diejenigen, nach denen in der angewandten Analysis gesucht wird (wie hier am Beispiel der Differentialgleichung gezeigt wurde).

3.6 Statistik und Wahrscheinlichkeit

3.6.1 Einführung

Die Bestimmung von statistischen Maßzahlen einer endlichen Datenmenge ist der Gegenstand dieses Abschnitts. Für sehr große Datenmengen wird die Wahrscheinlichkeit herangezogen. Da die in der statistischen Analyse gebrauchten Formeln einfach und zum größten Teil direkt auf dem Taschenrechner zu behandeln sind, richten wir das Augenmerk mehr auf die statistische Analyse als auf die Berechnungen mit dem Taschenrechner. Das Ziel ist, den Benutzer des Taschenrechners mit den klassischen Elementen der wissenschaftlichen statistischen Analyse auszurüsten. „Tricks" bei der Taschenrechnerhandhabung werden jedoch, wenn es notwendig erscheint, erwähnt. Gibt es mehrere Alternativen, eine statistische Maßzahl zu berechnen, so wird das Augenmerk auf die Formeln gerichtet, die am leichtesten auf dem Taschenrechner zu berechnen sind.

Zunächst diskutieren wir die numerische Auswertung der statistischen Maßzahlen, die Datenmengen charakterisieren. Hervorgehoben sind Lagemaßzahlen, Maße der Dispersion, Datenverteilungen, die Gestalt der Verteilungen und Elemente der Wahrscheinlichkeitsrechnung. Dann gehen wir auf das Erstellen von Stichproben und auf Testprobleme ein.

Im gesamten Abschnitt wird der Schwerpunkt auf die statistische Analyse von Datengruppen und ihre funktionale Interpretation im angewandten und wissenschaftlichen Bereich gelegt. Wie in Abschnitt 3.2 heben wir folgendes hervor:

1. das Verstehen der statistischen Analyse auf dem Taschenrechner,
2. das Bereitstellen nützlicher Formeln und Datentabellen für die statistische Analyse.

3.6.2 Häufigkeitsverteilungen

Für eine Diskussion der Formeln zur Berechnung der Statistiken einer Grundgesamtheit sind viele Definitionen und Begriffe erforderlich. Die hier angegebenen Definitionen sind „Arbeitsdefinitionen"; sie werden nicht in abstrakter mathematischer Notation dargestellt. Wir wollen eher ein auf dem Taschenrechner praktisch anzuwendendes Wissen als theoretische Kenntnisse der Statistik und Wahrscheinlichkeitsrechnung geben.

Eine Grundgesamtheit ist einfach eine Sammlung von Rohdaten, das sind ungeordnete Daten. Felder und Häufigkeitsverteilungen sind Mittel, die Daten zu ordnen, so daß die statistischen Maßzahlen einer Sammlung von Daten bestimmt werden können.

Felder sind Anordnungen von Rohdaten in ansteigender oder abfallender Ordnung, d.h., die Daten sind beginnend mit dem größten Wert bis hin zum kleinsten oder umgekehrt tabelliert. Wir sagen, die Spannweite (auch Variationsbreite genannt) eines Feldes ist die Differenz zwischen dem größten und dem kleinsten Wert im Feld.

Wenn große Datenmengen in Kategorien geschichtet sind und alle Elemente der Datenmenge einer Kategorie oder Klasse angehören, läßt sich eine Datenverteilung bilden. Dies geschieht durch Aufstellen einer Tabelle in der die Kategorien oder Klassen zusammen mit den Klassenhäufigkeiten angegeben werden, so daß jedes Element der Datenmenge einer Klasse angehört. Solch ein tabellarisches Feld wird Häufigkeitsverteilung oder Häufigkeitstabelle genannt. Ein Beispiel zeigt Tabelle 3.6.1. Hier sind die Klassen oder Kategorien die Intervalle für die Körpergrößen. Daten, die in einer Häufigkeitsverteilung angeordnet sind, werden auch häufig gruppierte Daten genannt. Der Ausdruck „Klassennummer" bezieht sich auf den Mittelpunkt eines Klassenintervalls.

Tabelle 3.6.1 Körpergröße von 100 Studenten einer Universität

Größe (cm)	Anzahl der Studenten	Aufsummierte Anzahl der Studenten
152.5 – 160.0	4	4
160.0 – 167.5	18	22
167.5 – 175.0	41	63
175.0 – 182.5	28	91
182.5 – 190.0	9	100

Im allgemeinen werden Häufigkeitsverteilungen entwickelt, indem man zunächst die Spannweite der Rohdaten bestimmt und diese in eine geeignete Anzahl von Klassen derselben Größe aufteilt und dann die Anzahl der Beobachtungen, die in jedes Klassenintervall fallen (die sogenannte Klassenhäufigkeit), bestimmt. Ist erst die Häufigkeitsverteilung bekannt, so können zur Veranschaulichung Histogramme aufgestellt werden. Bei einem Histogramm wird die Häufigkeit über der Spannweite der Rohdaten aufgetragen. Bild 3.6.1 zeigt als Beispiel das zur Tabelle 3.6.1 gehörende Histogramm.

Die relative Häufigkeit einer Klasse ist die Häufigkeit devidiert durch die absolute Häufigkeit aller Klassen. Der Quotient wird mit 100 multipliziert, um eine Prozentangabe zu erhalten. Graphische Darstellungen der relativen Häufigkeit über der Spannweite der Daten werden prozentuale oder relative Häufigkeitsverteilung genannt.

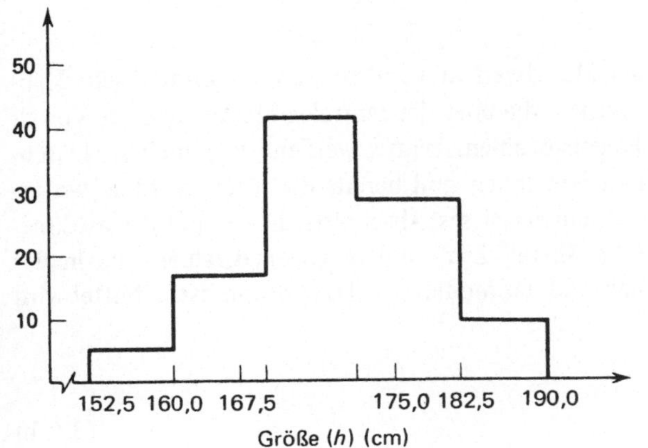

Bild 3.6.1

Häufigkeitsverteilung (Anzahl der Studenten im Körpergrößenintervall Δh)

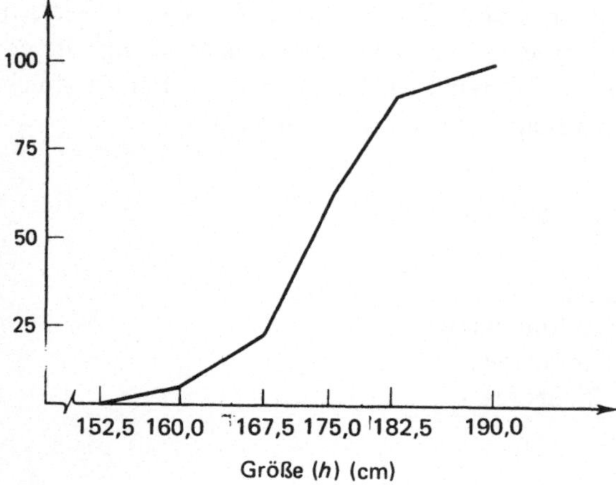

Bild 3.6.2
Summenhäufigkeitsverteilung
(aufsummierte Anzahl der Studenten
mit einer Köprergröße, die kleiner
oder gleich h ist)

Die Summenhäufigkeit gibt die Häufigkeit aller Daten, die kleiner als die zu der oberen Grenze einer betrachteten Klasse gehörenden Daten sind, an. Die dritte Spalte der Tabelle 3.6.1 zeigt die Summenhäufigkeiten der Körpergrößen von 100 Studenten. Die Summenhäufigkeiten können — wie Bild 3.6.2 zeigt — über der Spannweite graphisch aufgetragen werden.

Die relative Summenhäufigkeit und die prozentuale relative Summenhäufigkeit werden genauso wie die relative Häufigkeit bzw. die prozentuale relative Häufigkeit einer Klasse festgelegt.

Wächst die Anzahl der Daten unbegrenzt, so erwartet man für das Histogramm der Häufigkeits- bzw. Summenhäufigkeitsverteilung eine mit zunehmender Verfeinerung der Klasseneinteilung immer glatter werdende Kurve. Wahrscheinlichkeitsbetrachtungen unter Verwendung stetiger Funktionen sind Sache der Wahrscheinlichkeitsrechnung. Wir richten unser Augenmerk hier auf statistische Betrachtungen endlicher Datenmengen. Wahrscheinlichkeiten werden jedoch auch untersucht, aber der Schwerpunkt liegt auf der statistischen Analyse kleiner Datenmengen, die sinnvoll auf dem Taschenrechner durchgeführt werden kann.

3.6.3 Lagemaßzahlen

Der Mittelwert, der Median, der Modalwert und andere Maße sind statistische Maßzahlen für Datenverteilungen. Zahlenwerte, die über die zentralen Merkmale einer Verteilung Auskunft geben, nennt man Lagemaßzahlen. Häufig werden diese auch als Durchschnitte bezeichnet. Die bekanntesten von ihnen sind bereits diskutiert worden, wir erwähnen sie jedoch erneut im Zusammenhang dieses Abschnitts. Diese sind das arithmetische, geometrische und harmonische Mittel. Zwei andere Lagemaßzahlen, die in der Statistik wichtig sind, sind der Median und der Modalwert. Das arithmetische Mittel wird durch die Beziehung

$$\overline{X} = \frac{\sum\limits_{j=1}^{N} X_j}{N} = \frac{\sum X}{N} \qquad\qquad (3.6.1)$$

definiert. Es kann — wie in Abschnitt 2.1 erwähnt wurde — schnell berechnet werden, entweder rekursiv oder durch einfach Summierung aller Stichprobenelemente und Division durch die absolute Anzahl der summierten Elemente. Für Rechner mit der $\boxed{\Sigma}$ Funktionstaste (auf vielen Rechnern findet man $\boxed{M+}$) liegt nahe, den arithmetischen Mittelwert mit der für die algebraische Notation gültigen Tastendruckfolge

$$(X_1)\ \boxed{f}\ \boxed{M+}\ (X_2)\ \boxed{f}\ \boxed{M+}\ (X_3)\ \boxed{f}\ \boxed{M+}\ \cdots$$

$$(X_n)\ \boxed{f}\ \boxed{M+}\ \boxed{f}\ \boxed{M\to x}\ \boxed{\div}\ (N)\ \boxed{=}\ \boxed{\overline{X}}$$

zu bilden. Die Anzahl der hierfür benötigten Tastendrücke beträgt $(7N + 8)$, wobei für das Betätigen der Funktionstasten $(2N + 3)$ und für die Dateneingabe (bei angenommener 5ziffriger Eingabe) $(5N + 5)$ Tastendrücke erforderlich sind. Zur Bildung der direkten arithmetischen Summe lautet die Folge der Tastendrücke jedoch:

$$(X_1)\ \boxed{+}\ (X_2)\ \boxed{+}\ (X_3)\ \boxed{+}\ \cdots\ \boxed{+}\ (X_n)\ \boxed{\div}\ (N)\ \boxed{=}$$

Die sind nur $(6N + 6)$ Tastendrücke. Es werden also 15 % bis 20 % der Tastendrücke eingespart. Die Vorteile der $\boxed{\Sigma}$- oder $\boxed{M+}$-Funktionstaste bestehen nur bei der Berechnung der Summe

$$\sum f(X) = \sum_{j=1}^{N} f(X_i), \qquad (f(X_i) \neq X_i).$$

Dann kann die Zwischenkalkulation zur Berechnung der $f(x_i)$-Werte durchgeführt werden, ohne die Aufspeicherung zu stören.

Wenn bestimmte Zahlen mehr als einmal auftreten, insbesondere mit den Häufigkeiten $f_1, f_2, \ldots, f_n$, dann wird das arithmetische Mittel definiert durch

$$\overline{X} = \sum_{j=1}^{K} f_j X_j \Big/ \sum_{j=1}^{K} f_j = \frac{\sum fX}{\sum f} = \frac{\sum fX}{N}. \tag{3.6.2}$$

Sind bestimmten Werten Gewichtsfaktoren zugeordnet, um ihre Bedeutung für die Verteilung hervorzuheben oder zu ändern, so wird das gewichtete arithmetische Mittel verwendet, das durch folgende Relation definiert wird:

$$\overline{X} = \frac{\sum WX}{\sum W}. \tag{3.6.3}$$

Der Median eines Zahlenfeldes (das sind Zahlen, die in ansteigender oder fallender Größe angeordnet sind) ist der Wert in der Mitte des Feldes. Wenn die Zahlenreihe eine ungerade Anzahl von Elementen hat, gibt es genau einen Wert in der Mitte. Hat die Zahlenreihe aber eine gerade Anzahl von Elementen, so gibt es zwei Werte in der Mitte. In diesem Fall wird der Median als das arithmetische Mittel dieser beiden Werte festgelegt.

Im Histogramm betrachtet ist der Median derjenige Wert der Datenmenge, der die Verteilung in zwei gleichgroße Hälften teilt. Der Modalwert einer Verteilung ist derjenige Wert, der am häufigsten vorkommt. Im allgemeinen können Verteilungen mehr als einen Modalwert haben, jedoch nur einen Mittelwert und einen Median.

Für unimodale Verteilungen (d.h. Verteilungen mit nur einem Modus), die nur leicht asymmetrisch (schief) sind, gilt für Mittelwert, Median und Modalwert approximativ die Beziehung

$$\text{Mittelwert} - \text{Modalwert} = 3\,(\text{Mittelwert} - \text{Median}). \tag{3.6.4}$$

Der Unterschied zwischen Mittelwert, Median und Modalwert wird in Bild 3.6.3 gezeigt.

Eine weitere häufig vorkommende Lagemaßzahl ist das harmonische Mittel, das durch die Beziehung

$$H = \frac{1}{\frac{1}{N}\sum 1/X} = \frac{N}{\sum 1/X} \tag{3.6.5}$$

festgelegt ist. Von Zeit zu Zeit muß das arithmetische Mittel aus den Logarithmen einer Zahlenmenge x berechnet werden; dann wird das geometrische Mittel dieser Zahlen durch

$$G = (X_1, X_2 \cdots X_N)^{1/N} \tag{3.6.6}$$

gegeben. Die rekursiven Formeln zur Berechnung des geometrischen und des harmonischen Mittels sind in Abschnitt 2.1 angegeben.

Zwischen dem harmonischen, arithmetischen und geometrischen Mittel besteht die Beziehung

$$H \leqslant G \leqslant \bar{X}, \tag{3.6.7}$$

wenn die Zahlen zur Berechnung dieser Mittel dieselben sind.

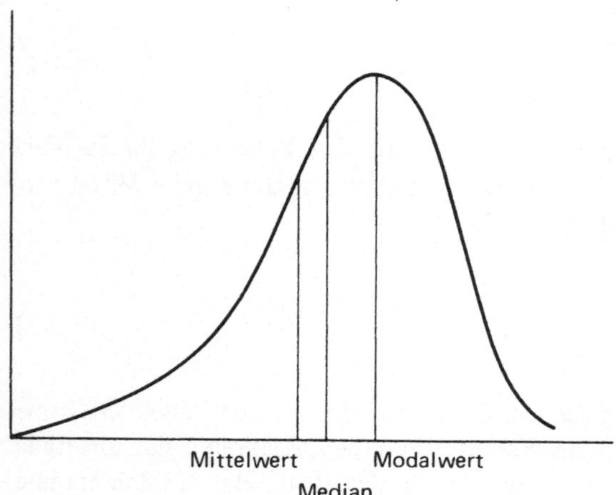

Bild 3.6.3

Mittelwert, Median und Modalwert einer typisch unsymmetrischen Verteilung

Ein anderer Mittelwert, der in diesem Kapitel umfassend gebraucht wird, ist das quadratische Mittel, das durch

$$\text{RMS} = \left(\frac{\sum X^2}{N} \right)^{1/2} \tag{3.6.8}$$

definiert wird. Die Berechnung des quadratischen Mittels erfolgt auf vielen technisch-wissenschaftlichen Rechnern sehr einfach durch den Gebrauch einer hierfür vorgesehenen Funktionstaste. Hierbei wird der Inhalt des Anzeigeregisters quadriert und zu dem Inhalt eines Speicherregisters addiert.

3.6.4 Maße für die Dispersion

Dispersion ist die Verteilung oder Streuung der Daten um den Mittelwert. Sie wird ebenso häufig Variation der Daten genannt. Die Anzahl der Maße der Dispersion oder Variation von Daten um den Mittelwert ist fast so groß wie die Anzahl der großen Statistiker. Hier beschäftigen wir uns mit den Maßen, die in der praktischen Analyse angewendet werden, wie etwa die Spannweite, die mittlere Abweichung und die Standardabweichung.

Die Spannweite wurde vorher definiert. Die *mittlere* oder *durchschnittliche Abweichung* einer Zahlenmenge ist durch die folgende Beziehung gegeben:

$$\text{mittlere Abweichung} = \text{MA} = \frac{\sum_{j=1}^{N} |X_j - \overline{X}|}{N} = \frac{\sum |X - \overline{X}|}{N} = \overline{|X - \overline{X}|} \tag{3.6.9}$$

$$= \text{avg}(|X - \overline{X}|)$$

Die *Standardabweichung* wird mit s bezeichnet und ist durch die Gleichung

$$s = \left(\frac{\sum_{j=1}^{N} (X_j - \overline{X})^2}{N-1} \right)^{1/2} = \left(\frac{\sum (X - \overline{X})^2}{N-1} \right)^{1/2} = \sqrt{\frac{\sum X^2}{N-1}} = \sqrt{(X - \overline{X})^2} \tag{3.6.10}$$

definiert. Gelegentlich wird die Standardabweichung für $N > 30$ in einer mit einem systematischen Fehler behafteten Form geschrieben

$$s \cong \left[\frac{\sum (X - \overline{X})^2}{N} \right]^{1/2} . \tag{3.6.11}$$

Schließlich wird die Varianz einer Menge von Daten als das Quadrat der Standardabweichung definiert. Zur Berechnung der Standardabweichung mit Hilfe des Taschenrechners ist folgende Darstellung günstiger:

$$s = \begin{cases} \left[\dfrac{\sum X^2}{N} - \left(\dfrac{\sum X}{N} \right)^2 \right]^{1/2} = \left[\overline{X^2} - \overline{X}^2 \right]^{1/2} \\[2em] \left[\dfrac{\sum fX^2}{N} - \left(\dfrac{\sum fX}{N} \right)^2 \right]^{1/2} . \end{cases} \tag{3.6.12}$$

Die Standardabweichung besitzt eine Reihe nützlicher Eigenschaften für die Rechenanalyse. So sind für Normalverteilungen (wir diskutieren sie später in diesem Abschnitt) 68.27 % aller vorkommenden Werte in dem Intervall mit den Grenzen $\overline{X} - s$ und $\overline{X} + s$ enthalten. Also liegen 68.27 % aller Werte nicht weiter als eine Standardabweichung vom Mittelwert entfernt. Ebenso gilt: 95.45 % aller Werte liegen nicht weiter als $2s$ und 99.73 % nicht weiter als $3s$ vom Mittelwert entfernt.

Wenn N_1 und N_2 die absoluten Häufigkeiten zweier Verteilungen sind, so können ihre Varianzen s_1^2 und s_2^2 nach der Beziehung

$$s^2 = \frac{N_1 s_1^2 + N_2 s_2^2}{N_1 + N_2} \tag{3.6.13}$$

miteinander kombiniert werden, falls beide Verteilungen denselben Mittelwert haben (ein nicht seltener Fall). Die Verallgemeinerung dieser Formel auf n Verteilungen ist leicht, wenn man weiß, daß die Varianz von n Verteilungen mit demselben Mittelwert einfach das gewichtete arithmetische Mittel der einzelnen Varianzen ist, wobei der Gewichtsfaktor die Häufigkeit jeder Verteilung angibt.

Wie beim absoluten und relativen Fehler lassen sich absolute und relative Dispersionen angeben. Ein Maß für die *relative Dispersion* wird durch

$$\text{relative Dispersion} = \frac{\text{absolute Dispersion}}{\text{Durchschnitt}} \tag{3.6.14}$$

gegeben. Nehmen wir als Maß für die absolute Dispersion die Standardabweichung und für den Durchschnitt den Mittelwert, können wir den Variationskoeffizienten definieren:

$$V = \frac{s}{\overline{X}} . \tag{3.6.15}$$

Natürlich ist der Variationskoeffizient für Verteilungen mit dem Mittelwert Null sinnlos.

3.6.5 Maße für die Gestalt einer Verteilungskurve

Ehe näher auf die Maße für die Schiefe und Wölbung eingegangen wird, müssen die Momente einer Verteilung definiert werden. Das r-te Moment einer Verteilung, die aus N Werten besteht, wird definiert durch

$$\overline{X^r} = \frac{\sum\limits_{j=1}^{N} X_j^r}{N} = \frac{\sum X^r}{N} \; . \tag{3.6.16}$$

Das 1. Moment mit $r = 1$ ist das arithmetische Mittel. Ist das arithmetische Mittel von Null verschieden, so kann weiterhin das r-te Moment in bezug auf den Mittelwert definiert werden

$$m_r = \frac{\sum\limits_{j=1}^{N} \left(X_j - \overline{X} \right)^r}{N} = \frac{\sum (X - \overline{X})^r}{N} = \overline{(X - \overline{X})^r} \; . \tag{3.6.17}$$

Ähnlich wird das r-te Moment in bezug auf irgendeinen Ausgangswert A definiert:

$$m_r' = \frac{\sum\limits_{j=1}^{N} (X_j - A)^r}{N} = \frac{\sum (X - A)^r}{N} = \frac{\sum d^r}{N} = \overline{(X - A)^r}. \tag{3.6.18}$$

Die Momente gruppierter Daten können in ähnlicher Weise definiert werden:

$$\overline{X^r} = \frac{\sum\limits_{j=1}^{N} f_j X_j^r}{N} = \frac{\sum f X^r}{N} \tag{3.6.19}$$

$$m_r = \frac{\sum f (X - \overline{X})^r}{N} \tag{3.6.20}$$

$$m_r' = \frac{\sum f (X - A)^r}{N} \; . \tag{3.6.21}$$

Wieder sei bemerkt, daß diese Formeln unmittelbar zur Berechnung auf dem Taschenrechner benutzt werden können, ohne sie nochmals umschreiben zu müssen.

Der Grad der Asymmetrie einer Verteilung wird durch die Schiefe einer Verteilung angegeben. Hat die Verteilungskurve einen längeren „Schwanz" rechts vom zentralen Maximum, so sagt man, die Verteilung ist rechtsschief oder hat eine positive Schiefe. Hat die Verteilung umgekehrt einen längeren „Schwanz" links vom zentralen Maximum, so sagt man, die Verteilung ist linksschief oder hat eine negative Schiefe. Der Mittelwert liegt meistens auf derselben Seite des Modalwertes wie der längere Schwanz der schiefen Verteilungskurve. Ein Maß für die Symmetrie ist somit nach Pearson durch die Differenz des Mittelwertes und des Modalwertes gegeben. Die Differenz wird dann durch die Standardabweichung dividiert (damit man ein dimensionsloses Maß erhält), um ein Maß für die Schiefe zu erhalten. Somit lautet dieses Maß nach Pearson:

$$\text{Schiefe} = \frac{\text{Mittelwert} - \text{Modalwert}}{\text{Standardabweichung}} = \frac{\bar{X}\text{-Modalwert}}{s} \qquad (3.6.22)$$

Die Wölbung ist ein Maß, um den Grad der Steilheit einer Verteilung zu beschreiben. Ein übliches Maß für die Wölbung ist

$$a_4 = \frac{m_4}{s^4} = \frac{m_4}{m_2^2} \; . \qquad (3.6.23)$$

Das vierte Moment wird also durch die vierte Potenz der Standardabweichung dividiert. Für Gauß-Verteilungen beträgt das Maß der Wölbung 3. Die Wölbung wird daher manchmal durch die Beziehung

$$a_4 - 3 = \text{Wölbung}$$

definiert. Der Momentkoeffizient der Wölbung a_4 wird häufig auch als Exzeß-Koeffizient bezeichnet.

3.6.6 Wahrscheinlichkeit

Nachdem wir einige Grundbegriffe der Statistik kennengelernt haben, können wir nun Elemente der Wahrscheinlichkeitsrechnung behandeln, die später mit statistischen Maßzahlen bei Stichprobenuntersuchungen in Bezug gebracht werden. Wir sind dann soweit, Elemente der Informationstheorie, der Entscheidungstheorie, der nichtparametrischen Statistik und der Korrelationsanalyse zu besprechen. Für die hier angeführten Betrachtungen definieren wir die Wahrscheinlichkeit wie folgt: Wenn ein Ereignis in h Fällen von insgesamt n möglichen Fällen vorkommen kann, so ist die Eintrittswahrscheinlichkeit dieses Ereignisses gegeben durch

$$p = w\{E\} = \frac{h}{n} \; . \qquad (3.6.24)$$

Diese wird auch „Erfolgswahrscheinlichkeit des Ereignisses" genannt. Die Wahrscheinlichkeit für das Nichteintreten des Ereignisses ist $q = 1 - p$. Natürlich muß $p + q = 1$ gelten.

Die Wahrscheinlichkeit für das Eintreten des Ereignisses E_2 unter der Bedingung, daß das Ereignis E_1 bereits eingetreten ist, heißt bedingte Wahrscheinlichkeit von E_2, vorausgesetzt E_1 ist eingetreten. Man schreibt:

$$w\{E_2 | E_1\}.$$

Es gilt der Zusammenhang:

$$w\{E_2 | E_1\} = \frac{w\{E_2 \text{ und } E_1\}}{w\{E_1\}} \; , \qquad (3.6.25)$$

wobei $w\{E_2 \text{ und } E_1\}$ die Wahrscheinlichkeit für das gemeinsame Eintreten von E_1 und E_2 angibt. Der Multiplikationssatz oder das Gesetz von den zusammengesetzten Wahrscheinlichkeiten (d.h. die Wahrscheinlichkeit, daß E_1 und E_2 gleichzeitig eintreten) wird dann durch

$$w\{E_1 E_2\} = w\{E_1\}\, w\{E_2 | E_1\} \qquad (3.6.26)$$

gegeben. Das Additionsgesetz der Wahrscheinlichkeit (d.h. die Wahrscheinlichkeit, daß entweder E_1 oder E_2 eintritt) lautet

$$w\{E_1 + E_2\} = w\{E_1\} + w\{E_2\} - w\{E_1 E_2\}. \qquad (3.6.27)$$

Schließen sich die Ereignisse einander aus, so gilt

$$w\{E_1 + E_2\} = w\{E_1\} + w\{E_2\}, \qquad (3.6.28)$$

da $w\{E_1 E_2\} = 0$ ist. Sind die Ereignisse statistisch unabhängig voneinander, d.h., es gilt

$$w\{E_2 | E_1\} = w\{E_2\},$$

so folgt

$$w\{E_1 E_2\} = w\{E_1\}\, w\{E_2\}. \qquad (3.6.29)$$

Natürlich können wir für Ereignisse, die diskret eintreffen wie beim Würfelspiel oder beim Werfen einer Münze, eine diskrete Wahrscheinlichkeitsverteilung durch Tabellieren der Ereignisse und der zugehörigen Wahrscheinlichkeiten angeben. Ein Beispiel hierzu zeigt Tabelle 3.6.2.

Diskrete Wahrscheinlichkeitsverteilungen können auch in der gleichen Weise wie Histogramme graphisch dargestellt werden. Kumulative Wahrscheinlichkeitsverteilungen

Tabelle 3.6.2 Augensumme eines einzelnen Wurfes zweier Würfel

Augen-summe $= X$	$w(X)$	kum. $w(X)$
2	1/36	1/36
3	2/36	3/36
4	3/36	6/36
5	4/36	10/36
6	5/36	15/36
7	6/36	21/36
8	5/36	26/36
9	4/36	30/36
10	3/36	33/36
11	2/36	35/36
12	1/36	1

lassen sich in derselben Weise entwickeln, wie die relativen Summenhäufigkeitsverteilungen. Wenn nun die Anzahl der möglichen Ereignisse beliebig groß wird, wird die Verteilungsfunktion zunehmend dichter bis wir als Grenzfall der diskreten Verteilung eine stetige Verteilung erhalten.

Ein in der Wahrscheinlichkeitsrechnung häufig gebrauchter Begriff ist der Erwartungswert. Er ist wie folgt definiert: Ist X eine diskrete Zufallsvariable, die die Werte $X_1, X_2, \dots, X_k$ annehmen kann, und sind $p_1, p_2, \dots, p_k$ die dazugehörigen Wahrscheinlichkeiten mit $p_1 + p_2 + \dots + p_k = 1$, so lautet der Erwartungswert von X

$$E(X) = \sum_{j=1}^{k} p_j X_j = \sum pX . \tag{3.6.30}$$

Die Erweiterung der Gl. (3.6.30) auf stetige Verteilungen ist offensichtlich. In diesem Fall würden wir $E(X) = \mu$ festlegen, wobei μ der Mittelwert der Grundgesamtheit ist; m (der Mittelwert der Stichprobe) ist eine Schätzung des wahren Erwartungswertes.

Durch diese Betrachtungen sollte klar werden, daß eine sehr große Stichprobe vom Umfang N aus einer Grundgesamtheit einen Stichprobenmittelwert liefern wird, der dem Mittelwert der Grundgesamtheit sehr nahe kommt, wohingegen ein Stichprobenmittelwert, der auf einer Stichprobe mit kleinem Umfang beruht, wahrscheinlich dem Mittelwert der Gesamtheit nicht sehr nahe liegt.

3.6.7 Wahrscheinlichkeitsverteilungen

Von den vielen Verteilungen, die in der Wahrscheinlichkeitsrechnung und Statistik gebraucht werden, werden drei sehr häufig angewendet: die Binomial-, die Normal- und die Poissonverteilung. Die Binomialverteilung ist gegeben durch

$$p(X) = {}_N C_X p^X q^{N-X} = \frac{N!}{X!(N-X)!} p^X q^{N-X} \tag{3.6.31}$$

wobei p die Wahrscheinlichkeit für das Eintreten eines Ereignisses bei irgendeinem einzelnen Versuch ist; q ist die Wahrscheinlichkeit, daß dieses Ereignis in irgendeinem Versuch nicht eintritt. Es gilt: $q = 1 - p$. $p(X)$ ist schließlich die Wahrscheinlichkeit, daß das Ereignis X mal in N Versuchen eintritt. X ist hier nur für folgende ganze Zahlen definiert: $X = 0, 1, 2, \dots, N$. Nach Definition ist die Binomialverteilung eine diskrete Wahrscheinlichkeitsverteilung. Ihr Name drückt die Tatsache aus, daß für ganzzahlige Werte von X zwischen 1 und N die zugehörigen Wahrscheinlichkeiten durch die Terme der Binomialreihe gegeben sind

$$(p + q)^N = q^N + {}_N C_1 p q^{N-1} + {}_N C_2 p^2 q^{N-2} + \cdots + p^N . \tag{3.6.32}$$

Die charakteristischen Größen der Binomialverteilung sind in vielen Büchern dargestellt und sollen hier nicht wiederholt werden. In der Praxis werden gewöhnlich vier charakteristische Größen gebraucht; der Mittelwert ergibt sich zu

$$\mu = Np, \tag{3.6.33}$$

die Varianz ist

$$\sigma^2 = Npq, \tag{3.6.34}$$

die Schiefe lautet

$$a_3 = \frac{q-p}{(Npq)^{1/2}} \tag{3.6.35}$$

und das Maß für die Wölbung beträgt

$$a_4 = 3 + \frac{1-6pq}{Npq}\ . \tag{3.6.36}$$

Als Beispiel zur Anwendung der Binomialverteilung und ihrer charakteristischen Größen betrachte man 100 Würfe mit einer Münze, die nicht mit systematischen Fehlern behaftet ist. Die Wahrscheinlichkeit für das Auftreten von „Kopf" beträgt dann einhalb; für das Auftreten der Kehrseite ist die Wahrscheinlichkeit ebenso einhalb. Der Mittelwert beträgt somit

$$\mu = Np$$
$$\mu = 100 \times \tfrac{1}{2} = 50.$$

Die Standardabweichung erhält man aus der Quadratwurzel der Varianz:

$$\sigma = \sqrt{Npq}$$
$$\sigma = \sqrt{100 \times \tfrac{1}{2} \times \tfrac{1}{2}} = \sqrt{25} = 5.$$

Die Schiefe ist Null, da $p = q$ ist, und das Maß der Wölbung ergibt sich zu

$$a_4 = 3 + \frac{1-6pq}{Npq}$$
$$a_4 = 3 + \frac{(1-\tfrac{3}{2})}{25}$$
$$a_4 = 3 - \tfrac{1}{50}$$
$$a_4 \approx 3.$$

Der Erwartungswert für die Anzahl der Versuche, bei denen „Kopf" oben liegt, beträgt also bei 100 Versuchen 50, die Standardabweichung ist 5. Man würde nicht erwarten, daß die Verteilung schief ist (wenn die Münze nicht mit systematischen Fehlern behaftet ist), jedoch annehmen, daß sie approximativ gaußverteilt ist (die Wölbung einer Gaußverteilung ist 3).

Die Gaußverteilung (auch Normalverteilung genannt) ist durch die Gleichung

$$Y = \frac{1}{\sigma\sqrt{2\pi}}\, e^{-\frac{(x-\mu)^2}{2\sigma^2}} \qquad\qquad (3.6.37)$$

definiert, wobei

μ der Mittelwert,

σ die Standardabweichung

ist. Die Gaußverteilung hat folgende charakteristische Eigenschaften:

1. Die Fläche zwischen der x-Achse und der Verteilungskurve hat den Inhalt eins.
2. Der Flächeninhalt unter der Verteilungskurve zwischen den Ordinaten $x = a$ und $x = b$ mit $a < b$, ist gleich der Wahrscheinlichkeit, daß x zwischen a und b liegt. Ein Schaubild der Gaußverteilung zeigt Bild 3.6.4.

Die Parameter der Gaußverteilung sind der Mittelwert und die Varianz:

Mittelwert $= \mu$

Varianz $\quad = \sigma^2$.

Die Schiefe der Gaußverteilung ist Null, wie aus Bild 3.6.4 ersichtlich ist. Das Maß für die Wölbung beträgt

$a_4 = 3$.

Wie vorher erwähnt wurde, stehen die Binomial- und die Normalverteilung in einem gewissen Zusammenhang. Sind für eine binomialverteilte Zufallsvariable x, p und q weder

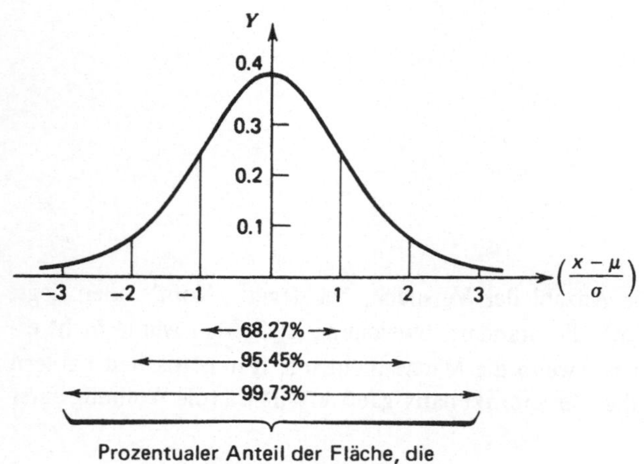

Bild 3.6.4
Die Gaußsche Verteilung

Null noch nahe bei Null und ist N sehr groß, so kann die Binomialverteilung durch die Gaußverteilung approximiert werden. Denn $(x - Np)/\sqrt{Npq}$ ist dann eine angenähert normalverteilte Zufallsvariable mit dem Erwartungswert Null der Varianz eins. Es zeigt sich, daß die Gaußverteilung ein Grenzfall der Binomialverteilung ist, wenn N beliebig groß wird. In der Praxis läßt sich die Approximation durchführen, wenn Np und Nq beide größer als fünf sind.

Die sogenannte Poissonverteilung wird durch die Gleichung

$$p(x) = \frac{\lambda^x e^{-\lambda}}{x!} \qquad (3.6.38)$$

definiert, wobei λ eine Konstante ist, aus der sich alle charakteristischen Größen der Verteilung bestimmen lassen. Für den Mittelwert gilt:

$$\mu = \lambda, \qquad (3.6.39)$$

für die Varianz

$$\sigma^2 = \lambda. \qquad (3.6.40)$$

Mittelwert und Varianz haben demnach denselben Wert (eine interessante Besonderheit der Poissonverteilung, die wir später diskutieren). Das Maß für die Schiefe der Poissonverteilung beträgt

$$a_3 = \frac{1}{\sqrt{\lambda}} \qquad (3.6.41)$$

und das Maß für die Wölbung ist

$$a_4 = 3 + \frac{1}{\lambda}. \qquad (3.6.42)$$

Eine Betrachtung der Poissonverteilung offenbart einige Besonderheiten. Erstens ist sie diskret und ihre charakteristischen Größen hängen nicht von der Anzahl der durchgeführten Versuche ab. Zweitens zeigt sich, daß je größer der Mittelwert (λ) ist, die Schiefe um so kleiner wird und sich die Verteilung um so mehr der Gaußverteilung annähert. Entsprechend nähert sich der Koeffizient für die Wölbung dem Wert 3. Aus dem beobachteten Verhalten der Schiefe und der Wölbung könnte man schließen, daß die Gaußverteilung die Grenzverteilung der Poissonverteilung für beliebig groß werdendes λ ist; diese Vermutung läßt sich tatsächlich bestätigen.

Wie man erwarten könnte, stehen die Binomial- und die Poissonverteilung in Beziehung zueinander. Beide sind diskret und beide nähern sich der Gaußverteilung an, wenn – im Falle der Binomialverteilung – der Stichprobenumfang sehr groß ist, bzw. wenn – im Falle der Poissonverteilung – der Mittelwert sehr groß ist. Ist für die Binomialverteilung N groß und die Wahrscheinlichkeit p für das Eintreten eines Ereignisses nahezu Null, so ist $q = (1 - p)$ fast 1; das Ereignis wird dann ein seltenes Ereignis genannt. Unter diesen Bedingungen kann die Binomialverteilung gut durch die Poissonverteilung approximiert werden, wobei $\lambda = Np$ gesetzt wird. Für $\lambda = Np$, $p \cong 0$ und $q \cong 1$ zeigt der Vergleich des

Mittelwertes, der Varianz, der Schiefe und der Wölbung, daß die Eigenschaften der Binomialverteilung (d.h. der Mittelwert, die Varianz usw.) mit denen der Poissonverteilung approximativ übereinstimmen. Die oben angesprochene Beziehung der Poissonverteilung mit der Gaußverteilung läßt sich nun aus dem Zusammenhang dieser beiden Verteilungen mit der Binomialverteilung erklären. Nach einfachen Umformungen kann gezeigt werden, daß die Poissonverteilung durch die Gaußverteilung approximiert werden kann, da die Zufallsvariable

$$\frac{x - \lambda}{\sqrt{\lambda}}$$

mit dem Mittelwert Null und der Varianz eins angenähert normal verteilt ist.

Gewöhnlich werden in der Statistik diese drei Verteilungsfunktionen als Modelle für die Verteilung einer zu untersuchenden Grundgesamtheit benutzt. Zunächst wird der Mittelwert und die Standardabweichung einer Stichprobe der Grundgesamtheit bestimmt, um Mittelwert und Standardabweichung der Grundgesamtheit zu schätzen. Durch eine Reihe von Verfahren wird das gewählte Modell dann auf seine Brauchbarkeit überprüft. Eines dieser Verfahren, das von uns später in diesem Kapitel diskutiert wird, ist der Chi-Quadrat-Test. Wird die Binomial- oder Poissonverteilung als Modell genommen, so muß offensichtlich nur der Mittelwert $(\overline{x})$ der Stichprobenverteilung bestimmt werden. Dient die Binomialverteilung als Modell, so berechnet man

$$p = \frac{\overline{x}}{N}$$

dann

$$q = 1 - p$$

und untersucht, ob

$$Npq \approx s^2$$

gilt, wobei s die Standardabweichung der Grundgesamtheit ist, aus der die Stichprobe entnommen wurde. Zeigen die Berechnungen, daß

$$p \approx 0$$

gilt, dann könnte die Poissonverteilung für diese Daten ein geeigneteres Modell sein.

3.6.8 Stichprobenerhebung

Die Stichprobentheorie beschäftigt sich mit der Bestimmung der statistischen Maßzahlen (Schätzungen der Parameter der Verteilung) einer Stichprobe, die einer Grundgesamtheit entnommen wird und mit den Parametern der Grundgesamtheit selbst. Uns interessiert die Stichprobenerhebung insofern, als sie mit Schätzungen und Tests und statistischen Folgerungen in Zusammenhang steht. Zunächst wollen wir definieren, was man in der Statistik unter einer Stichprobe insbesondere einer zufälligen Stichprobe versteht. Im allgemeinen reicht es nicht aus, die Stichprobenelemente aus einer Grundgesamtheit systematisch zu wählen. Da es darum geht, statistische Maßzahlen aus der Stichprobe zu berechnen und etwas über die Parameter der Verteilung zu folgern, muß solch eine Stichprobe gewählt werden, die für die Grundgesamtheit repräsentativ ist. Es gibt eine Anzahl von Methoden zur Erhebung einer Stichprobe einschließlich der geschichteten und zufälligen Erhebung. Ein generell akzeptiertes Verfahren einer Stichprobenerhebung, die die Charakteristiken der Grundgesamtheit zeigt, ist die zufällige Stichprobenerhebung. Bei diesem Prozeß ist die Wahrscheinlichkeit, daß ein Element der Grundgesamtheit zur Stichprobe gehört, für jedes Element dieselbe. Üblicherweise wird jedem Element der Grundgesamtheit eine Nummer zugeordnet. Die Nummern werden dann gemischt, so daß für jede Stichprobe der Grundgesamtheit dieselbe Möglichkeit besteht, ausgesucht zu werden, wie für irgendeine andere.

Es gibt zwei Verfahren der Stichprobenerhebung: mit und ohne Zurücklegen. Die Verfahren sind einfach; die Erhebung mit Zurücklegen läßt zu, daß jedes Element der Grundgesamtheit mehr als einmal gewählt werden kann, während dies bei der Stichprobenerhebung ohne Zurücklegen nicht möglich ist. Diese Analyse ist nützlich, da eine endliche Stichprobe, die mit Zurücklegen gezogen wird theoretisch als unendlich angesehen werden kann. Werden die Stichprobenelemente ohne Zurücklegen gezogen, so hat dies eine statistische Maßzahl zur Folge, die die Größe der Stichprobe im Vergleich mit der Größe der Grundgesamtheit berücksichtigt.

Für eine vorgegebene Stichprobe des Umfanges N kann der Wert einer vorgegebenen charakteristischen Kenngröße berechnet werden; wird eine andere Stichprobe desselben Umfanges ausgesucht, so wird im allgemeinen ein anderer Wert für diese charakteristische Kenngröße errechnet. Dieser Prozeß kann fortgesetzt werden (mit oder ohne Zurücklegen), um Häufigkeitsverteilungen für die Kenngrößen der Stichprobe aufzustellen. Handelt es sich um eine endliche Grundgesamtheit, so kann natürlich für jede Kenngröße eine beliebig große Anzahl von Werten bestimmt werden, wenn die Stichprobenelemente mit Zurücklegen entnommen werden. Werden die Werte für eine Kenngröße — die Kenngröße wird auch häufig Stichprobenfunktion genannt — geordnet, so erhält man für die Kenngröße selbst eine Verteilung, die Stichprobenverteilung der Kenngröße genannt wird. Es gibt Stichprobenverteilungen für den Mittelwert, die Standardabweichung, die Varianz, die Wölbung und die Schiefe. Von allen diesen Stichprobenfunktionen betrachten wir nur diejenigen besonders, die für Test- und Schätzverfahren und statistische Folgerungen nützlich sind.

Angenommen wir haben eine Grundgesamtheit endlichen Umfanges N_p vorliegen. Weiterhin sei eine Stichprobe der Größe N ohne Zurücklegen entnommen. Wenn wir dann den Mittelwert der Stichprobenverteilung des Mittelwertes mit

$$\mu_{\overline{x}}$$

und die Standardabweichung der Stichprobenverteilung des Mittelwertes mit

$$\sigma_{\overline{x}}$$

bezeichnen und fernerhin den Mittelwert und die Standardabweichung der Grundgesamtheit μ und σ nennen, so können wir schreiben

$$\mu_{\overline{x}} = \mu$$

$$\sigma_{\overline{x}} = \frac{\sigma}{\sqrt{N}} \left(\frac{N_p - N}{N_p - 1} \right)^{1/2} .$$

(3.6.43)

Wenn die Grundgesamtheit unendlich ist oder wenn sie endlich ist, die Stichprobenelemente aber mit Zurücklegen gezogen werden, dann gilt zwischen Mittelwert bzw. Standardabweichung der Grundgesamtheit und Mittelwert bzw. Standardabweichung der Stichprobe die Beziehung

$$\mu_{\overline{x}} = \mu$$

$$\sigma_{\overline{x}} = \frac{\sigma}{\sqrt{N}} .$$

(3.6.44)

Für $N \geqslant 30$ ist die Stichprobenverteilung des Mittelwertes angenähert eine Gaußverteilung mit dem Mittelwert

$$\mu_{\text{Gauß}} \cong \mu_{\overline{x}}$$

und der Standardabweichung

$$\sigma_{\text{Gauß}} \cong \sigma_{\overline{x}} .$$

Angenommen wir entnehmen nun jeder von zwei Grundgesamtheiten Stichproben. Der Umfang einer Stichprobe, die der ersten Grundgesamtheit entnommen wird, sei N_1, der Umfang einer Stichprobe aus der zweiten Grundgesamtheit N_2. Betrachtet man eine Stichprobenfunktion S_1 für die Stichproben der ersten Grundgesamtheit, so besitzt sie eine Stichprobenverteilung, deren Mittelwert und Standardabweichung wir mit μ_{S_1} und σ_{S_1} bezeichnen. Bezieht man sich auf die zweite Grundgesamtheit, so besitzt eine entsprechende Stichprobenverteilung den Mittelwert μ_{S_2} und die Standardabweichung σ_{S_2}. Werden nun alle möglichen Kombinationen der Stichproben aus den beiden Grundgesamtheiten betrachtet, so läßt sich eine Verteilung der Differenz $S_1 - S_2$ aufstellen, die Stichprobenverteilung der Differenz der Stichprobenfunktionen S_1 und S_2 genannt wird. Der Mittelwert und die Standardabweichung dieser Verteilung sind durch Gl. (3.6.45) gegeben:

$$\mu_{S_1 - S_2} = \mu_{S_1} - \mu_{S_2}$$

$$\sigma_{S_1 - S_2} = \left(\sigma_{S_1}^2 + \sigma_{S_2}^2 \right)^{1/2} .$$

(3.6.45)

Sind S_1 und S_2 die Stichprobenmittelwerte, so ist die Stichprobenverteilung der Differenzen der Mittelwerte für unendlich große Grundgesamtheiten mit den Mittelwerten μ_1, μ_2 und den Standardabweichungen σ_1, σ_2 gegeben durch

$$\mu_{\overline{x}_1 - \overline{x}_2} = \mu_{\overline{x}_1} - \mu_{\overline{x}_2} = \mu_1 - \mu_2$$

$$\sigma_{\overline{x}_1 - \overline{x}_2} = (\sigma_{\overline{x}_1}^2 + \sigma_{\overline{x}_2}^2)^{1/2} = \left(\frac{\sigma_1^2}{N_1} + \frac{\sigma_2^2}{N_2}\right)^{1/2} . \qquad (3.6.46)$$

Diese Ergebnisse gelten für endliche Grundgesamtheiten, wenn die Stichprobenerhebung mit Zurücklegen erfolgt.

Die Standardabweichung einer Grundgesamtheit kann ebenfalls mit Hilfe einer Stichprobe aus der Grundgesamtheit berechnet werden. Denn für die Standardabweichung s der Stichprobe ergibt sich der Mittelwert und die Standardabweichung

$$\mu_s = \sigma \cong s\left(\frac{N}{N-1}\right)^{1/2}$$

$$\sigma_s = \left(\frac{\mu_4 - \mu_2^2}{4N\mu_2}\right)^{1/2} . \qquad (3.6.47)$$

Für normalverteilte Gesamtheiten reduziert sich Gl. (3.6.47) ($\mu_2 = \sigma^2, \mu_4 = 3\sigma^4$) auf:

$$\mu_s = \sigma$$

$$\sigma_s = \frac{\sigma}{\sqrt{2N}} . \qquad (3.6.48)$$

3.6.9 Statistische Schätzmethoden

Im vorangegangenen Abschnitt haben wir gesehen, wie statistische Informationen aus der Stichprobe einer Grundgesamtheit berechnet werden können. Eines der Schlüsselprobleme in der Statistik ist die Schätzung von Parametern der Verteilung der Grundgesamtheit (Mittelwert, Varianz, Wölbung usw.) aus der entsprechenden Stichprobenfunktion. Ehe wir uns mit Konfidenzintervall-Schätzungen für Parameter einer Grundgesamtheit – die zentrale Aufgabe dieses Abschnittes – befassen, müssen wir den Begriff der nicht erwartungstreuen bzw. der erwartungstreuen Schätzung klären. Zur Berechnung des Mittelwertes braucht man nur alle Stichprobenelemente zu addieren und durch den Stichprobenumfang zu teilen. Zur Ermittlung der Standardabweichung ist es jedoch wichtig zu wissen, daß man wenigstens zwei Werte zur Berechnung einer Varianz benötigt. Die Summe der quadratischen Abweichungen vom Mittelwert muß daher durch $N-1$ und nicht durch N dividiert werden. In diesem Sinne liegt dann ein erwartungstreuer Schätzwert vor. Für große N ist der Unterschied des erwartungstreuen vom nicht-erwartungstreuen Schätzwert nicht signifikant. Für kleine Stichproben muß er jedoch beachtet werden.

Wir schätzen nun das Konfidenzintervall für Parameter der Grundgesamtheit ab. Die Grundidee hierbei ist folgende: Der Grundgesamtheit wird eine Stichprobe entnommen, dann für diese der Mittelwert und die Standardabweichung berechnet und hieraus zu folgern versucht, was diese Werte über den Mittelwert und die Standardabweichung der Grundgesamtheit aussagen. Sind μ_s und σ_s der Mittelwert und die Standardabweichung der Stichprobenverteilung einer Stichprobenfunktion S, so kann man annehmen, daß S approximativ normalverteilt ist (vorausgesetzt es gilt $N > 30$). Wir können dann erwarten, daß ein tatsächlicher Wert der Stichprobenfunktion S in 68.3 % bzw. 95.5 % bzw. 99.7 % aller Fälle im Intervall von $\mu_s - \sigma_s$ bis $\mu_s + \sigma_s$ bzw. $\mu_s - 2\sigma_s$ bis $\mu_s + 2\sigma_s$ bzw. $\mu_s - 3\sigma_s$ bis $\mu_s + 3\sigma_s$ liegt. Mit anderen Worten: Wir können darauf vertrauen, in ungefähr 68.3 % aller Fälle μ_s im Intervall von $S - \sigma_s$ bis $S + \sigma_s$ oder in ungefähr 95.5 % aller Fälle μ_s im Intervall von $S - 2\sigma_s$ bis $S + 2\sigma_s$ bzw. in 99.7 % aller Fälle μ_s im Intervall von $S - 3\sigma_s$ bis $S + 3\sigma_s$ zu finden. Oder man kann sagen, wir vertrauen mit 68.3 % darauf, den Erwartungswert irgendwo im Intervall $S \pm \sigma_s$ zu finden. Entsprechende Aussagen gelten für die beiden verbleibenden Prozentzahlen 95.5 % und 99.7 %. Die Intervalle werden auch Konfidenzintervalle und die Prozentzahlen Konfidenz- oder Vertrauensniveaus genannt. Der Zusammenhang zwischen dem Konfidenzniveau und dem sogenannten kritischen Wert ist in Tabelle 3.6.3 wiedergegeben.

Die Formel zur Berechnung des Konfidenzintervalls für den Mittelwert ist

$$\bar{x} \pm z_c\, \sigma_{\bar{x}} \ .$$

Stammt die Stichprobe aus einer unendlichen Gesamtheit, oder werden die Stichprobenelemente einer endlichen Grundgesamtheit durch Ziehen mit Zurücklegen entnommen, so sind die Grenzen des Konfidenzintervalls, auch Konfidenzgrenzen genannt, für die Schätzung des Mittelwertes durch

$$\bar{x} \pm z_c\, \frac{\sigma}{\sqrt{N}} \tag{3.6.49}$$

Tabelle 3.6.3 Das zum kritischen Wert
gehörende Konfidenzniveau

Konfidenzniveau (%)	kritischer Wert z_c
50	0.6745
68.27	1.0000
80	1.28
90	1.645
95	1.96
95.45	2.00
96	2.05
98	2.33
99	2.58
99.73	3.00

gegeben. Bei einer Stichprobenerhebung ohne Zurücklegen und einem endlichen Umfang N_p der Grundgesamtheit erhält man

$$\bar{x} \pm z_c \frac{\sigma}{\sqrt{N}} \left(\frac{N_p - N}{N_p - 1} \right)^{1/2} . \tag{3.6.50}$$

Die Gleichungen für die Konfidenzintervalle der Differenzen und Summen zweier Stichprobenfunktionen S_1 und S_2 sind durch

$$(S_1 - S_2) \pm z_c \sigma_{S_1 - S_2} = (S_1 - S_2) \pm z_c \left(\sigma_{S_1}^2 + \sigma_{S_2}^2 \right)^{1/2} \tag{3.6.51}$$

$$(S_1 + S_2) \pm z_c \sigma_{S_1 + S_2} = (S_1 + S_2) \pm z_c \left(\sigma_{S_1}^2 + \sigma_{S_2}^2 \right)^{1/2} \tag{3.6.52}$$

gegeben, vorausgesetzt S_1 und S_2 sind approximativ normalverteilt. Die Konfidenzgrenzen der Differenz der Mittelwerte zweier Grundgesamtheiten lauten beispielsweise bei unendlich großer Grundgesamtheit bzw. bei einer endlichen Grundgesamtheit, von der die Stichprobenelemente mit Zurücklegen genommen werden

$$(\bar{x}_1 - \bar{x}_2) \pm z_c \, \sigma_{\bar{x}_1 - \bar{x}_2} = (\bar{x}_1 - \bar{x}_2) \pm z_c \left(\frac{\sigma_1^2}{N_1} + \frac{\sigma_2^2}{N_2} \right)^{1/2} . \tag{3.6.53}$$

Das Konfidenzintervall für die Standardabweichung einer normalverteilten Gesamtheit lautet

$$S \pm z_c \sigma_S = S \pm \frac{z_c \sigma}{\sqrt{2N}} . \tag{3.6.54}$$

Gelegentlich benutzen wir den sogenannten wahrscheinlichen Fehler. Wir definieren diesen Begriff hier, aber führen ihn nicht näher aus. Die Grenzen des 50 % Konfidenzintervalls von Parametern der Grundgesamtheit, die einer Stichprobenfunktion S entsprechen, sind durch $S \pm 0.6745 \, \sigma_s$ gegeben. Diese Größe $0.6745 \, \sigma_s$ wird wahrscheinlicher Fehler für die Schätzung genannt.

3.6.10 Stichproben mit kleinem Umfang

Einige Male vorher machten wir von der Tatsache Gebrauch, daß sich die Formeln zur Berechnung einer statistischen Maßzahl für $N > 30$ vereinfachen. Wir befassen uns hier mit denjenigen Fällen, für die N wesentlich kleiner als 30 ist. Der Schwerpunkt liegt auf der Bestimmung von Stichprobenfunktionen für kleine Stichproben und auf der Verteilung jener Stichprobenfunktionen. Besonders diskutieren wir hier die Studentsche t-Verteilung und die Chi-Quadrat-Verteilung.

Eine Stichprobenfunktion sei durch

$$t = \frac{\bar{x} - \mu}{s} \sqrt{N - 1} = \frac{\bar{x} - \mu}{s / \sqrt{N - 1}} \tag{3.6.55}$$

definiert. Wenn wir Stichproben vom Umfang N einer normalverteilten Grundgesamtheit mit dem Mittelwert μ entnehmen, und t für jede Stichprobe bei gegebenem Stichprobenmittelwert $\bar{x}$ und gegebener Standardabweichung s der Stichprobe berechnen, so kann die Stichprobenverteilung von t ermittelt werden. Sie lautet:

$$y = \frac{y_0}{(1 + t^2/(N-1))^{N/2}} = \frac{y_0}{\left(1 + \dfrac{t^2}{\nu}\right)^{(\nu+1)/2}} \cdot \tag{3.6.56}$$

y_0 ist eine von N abhängende Konstante. Sie ist so beschaffen, daß der Flächeninhalt unter der Kurve der t-Verteilung 1 beträgt. Die Konstante $\nu = N - 1$ wird Anzahl der Freiheitsgrade genannt. Diese Verteilung heißt Studentsche t-Verteilung. Man beachte, daß für große Werte von ν oder N ($N > 30$) die Kurven sich sehr gut der Kurve der Gaußschen Normalverteilung

$$y = \frac{1}{\sqrt{2\pi}}\, e^{-t^2/2} \tag{3.6.57}$$

nähern.

Die 95-%- und 99-%-Konfidenzintervalle lassen sich entweder durch Berechnung auf dem Taschenrechner oder durch Nachschlagen in einer Tabelle für die t-Verteilung bestimmen. Sind $-t_{0.975}$ und $+t_{0.975}$ speziell diejenigen t-Werte, für die 2.5 % der Fläche in jedem der beiden „Verteilungsschwänze" der t-Verteilungskurve liegen, so lautet ein 95-%-Konfidenzintervall für t

$$-t_{0.975} < \frac{\bar{x} - \mu}{s}\,\sqrt{N-1} < t_{0.975}. \tag{3.6.58}$$

μ wird dann wahrscheinlich mit 95 % Sicherheit im Intervall

$$\bar{x} - t_{0.975}\left(\frac{s}{\sqrt{N-1}}\right) < \mu < \bar{x} + t_{0.975}\left(\frac{s}{\sqrt{N-1}}\right) \tag{3.6.59}$$

liegen.

Im allgemeinen können wir die Konfidenzgrenzen für die Mittelwerte von Grundgesamtheiten darstellen durch

$$\bar{x} \pm t_c \frac{s}{\sqrt{N-1}}\,. \tag{3.6.60}$$

3.6.11 Die Chi-Quadrat-Verteilung

Wir kommen nun zu der χ^2-Zufallsvariablen (sprich: Chi-Quadrat), die definiert ist durch

$$\chi^2 = \frac{N s^2}{\sigma^2} = \frac{(x_1 - \bar{x})^2 + (x_2 - \bar{x})^2 + \dots + (x_N - \bar{x})^2}{\sigma^2}\,. \tag{3.6.61}$$

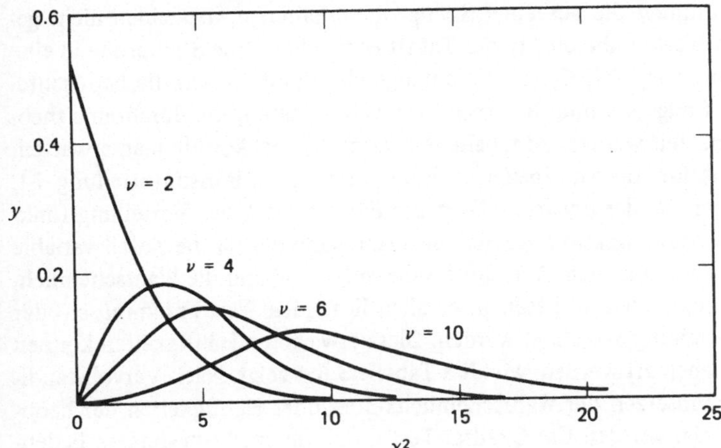

Bild 3.6.5 χ^2-Verteilungskurven für verschiedene Werte von ν (Anzahl der Freiheitsgrade)

Die Chi-Quadrat-Verteilung lautet

$$y = y_0 \, (\chi^2)^{1/2\,(\nu - 2)} \, e^{-(\chi^2/2)} = y_0 \, \chi^{\nu - 2} \, e^{-\chi^2/2} . \tag{3.6.62}$$

$\nu = N - 1$ ist die Anzahl der Freiheitsgrade und y_0 eine Konstante, die so von ν abhängt, daß die gesamte Fläche unter der Kurve 1 ergibt. Die χ^2-Verteilungskurven für verschiedene Werte von ν sind in Bild 3.6.5 dargestellt.

Wie schon bei der Normal- und der t-Verteilung lassen sich für χ^2 ebenso 95-%- und 99-%- oder andere Konfidenzintervalle angeben, wobei eine Tabelle für die χ^2-Verteilung benutzt werden kann. Auf diese Weise können wir innerhalb vorgegebener Konfidenzgrenzen die Standardabweichung der Grundgesamtheit durch die Standardabweichung s der Stichprobe schätzen. Wenn $\chi^2_{0.025}$ und $\chi^2_{0.0975}$ die Werte von χ^2 sind, für die 2.5 % der Fläche in jedem Verteilungsschwanz der Kurve liegen, beträgt das 95-%-Konfidenzintervall

$$\chi^2_{0.025} < \frac{N s^2}{\sigma^2} < \chi^2_{0.975} . \tag{3.6.63}$$

Man sieht, daß das für σ geschätzte Intervall mit 95 % Sicherheit lautet:

$$\frac{s\sqrt{N}}{\sqrt{\chi^2_{0.975}}} < \sigma < \frac{s\sqrt{N}}{\sqrt{\chi^2_{0.025}}} . \tag{3.6.64}$$

3.6.12 Der Chi-Quadrat-Test

Der Chi-Quadrat-Test ist wahrscheinlich der anerkannteste Test, um zu entscheiden, ob es zwischen den beobachteten und den erwarteten Ergebnissen einer Stichprobe einer Grundgesamtheit einen signifikanten Unterschied gibt. Es gibt bessere Tests, die der Leser, wenn er mit dem Chi-Quadrat-Test vertraut ist, in Lehrbüchern über Statistik finden kann.

Im allgemeinen stimmen die aus einer Stichprobe erhaltenen Maßzahlen nicht genau mit den erwarteten Werten überein. In der Tat ist es möglich, eine Stichprobe in eine Menge möglicher Ereignisse $E_1, E_2, E_3, \ldots, E_k$ aufzugliedern und danach die beobachteten Häufigkeiten dieser Ereignisse und die erwarteten Häufigkeiten, die durch eine theoretische Betrachtung ermittelt werden, zu tabellieren. Zum Beispiel könnte man erwarten, daß die Verteilungsfunktion für ein spezielles Experiment eine Poissonverteilung ist. Nach einigen Rechnungen ist der erwartete Wert des Parameters λ der Verteilungsfunktion ermittelt und die Verteilungskurve gezeichnet. Dann kann der für die Zufallsvariable in Betracht kommende Zahlenbereich in Teilintervalle aufgeteilt und die Wahrscheinlichkeit, daß die Zufallsvariable einen in diesen Intervallen liegenden Wert annimmt, auf der Basis der erwarteten Verteilung berechnet werden. Diese erwarteten Häufigkeiten können dann für jedes Ereignis tabelliert werden, wie dies Tabelle 3.6.4 zeigt. Nach Vervollständigung der Tabelle durch Einsetzen der Wahrscheinlichkeiten oder Häufigkeiten der beobachteten Ereignisse, können wir den Chi-Quadrat-Test durchführen. Insbesondere bedeutet dies, daß wir entscheiden können, ob die beobachteten Häufigkeiten signifikant von den erwarteten Häufigkeiten abweichen.

Tabelle 3.6.4 Klassifizierungstabelle

Ereignis	E_1	E_2	$E_3 \ldots E_k$
beobachtete Häufigkeit	o_1	o_2	$o_3 \ldots o_k$
erwartete Häufigkeit	e_1	e_2	$e_3 \ldots e_k$

Ein Maß für die Unterschiede zwischen den beobachteten und den erwarteten Häufigkeiten ist durch die χ^2-Maßzahl gegeben:

$$\chi^2 = \frac{(o_1 - e_1)^2}{e_1} + \frac{(o_2 - e_2)^2}{e_2} + \ldots + \frac{(o_k - e_k)^2}{e_k} = \sum_{j=1}^{k} \frac{(o_j - e_j)^2}{e_j} \qquad (3.6.65)$$

wobei für die absolute Häufigkeit N gilt:

$$N = \Sigma o_j = \Sigma e_j. \qquad (3.6.66)$$

In der Literatur findet man häufig die zu Gl. (3.6.65) alternative Form:

$$\chi^2 = \Sigma \frac{o_j^2}{e_j} - N. \qquad (3.6.67)$$

Stimmen die beobachteten und die erwarteten Häufigkeiten überein, so gilt $\chi^2 = 0$. χ^2 wird offensichtlich um so größer, je größer die Differenzen der beiden Häufigkeiten werden. Die Stichprobenverteilung von χ^2 kann sehr gut durch die χ^2-Verteilung

$$y = y_0 \chi^{\nu-2} e^{-\chi^2/2} \qquad (3.6.68)$$

approximiert werden, wenn die erwarteten Häufigkeiten größer als 7 sind. Wenn die erwarteten Häufigkeiten größer werden, so nähert sich die Verteilung tatsächlich mehr und mehr der χ^2-Verteilung. Die Anzahl der Freiheitsgrade wird hier durch

$$\nu = k - 1 \tag{3.6.69}$$

gegeben, wenn die erwarteten Häufigkeiten berechnet werden können, ohne die Parameter der Grundgesamtheit durch Stichprobenfunktionen selbst abgeschätzt zu haben. Sind m Parameter durch Stichproben abgeschätzt worden, so beträgt die Anzahl der Freiheitsgrade

$$\nu = k - 1 - m. \tag{3.6.70}$$

Die Tabelle der beobachteten und erwarteten Häufigkeiten kann zu einer Tabelle mit k Spalten und h Zeilen erweitert werden, in der die beobachteten Häufigkeiten h Zeilen und k Spalten besetzen. Diese Tabellen werden gewöhnlich Kontingenztafeln genannt. Hinsichtlich jeder beobachteten Häufigkeit gibt es eine erwartete oder theoretische Häufigkeit. χ^2 wird dann für die ganze Matrix nach der Formel

$$\chi^2 = \sum_j \frac{(o_j - e_j)^2}{e_j} \tag{3.6.71}$$

berechnet, wobei sich die Summe über alle Elemente der Matrix aus der Kontingenztafel erstreckt. Die Summe aller beobachteten Häufigkeiten ergibt N und ist gleich der Summe aller erwarteten Häufigkeiten. Wie bei der Tabelle 3.6.5, die eine 2 $\times$ 2 Kontingenztafel ist, so läßt sich auch die Verteilung der $h \times k$ Tafel sehr gut durch die χ^2-Verteilung annähern, vorausgesetzt, die Häufigkeiten sind nicht zu klein.

Tabelle 3.6.5 2 $\times$ 2 Kontingenztafel für beobachtete Häufigkeiten

Ereignis-gruppe	Ereignis		Summe
	I	II	
A	a_1	a_2	N_A
B	b_1	b_2	N_B
Summe	N_1	N_2	N

Die Anzahl der Freiheitsgrade dieser χ^2-Verteilung ist für $k > 1$ und $h > 1$ durch

$$\nu = (h - 1)(k - 1) \tag{3.6.72}$$

gegeben, wenn die erwarteten Häufigkeiten berechnet werden können, ohne Parameter der Grundgesamtheit durch Stichprobenfunktionen abzuschätzen. Ist dies nicht der Fall, so beträgt die Anzahl der Freiheitsgrade

$$\nu = (h - 1)(k - 1) - m, \tag{3.6.73}$$

falls m Parameter aus Stichprobenfunktionen ermittelt werden müssen. Gewöhnlich werden erwartete Häufigkeiten auf der Basis einer Hypothese, die getestet werden soll, berechnet. Sind die berechneten Werte von χ^2 größer als ein kritischer Wert, so können wir schließen, daß die beobachteten Häufigkeiten signifikant von den erwarteten Häufigkeiten abweichen. In diesem Fall lehnen wir die Hypothese, die auf vorgegebenem Signifikanzniveau getestet wurde, ab. Wenn zum Beispiel der Wert für χ^2 den $\chi^2_{0.95}$-Wert überschreitet, so sagt man, die Hypothese wird mit 5 % Irrtumswahrscheinlichkeit (oder: auf einem 5-%-Signifikanzniveau) abgelehnt, das heißt, daß mit 5 % Wahrscheinlichkeit die Ablehnung der Hypothese falsch gewesen sein kann. Auf der anderen Seite beträgt dann die Wahrscheinlichkeit, daß die Ablehnung der Hypothese zu Recht erfolgt, 95 % (statistische Sicherheit).

Die Güte der Anpassung läßt sich für einen Test beurteilen, indem man untersucht, ob χ^2 kleiner als ein vorgegebener Wert, z.B. $\chi^2_{0.05}$, ist. Ist dies der Fall, sagt man auch, die beobachteten Häufigkeiten stimmen zu gut mit den erwarteten Häufigkeiten überein. Bei dem gerade beschriebenen Verfahren vergleichen wir Ergebnisse, die mit Hilfe stetiger Verteilungen bestimmt, aber auf diskrete Daten − verbunden mit endlichen Stichproben − angewandt werden. Yates hat einen Korrekturfaktor entwickelt, der diese Differenz berücksichtigt. Der korrigierte Wert von χ^2 lautet

$$\chi^2_{\text{korrigiert}} = \frac{(|o_1 - e_1| - 0.5)^2}{e_1} + \frac{(|o_2 - e_2| - 0.5)^2}{e_2} + \ldots + \frac{(|o_k - e_k| - 0.5)^2}{e_k}. \quad (3.6.74)$$

Diese Korrektur wird nur durchgeführt, wenn die Anzahl der Freiheitsgrade $v = 1$ ist. Für große Stichproben ergibt der korrigierte χ^2-Wert praktisch das gleiche Ergebnis wie der nicht korrigierte. Der Grund für die Einführung des Korrekturfaktors liegt darin, daß das unkorrigierte χ^2 in der Nähe der kritischen Werte, das sind die niedrigen Wahrscheinlichkeitswerte der χ^2-Verteilung, zu signifikanten Fehlern führen kann. Für kleine Stichproben, für die die erwartete Häufigkeit in der Größenordnung von 7 liegt, benutzt man besser den korrigierten Wert von χ^2. In der Tat schlagen einige Autoren zur Testdurchführung den Gebrauch des korrigierten wie auch des nicht korrigierten χ^2-Wertes vor; führen beide zu derselben Schlußfolgerung, so wird diese Schlußfolgerung eindeutig bestimmbar genannt.

Es gibt eine Anzahl einfacher Formeln für die Berechnung von χ^2 auf dem Taschenrechner, wobei nur beobachtete Häufigkeiten benutzt werden. Für die in Tabelle 3.6.5 dargestellten Werte für den χ^2-Test, kann χ^2 wie folgt berechnet werden:

$$\chi^2 = \frac{N(a_1 b_2 - a_2 b_1)^2}{(a_1 + b_1)(a_2 + b_2)(a_1 + a_2)(b_1 + b_2)} = \frac{N\Delta^2}{N_1 N_2 N_A N_B}. \quad (3.6.75)$$

mit $\Delta = (a_1 b_2 - a_2 b_1)$. Benutzt man Yates Korrekturfaktor, so ergibt sich

$$\chi^2_{\text{korrigiert}} = \frac{N(|\Delta| - N/2)^2}{N_1 N_2 N_A N_B}. \quad (3.6.76)$$

Für eine 2 X3 Kontingenztafel ergibt sich χ^2 zu:

$$\chi^2 = \frac{N}{N_A}\left[\frac{a_1^2}{N_1} + \frac{a_2^2}{N_2} + \frac{a_3^2}{N_3}\right] + \frac{N}{N_B}\left[\frac{b_1^2}{N_1} + \frac{b_2^2}{N_2} + \frac{b_3^2}{N_3}\right] - N. \qquad (3.6.77)$$

3.6.13 Statistische Voraussagetechniken

Man könnte annehmen, daß viele Voraussagemethoden auf persönlichen Ansichten beruhen. Einzelne Personen, die ein Interesse an dem Ergebnis einer Voraussage haben, könnten subjektiv eingestellt sein. Ein Ansatz, um sich gegen Subjektivität zu schützen, besteht darin, eine beurteilende Voraussage durch die Verwendung einer *statistischen Schätzung*, deren mathematischer Charakter objektive Elemente enthält, zu kontrollieren. *Kurvenanpassungstechniken* basieren auf mathematischen Kriterien, die über den Einzelheiten der durchzuführenden Vorhersage oder über den Konsequenzen des Ergebnisses der Vorhersage stehen. Die *Methode des kleinsten Quadrates* ist hierfür ein Beispiel.

Die Methode des kleinsten Quadrates ist eine Technik, die einen vorgegebenen Kurventyp durch eine Punktmenge in solch einer Weise anpaßt, daß die Standardabweichung der Datengesamtheit von der Kurve minimal ist. Eine *Vorhersage* oder *Extrapolation* ist eine Schätzung des Wertes der Ordinate bei gegebenem, außerhalb der Datenspanne liegenden Abszissenwert.

Ist einmal eine statistische Kurve einer Datenmenge angepaßt, so kann die Kurve benutzt werden, um zukünftige Ergebnisse vorherzusagen und um diese mit den mehr subjektiven, manuellen Voraussagen zu vergleichen. Sind große Abweichungen vorhanden, so wird man natürlich diese Abweichungen analysieren müssen. In einem gewissen Sinne dient die Aufstellung einer statistischen Kurve zur *Kontrolle und Abwägung* von manuell angefertigten Vorhersagen. Wenn beim Erstellen der statistischen Schätzung ein wenig Umsicht geübt wird, so nähern sich die beiden Ansätze untereinander recht gut an.

Lineare Regression

Lineare Regression ist ein Name für die Anpassung einer Datenmenge an eine gerade Linie, wobei sich die Daten auf zwei Variable beziehen. Beispiele für Variablenpaare zeigt die Tabelle 3.6.6. Die gerade Linie gibt einen Zusammenhang zwischen den zwei Variablen an und wird häufig Trendgerade genannt. Gewöhnlich ist eine der Variablen die Zeit. Die Trendgerade zeigt dann den Verlauf einer anderen Variablen über eine Zeitperiode an. Die Intervalle zwischen den Zeitperioden sind gewöhnlich fest, jedoch braucht dies nicht immer der Fall zu sein. In der Tat verlangt das Anpassen einer Kurve an eine Datenpunktmenge keine Einschränkungen bezüglich der Intervalle zwischen den Variablen.

Viele technisch-wissenschaftliche Taschenrechner besitzen Tasten zur Durchführung linearer Regressionsrechnungen. Das Prinzip, nach dem diese Rechnungen durchgeführt werden, ist sehr einfach und nützlich. Es soll durch eine Menge von Datenpaaren (y und x) eine Gerade (die Gleichung einer Geraden ist $y = A + Bx$) gelegt werden. Das Problem besteht darin, A und B aus der Menge der y- und x-Eingaben zu bestimmen.

Tabelle 3.6.6 In Relation stehende Wertepaare

(a) Jahresumsatz: 2 Millionen Dollar		(b) Großhandelspreisindex, saisonbereinigt (1697 = 100)	
Jahr	Gewinn	Monat	Index
1970	$-90.000	1974	
1971	10.000	Januar	145
1972	14.000	Februar	147
1973	96.000	März	150
1974	196.000	April	152
1975	312.000	Mai	153
		Juni	154
		Juli	156
		August	163
		September	166
		Oktober	168
		November	171
		Dezember	172
		1975	
		Januar	171
		Februar	170
		März	169
		April	169
		Mai	171
		Juni	171
		Juli	173

Wenn die Werte

y_1 und x_1
y_2 und x_2
y_3 und x_3

$\vdots$ $\vdots$

y_n x_n

eingegeben werden, so besteht die Aufgabe des Rechners darin, A und B automatisch so zu berechnen, daß die Gerade

$$y = A + Bx$$

sich am besten[1]) den Punkten (x_i, y_i) anpaßt. Der Rechner ermittelt A nach der Gleichung

$$A = \frac{\Sigma y \Sigma x^2 - \Sigma x \Sigma xy}{n \Sigma x^2 - (\Sigma x)^2}$$

und B nach

$$B = \frac{n \Sigma xy - \Sigma x \Sigma y}{n \Sigma x^2 - (\Sigma x)^2} \ .$$

Der Vorteil bei Rechnern mit Tasten zur Durchführung linearer Regressionsrechnungen besteht darin, daß der Rechner automatisch eine Menge Rechenarbeit übernimmt, die man andernfalls manuell durchführen müßte. Betrachtet man die Formeln für A und B, so erscheint es kaum überraschend, daß dieses statistische Auswertungsverfahren nicht häufig — auch nicht von Ingenieuren — angewendet wird; es ist zu komplex, um es manuell durchzuführen, auch wenn ein Vier-Funktionen-Taschenrechner benutzt wird. Taschenrechner, die die vorprogrammierte lineare Regressions-Funktionstaste haben, ermöglichen eine bequeme Kurvenanpassung, wobei die Anzahl der Tastendrücke fast nur von den Eingabedaten herrührt.

Wir betrachten nun die Daten in Tabelle 3.6.6. Wenn wir diese Daten, wie es Bild 3.6.6 zeigt, graphisch darstellen, so läßt sich eine angepaßte Gerade ermitteln, die benutzt werden kann, um Gewinne vorherzusagen. Auf dem HP-27 (ein typischer wissenschaftlicher Taschenrechner) lauten die Tastendrücke zur Ermittlung der Profitgeraden $= A + B \times$ (Anzahl der Jahre seit 1970) wie folgt:

░ (schwarze Taste)

Reset

$-90{,}000 \quad \uparrow \quad 0 \quad \boxed{\Sigma +}$

$10{,}000 \quad \uparrow \quad 1 \quad \boxed{\Sigma +}$

$14{,}000 \quad \uparrow \quad 2 \quad \boxed{\Sigma +}$

$96{.}000 \quad \uparrow \quad 3 \quad \boxed{\Sigma +}$

$196{,}000 \quad \uparrow \quad 4 \quad \boxed{\Sigma +}$

$312{,}000 \quad \uparrow \quad 5 \quad \boxed{\Sigma +}$

░ (schwarze Taste)

L.R.

[1]) am besten im Sinne der Minimierung der Summe der Quadrate der Abweichungen jedes einzelnen y_i von $y = A + Bx$ an der Stelle x_i für $i = 0$ bis $i = n$.

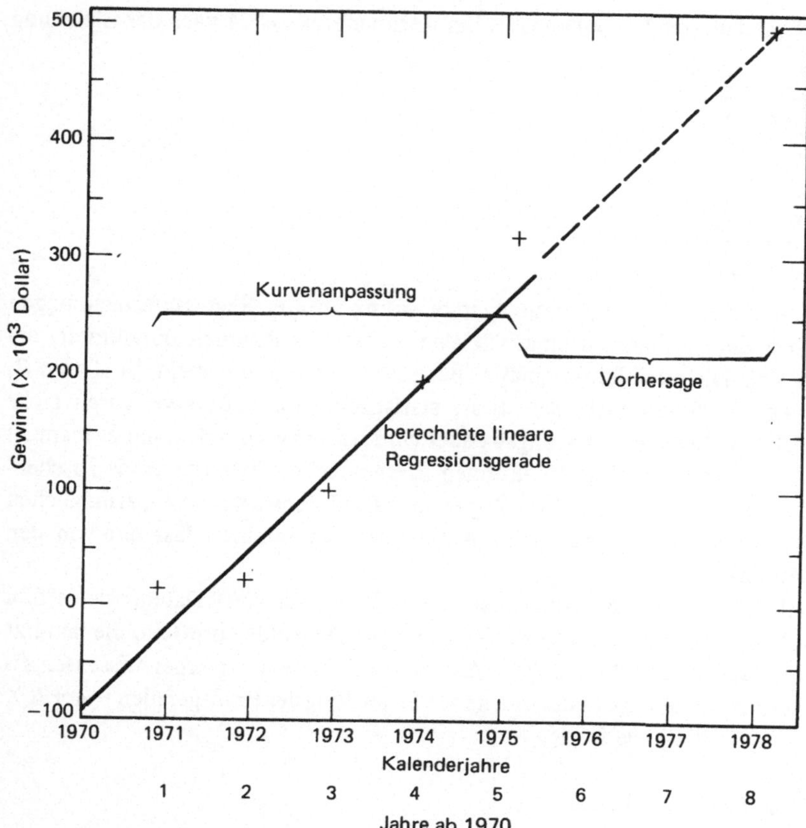

Bild 3.6.6 Jahresgewinn bei einem Umsatz von 2 Millionen Dollar. Die Kreuze kennzeichnen die aktuellen Wertepaare

Um für 1978 den Profit abzuschätzen, braucht man nur 8 (Jahre von 1970 an) einzugeben, die $\boxed{\hat{y}}$ -Taste zu drücken, um $ 506.095.24 zu erhalten.

Lineare Abschätzungen sind nützlich, wenn kleine Bereiche betrachtet werden. Wie steht es jedoch mit Abschätzungen über große Bereiche für exponentielles Wachstum oder exponentiellen Abfall? In diesen Fällen wird man besser versuchen, die exponentielle Kurve

$$y = b\,e^{mx}$$

und nicht $y = A + Bx$ an die Daten anzupassen. Wird die exponentielle Gleichung logarithmiert, so erhält man

$$\ln y = \ln b + mx \ln e.$$

Da $\ln e = 1$ ist, folgt

$$\ln y = \ln b + mx.$$

Wenn wir $\ln b = A$ und $B = m$ setzen, läßt sich die Gleichung wie folgt umschreiben:

$$\ln y = A + Bx.$$

Diese Form entspricht derjenigen einer Geradengleichung. Wenn wir somit die Variablen $\ln y$ und x anstelle von y und x eingeben, können wir eine $\ln y$ geradlinig angepaßte Kurve ermitteln. Im letzten Schritt berechnen wir dann den inversen Wert (antilog) zu $\ln y$, um

$$y = b e^{mx}$$

zu erhalten. Dies ist in der Tat mit dem HP-27/25/22 und SR-51/52/56 möglich. Die Tastendruckfolge zur Anpassung einer exponentiellen Kurve an die typischen Investment-Einnahmen lautet auf dem HP-27 wie folgt (▨ zeigt schwarze Taste an; ▨ zeigt goldene Taste an):

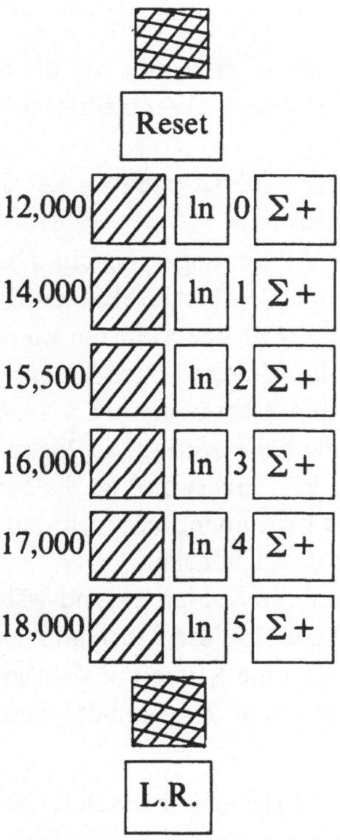

Um dann den voraussichtlichen Investment-Verdienst nach 8 Jahren zu finden, gebe man einfach

ein. Der geschätzte Verdienst lautet $ 23.148.48. Eine lineare Schätzung des Verdienstes würde $ 21.623.81 ergeben, was typisch dafür ist, daß lineare Schätzungen exponentielles Wachstum „unterlaufen".

Die Kunst der statistischen Vorhersage

Die Diskussion der Anpassung geradliniger und exponentieller Kurven hat gezeigt, daß die Kurve durch die Anzahl der in den Rechner eingegebenen Eingangszahlenpaare und durch diese selbst bestimmt ist. Somit müssen folgende Entscheidungen getroffen werden.

- Wie viele Zahlenpaare sollten verwendet werden?
- Welche Zahlenpaare sollten verwendet werden?

Das angesammelte Wissen über die Datenerhebung würde eine Bücherserie füllen. Glücklicherweise kann die Intuition des Ingenieurs viel dazu beitragen, zu entscheiden, welche Daten erhoben werden müssen. Es sollte darauf geachtet werden, daß das angewandte Erhebungsschema streng genug ist, um sicherzustellen, daß ein nicht intuitiv zu bemerkendes Verhalten des Prozesses, der die Daten hervorbringt, nicht eliminiert wird. Ein paar allgemeine Leitlinien können bei der Auswahl der Daten für eine Vorhersage benutzt werden:

- Die Spannweite der ermittelten Daten sollte wenigstens so groß sein wie die Spannweite der Vorhersage. Für eine Ein-Jahres-Voraussage, sollten die ermittelten Daten bis zu einem Jahr zurückliegen.
- Offensichtliche Abweichungen, die große unvernünftige Variationen in der Datenmenge ergeben, sollten vor der Vorhersage bearbeitet werden.
- Man sehe bewußt nach „Fehlern" in den Daten, die Abweichungen ähneln, aber verborgene nicht-intuitive Gründe haben können. Börsenfachleute tuen dies häufig. Vor Preissprüngen einer Aktie schwankt die Anzahl der Verkäufe der Aktie ein wenig, was ein Zeichen für die Ahnung der Spekulanten ist, daß die Aktie aus irgendeinem Grund ansteigt. Wenn man glaubt, einen dieser statistischen Indikatoren gefunden zu haben, so entscheide man nicht eher über den weiteren Verlauf der Aktion, als bis man die Ursache des Fehlers untersucht und offengelegt hat. Paradoxerweise ist die Statistik — Mathematik der zufälligen Prozesse — ein exzellentes Instrument, um nicht zufälliges oder begründetes Verhalten von Systemen und Prozessen aufzudecken.
- Man passe den Daten sowohl lineare als auch exponentielle Kurven an und wähle die Kurve aus, die augenfällig die beste zu sein scheint. Läßt sich der Korrelationskoeffizient mit dem Taschenrechner ermitteln, so nehme man die Kurve mit dem größten Korrelationskoeffizienten. Viele Ti- und HP-Taschenrechner haben diese Besonderheit.

Dank der Entwicklung der Festkörperschaltkreise und der Taschenrechner-Hersteller sind Ingenieuren und Wissenschaftlern nun nützliche Vorhersagetechniken unmittelbar durch einen einzelnen Tastendruck zugänglich.

3.6.14 Beispiele

Beispiel 3.6.1: Es seien 20 % der bei einem Arbeitsprozeß hergestellten Transistoren defekt. Man bestimme mit Hilfe der Binomialverteilung die Wahrscheinlichkeit, daß von vier zufällig ausgewählten Transistoren einer, keiner oder höchstens zwei defekt sind. Da die Wahrscheinlichkeit dafür, daß ein Transistor defekt ist,

$$p = 0.2$$

beträgt und die Wahrscheinlichkeit für das Auftreten eines nicht defekten Transistors

$$q = 1 - p = 0.8$$

lautet, gilt

$$w\{\text{genau einer von vier Transistoren ist defekt}\}$$

$$= {}_4C_1\,(0.2)^1\,(0.8)^3 = \frac{4!}{1!\,(4-1)!}\,(0.2)^1\,(0.8)^3 = 0.4096$$

$$w\{\text{kleiner von vier Transistoren ist defekt}\} = {}_4C_0\,(0.2)^0\,(0.8)^4 = 0.4096$$

$$w\{\text{genau zwei von vier Transistoren sind defekt}\} = {}_4C_2\,(0.2)^2\,(0.8)^2 = 0.1536.$$

Also folgt

$$w\{\text{höchstens zwei Transistoren sind defekt}\} = w\{\text{kein defekter Transistor})$$
$$+\, w\{\text{genau ein defekter Transistor}\} + w\{\text{genau zwei defekte Transistoren}\}$$
$$= 0.4096 + 0.04096 + 0.1536 = 0.9728.$$

Beispiel 3.6.2: Das mittlere Gewicht von 500 Ingenieuren sei 170 lb [1]), die Standardabweichung betrage 15 lb. Unter der Annahme, daß die Gewichte normalverteilt sind, soll ermittelt werden, wie viele Ingenieure zwischen 139 lb und 174 lb wiegen. Gewichte, die als zwischen 139 lb und 174 lb liegend registriert werden, können jeden Wert von 138.5 lb bis 174.5 lb annehmen, vorausgesetzt, daß sie der jeweils am nächsten befindlichen ganzen Gewichtseinheit zugerechnet werden.

$$138.5\ \text{lb in Standardeinheiten} = \frac{138.5 - 170}{15} = -2.10$$

$$174.5\ \text{lb in Standardeinheiten} = \frac{174.5 - 170}{15} = 0.30$$

Die Anzahl der Ingenieure zwischen 139 lb und 174 lb läßt sich dann nach Bild 3.6.7 ermitteln.

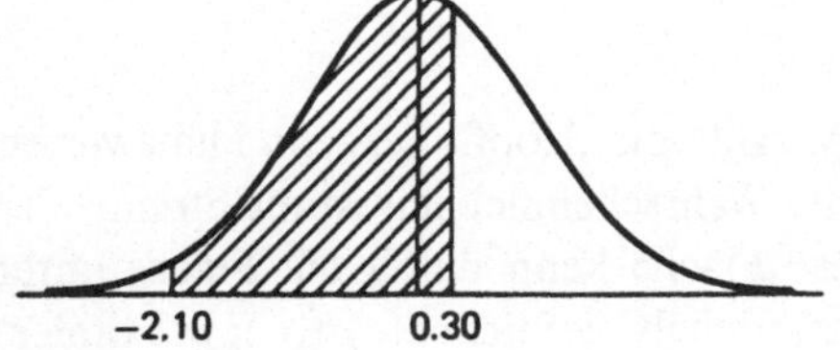

Bild 3.6.7
Prozentualer Anteil der Ingenieure mit einem Gewicht zwischen 139 lb und 174 lb

---

[1]) lb: Abkürzung für pound; 1 pound Am. = 453.59 g

$$(\text{Flächeninhalt zwischen } z = -2.10 \text{ und } z = 0.30)$$
$$= (\text{Flächeninhalt zwischen } z = -2.10 \text{ und } z = 0)$$
$$+ (\text{Flächeninhalt zwischen } z = 0 \text{ und } z = 0.30)$$
$$= 0.4821 + 0.1179$$
$$= 0.6000.$$

Die Anzahl der Ingenieure, die zwischen 139 lb und 174 lb wiegen, beträgt somit $500 \times (0.6000) = 300$.

Beispiel 3.6.3: Es ist die Wahrscheinlichkeit gesucht, bei zehn Münzwürfen zwischen drei- und sechsmal „Kopf" zu erhalten. Es soll die Binomialverteilung und die zugehörige, approximierende Normalverteilung angewendet werden.

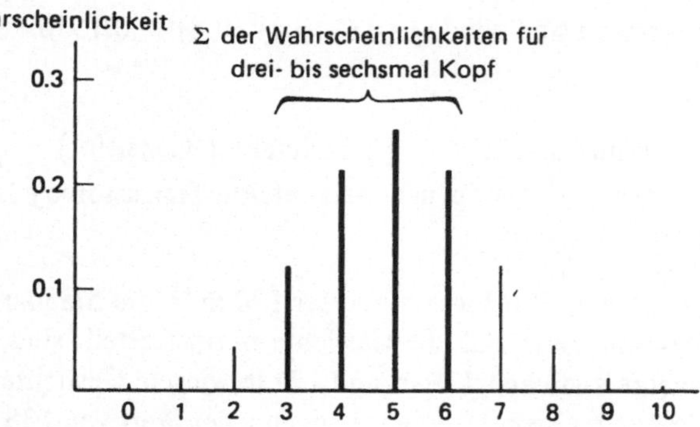

Bild 3.6.8
Diskrete Binominalverteilung

Die Binomialverteilung liefert (Bild 3.6.8):

$$w\,\{\text{genau dreimal Kopf}\} \;=\; {}_{10}C_3 \left(\tfrac{1}{2}\right)^3 \left(\tfrac{1}{2}\right)^7 = \tfrac{15}{128}$$

$$w\,\{\text{genau viermal Kopf}\} \;=\; {}_{10}C_4 \left(\tfrac{1}{2}\right)^4 \left(\tfrac{1}{2}\right)^6 = \tfrac{105}{512}$$

$$w\,\{\text{genau fünfmal Kopf}\} \;=\; {}_{10}C_5 \left(\tfrac{1}{2}\right)^5 \left(\tfrac{1}{2}\right)^5 = \tfrac{63}{256}$$

$$w\,\{\text{genau sechsmal Kopf}\} = {}_{10}C_6 \left(\tfrac{1}{2}\right)^6 \left(\tfrac{1}{2}\right)^4 = \tfrac{105}{512}$$

Somit folgt:

$$w\,\{\text{zwischen drei- und sechsmal einschließlich tritt „Kopf" auf}\}$$
$$= \tfrac{15}{128} + \tfrac{105}{512} + \tfrac{63}{256} + \tfrac{105}{512} = \tfrac{99}{128} = 0.7734.$$

Die Wahrscheinlichkeitsverteilung für die Anzahl von „Kopf" bei zehn Münzwürfen ist in Bild 3.6.9 graphisch dargestellt. Die gesuchte Wahrscheinlichkeit ist die Summe der Flächeninhalte der schraffierten Rechtecke. Diese Fläche kann durch die Fläche unter der zugehörigen Normalverteilungskurve, die gestrichelt gezeichnet ist, approximiert werden.

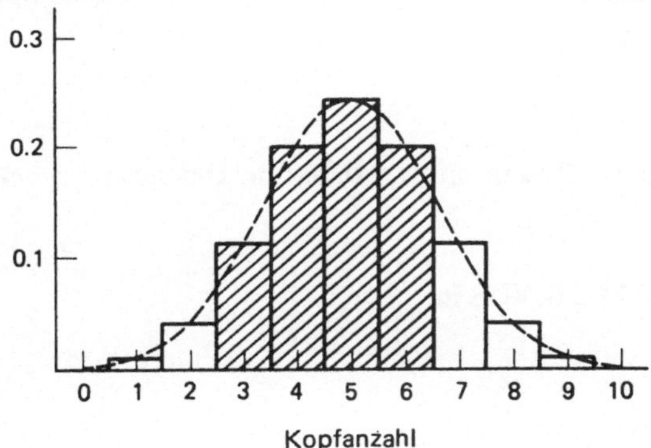

Bild 3.6.9

Annäherung der diskreten Verteilung durch die stetige Normalverteilung

Bei der Verwendung der Normalverteilung kann die Forderung „3 bis 6 $\times$ Kopf" in „2.5 bis 6.5 $\times$ Kopf" abgewandelt werden. Der Mittelwert und die Standardabweichung für die Binomialverteilung lauten

$$\mu = Np = 10\left(\tfrac{1}{2}\right) = 5$$

$$\sigma = \sqrt{Npq} = \sqrt{(10)\left(\tfrac{1}{2}\right)\left(\tfrac{1}{2}\right)} = 1.58$$

$$2.5 \text{ in Standardeinheiten} = \frac{2.5 - 5}{1.58} = -1.58$$

$$6.5 \text{ in Standardeinheiten} = \frac{6.5 - 5}{1.58} = 0.95.$$

Die Wahrscheinlichkeit, zwischen 3 bis 6 $\times$ Kopf zu erhalten, entspricht dem Flächeninhalt zwischen $z = -1.58$ und $z = 0.95$ unter der Normalverteilungskurve. Er beträgt (Flächeninhalt zwischen $z = -1.58$ und $z = 0$) + (Flächeninhalt zwischen $z = 0$ und $z = 0.95$) = 0.4429 + 0.3289 = 0.7718. Dieser Wert stimmt sehr gut mit dem wahren Wert, der mit Hilfe der Binomialverteilung ermittelt wurde, überein.

Beispiel 3.6.4 [1]): Eine zufällige Stichprobe besteht aus 200 Achslager, die von einer bestimmten Maschine hergestellt wurden. Die von allen 200 Achslagern gemessenen Durchmesser ergeben einen Mittelwert von 0.824 in. [2]) und eine Standardabweichung von 0.042 in. Es sollen (a) 95-%- und (b) 99-%-Konfidenzgrenzen für den mittleren Durchmesser aller Achslager, die von dieser Maschine hergestellt werden, angegeben werden. Die 95-%-Konfidenzgrenzen lauten

$$\bar{x} \pm \frac{1.96\,\sigma}{\sqrt{N}} \, .$$

---

[1]) Das Beispiel stammt aus Murray R. Spiegel, The Theorie and Probleme of Statistics, The Schaum's Outline Series, veröffentlicht von McGraw-Hill, Inc., New York.

[2]) in Abkürzung für inch; 1 inch = 2.54 cm.

Diese Grenzen sind approximativ durch

$$\bar{x} \pm \frac{1.96\,\hat{s}}{\sqrt{N}}$$

zu ersetzen. Für unser Beispiel gilt $\bar{x} = 0.824$ in und $\hat{s} = 0.042$ in. Demnach ergeben sich die 95-%-Konfidenzgrenzen zu

$$0.824 \pm 1.96 \times \frac{0.042}{\sqrt{200}}\ \text{in.} = 0.824 \pm 0.0058\ \text{in.}$$

Die 99-%-Konfidenzgrenzen lauten

$$\bar{x} \pm \frac{2.58\,\hat{s}}{\sqrt{N}}\ .$$

Setzt man die gegebenen Werte ein, so folgt für die 99-%-Konfidenzgrenzen

$$0.824 \pm 2.58 \times \frac{0.042}{\sqrt{200}}\ \text{in.} = 0.824 \pm 0.0077\ \text{in.}$$

Die Rechnungen erfolgen unter der Annahme, daß die angegebene Standardabweichung die erwartungstreue Standardabweichung $\hat{s}$ ist. Wäre s die Standardabweichung gewesen, so hätte man $\hat{s} = s\,\sqrt{N/(N-1)} = \sqrt{200/199}\,s$ verwenden müssen. Man sieht, daß für alle praktischen Rechnungen $\hat{s}$ durch s ersetzt werden kann.

Beispiel 3.6.5 [1]): Eine kleine Stichprobe besteht aus 10 Messungen der Länge eines Bolzens. Die mittlere Länge beträgt $\bar{x} = 4.38$ in. und die Standardabweichung $s = 0.06$ in. Es sind die 95-%- und 99-%-Konfidenzgrenzen für die wirkliche Länge gesucht.

Die 95-%-Konfidenzgrenzen lauten

$$x \pm t_{0.975}\left(\frac{s}{\sqrt{N-1}}\right).$$

Da $\nu = 9$ ist, folgt aus Tabelle 3.6.7 oder durch direktes Anwenden der Definition der t-Verteilung

$$t_{0.975} = 2.26.$$

Aus den gegebenen Werten $\bar{x} = 4.38$ in. und $s = 0.06$ in. folgt dann für die 95-%-Konfidenzgrenzen

$$4.38 \pm 2.26 \times \left(\frac{0.06}{\sqrt{10-1}}\right)\ \text{in.} = 4.38 \pm 0.0452\ \text{in.}$$

---

[1]) Das Beispiel stammt aus Murray R. Spiegel, The Theorie and Problems of Statistics, The Schaum's Outline Series, veröffentlicht von McGraw-Hill, Inc., New York.

Tabelle 3.6.7 Prozentuale Werte (t_p) der einseitigen t-Verteilung
(ν bezeichnet die Anzahl der Freiheitsgrade)

ν	$t_{0.995}$	$t_{0.99}$	$t_{0.975}$	0.95	$t_{0.90}$
1	63.66	31.82	12.71	6.31	3.08
2	9.92	6.96	4.30	2.92	1.89
3	5.84	4.54	3.18	2.35	1.64
4	4.60	3.75	2.78	2.13	1.53
5	4.03	3.36	2.57	2.02	1.48
6	3.71	3.14	2.45	1.94	1.44
7	3.50	3.00	2.36	1.90	1.42
8	3.36	2.90	2.31	1.86	1.40
9	3.25	2.82	2.26	1.83	1.38
10	3.17	2.76	2.23	1.81	1.37
11	3.11	2.72	2.20	1.80	1.36
12	3.06	2.68	2.18	1.78	1.36
13	3.01	2.65	2.16	1.77	1.35
14	2.98	2.62	2.14	1.76	1.34

Die 99-%-Grenzen lauten

$$\bar{x} \pm t_{0.995}\, \frac{s}{\sqrt{N-1}}.$$

Mit $\nu = 9$ und $t_{0.995} = 3.25$ kann man mit 99 % Sicherheit erwarten, daß der wirkliche Mittelwert im Intervall mit den Grenzen

$$4.38 \pm 3.25 \left(\frac{0.06}{\sqrt{10-1}} \right) \text{ in.} = 4.38 \pm 0.0650 \text{ in.}$$

liegt. Nun bearbeiten wir dieses Problem unter der Annahme, daß die Formeln für große Stichproben gelten und vergleichen dann die Ergebnisse beider Verfahren. Werden die Methoden für große Stichproben angewendet, ergeben sich die 95-%-Vertrauensgrenzen zu

$$\bar{x} \pm \frac{1.96\,\sigma}{\sqrt{N}} = 4.38 \pm 1.96 \left(\frac{0.06}{\sqrt{10}} \right) = 4.38 \pm 0.037 \text{ in.}$$

wobei die Stichprobenstandardabweichung 0.06 in. als eine Schätzung für σ benutzt wurde. Das erhaltene Ergebnis muß mit 4.83 ± 0.0452 in. verglichen werden.

Ähnlich folgt für die 99-%-Konfidenzgrenzen

$$\bar{x} \pm \frac{2.58\,\sigma}{\sqrt{N}} = 4.38 \pm 2.58 \left(\frac{0.06}{\sqrt{10}} \right) = 4.38 \pm 0.049 \text{ in.}$$

was mit 4.38 ± 0.0650 in. verglichen werden muß.

In beiden Fällen sind die Konfidenzintervalle, die durch die hier richtige Formel für kleine Stichproben ermittelt werden, größer als die Konfidenzintervalle, die sich aus der Formel für große Stichproben ergeben. Der Grund liegt darin, daß bei kleinen Stichproben eine geringere Genauigkeit vorhanden ist als bei großen Stichproben.

Beispiel 3.6.6 [1]): Die von 16 Studenten einer Stadt ermittelten I.Q. (Intelligenzquotienten) ergaben einen Mittelwert von 107 mit einer Standardabweichung von 10. Demgegenüber ergaben dieselben I.Q. von 14 Studenten einer anderen Stadt einen Mittelwert von 112 mit einer Standardabweichung von 8. Existiert ein statistisch signifikanter Unterschied mit einem 0.01- bzw. 0.05-Signifikanzniveau zwischen den Mittelwerten der beiden Gruppen?

Sind μ_1 und μ_2 die Mittelwerte der Gesamtheiten der Studenten aus den beiden Städten, so ist zu prüfen, ob die Hypothese

$$H_0: \mu_1 = \mu_2$$

abgelehnt werden kann. Das heißt, es gibt keinen statistisch signifikanten Unterschied zwischen den beiden Gruppen.

Der Leser kann leicht selbst überprüfen, daß für den Vergleich zweier Stichprobenmengen aus normalverteilter Grundgesamtheit gilt

$$t = \frac{\bar{x}_1 - \bar{x}_2}{\sigma \sqrt{1/N_1 + 1/N_2}},$$

wobei

$$\sigma = \sqrt{\frac{N_1 s_1^2 + N_2 s_2^2}{N_1 + N_2 - 2}} = \sqrt{\frac{16(10)^2 + 14(8)^2}{16 + 14 - 2}} = 9.44$$

gilt. Es folgt dann

$$t = \frac{112 - 107}{9.44 \sqrt{1/16 + 1/14}} = 1.45.$$

Auf der Basis eines *zweiseitigen Tests* mit einem 0.01-Signifkanzniveau wird H_0 abgelehnt, wenn t außerhalb des Bereiches von $-t_{0.995}$ bis $t_{0.995}$ liegt. Für $N_1 + N_2 - 2 = (16 + 14 - 2) = 28$ Freiheitsgrade verläuft der Bereich von -2.76 bis 2.76). Es folgt, daß für das 0.01-Signifikanzniveau H_0 nicht abgelehnt werden kann. Auf der Basis eines zweiseitigen Tests mit einem 0.05-Signifikanzniveau wird H_0 abgelehnt, wenn t außerhalb des Bereiches von $-t_{0.975}$ bis $t_{0.975}$ liegt. Für 28 Freiheitsgrade geht der Bereich von -2.05 bis 2.05. Wieder kann H_0 auf dem 0.05-Signifikanzniveau nicht abgelehnt werden.

Wir schließen daher, daß kein signifikanter Unterschied zwischen den Testergebnissen beider Gruppen besteht.

---

[1]) Das Beispiel stammt aus Murray R. Spiegel, The Theorie and Problems of Statistics, The Schaum's Outline Series, veröffentlicht von McGraw-Hill, Inc., New York.

Beispiel 3.6.7 [1]: Die Standardabweichung der Größe von 16 Studentinnen, die in einer Schule mit 1000 Studentinnen zufällig ausgewählt wurden, beträgt 2.45 in. Man bestimme 95-%- und 99-%-Konfidenzgrenzen für die Standardabweichung aller Studentinnen der Schule. Die 95-%-Konfidenzgrenzen sind durch $s \sqrt{N}/\chi_{0.975}$ und $s \sqrt{N}/\chi_{0.025}$ gegeben. Für $\nu = 16 - 1 = 15$ Freiheitsgrade gilt:

$$\chi^2_{0.975} = 27.5, \quad \text{also} \quad \chi_{0.975} = 5.24 \quad \text{und}$$

$$\chi^2_{0.025} = 6.26, \quad \text{also} \quad \chi_{0.025} = 2.50.$$

Die 95-%-Konfidenzgrenzen lauten dann

$$2.40 \times \sqrt{16}/5.24 \text{ in.} = 1.83 \text{ in.} \quad \text{und}$$

$$2.40 \times \sqrt{16}/2.50 \text{ in.} = 3.84 \text{ in.}$$

Somit können wir zu 95 % sicher sein, daß die Standardabweichung der Grundgesamtheit zwischen 1.83 in. und 3.84 in. liegt. Die 99-%-Konfidenzgrenzen sind durch

$$S \sqrt{N}/\chi_{0.995} \quad \text{und} \quad s \sqrt{N}/\chi_{0.005}$$

gegeben. Für $\nu = 15$ Freiheitsgrade folgt

$$\chi^2_{0.995} = 32.8, \quad \text{also} \quad \chi_{0.995} = 5.73 \quad \text{und}$$

$$\chi^2_{0.005} = 4.60, \quad \text{also} \quad \chi_{0.005} = 2.14.$$

Die 99-%-Konfidenzgrenzen lauten somit

$$2.40 \times \sqrt{16}/5.73 \text{ in.} = 1.68 \text{ in.} \quad \text{und}$$

$$2.40 \times \sqrt{16}/2.14 \text{ in.} = 4.19 \text{ in.}$$

Wir können also zu 99 % sicher sein, daß die Standardabweichung der Gesamtheit zwischen 1.68 in. und 4.49 in. liegt.

---

[1] Das Beispiel stammt aus Murray R. Spiegel, The Theorie and Problems of Statistics, The Schaum's Outline Serie, veröffentlicht von McGraw-Hill, Inc., New York.

4 Der programmierbare Taschenrechner

4.1 Eine Einführung in die Rechnerprogrammierung

4.1.1 Einführung

Die heutzutage verfügbaren programmierbaren Taschenrechner werden in Abschnitt 4.2 besprochen. Ehe auf die Einzelheiten des Aufbaus und der Programmausführung eingegangen wird, soll hier ein Überblick über die allgemeinen Grundlagen der Programmierung von Rechenmaschinen, unabhängig davon, ob es nun Rechner oder Computer sind, gegeben werden. Einzelheiten in der Programmierung spezifischer Rechner sind besser zu verstehen, wenn man mehr über die allgemeinen Grundlagen weiß.

4.1.2 Die Grundbestandteile eines programmierbaren Rechners

Prinzipiell besteht jeder programmierbare Rechner aus vier Grundelementen: Dem Befehlswerk, dem Speicherwerk, dem Rechenwerk und der Eingabe-/Ausgabeeinheit. Bild 4.1.1 zeigt ein Blockschema des programmierbaren Taschenrechners. Es sind zur Vereinfachung nur die Grundverbindungen zwischen den vier Einheiten dargestellt.

Die Eingabe-/Ausgabeeinheit besteht bei den meisten Rechnern einfach aus der Tastatur und dem Anzeigeregister. Die Befehlseinheit besteht aus einem „Chip", der Tastatureingaben in vorprogrammierte, berechenbare Funktionen umwandelt, die ins Rechenwerk geleitet werden. Die Befehlseinheit leitet ebenfalls Eingaben über die Tastatur in das Speicherwerk und speichert sie dort entweder als Teil der vorprogrammierten Funktionen, um im Rechenwerk ausgeführt zu werden, oder einfach, um als Teil der Ausgabe angezeigt zu werden.

Der Elektronikbaustein, der die Aufgaben des Befehlswerks ausführt, ist das eigentliche „Gehirn" des Rechners. Er enthält die Elektronik zur Berechnung der vorprogram-

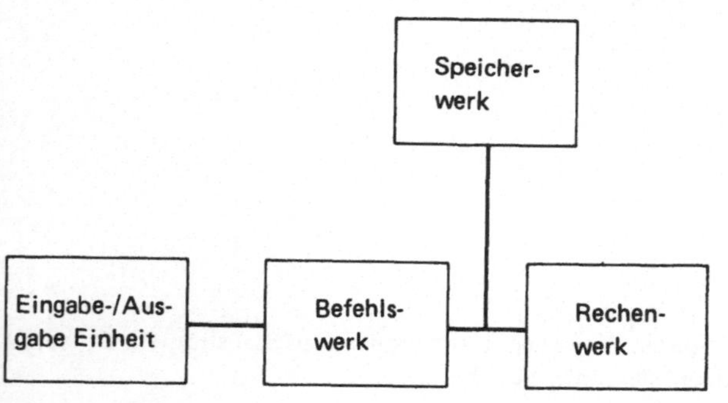

Bild 4.1.1

Blockdiagramm eines programmierbaren Taschenrechners

mierten Funktionen, die zur Tastatur gehören, und außerdem bei einem programmierbaren Taschenrechner die Elektronik zur Abspeicherung des vom Operateur entwickelten Programms. Für den Benutzer besteht ein Programm aus einer Reihe von Tastendrücken, die von Hand ausgeführt werden müssen, um ein Problem zu lösen. Beim programmierbaren Taschenrechner wird diese Tastendruckfolge im „Programmspeicher" des Befehlswerks abgespeichert und sequentiell durchgeführt, um so die Tastendruckfolge, die sonst von Hand eingegeben werden müßte, automatisch auszuführen. Der Rechner„erinnert sich" dieser Tastendrücke, so wie sie eingetastet werden, und führt sie dann auf Druck einer einzelnen Taste, die die Durchführung des automatischen Programms auslöst, in der programmierten Reihenfolge aus.

4.1.3 Programmspeicher

Ein zentrales Element des Befehlswerks eines jeden programmierbaren Taschenrechners ist der Programmspeicher. Er „merkt" sich eine Folge manuell ausgeführter Tastendrücke. Die Tastendruckfolge, aus der sich ein Programm zusammensetzt, wird in dem sogenannten „Programmspeicher" des Befehlswerkes abgespeichert. Die ersten programmierbaren Taschenrechner hatten Programmspeicher für 50 bis 100 Schritte. Die jetzigen Maschinen können je nach Art 220 bis 256 und größere Maschinen bis zu 1000 Schritte und mehr speichern. Man kann sich einen Programmspeicher als eine Liste von Anweisungen vorstellen, wobei jede Anweisung eine Schrittnummer bzw. eine Adresse hat (Bild 4.1.2). Ist das Programm in den Programmspeicher eingegeben, so ist jede Adresse mit einem Tastencode versehen. Dieser dient zur Identifizierung der vorprogrammierten Funktion, die der Rechner im Rechenwerk ausführt, indem er Daten aus dem Speicherwerk benutzt und auszugebende Daten an die Eingabe-/Ausgabeeinheit abgibt. Eigentlich führen alle Rechner ein Programm in derselben einfachen Art durch. Beginnend bei der Adresse 001 werden die Tastenanschläge genau in der Reihenfolge ihrer Abspeicherung ausgeführt. Eine der Funktionen (Tasten), die offensichtlich zur Programmierung eines Rechners notwendig sind, ist der Befehl, den Programmablauf mit der Adresse 001 zu beginnen und die Menge der Programmschritte sequentiell zu durchlaufen — so wie sie programmiert wurden. Diese Taste setzt den „Adreßzeiger" an den Anfang des Programmspeichers (Adresse 001) zurück und wird häufig mit „Return-Taste" (RTN) oder „Reset-Taste" (RSET) bezeichnet. Für die Anweisung, mit der Ausführung einer zuvor programmierten Befehlsreihe zu beginnen, ist ebenfalls eine Programmierfunktion (−Taste) er-

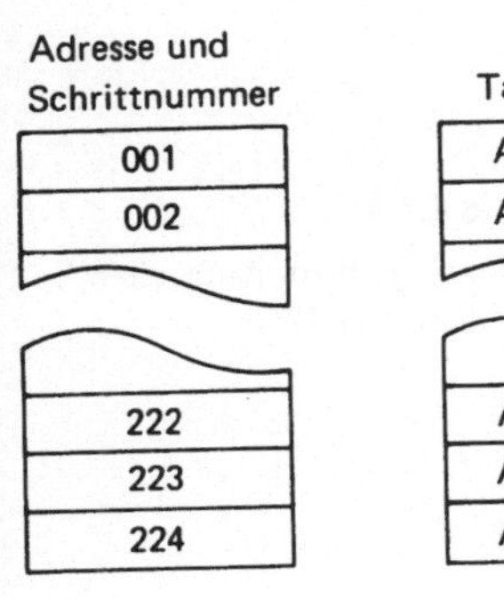
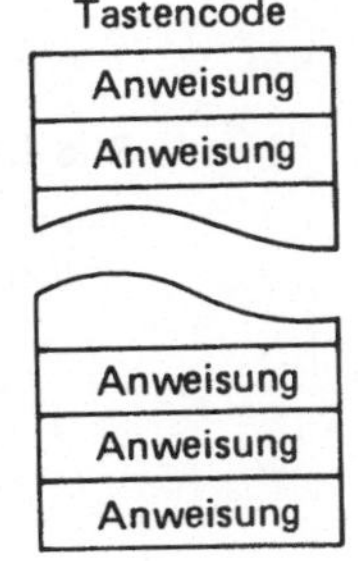

Bild 4.1.2
Programmspeicher

forderlich. Sie wird gewöhnlich „Run-Taste" (RUN) genannt. Bei den modernen Taschenrechnern ist es nicht unbedingt erforderlich, daß eine eingetastete Befehlsfolge bei der
Adresse 001 beginnt. Der Anfang dieser Befehlsfolge kann zum Beispiel auch bei der
Adresse 100 liegen. Hierbei muß jedoch im Programmspeicher jede Stelle markiert werden
können, damit der Rechner erkennen kann, wo er die Suche nach einer eingetasteten
Befehlsfolge abbrechen und diese ausführen soll. Diese Markierung erfolgt durch die soge-
nannte „Label-Taste". Sie kennzeichnet den Anfang einer Folge von Programmspeicher-
plätzen mit zuvor einprogrammierten Befehlen, die der Reihe nach auszuführen sind.
Dieser Vorgang wird in Bild 4.1.3 verdeutlicht. Aus diesem Bild ist zu ersehen, daß der
Rechner den Programmspeicher beginnend bei der Adresse 001 nach der Marke A ab-
sucht. Hat er sie gefunden, so bricht er den Suchprozeß ab und führt jeden folgenden
Befehl genau in der Reihenfolge der Adressen — von Adresse 3 bis Adresse 101, wo er
auf eine Return-Anweisung trifft — aus. Danach setzt der Rechner die Suche nach der
nächsten Marke fort, was Bild 4.1.4 veranschaulicht. Man sieht also, daß der Durchfüh-
rungs-Modus durch zwei Tastencodes begrenzt wird. Der eine bezeichnet den Anfang der
durchzuführenden Befehlsfolge, während der andere die Durchführung abschließt und den
Rechner anweist, in den Such-Modus zurückzukehren.

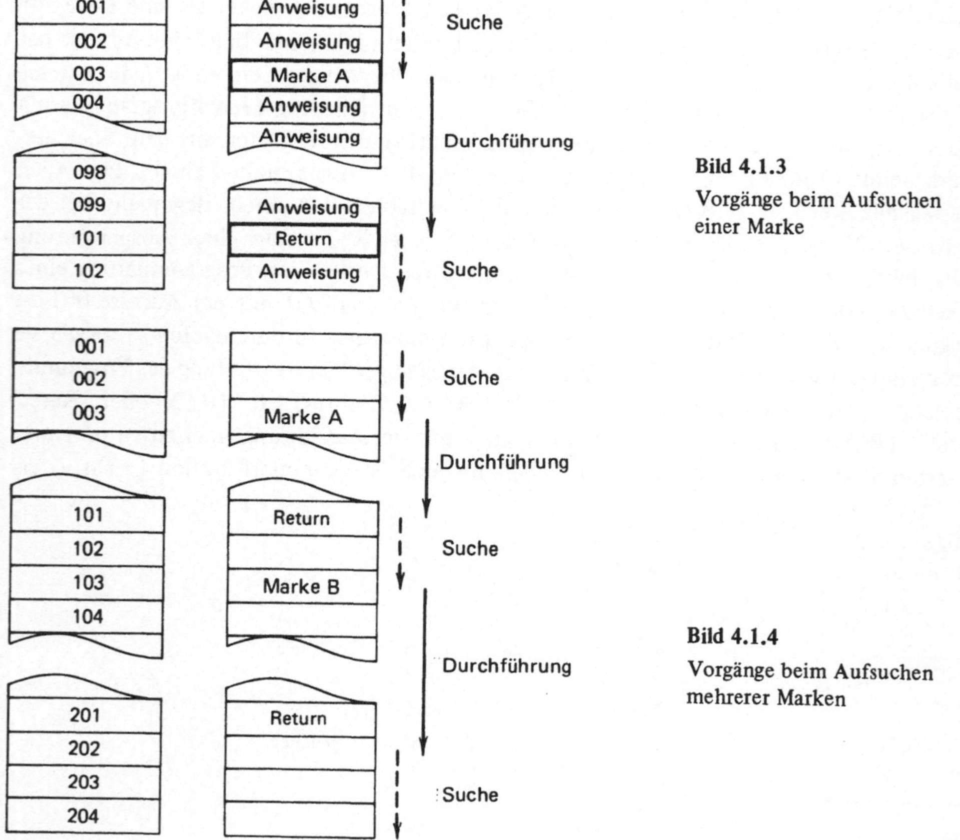

Bild 4.1.3
Vorgänge beim Aufsuchen
einer Marke

Bild 4.1.4
Vorgänge beim Aufsuchen
mehrerer Marken

Bei den meisten Taschenrechnern kann eine Marke in eine Befehlsfolge eingefügt werden, wobei der Rechner bei der Durchführung der Befehlsfolge diese Marke einfach „übergeht" und die Durchführung bis zur Return-Anweisung fortsetzt. Ist zum Beispiel Adresse 100 durch Marke A, Adresse 107 durch Marke B und Adresse 110 durch eine Return-Anweisung kennzeichnet, so führt der Rechner die in den Programmspeicher eingetasteten Befehle beginnend bei Adresse 101 bis zur Adresse 106 aus, übergeht dann die bei Adresse 107 befundene Marke und führt anschließend die verbleibenden Befehle in den Adressen 108 und 109 aus. Die Begründung für diesen Vorgang ist folgende: Hierdurch können Marken an beliebigen Stellen innerhalb einer durchzuführenden Folge von Tastencodes plaziert werden, um die Programmteile zu kennzeichnen, die der Rechner wiederholt durchlaufen soll, bevor er auf eine Return-Anweisung trifft. Für diese sogenannten „Programmschleifen" ist eine zusätzliche Tastenfunktion erforderlich – der GO-TO-Befehl. Er stoppt die Programmdurchführung und weist den Rechner an, diejenige Marke aufzusuchen, die dem Tastencode der GO-TO-Anweisung folgt. Lautet der GO-TO-Befehl zum Beispiel „Gehe nach B!", so stellt der Rechner die Programmdurchführung ein und sucht nach der Marke B. Hat er sie gefunden, so setzt er die Durchführung von dieser Stelle ab fort, bis er wieder auf den GO-TO-Befehl trifft. Dieser Vorgang wiederholt sich so lange, bis der GO-TO-Befehl übersprungen wird. Folglich gehört zur elementaren Durchführung eines jeden Rechenprogramms als letzter der sogenannte „SKIP-Befehl". Durch Marken, die Return-, GO-TO- und SKIP-Anweisung, wird der Rechner in die Lage versetzt, eine manuell eingetastete Befehlsfolge automatisch auszuführen, ja sogar eine Programmschleife iterativ zu durchlaufen, bis eine Bedingung erfüllt ist, bei der die SKIP-Anweisung vor dem GO-TO-Befehl aus der Schleife in den normalen Programmablauf führt, der fortgesetzt wird, bis eine RETURN-Anweisung das Programm beendet. Die Vorgänge beim Durchlaufen einer Programmschleife werden in Bild 4.1.5 verdeutlicht.

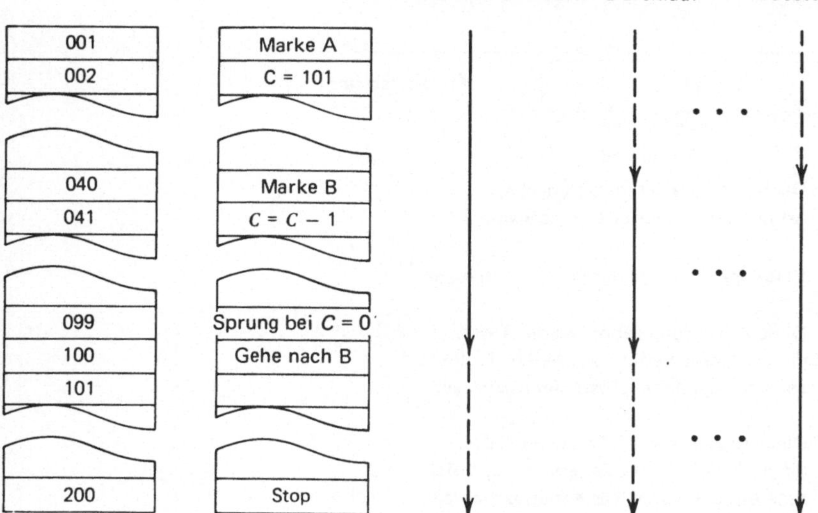

Bild 4.1.5 Schleifenbildung

4.1.4 Der Tastencode

Tastencodes dienen zur Kennzeichnung der Anweisung, die in einer einzelnen Programmspeicherzeile steht. Sie werden in der Anzeige sichtbar gemacht. Bei den neueren programmierbaren Taschenrechnern setzt sich jeder Tastencode aus zwei Ziffern zusammen. Die erste der beiden Ziffern gibt die Zeile und die zweite die Spalte an, in der die Anweisung (Taste) im Tastenfeld des Rechners zu finden ist. Der Schnittpunkt von Zeile und Spalte bestimmt die Taste bzw. den Befehl, der im Programmspeicher abgelegt ist. Die ebenso in der Anzeige erscheinende Schrittnummer der Programmspeicherzeile wird getrennt vom Tastencode angezeigt; sie erscheint in der Regel links, der Tastencode rechts. Häufig werden die Codes zweier Tasten miteinander kombiniert. Soll zum Beispiel eine Speicherstelle im Programmspeicher mit der Marke A gekennzeichnet werden, so sind zwei Tasten zu drücken und zwar die Label-Taste und die Taste A. Der kombinierte Code für die Marke A besteht also aus zwei Tastencodes (Bild 4.1.6). Bild 4.1.7 zeigt für den kombinierten Code 21 11 die Lage der zugehörigen Tasten. Wird hingegen für eine Anweisung nur eine einzige Taste benötigt, z.B. für das Quadratwurzelziehen, so wird nur der zweiziffrige Tastencode zur Kennzeichnung der entsprechenden Taste angezeigt.

4.1.5 Programmierung eines Rechners

Das Aufstellen eines Programms ist relativ einfach. Zuerst wird der Programmspeicher durch Drücken der entsprechenden Löschtaste gelöscht. Dann wird der Rechner in den „Programmier-Modus" (auch „Learn-Modus" genannt) gebracht. Der erste Schritt besteht nun darin, dem Programm eine Marke zu geben, so daß für den Rechner der Anfang der auszuführenden Befehlsfolge erkennbar ist. Danach werden die Operationen, die mit den im Anzeigeregister stehenden Daten durchgeführt werden sollen, eingetastet. Die Tastenfunktionen werden hierbei im Programmspeicher genau in der Reihenfolge ihrer manuellen Eingabe (Programmierung) gespeichert. Das Ende eines Programms wird bei

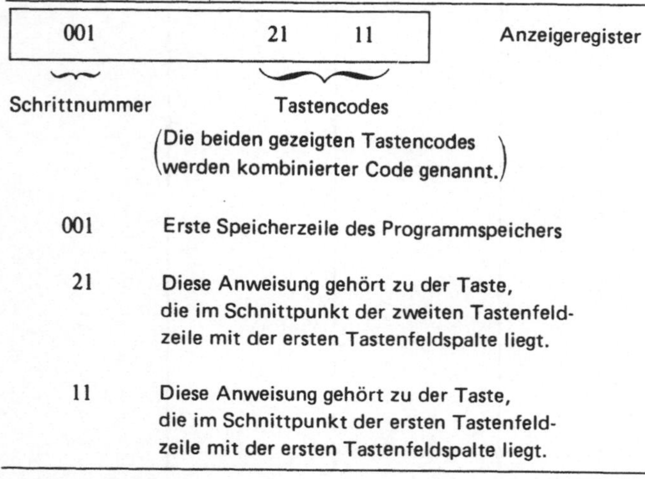

Bild 4.1.6 Anzeigeformat des Tastencode und der Schrittnummer

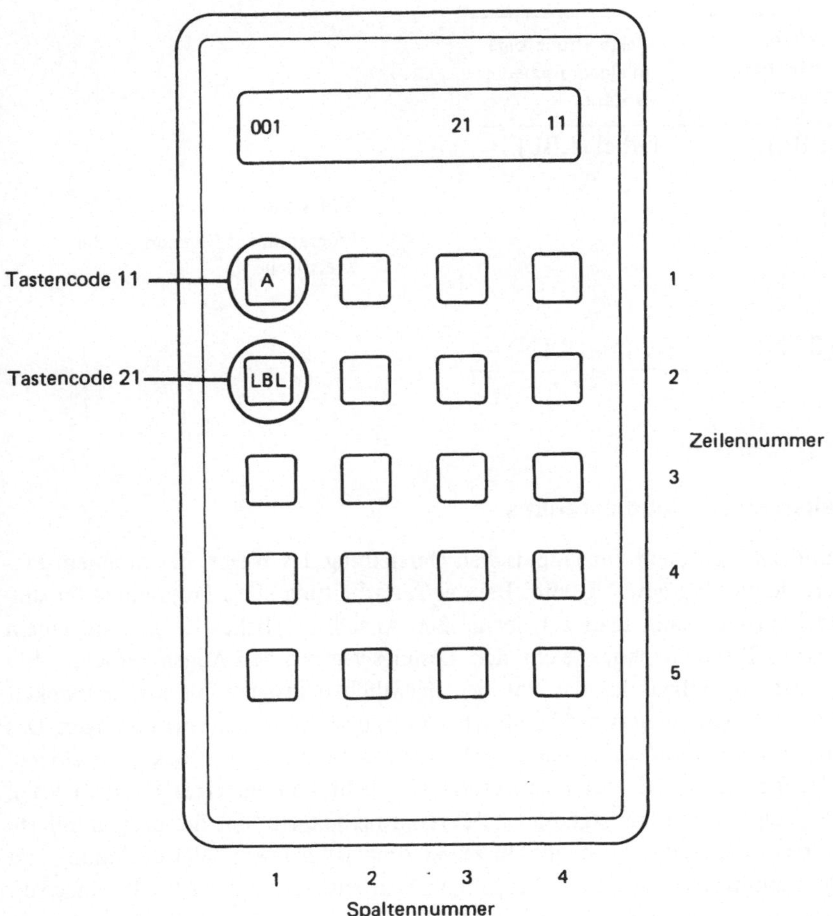

Bild 4.1.7 Die Lage der zu dem kombinierten Code 21 11 gehörenden Tasten auf dem Tastenfeld

den meisten Taschenrechnern auf eine der zwei folgenden Arten gekennzeichnet: Entweder durch eine „Return"-Anweisung (RTN) oder durch eine (RUN-STOP)-Anweisung. Es zeigt sich, daß die Return-Anweisung zur Beendigung eines Programms zweckmäßiger ist, obschon die (RUN-STOP)-Anweisung auch benutzt werden kann.

Zur Ausführung eines Programms ist es jetzt nur noch erforderlich, den Rechner vom „Programmier- oder Learn-Modus" in den „RUN-Modus" zu schalten, eventuell benötigte Daten in das Anzeigeregister einzutasten und die Taste, die den Anfang des Programms markiert, zu drücken. Ist zum Beispiel der erste Programmschritt mit der Marke A gekennzeichnet, so muß die Taste A gedrückt werden. Der Rechner führt nun automatisch die im Programmspeicher gespeicherten Anweisungen aus und hält automatisch an, wenn er auf die „Return"- oder (RUN-STOP)-Anweisung trifft. In der Anzeige erscheint dann das Ergebnis.

Ein Beispiel für ein Programm zur Berechnung einer Kreisfläche zeigt Bild 4.1.8.

Tastendruckfolge in umgekehrter polnischer Notation	Tastendruckfolge in algebraischer Notation
Label (LBL)	Label (LBL)
A	A
( )^2	( )^2
	$\times$
π	π
$\times$	$=$
Return (RTN)	Return (RTN)

Bild 4.1.8

Programm zur Berechnung der Kreisfläche

4.1.6 Erstellen eines Flußdiagramms

Ein Flußdiagramm dient zur graphischen Darstellung des Weges, der in einem Programm zur Problemlösung gewählt wird. Bei der Ausarbeitung eines Programms für umfangreiche Rechnungen, kann man bei der großen Anzahl möglicher Befehle auf einem programmierbaren Taschenrechner leicht den Lösungsweg aus den Augen verlieren. Ein Flußdiagramm ist ein Schaubild, das vor der eigentlichen Programmierung entwickelt wird. Es soll beim Programmentwurf behilflich sein und zum Verständnis beitragen. Das Flußdiagramm teilt ein Problem in einzelne Befehlsabschnitte oder -blöcke, die einzeln leicht zu handhaben sind und zusammengesetzt ein recht kompliziertes Problem lösen können. Kurz gesagt: Ein Flußdiagramm ist eine „Straßenkarte" für die programmierte Befehlsfolge eines zu lösenden Problems. In seiner simpelsten Form zeigt es Anfang und Ende eines Programms und die dazwischengefügte Bearbeitung (Bild 4.1.9). In einer verfeinerten Darstellung sind dann die internen Schleifen, die zu einer Rechnung gehören, eingezeichnet. Als Beispiel hierfür ist in Bild 4.1.10 die Berechnung der Transportkosten einer Warensendung dargestellt. Hat man ein derartiges Flußdiagramm aufgestellt, so ist es recht einfach, das entsprechende Rechnerprogramm zu entwickeln.

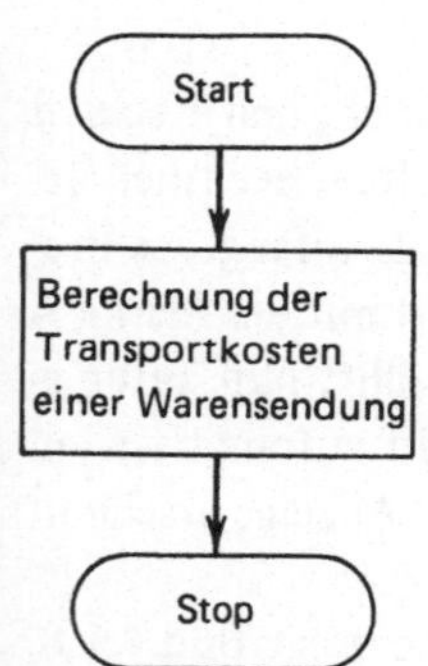

Bild 4.1.9

Ein sehr einfaches Flußdiagramm

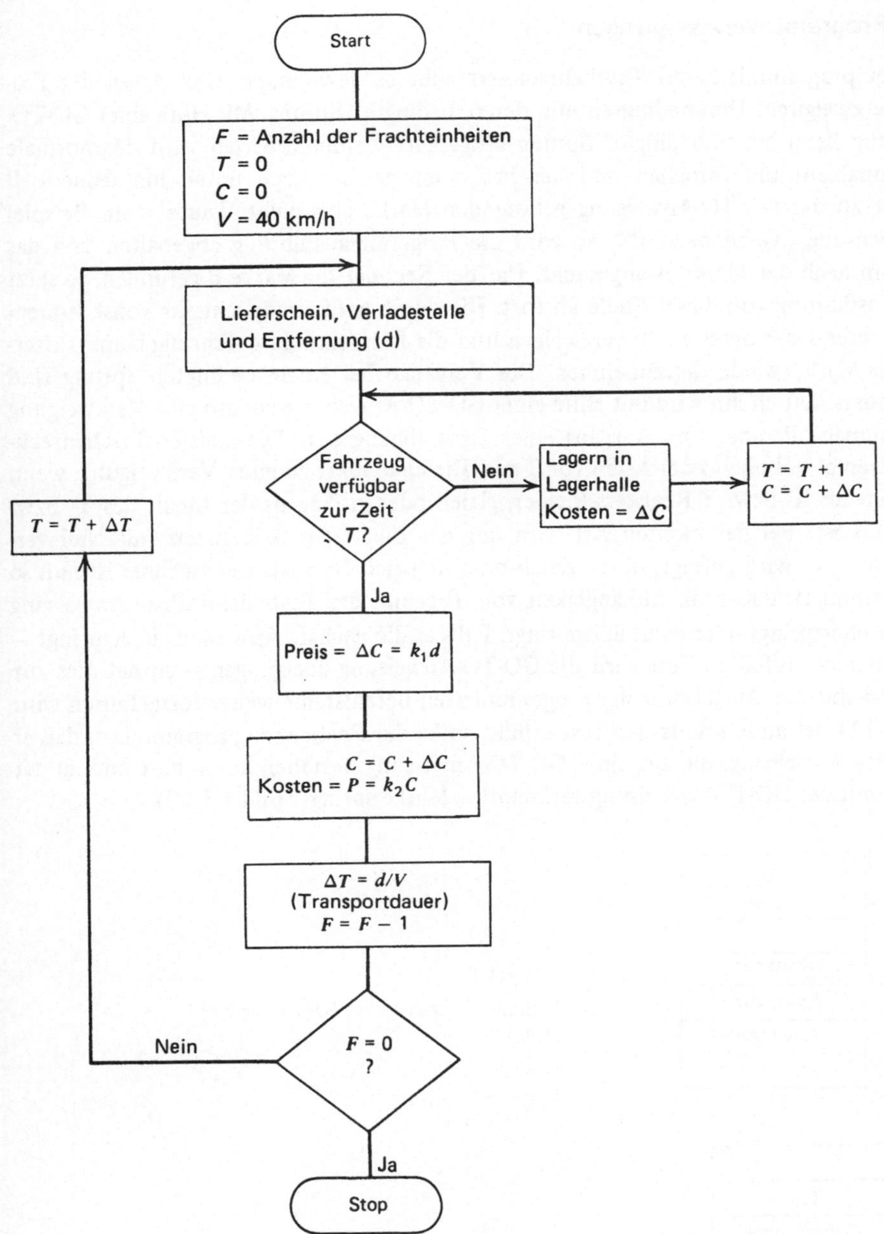

Bild 4.1.10 Verfeinertes Flußdiagramm für das Programm aus Bild 4.1.9

4.1.7 Programmverzweigungen

Bei programmierbaren Taschenrechnern gibt es gewöhnlich zwei Arten der Programmverzweigung: Den bedingten und den unbedingten Sprung. Mit Hilfe einer GO-TO-Anweisung kann ein unbedingter Sprung ausgeführt werden. Hierbei wird der normale Programmablauf unterbrochen und der Programmspeicher nach unten hin sequentiell nach der zu der GO-TO-Anweisung gehörenden Marke abgesucht. Lautet zum Beispiel die Anweisung „Gehe nach B", so wird die Programmausführung angehalten und das Programm nach der Marke B abgesucht. Hat der Rechner die Marke B gefunden, so setzt er die Ausführung von dieser Stelle ab fort. Hierdurch wird ermöglicht, ein sonst sequentiell verlaufendes Programm zu verzweigen und die Programmdurchführung beim Antreffen einer Marke wieder aufzunehmen. Die Vorgänge bei einem bedingten Sprung sind etwas anders. Durch ihn wird mit Hilfe einer GO-TO-Anweisung ebenso eine Verzweigung vorgenommen, die aber vom Ausgang eines Tests abhängig ist. Die meisten Taschenrechner besitzen gewöhnlich zwei Arten von Tests. Die erste führt zu einer Verzweigung, wenn der Inhalt des X- bzw. Y-Registers kleiner, gleich oder größer als der Inhalt des Y- bzw. X-Registers ist. Bei der zweiten Art wird nur der Inhalt des X-Registers mit Null verglichen, d.h., es wird gefragt, ob er gleich oder ungleich Null ist. Der Rechner ist nun so vorprogrammiert, daß er in Abhängigkeit vom Ergebnis des Tests die nächste Anweisung entweder überspringt oder nicht überspringt. Falls er die nächste Anweisung überspringt — bei einem nicht erfüllten Test wird die GO-TO-Anweisung übergangen — so hat dies zur Folge, daß mit der Ausführung der programmierten Befehlsreihe weiter fortgefahren wird (Bild 4.1.11). Ist andererseits der Test erfüllt, so ist der Rechner so programmiert, daß er die nächste Anweisung, die aus einer GO-TO-Anweisung bestehen kann, liest und zu der nächsten mit der GO-TO-Anweisung verknüpften Marke springt (Bild 4.1.12).

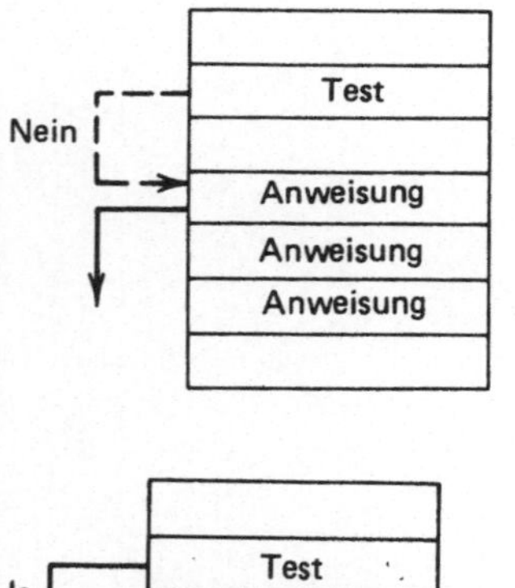

Bild 4.1.11
Bedingte Verzweigung: Bedingung nicht
erfüllt

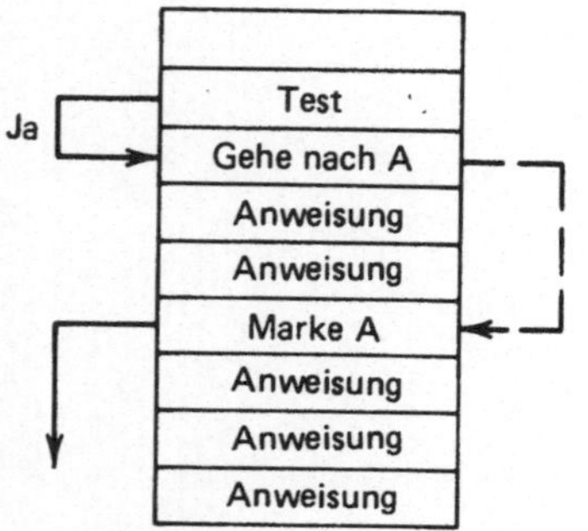

Bild 4.1.12
Bedingte Verzweigung: Bedingung erfüllt

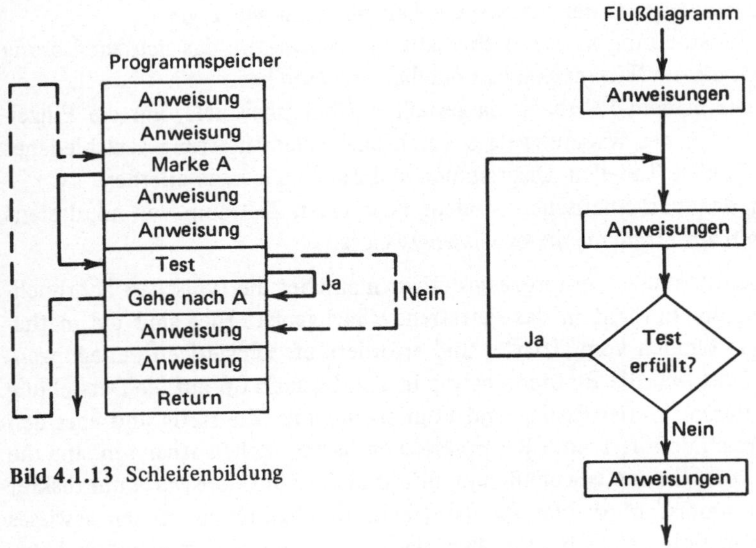

Bild 4.1.13 Schleifenbildung

Bild 4.1.13 zeigt den Vorgang beim Auftreten einer Rückwärtsschleife in einem Programm. Mit ihr kann eine Befehlsfolge wiederholt bis zur Erfüllung des Tests ausgeführt werden. Obwohl die Schleife im Flußdiagramm zurück läuft, sucht der Rechner die Marke A sequentiell nach unten, d.h., der gesamte Programmspeicher wird also bis zum Ende des Programms und dann wieder am Anfang beginnend nach der Marke A abgesucht. Ist die Anzahl der Anweisungen zwischen der Marke A und dem GO-TO-Befehl sehr klein, so muß der Rechner praktisch den gesamten Programmspeicher nach der zugehörigen Marke absuchen. Bei neueren Rechnern wird dieses zeitraubende Problem durch ein „indirektes Adressierregister" gelöst, mit dessen Hilfe der Rechner angewiesen werden kann, von einer Adresse (Speicherstelle) unmittelbar zu einer anderen zu springen, ohne dabei die übrigen Programmspeicherstellen absuchen zu müssen. Dies ist eine sehr wirkungsvolle Methode, mit der sich die erforderliche Zeit zur Ausführung eines gegebenen Programms wesentlich reduzieren läßt.

4.2 Der programmierbare Taschenrechner

4.2.1 Einführung

Wie im Vorwort erwähnt, soll dieses Buch zeigen, daß der Taschenrechner dem Anwender völlig neue Berechnungsmöglichkeiten eröffnet. Der programmierbare Taschenrechner bietet nach Ansicht des Autors noch einen weiteren Vorteil. Er kann als Lehrmittel dienen, was vom Standpunkt des Anwenders gesehen ein sehr wichtiger Verwendungszweck ist.

Die übliche Vorgehensweise zum Erlernen eines neuen Sachgebietes oder einer neuen Technologie beinhaltet folgende Schritte:

1. Studium des Wissenszweiges in der Art, wie das Lehrbuch ihn wiedergibt.
2. Aneignung oder Einarbeitung in das mathematische Fachwissen, das sich zur Lösung von Problemen aus diesem Wissenszweig als nützlich erwiesen hat.
3. Durcharbeitung der in dem Lehrbuch dargestellten Übungsbeispiele, um die Einzelheiten und Feinheiten des Wissenszweiges durch eine Quantifizierung verschiedener Probleme mittels Zahlen, Tabellen, Diagrammen und Zeichnungen zu erlernen.
4. Eine Anwendung der mathematischen Modelle über einen Zeitraum von mindestens zwei bis drei Jahren auf Probleme dieses Wissenszweiges.

Durch den letzten Schritt dieses Lernprozesses erhält man über die typischen Lehrbuchkenntnisse hinaus tiefere Einsicht in das betreffende Sachgebiet. Hier sind die mathematischen Modelle gewöhnlich komplizierter und erfordern oft schwierige Überlegungen. Zum Beispiel beschränkt sich die Fourier-Analyse in Lehrbüchern oft auf die Darstellung solcher Funktionen durch Fourier-Reihen und Fourier-Integrale, die stetig und über den gesamten reellen Bereich definiert sind. Bei praktischen harmonischen Analysen sind die Funktionen in ihrer Ausdehnung gewöhnlich endlich und die Funktionswerte nur diskret gegeben. Um die harmonische Analyse für diese Fälle durchzuführen, ist ein gewisses „Filtern" der Daten erforderlich. Obschon auch diese „praktischen Probleme" in Lehrbüchern untersucht werden, geben sie doch selten die Überlegungen wieder, die zur tatsächlichen Handhabung von Daten erforderlich sind.

Durch die Entwicklung der programmierbaren Taschenrechner stehen dem Anwender nun von Experten zusammengestellte Programmsammlungen für viele ihm fremde Sachgebiete zur Verfügung. Der Besitzer eines programmierbaren Taschenrechners kann in nur wenigen Wochen mit den in einem bestimmten Sachgebiet verwendeten Programmen und dem dazugehörigen mathematischen Fachwissen vertraut werden, wenn er sich die Standardprogrammsammlung des betreffenden Wissenszweiges anschafft. Hat er mit den Programmen praktische Erfahrung gesammelt, so kann er dann seine Aufmerksamkeit den Problemen seines Sachgebietes widmen und untersuchen wie diese mit Hilfe der Programme zu lösen sind. Der Lernprozeß verläuft hierbei gewissermaßen entgegengesetzt. Man erlangt zuerst die Fähigkeit, Probleme, mit denen man nur vage vertraut ist, numerisch auszuwerten. Diese Probleme sind jedoch praktischer Natur. Sie beinhalten mathematische Modelle, die sich in praktischen Analysen bewährt haben. Unter Anleitung eines Experten macht der Lernprozeß schnell Fortschritte.

Der programmierbare Taschenrechner ist auch wegen seiner leichten Transportierbarkeit und wegen seiner Verwendbarkeit zu Hause ein gutes Lehrmittel. Bisher erfolgte die numerische Auswertung der meisten praktischen Ingenieurprobleme entweder auf Digitalrechnern oder programmierbaren Tischrechnern am Arbeitsplatz, vorausgesetzt, man konnte überhaupt ein „Budget" für die Computerbenutzung erhalten. Nun ist der Anwender in der Lage, sogar sehr komplizierte Aspekte eines gegebenen Problems oder Sachgebietes zu Hause untersuchen zu können. Darüber hinaus ist der Lernprozeß schneller, da der Aufwand für die numerische Auswertung (Eintasten der Befehle) minimal ist und deshalb mehr Zeit für Überlegungen und Herleitungen zur Verfügung steht.

Die nächste sehr wichtige Eigenschaft des programmierbaren Taschenrechners ist die iterative Berechnung von Zahlen und das Aufstellen umfangreicher Tabellen und

Diagramme für solche Probleme, die auf einem nicht programmierbaren Taschenrechner nicht mehr zu handhaben sind. Vielen Gutachtern und kleinen Ingenieurbüros, denen eine Computereinrichtung fehlt, kann der programmierbare Taschenrechner ein enormes Rechenvermögen zur Verfügung stellen.

Wissenschaftler und Ingenieure führen Berechnungen nicht selbst aus, sondern leiten die entsprechenden Formeln her und geben so einen Einblick in die Problemlösung. Hierbei ermöglicht der programmierbare Taschenrechner zur Beschreibung eines Prozesses mit einem hochentwickelten mathematischen Modell zu beginnen und das Modell zu verbessern, indem es numerisch getestet wird. Der Analysierende stellt hier zum Beispiel ein Gleichungssystem auf, von dem er annimmt, daß es einen Vorgang richtig beschreibt und benutzt zur numerischen Auswertung den Taschenrechner, so daß die Ergebnisse mit den Beobachtungen am System verglichen werden können. Er schätzt ab, inwieweit das Modell das Verhalten des Vorgangs befriedigend voraussagt. Jede größere Unstimmigkeit führt zur Überarbeitung und Verbesserung des Modells. Obwohl die Newtonschen Gesetze und die Lagrangeschen Gleichungen die Bewegungsgleichungen für einen Vorgang liefern, dessen Verhalten durch die gelösten Gleichungen voraussagbar ist, kann der numerische Vergleich zwischen dem tatsächlich beobachteten und dem vorausgesagten Verhalten anzeigen, daß bestimmte Elemente im Modell nicht berücksichtigt wurden. In der Newtonschen Formulierung der Mechanik führt dies zu inhaltsreicheren Kurvenschaubildern freier Körper, die einem besseren Verständnis des Systems und somit der Herleitung besserer mathematischer Modelle dienen. In der Lagrangeschen Formulierung führt dies zur Herleitung verfeinerter Lagrangescher Formeln, die möglicherweise weitere Energieterme beinhalten können, um zusätzliche Systemelemente mit in Betracht zu ziehen.

Wir sehen also, daß der Taschenrechner nicht die „Methode" der Aufstellung der Bewegungsgleichungen verbessert, sondern dabei hilft, das mathematische Modell, worauf die Methode angewendet wird, zu verbessern. Eine solche Entwicklung mathematischer Modelle mit Hilfe numerischer Tests ist mit einem programmierbaren Taschenrechner ein bequemes und schnelles Unternehmen. Hierbei gibt es keine „Warteliste" für eine Berechnung auf dem Computer, um die zur Modellverbesserung notwendigen Daten zu erhalten. Hierbei gibt es keine Prioritätenliste oder ein „Budget", das zur Benutzung des Computers erforderlich ist. Die Stromkosten für einen programmierbaren Taschenrechner liegen im „Rauschen" der Stromrechnung. Schließlich kann — ist erst ein annehmbares mathematisches Modell entwickelt — dieses für eine spätere Verwendung auf einem Magnetstreifen gespeichert werden — ein bequemes Mittel, um sich den Aufwand bei der Erstellung des mathematischen Modells künftig zu ersparen. Weiterhin können Eingabedaten, die zur Analyse eines Problems verwendet wurden, ebenfalls auf einem Magnetstreifen gespeichert werden, um sie später verfügbar zu haben.

Der programmierbare Taschenrechner ist somit ein effektives Mittel zur Dokumentierung einer Analyse. Mit relativ geringem Aufwand läßt sich eine Sammlung von Magnetkarten, die minimalen Aufbewahrungsplatz und relativ wenig Kosten erfordert, anlegen.

4.2.2 Hardware-Betrachtungen

Der programmierbare Taschenrechner besitzt folgende wesentliche Bestandteile:

1. Das Rechenwerk, das ist die Kombination derjenigen Register, in denen die arithmetischen Operationen ausgeführt werden.
2. Der Speicher, in dem Zahlen und Befehle gespeichert werden, die über das Tastenfeld einprogrammiert oder mittels Magnetkarten eingegeben werden können.
3. Die „Firmware" eines jeden Rechners, die aus den „festverdrahteten" Programmen und der bereits eingebauten Befehlsliste besteht.

Rechner führen im Gegensatz zu Computern, die alpha-numerische Datenverarbeitungsmaschinen sind, nur arithmetische Rechnungen aus. Die heutige und in naher Zukunft zu erwartende Entwicklung programmierbarer Taschenrechner ist nur insoweit begrenzt, als daß vorwiegend numerische Rechnungen und nicht alpha-numerische Operationen ausgeführt werden. Wird dieser Gesichtspunkt beiseite gelassen, so ist der Taschenrechner dem Digitalrechner ähnlich. Insbesondere können Daten gespeichert, in die arithmetischen Register (also ins Rechenwerk) abgerufen, verarbeitet und neu abgespeichert werden — so wie es eine programmierte Befehlsfolge vorschreibt. Ein wesentlicher und interessanter Unterschied zwischen einem typischen Rechner und seinem Gegenstück, dem Digitalrechner besteht darin, daß viele Rechner eher mit dezimaler als mit binärer Arithmetik arbeiten. Der Grund hierfür ist der, daß die dezimale Arithmetik für einen speziell angelegten Rechner weniger an „Elektronik" benötigt als zur Umwandlung vom Dezimal- ins Binärsystem und wieder zurück — wie es bei den großen Rechenmaschinen geschieht — erforderlich ist. Speicher sind daher oft in ganzzahligen Vielfachen von zehn aufgebaut. Das gleiche gilt für die Anzahl der Speicherregister der Rechenmaschine. Zum Beispiel haben bestimmte Taschenrechner einen Konstantenspeicher und vier Rechenregister zur Durchführung der Registerarithmetik. In den höher entwickelten Ausführungen des Grundrechners sind 10 zusätzliche Speicherregister verfügbar. Der HP-65 besitzt einen Programmspeicher, der aus 100 programmierbaren Speicherzeilen besteht.

Bei den meisten programmierbaren Taschenrechnern besteht im allgemeinen der Speicher aus einem Satz von Registern in Verbindung mit einem „Rechen-Stack", der zur Durchführung der Registerarithmetik und zur Zwischenspeicherung während der Ausführung eines Programms dient. Hinsichtlich der Speicherung von Zahlen besteht der Speicher nur aus den Registern im Stack und den Registern zur Zahlenspeicherung. Hat zum Beispiel ein Rechner 9 Speicherregister und vier Stack-Register, so stehen insgesamt 13 Speicherstellen zur Verfügung, um von einem Programm erzeugte Zahlen abzuspeichern. Es gibt jedoch auch einen Speicher, um Befehle, die über das Tastenfeld eingegeben werden, zu speichern. Beim HP-65 können zum Beispiel 100 Befehle für eine sequentielle Programmdurchführung gespeichert werden. Obschon auch Zahlen über diese 100 speicherbaren „Tastendrücke" in den Rechner einprogrammiert werden können, ist dies recht unrationell, denn es erfordert zum Beispiel für eine 13ziffrige Zahl 13 speicherbare Tastendrücke, während hierzu nur ein für die Zahlenspeicherung vorgesehenes Register erforderlich ist. Dies ist vielleicht der einzige wichtige Unterschied zwischen dem programmierbaren Taschenrechner und dem Standard-Digitalrechner. Programmierbare Taschenrechner werden vielleicht in Zukunft etwa 100 bis 100 000 „Tastendrücke" speichern können, nicht aber „13ziffrige Zahlen". So wie bei einem Digitalrechner bzw. Tischrechner gesagt wird, er habe einen Speicher von 32 k bzw. 4 k mit 16-Bit-Speicherwörtern bzw. 12-Bit-Speicherwörtern, so sagt man: Ein Taschenrechner kann 100 oder mehr „Tastendrücke" speichern. Diese Zahl könnte zunächst als zu klein erscheinen, aber tatsächlich werden bei den meisten Taschenrechner-Problemen weniger als 500 Tastendrücke benötigt. Mit einer Speicherkapazität von 200 Befehlen lassen sich sehr komplizierte mathematische Funktionen auswerten und ziemlich anspruchsvolle iterative Verfahren zur Lösung schwieriger Probleme programmieren.

Die Zeit, in der der Taschenrechner die 100 Befehle bearbeitet, ist von Rechner zu Rechner unterschiedlich. Von dem derzeitigen elektronischen Schaltungsaufbau der Taschenrechner kann die Verarbeitung von 10 bis 1000 Befehlen pro Sekunde angenommen werden.

4.2.3 Firmware

Die „Firmware" besteht aus dem Befehlssatz, der in den Taschenrechner fest eingebaut ist und von seinem Tastenfeld her „aufgerufen" werden kann. Der Grundbefehlssatz beinhaltet gewöhnlich alle Funktionen des Tastenfeldes und einen Satz spezieller Funktionen für die Programmierung. Zu diesen gehören folgende:

1. Die GO-TO-Anweisung. Sie wurde bereits in Abschnitt 4.1 behandelt.
2. Die SPRUNG-Anweisung. Sie befiehlt dem Rechner, die nächsten zwei Programmschritte (bei einigen Taschenrechnern nur einen Programmschritt) zu überspringen und ist ein natürlicher Bestandteil eines jeden Taschenrechners. Die übersprungenen Schritte beinhalten gewöhnlich eine GO-TO-Anweisung. Somit erlaubt die Sprunganweisung in Verbindung mit der GO-TO-Anweisung eine Schleifenbildung im Programm, um Rechnungen wiederholt ausführen zu können.
3. Die „DEKREMENT und SPRUNG bei NULL"-Anweisung. Diese Anweisung, die sicherlich zu jedem programmierbaren Taschenrechner gehört, untersucht den Inhalt eines bestimmten Registers. Ist der Inhalt des betreffenden Registers ungleich Null, so wird von ihm die Zahl 1 subtrahiert und die Befehlsliste sequentiell weiter bearbeitet. Ist der Inhalt dagegen gleich Null, wird eine Sprungoperation ausgeführt.
4. „Flags". Der Flag kann auf „1" oder „0" gesetzt werden. Somit kann durch ihn der Datenfluß in einem Rechenprogramm gesteuert werden, je nachdem, ob der Flag auf „1" oder „0" gesetzt ist. Gewöhnlich läßt sich ein Flag über das Tastenfeld von Hand oder, da er eine „Tastenfeldfunktion" ist, mit dem Programm setzen.
5. Die STOP-Anweisung. Diese Anweisung ist ein Befehl, ein Programm anzuhalten.
6. Der VORLÄUFIGE STOP-Befehl oder die START/STOP-Anweisung. Mit dieser Anweisung wird dem Rechner befohlen, vorübergehend, gewöhnlich zum Zwecke der Dateneingabe oder Datenausgabe, anzuhalten.

Andere Programmierfunktionen, mit denen der typische programmierbare Taschenrechner ausgestattet ist, sind die DELETE-Funktion, die (NO-OP)-Funktion und die (SINGLE-STEP)-Funktion. Die (SINGLE-STEP)-Funktion erlaubt in einem Programm, das erstellt oder überprüft werden soll, ein Vorrücken um jeweils einen einzelnen Programmschritt. Dies geschieht zum Zwecke der Beseitigung von Fehlern und zur Untersuchung oder Modifizierung eines Programms, wobei schrittweise in der Befehlsfolge bis zu der Speicherstelle, die geändert oder ausgewechselt werden soll, vorgerückt wird. Die DELETE-Anweisung wird hierbei verwendet, um einen zuvor programmierten Befehl zu löschen. Die Speicherstelle steht danach für eine erneute Programmierung zur Verfügung. Die (NO-OP)-Anweisung kann schließlich dazu verwendet werden, den Programmspeicher mit der Anweisung, keine Operation auszuführen, aufzufüllen. Hierdurch lassen sich freibleibende Programmspeicherzeilen vor einer unbeabsichtigten Programmierung mit einer Folge unerwünschter Programmschritte schützen.

Die Firmware in einem programmierbaren Taschenrechner kann auch eine Tastatur zum Aufrufen von „Unterprogrammen", die durch den Benutzer definiert werden, enthalten. Diese „Unterprogramme" werden, um den Rechner anzuweisen, wie er sie ausführen soll, in der ganz normalen Art durch eine Tastendruckfolge programmiert. Von der hier besprochenen Firmware verwenden nur „Unterprogramme" Teile des programmierbaren Speichers, während die anderen hier angeführten Funktionen schon „fest" in die Rechnerelektronik eingebaut sind.

4.2.4 Software

Die Software bei programmierbaren Rechnern besteht gewöhnlich aus einem Magnetstreifen, einer Magnetkarte oder einer Bandkassette, mit der Daten und Anweisungen in den Speicher des Rechners eingelesen und aus dem Speicher ausgegeben werden können. Es ist zu erwarten, daß vorprogrammierte Software zur Durchführung von Analysen in vielen Wissensgebieten von Herstellern angeboten wird. Tatsächlich ist es genau diese Software, die es gestattet, einen einzelnen Taschenrechner so zu programmieren, daß spezielle Rechnungen aus vielen Disziplinen durchgeführt werden können. Dies war die Motivation für Hewlett-Packard, den ersten programmierbaren Taschenrechner (HP-65) zu entwickeln — wie der Autor von Chung Tung, dem Chefingenieur des HP-65 Programms erfuhr.

Die zu einem programmierbaren Taschenrechner gehörende Software wird gewöhnlich so entwickelt, daß Probleme, die mehr als die zur Verfügung stehenden Befehlsplätze benötigen und eine größere als die zur Verfügung stehende Speicherkapazität erfordern, auf einer ganzen Reihe von Magnetstreifen oder -karten programmiert werden können. Um herauszufinden, inwieweit man dieses Verfahren ausbauen kann, hat der Autor auf dem HP-65 eine Folge von 11 Karten programmiert, um die seitlichen und vertikalen Kanäle eines automatischen Landesimulationssystems zu untersuchen. Dies erforderte die numerische Integration eines stetigen dynamischen Prozesses 14. Ordnung mit Sättigungsgrenzen und anderen unvermeidlichen Nichtlinearitäten. Obwohl dieses Beispiel in der Anwendung etwas unpraktisch ist, zeigt es jedoch deutlich die Flexibilität dieser Methode, wenn kein Großrechner zur Verfügung steht.

Zur Speicherung von Daten, deren Umfang die verfügbaren Befehlsplätze und die zur Verfügung stehenden begrenzten Datenspeicherplätze des Taschenrechners überschreitet, kann ein ähnliches Verfahren benutzt werden.

4.2.5 Methoden zur Programmierung des Taschenrechners

Das Grundverfahren zur Lösung eines Problems mit einem programmierbaren Taschenrechner läßt sich wie folgt beschreiben:

1. *Definition des Problems.* Folgende Problembereiche lassen sich bequem auf dem Taschenrechner lösen: Die Verarbeitung von Daten (einschließlich der Interpolation, Extrapolation und Filterung), die numerische Funktionsauswertung, die Lösung von Gleichungssystemen (entweder algebraische- oder Differentialgleichungen), die Simulation kontinuierlicher Prozesse, die Analyse des Frequenzbereichs von Daten und die statistische Analyse von Daten. Jedes dieser Gebiete ist in diesem Buch behandelt worden.

2. *Anfertigung eines mathematischen Ablaufplans für die erforderliche Tastendruckfolge.* Hierzu müssen die für die Lösung des Problems erforderlichen Gleichungen bestimmt und die Tastendruckfolge zur numerischen Auswertung der Gleichungen so ausgearbeitet werden, daß die Gleichungen implizit, explizit oder durch eine Kombination beider Verfahren gelöst werden können. Durch die Aufstellung des mathematischen Ablaufplans werden die Kontrolloperationen für die automatische Ausführung der Tastendruckfolge festgelegt.

3. *Programmierung des Rechners durch Eintasten der Programmschritte, einschließlich der Kontrolloperationen.* Nach der Speicherung des Programms im Programmspeicher wird es zweckmäßigerweise auf eine Magnetkarte übertragen, um es so vor unbeabsichtigter Zerstörung zu schützen. Bei den programmierbaren Taschenrechnern werden die Magnetkarten vernünftigerweise zuerst gelöscht, bevor sie beschrieben werden. Somit können Abänderungen oder Varianten des Programms aufgezeichnet werden, indem dieselbe Magnetkarte einfach überschrieben wird.

4. *Testen und überprüfen des Programms auf Fehler* mit solchen Zahlenwerten, die eine schnelle Kontrolle des Programms einschließlich seiner Schleifen erlauben.

5. *Automatischer Programmablauf* mit den aktuellen, zum Problem gehörenden Daten.

Als Beispiel wird ein Tiefpaßfilter untersucht. Bild 4.2.1 zeigt die drei Schritte in der mathematischen Nachbildung des Vorgangs. Zuerst ist das physikalische Blockdiagramm mit den einzelnen Bauelementen sowie dem Systemeingang und dem Systemausgang abgebildet. In diesem speziellen Fall besteht es aus einem mit einer Eingangsimpedanz und einer Gegenkoppel-Impedanz versehenen, idealen Verstärker (unendlich hohe Verstärkung). Die Schaltung bewirkt, daß die niederfrequenten Komponenten des Eingangssignals auf den Ausgang übertragen werden, während die hochfrequenten Komponenten gedämpft werden. Der zweite Schritt in der mathematischen Modellbildung ist die Darstellung des mathematischen Blockdiagramms in der Schreibweise, die der Laplace-Transformation entspricht. Der Frequenzgang dieses Filters läßt sich leicht bestimmen, indem S durch $j\omega$ ersetzt und die Übertragungsfunktion des Filters algebraisch berechnet wird. Für das etwas schwierigere Problem, die Reaktion des Filters im Zeitbereich auf beliebige Zwangsfunktionen zu bestimmen, muß die Differentialgleichung, die den physikalischen Sachverhalt beschreibt, aufgestellt werden. Dies ist der dritte Schritt in der Nachbildung des Vorgangs (siehe Bild 4.2.1 unten). Als nächstes ist ein mathematischer Ablaufplan für die mathematische Beschreibung des Tiefpaßfilters aufzustellen.

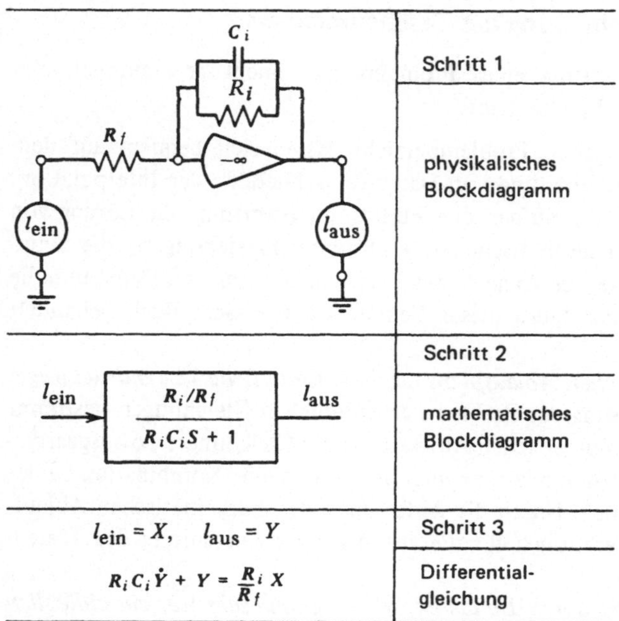

Bild 4.2.1 Mathematisches Modell eines Tiefpaßfilters. S = Laplace-Operator

Der mathematische Ablaufplan veranschaulicht den Weg, wie das Problem auf dem programmierbaren Taschenrechner gelöst werden soll. Wie Bild 4.2.2 zeigt, besteht die erste Aufgabe darin, folgenden Größen Anfangswerte zuzuweisen: den Zustandsvariablen, den Parametern des Problems, den Hilfswerten für die numerische Integration der das Verhalten des Tiefpasses beschreibenden Differentialgleichung und schließlich den Kontrollvariablen, die dazu verwendet werden, den Berechnungsweg innerhalb des mathematischen Ablaufplans festzulegen. In diesem Fall sind die Anfangswerte der Zustandsvariablen die Anfangswerte der Filtereingangs- und Filterausgangsgröße; die Parameter sind die Widerstände und die Kapazität des Filters, der Parameter für die numerische Integration ist die Integrationsschrittweite T und der Kontrollparameter n bezeichnet die Anzahl der Schritte zur Berechnung der Reaktion des Filters mit Hilfe der Differentialgleichung bis zum Zeitpunkt nT.

Nach Zuweisung der Anfangswerte folgt als nächstes die Berechnung der zeitlichen Änderung der Filterausgangsgröße und danach laut mathematischem Ablaufplan die Berechnung eines neuen Werte der Filterausgangsgröße. Anschließend erfolgt ein Abfragetest, mit dem ermittelt wird, ob die Rechnung abgebrochen werden soll. In diesem Beispiel wird gefragt, ob eine 100malige Berechnung der Filterausgangsgröße erfolgt ist. Bei positiver Antwort wird das Ergebnis im Anzeigeregister angezeigt. Bei negativer Antwort wird eine weitere Berechnung der Filterausgangsgröße vorgenommen (natürlich erst, nachdem die Variablen umbenannt und die Zwangsfunktion für den nächsten Schritt berechnet ist). Hier wird die Situation dahingehend vereinfacht, daß nur die Reaktion

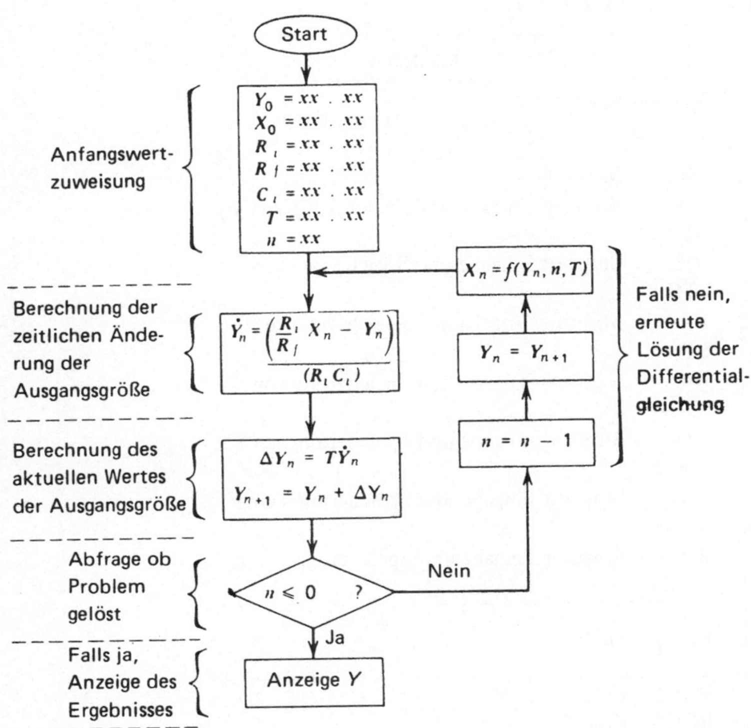

Bild 4.2.2 Mathematischer Ablaufplan für die Berechnung des Tiefpaßfilters

des Filters auf eine Sprungfunktion untersucht wird und somit die Berechnung der Zwangsfunktion in der Rückwärtsschleife entfällt. Hierdurch wird keine Einschränkung der Allgemeinheit vorgenommen.

Tabelle 4.2.1 veranschaulicht den dritten Schritt des Grundverfahrens zur Lösung eines Problems — das Aufstellen des Programms, das in den Taschenrechner eingetastet werden kann. Zum besseren Verständnis sollen die Einzelheiten der Programmausführung besprochen werden. Obwohl diese Tastendruckfolge sich auf den HP-65 bezieht, ist sie doch typisch für die meisten programmierbaren Taschenrechner.

In den ersten 15 Programmschritten der Tabelle 4.2.1 geschieht die Anfangswert-zuweisung. Diese Befehlsfolge ist mit der Marke A gekennzeichnet, um sie von dem Haupt-teil des Programms zu unterscheiden. Dieser beginnt bei Programmschritt 16 und ist mit Marke 1 (sie bezeichnet die Stelle, an der die Rückführungsschleife wieder auf den Haupt-zweig des Programms trifft) gekennzeichnet. Die Programmschritte 2 bis 15 beinhalten automatische „Stops" (R/S-Taste), um eine Zahl über das Tastenfeld eingeben zu können. Dann kann das Programm von Hand wieder gestartet werden, um die Zahl zu speichern. Zum Beispiel hält der Rechner bei Programmschritt 2 automatisch an, so daß die Variable Y_0 über das Tastenfeld in das Anzeigeregister eingegeben werden kann und nach Drücken der R/S-Taste in den Speicher 1 abgespeichert wird (Schritt 3). Dann fährt der Rechner

Tabelle 4.2.1 Aufstellen der Tastendruckfolge

| mathematischer Ablaufplan | mathematischer Ablaufplan | |
	Tastendruck-folge	Bemerkungen
Anfangswert-zuweisung	LBL-A	Marke A
	R/S	Stop zur Eingabe und Speicherung von y_0
	STO-1	
	R/S	Stop zur Eingabe und Speicherung von x_0
	STO-2	
	R/S	Stop zur Eingabe und Speicherung von R_i
	STO-3	
	R/S	Stop zur Eingabe und Speicherung von R_f
	STO-4	
	R/S	Stop zur Eingabe und Speicherung von C_i
	STO-5	
	R/S	Stop zur Eingabe und Speicherung von T
	STO-6	
	R/S	Stop zur Eingabe und Speicherung von n
	STO-8	
Kennzeichnung des Verzweigungspunktes	LBL-1	Marke 1
Berechnung der zeitlichen Änderung der Ausgangsgröße	RCL-2	Hole x
	RCL-3	Hole R_i
	RCL-4	Hole R_f
	$\div$	R_i/R_f
	$\times$	$(R_i/R_f)x$
	RCL-1	Hole y
	CHS	$-y$
	+	$(R_i/R_f)x - y$
	RCL-3	Hole R_i
	RCL-5	Hole C_i
	$\times$	$R_i C_i$
	+	$[(R_i/R_f)x - y]/R_i C_i = \dot{y}$
Berechnung des aktuellen Wertes der Ausgangsgröße	RCL-6	Hole T
	$\times$	$\Delta y = T\dot{y}$
	RCL-1	$x = y + \Delta y$
	+	
	STO-1	$y_n = y_{n+1}$
Abfrage ob Problem gelöst Erneuter Berechnungs-vorgang, falls Test-bedingung nicht erfüllt	DSZ	Es wird getstet, ob der Inhalt des Registers 8 Null ist. Falls ja, wird der nächste Schritt übersprungen. Falls nein, wird der Inhalt des Registers 8 um 1 verringert und zur
	GTO-1	Marke 1 gesprungen
Anzeige des Ergebnisses	R/S	Anzeige y

automatisch bis zum Schritt 4 fort, wo er wieder anhält und die Eingabe von X_0 erwartet und nach Drücken der R/S-Taste im Programmschritt 5 den Inhalt des Anzeigeregisters in den Speicher 2 abspeichert. Diese Anfangswertzuweisung erstreckt sich bis Programmschritt 16, wo der Hauptteil des Programms beginnt.

Die ersten 12 Programmschritte des Hauptteils errechnen die zeitliche Änderung der Filterausgangsgröße. Der aktuelle Wert der Filterausgangsgröße wird mit den folgenden 5 Programmschritten berechnet. Anschließend wird ein Test durchgeführt, um zu ermitteln, ob die Filterausgangsgröße 100mal berechnet worden ist. Dieser Test beginnt mit dem Befehl DSZ, der „Dekrement- und Sprung bei Null"-Anweisung. Die Funktion des DSZ-Befehls besteht darin, das Speicherregister 8 auf Null zu testen. Ist die Zahl im Register 8 Null, so wird der nächste Programmschritt übersprungen. Ist für dieses Beispiel der Inhalt des Speichers 8 Null, so wird die GO-TO-Anweisung übersprungen und unmittelbar zu der R/S-Anweisung gegangen, wo der Rechner die Programmausführung beendet und den letzten Wert von Y im Anzeigeregister anzeigt. Hat jedoch der Inhalt des Speichers 8 nicht den Wert Null, so springt der Rechner zu dem Programmschritt, der mit der Marke 1 gekennzeichnet ist und subtrahiert simultan vom Inhalt des Speichers 8 die Zahl 1. Bei der Ausführung des DSZ-Funktion im Rechner HP-65 wird der Speicher 8 benutzt, um die Anzahl der Schritte bei Iterationsverfahren festzulegen. Bei anderen Taschenrechnern sind durchaus andere Ausführungen der DSZ-Funktion möglich. Eines jedoch haben alle gemeinsam: Die Dekrementierung eines bestimmten Speichers und das überspringen der nächsten Anweisung, falls der Inhalt des betreffenden Speichers Null ist. Falls er ungleich Null ist, wird die nächste Anweisung nicht übersprungen, vom Inhalt des Testregisters aber die Zahl 1 subtrahiert.

Der sorgfältige Leser wird sich an die Empfehlung des Autors erinnern, ein iteratives Verfahren — falls möglich — durch eine fest vorgegebene Anzahl von Iterationsschritten zu beenden. Der Grund hierfür liegt darin, daß bei vielen Iterationsverfahren gewöhnlich die für die Lösung des Problems erforderliche Anzahl der Iterationsschritte abgeschätzt werden kann. Dieses Verfahren deckt häufig die Konvergenzeigenschaften des Problems auf und erhöht das Vertrauen in die Richtigkeit der Ergebnisse. Für diejenigen Probleme, bei denen Abschätzungen der zur Lösung führenden Schrittzahl bekannt sind, ist die DSZ-Funktion eine geeignete Testfunktion und somit bei der Analyse mit dem Taschenrechner besonders wichtig.

Tabelle 4.2.2 zeigt drei statistische Prüfbeispiele für dieses Programm (4. Schritt des Grundverfahrens). Solche einfachen statischen Überprüfungen eines Programms können oft mit Zahlenwerten vorgenommen, werden, die völlig im Gegensatz zu den physikalischen Charakteristiken des zu untersuchenden Vorgangs stehen. So werden in den ersten beiden Prüfbeispielen aus Tabelle 4.2.2 nur die Zahlenwerte 0 und 1 und im letzten die Zahlenwerte von 1 bis 3 als Eingabe verwendet. Weiterhin ist es wichtig, dynamische Prüfbeispiele zu entwickeln, indem man entweder andere Lösungswege benutzt oder eine voraussagende Analyse mit einer vereinfachten Version des Problems macht. Bei diesem einfachen Beispiel soll hierauf verzichtet werden. Sollen Prüfbeispiele für die dynamische Lösung solcher Probleme entwickelt werden, in denen der hier behandelte Differentialgleichungstyp vorkommt, so können die in Abschnitt 3.3 angegebenen numerischen Methoden benutzt werden. Die grundlegende Idee hierbei besteht

Tabelle 4.2.2 Drei statische Prüfbeispiele

Prüfbeispiel 1	Prüfbeispiel 2	Prüfbeispiel 3
Für $Y_0 = 0$	$Y_0 = 1$	$Y_0 = 1$
$X_0 = 1$	$X_0 = 1$	$X_0 = 0$
$R_i = 1$	$R_i = 1$	$R_i = 1$
$R_f = 1$	$R_f = 1$	$R_f = 2$
$C_f = 1$	$C_f = 1$	$C_f = 3$
$T = 1$	$T = 1$	$T = 2$
$n = 1$	$n = 1$	$n = 1$
wird: $\dot{Y} = 1$	$\dot{Y} = 0$	$\dot{Y} = -\frac{1}{3}$
$\Delta Y = 1$	$\Delta Y = 0$	$\Delta Y = -\frac{2}{3}$
$Y_n = 1$	$Y_n = 1$	$Y_n = \frac{1}{3}$
Anzeige $Y_n = 1$	Anzeige $Y_n = 1$	Anzeige $Y_n = \frac{1}{3}$

darin, Resultate, die man mit einer Rekursionsformel erhält mit denjenigen zu vergleichen, die hier mit Hilfe der numerischen Integration nach Euler ermittelt werden.

Tabelle 4.2.3 veranschaulicht den 5. Schritt des Grundverfahrens zur Lösung des Problems. Mit verschiedenen Filterparametern wurde die Reaktion des Filters nach einer Sekunde auf eine Eingangssprungfunktion berechnet, indem mit einer Integrationsschrittweite $T = 0.01$ hundert Integrationen vorgenommen wurden. Den Leser wird es sicherlich interessieren, daß zur Entwicklung, Programmierung und zur Ermittlung der Lösungen dieses Beispiels ungefähr 17 Minuten erforderlich waren. Die Berechnung der statischen Prüfbeispiele nahm etwa 20 Sekunden und die Berechnung der drei 100-Schritt-Lösungen ungefähr 3 Minuten in Anspruch.

Weitere Beispiele zur Leistungsfähigkeit des programmierbaren Taschenrechners werden in Abschnitt 4.3 angegeben. Dort sind Beispiele für Optimierungsprobleme unter Anwendung der „Penalty"-Funktionsmethode programmiert und durchgerechnet, um die Anwendung des Rechners auf diesem Gebiet zu veranschaulichen.

Tabelle 4.2.3 Automatische Berechnung der Reaktion des Filters auf eine Eingangsgröße in Form eines Einheitssprungs

	Beispiel einer 100-Schritt-Lösung für $T = 0.01$		
Zeit	$R_i = 1\ M\Omega$ $R_f = 1\ M\Omega$ $C_i = 1\ \mu f$	$R_i = 2\ M\Omega$ $R_f = 2\ M\Omega$ $C_i = 1\ \mu f$	$R_i = 2\ M\Omega$ $R_f = 1\ M\Omega$ $C_i = \frac{1}{2}\ \mu f$
1 Sekunde	$y = 0.63396766$	$y = 0.39422956$	$y = 1.26793532$

Es soll hier noch einmal herausgestellt werden, daß bei der Programmierung des Rechners ein eingetasteter Befehl durch die Position der zu dem Befehl gehörenden Taste im Tastenfeld angezeigt wird. Auf diese Weise läßt sich die Programmierung überwachen, um sicherzustellen, daß das gewünschte Programm im Speicher abgespeichert wird. Diese Anzeige kann in Verbindung mit der Einzelschritt-Anweisung auch dazu benutzt werden, ein schon im Speicher „stehendes" Programm zu überprüfen und um im Programmspeicher zu derjenigen Stelle vorzurücken, an der eine Änderung vorgenommen werden soll.

Zum Schluß sei noch auf folgenden erwähnenswerten Punkt hingewiesen: Beim Aufstellen eines Rechenprogramms auf einem beliebigen programmierbaren Taschenrechner (der mehr als für das Problem benötigte Programmspeicherstellen besitzt) ist es ratsam, bei längeren Programmen zusätzliche R/S-Anweisungen einzufügen, um während der Ausarbeitung oder Kontrolle des Programms Zwischenresultate anzeigen zu können. Nach der Überprüfung des Programms lassen sich dann die unerwünschten „Stops" mit Hilfe der DELETE-Anweisung wieder löschen.

4.2.6 Auswertungsmethoden auf dem programmierbaren Taschenrechner

Zur Lösung eines Problems auf dem programmierbaren Taschenrechner gibt es drei grundsätzliche Typen numerischer Methoden. Bei der expliziten Methode werden die numerisch auszuwertenden Gleichungen direkt auf dem Rechner programmiert, so daß eine vorherige Ausarbeitung der zur Lösung erforderlichen Tastendruckfolge entfällt. Ein manuell durchzuführendes Optimierungsproblem ist hierfür ein gutes Beispiel. Angenommen, die Gesamtkosten für ein bestimmtes Satellitenprogramm lassen sich durch die Gleichung [1]

$$C = n\left[30 + \left(\frac{M-1}{1.5}\right)30\right] + 4\left[30 + \left(\frac{M-1}{1.5}\right)30\right]$$

Beschaffungskosten   Forschungs- und Entwicklungskosten

$$+\, 0.4\left[30 + \left(\frac{M-1}{1.5}\right)30\right]\frac{T}{M} + \qquad 2T \qquad + \qquad \frac{22\,T}{M}$$

Wartungs-, Test- und   Bodenlagerkosten   Startkosten
Technikkosten

beschreiben. Diese Gleichung läßt sich direkt programmieren. Die Ergebnisse sind in Tabelle 4.2.4 dargestellt.

Aus dem Kostenmodell ist ersichtlich, daß die mittlere Missionsdauer der Satelliten eine entscheidende Rolle in der Kostengleichung spielt. Bei kleiner mittlerer Missionsdauer ist die Anzahl der Raketenstarts (T/M) groß und die Kosten für jeden Raketenstart führen somit zu hohen Gesamtkosten für das Programm. Bei großer mittlerer Missionsdauer steigen die Kosten für die Konstruktion und Entwicklung der Satelliten an. Dies führt ebenfalls zu hohen Gesamtkosten. Das Minimum für die Gesamtkosten wird sicher-

---

[1] n = Anzahl der Satelliten; M = mittlere Missionsdauer des Satelliten; T = Gesamtdauer des Programms; C = Gesamtkosten des Programms (in Millionen Dollar)

lich irgendwo zwischen diesen beiden Grenzfällen liegen. Die Bestimmung dieses Minimums wird, wie Tabelle 4.2.4 zeigt, vorgenommen, indem für verschiedene Werte der mittleren Missionsdauer jeweils die Gesamtkosten ermittelt werden.

Das Aufstellen der Tabelle 4.2.4 nahm einschließlich der Programmierung des Taschenrechners, der Dateneingabe, der Programmüberprüfung und der Programmausführung etwa 14 Minuten in Anspruch. Die Tabellierung durch manuelle Bedienung des Taschenrechners erforderte hingegen ungefähr 45 Minuten. Während dieses Beispiel die Zeitersparnis recht deutlich hervorhebt, zeigt es einen anderen gleich wichtigen Gesichtspunkt nicht. Für den Fall, daß das Modell für die Gesamtkosten unerwartete oder unerklärliche Resultate liefert und dadurch Modifizierungen des Modells erforderlich werden, ist nur wenig zusätzliche Zeit erforderlich, um die Modifizierungen in das Programm einzubauen und um eine neue Tabelle 4.2.4 aufzustellen. Das Programm muß hierfür nicht notwendigerweise neu geschrieben werden, sondern es brauchen nur diejenigen Programmteile, in denen Modifizierungen vorzunehmen sind, neu programmiert zu werden. Nach einer erneuten Dateneingabe ergibt sich dann eine andere Version der Tabelle 4.2.4.

Tabelle 4.2.4 Gesamtkosten des Satellitenprogramms XYZ

Anzahl der Satelliten	Programm-dauer (in Jahren)	mittlere Missionsdauer (in Jahren)	Gesamtkosten (in Millionen $)
2	5	0.25	660
2	5	0.50	430
2	5	0.75	373
2	5	1.00	360
2	5	1.25	364
2	5	1.50	377
2	5	1.75	394
2	5	2.00	415
2	5	2.25	438
2	5	2.50	462
2	5	2.75	487
2	5	3.00	513
2	5	3.25	540
2	5	3.50	567
2	5	3.75	595
2	5	4.00	623
2	5	4.25	651
2	5	4.50	678
2	5	4.75	707
2	5	5.00	736

Das zweite Verfahren zur Lösung eines Problems ist durch die implizite Methode gegeben. Eine implizite Gleichung wird — wie in Abschnitt 3.5 besprochen — aufgestellt und gelöst, indem die Nullstellen einer Funktion ermittelt werden. Hierzu muß das iterative Verfahren so programmiert werden, daß die Lösung der impliziten Gleichung ein Fehlerkriterium, das vom Anwender aufgestellt wird, erfüllt.

Das dritte und letzte Verfahren ist weder ein implizites noch explizites Verfahren, es besteht einfach aus einer „groben" Suche nach der Lösung einer Gleichung oder eines Gleichungssystems, wobei systematisch Gebiete, in denen die Lösung erwartet wird, untersucht werden und nur derjenige Wert (oder diejenigen Werte) festgehalten wird (werden), der die zu lösende Gleichung am besten erfüllt. Von den drei Verfahren ist das zweite das systematischste. Es erfordert den geringsten Rechenaufwand und nutzt die Programmierbarkeitseigenschaften des Taschenrechners am besten aus. Der einzige durchzuführende Test besteht darin, zu entscheiden, ob die Gleichung für die aktuelle Näherung besser erfüllt ist als für jede vorhergehende Näherung. Falls dies der Fall ist, wird die neue Näherung gespeichert und die alte gelöscht (oder beibehalten, um gegebenenfalls die Konvergenz des Verfahrens zu überwachen). Falls dies nicht der Fall ist, wird der systematische Suchalgorithmus fortgesetzt, wobei die beste vorhergehende Näherung beibehalten wird. Vergleicht man iterative, implizite Methoden mit anderen systematischen Suchmethoden, so sind die letzteren weniger rationell, benötigen aber eine kleinere Anzahl an Programmschritten, wohingegen die ersteren anspruchsvoller sind und logische Vergleichsoperationen und Suchalgorithmen — wie zum Beispiel die Newtonsche Methode — erfordern.

Aus der Sicht des Analysierenden, ist die explizite Form einer Problemlösung, bei der der Analysierende durch die Auswahl der Bedingungen, die in das Rechnerprogramm einzusetzen sind, beteiligt ist (manuelle Iterationen), bestensfalls ein grobes Verfahren, das aber nur einige schnell durchzuführende Iterationen erfordert, da die manuelle Beeinflussung recht schnell zu einer Einschließung der „groben" Lösung führt. Die implizite Methode führt zu Lösungen, die durch das Zusammenwirken von Mensch und Maschine nur schwer zu ermitteln sind, da die geforderte Lösungsgenauigkeit oft unterhalb derjenigen Grenze liegt, von der ab sich mit der manuellen Beeinflussung eine bessere Lösung leichter abschätzen läßt als durch vorprogrammierte Algorithmen zum Aufsuchen einer Lösung.

Die dritte Methode, obwohl systematisch und einfach zu programmieren, besitzt die geringste Effizienz und liefert die ungenaueste Lösung eines Problems. Die Genauigkeit läßt sich durch Verfeinerung des Gitternetzes der möglichen Lösungswerte verbessern. Das Verfahren kann zum Beispiel zur Ermittlung der Nullstellen einer komplexen Funktion verwendet werden. Weiterhin ist es sehr praktisch und nützlich, wenn nur eine überschlagsmäßige Lösung eines solchen Problems benötigt wird, dessen Auswertung sehr viele Befehle erfordert. Es wird außerdem nur deshalb erwähnt, weil es ein Beispiel für die einfachste Problemlösung auf dem Taschenrechner ohne großen Programmieraufwand darstellt.

4.3 Optimierung

4.3.1 Einführung

Die Diskussion eines programmierbaren Taschenrechners ist ohne die Betrachtung seiner Einsatzmöglichkeiten bei der Optimierung unvollständig. Die Optimierung hat in der Technik in den letzten Jahrzehnten an Bedeutung gewonnen, da sie die Grenzen praktischer Entwürfe selbst bei unbegrenzt vorhandenen Mitteln angibt. Ingenieursmäßige Entwürfe sind in der Regel nicht optimal; das Optimum jedoch ist von entscheidender Bedeutung, da es die äußerste Entwurfgrenze aufzeigt und die optimalen Fähigkeiten des Systems angibt.

Dieser Abschnitt erfaßt nicht den Aspekt, der vielleicht die Schlüsselfrage jeder Optimierungsarbeit ist, nämlich die Bestimmung desjenigen, was zu optimieren ist. Das genaue Aufstellen der Zielfunktion in jeder Systemanalyse ist eine praktische Angelegenheit. Dies ist vielleicht der schwierigste Aspekt bei jeder Systemanalyse insofern, als die Berechnung der Zielfunktion, wenn sie erst einmal bestimmt ist, meist einfacher als ihre Auswahl selbst ist. In der Tat wird gewöhnlich eine Anzahl von Zielfunktionen bestimmt und ein System unter verschiedenen Gesichtspunkten optimiert. So ergibt sich eine Anzahl optimierter Systeme, von denen das praktikabelste ermittelt werden muß.

Wie auch immer die Optimierung bei der Systemanalyse angewandt wird, die Bestimmung des optimalen Systems, vom Gesichtspunkt der Systemcharakteristiken und des Ziels her gesehen, muß vom Analysierenden vorgenommen werden. Es werden deshalb im folgenden die Grundlagen der Optimierung untersucht und zwar nur für die drei einfachsten Optimierungsprobleme: Die Parameteroptimierung ohne Nebenbedingungen, die Parameteroptimierung mit Nebenbedingungen gegeben durch Gleichungen und die Parameteroptimierung mit Nebenbedingungen gegeben durch Ungleichungen. Obwohl diese die einfachsten Optimierungsprobleme sind, treten sie am häufigsten auf. Auch benötigen sie kleinere Programme als anspruchsvollere Optimierungsprobleme und können daher oft mit einem Taschenrechner behandelt werden. Deshalb werden die grundlegenden Gedanken der Optimierung nochmals dargestellt, um den Optimierungsprozeß anhand eines mathematischen Ablaufplans und an speziellen Problemen, die mit einem Taschenrechner gelöst werden können, zu erläutern.

Es soll so vorgegangen werden, daß zuerst das mathematische Konzept für diese einfachen Optimierungsprobleme entwickelt und dann die numerische Auswertung diskutiert wird. Der Leser soll hierdurch nochmals mit solchen Begriffen wie Nebenbedingung, Lagrangescher Multiplikator und den Bezeichnungen in der Optimierung vertraut gemacht werden.

4.3.2 Maxima und Minima

In den meisten Systemanalysen führt das Optimierungsproblem zu einer Maximierung der Zielfunktion. Diese Funktion wird gewöhnlich in der Form „Gewinn dividiert durch Kosten" dargestellt. Wird ein System entwickelt und in zunehmendem Maße Geld investiert, so folgt der Gewinn gewöhnlich dem Gesetz des „kleiner werdenden Gewinnzuwachses". Diese Abhängigkeit ist in Bild 4.3.1 dargestellt. Es trifft ebenfalls zu, daß

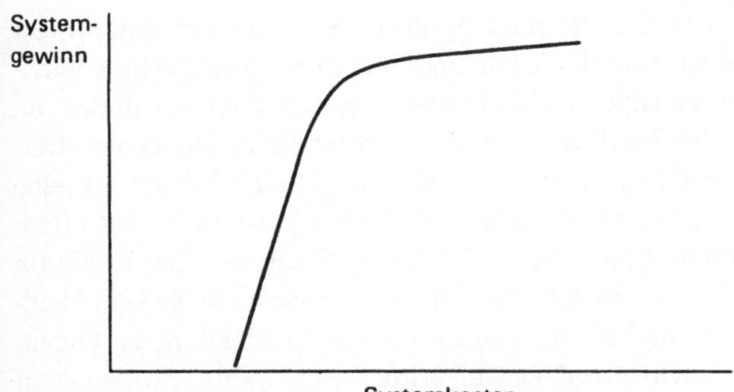

Bild 4.3.1 Der Systemgewinn als Funktion der Systemkosten

Gewinne eher auf einem diskreten Niveau entstehen, wenn ein fester Geldbetrag in das System investiert wird, als daß sie andauernd ansteigen. Aus Bild 4.3.1 ist ersichtlich, daß das Verhältnis Gewinn/Kosten in Abhängigkeit von den Systemkosten den in Bild 4.3.2 dargestellten Verlauf hat. Es ist daher vorteilhaft, die Kosten-Gewinn-Kurve oder Zielfunktion durch das Verhältnis Gewinn/Kosten zu maximieren.

Vom mathematischen Standpunkt aus betrachtet hat die Optimierung entweder eine Maximierung oder eine Minimierung einer Funktion $f(x)$ zur Folge. Das spezielle Ziel ist also, diejenigen Werte x_i zu bestimmen, für die die Funktion $f(x)$ ein Maximum oder ein Minimum hat. Genau genommen braucht entweder nur das Minimierungsproblem oder das Maximierungsproblem betrachtet zu werden, denn diejenigen Werte x_i, die $f(x)$ maximieren, minimieren auch $-f(x)$. An der gleichen Stelle an der die Funktion $f(x)$ ein Maximum hat, hat die Funktion $-f(x)$ ein Minimum. Ohne Beschränkung der Allgemeinheit wird daher das Optimierungsproblem für einen Extremwert und nicht für zwei Extrema diskutiert.

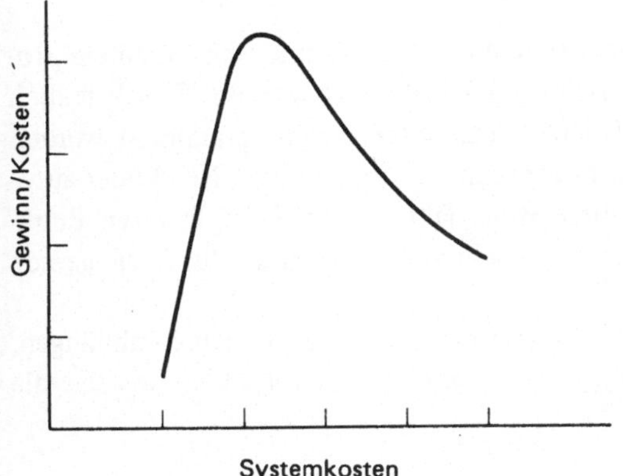

Bild 4.3.2

Das Verhältnis Gewinn/Kosten als Funktion der Systemkosten

Der vielleicht häufigste Fall in der Optimierung liegt vor, wenn der Extremwert einer einzelnen abhängigen Variablen eine Funktion einer einzelnen unabhängigen Variablen ist. Für eine Funktion einer Variablen bedeutet dies, diejenige Stelle zu finden, an der die Ableitung Null wird und den Funktionswert an dieser Stelle zu berechnen. Derjenige Wert der unabhängigen Variablen, für den die Ableitung Null wird, ist nur eine notwendige und keine hinreichende Bedingung dafür, daß die Funktion an der betreffenden Stelle einen Extremwert besitzt. Zum Beispiel kann die Ableitung einer Funktion an einer stationären Stelle Null werden, obwohl die Funktion an dieser Stelle kein Maximum oder Minimum besitzt. Es ist deshalb notwendig, die zweite Ableitung zu bilden, um festzustellen, ob sie an dieser Stelle ebenfalls Null wird. Ist die zweite Ableitung an dieser Stelle ungleich Null, so kann mit ihrer Hilfe entschieden werden, ob der Extremwert ein Maximum (Wert der zweiten Ableitung kleiner Null) oder ein Minimum (Wert der zweiten Ableitung größer Null) ist. Die Bedingungen für einen Extremwert lauten also

$$\frac{d}{dt} f(t) = 0. \tag{4.3.1}$$

Ist $\quad \dfrac{d^2}{dt^2} f(t) > 0,\quad$ so liegt ein Minimum vor. $\tag{4.3.2}$

Ist $\quad \dfrac{d^2}{dt^2} f(t) < 0,\quad$ so liegt ein Maximum vor. $\tag{4.3.3}$

Ist schließlich

$$\frac{d^2}{dt^2} f(t) = 0,\quad \text{so ist keine Entscheidung möglich.}$$

Für eine Funktion, die von zwei Variablen abhängt, muß hingegen gelten:

$$\frac{d}{dx} f(x,y) = 0 \tag{4.3.4}$$

und

$$\frac{d}{dy} f(x,y) = 0. \tag{4.3.5}$$

Für Funktionen mit nur einer unabhängigen Variablen ist die Optimierung auf einem programmierbaren Taschenrechner schon in Abschnitt 4.2 diskutiert worden. Es soll jedoch noch einmal erwähnt werden, daß $f(x)$ auf dem Rechner geeignet programmiert werden kann und die Suche nach demjenigen x, das $f(x)$ minimiert, schnell (von Hand oder automatisch) durchgeführt werden kann. Auf diese Weise läßt sich bei komplizierten Funktionen $f(x)$ der numerische Wert des Minimums oft sehr viel schneller als durch die gerade skizzierten analytischen Schritte ermitteln.

Für die Optimierung von Funktionen, die von mehr als einer Variablen abhängen, müssen an dieser Stelle die Bezeichnungen geändert werden. Im folgenden werden die Notationen von Bryson und Ho benutzt:

$$x = \begin{bmatrix} x_1 \\ x_2 \\ x_m \end{bmatrix} = \text{Parameter-Vektor.} \tag{4.3.6}$$

Wir beschäftigen uns mit Parameter-Optimierungsproblemen: Es werden m Parameter-werte $x_1, x_2, \dots, x_m$ bestimmt, die eine Zielfunktion – das ist eine Funktion dieser Parameter – minimieren. Die Zielfunktion wird in der Lagrangeschen Schreibweise wiedergegeben:

$$L(x_1, x_2, \dots, x_m) = L(x). \tag{4.3.7}$$

Die Verwendung programmierbarer Taschenrechner bei der Lösung von Optimierungsproblemen ist zur Zeit auf zwei oder drei Dimensionen begrenzt. Sie ist jedoch bei Problemen höherer Dimension recht nützlich, um „Teile" des Problems als Unterprogramme zu berechnen. In jedem Fall aber ermöglicht der Taschenrechner die Lösung von Optimierungsproblemen mit einer gewissen Komplexibilität.

4.3.3 Parameteroptimierung ohne Nebenbedingungen

Sind keine Bedingungen an x gestellt und hat die Funktion $L(x)$ partielle Ableitungen 1. und 2. Ordnung, so sind die notwendigen Bedingungen für ein Minimum:

$$\frac{\partial L}{\partial x} = 0 = \frac{\partial L}{\partial x_i} \tag{4.3.8}$$

und

$$\frac{\partial^2 L}{\partial x^2} \geqslant 0. \tag{4.3.9}$$

Das heißt, daß die Eigenwerte der Matrix mit den Komponenten $\partial^2 L / \partial x_i \, \partial x_j$ grösser oder gleich Null sein müssen. Alle Werte von x, die die Bedingung $\partial L / \partial x = 0$ erfüllen, werden stationäre Punkte genannt. Ist außerdem an den stationären Punkten x_s

$$\frac{\partial^2 L}{\partial x^2} > 0, \tag{4.3.10}$$

so ist $L(x_s)$ ein lokales Minimum. Erhält man an der Stelle $x = x_s$ das Ergebnis $\partial^2 L / \partial x^2 = 0$, so kann hieraus nicht festgestellt werden, ob an dieser Stelle ein Minimum vorliegt. Solch ein Punkt wird „singulärer Punkt" genannt.

4.3.4 Parameteroptimierung mit Nebenbedingungen in Form von Gleichungen

Ein etwas allgemeineres Problem bei der Parameteroptimierung besteht in dem Auffinden von Werten der „Kontrollparameter" $u_1, u_2, \dots, u_m$, die die Zielfunktion

$$L(x_1, x_2, \dots, x_n; \, u_1, u_2, \dots, u_m) \tag{4.3.11}$$

minimieren. Die n Parameter $x_1, x_2, \dots, x_n$ werden durch die n Gleichungen

$$f_1(x_1, \dots, x_n; u_1, \dots, u_m) = 0 \tag{4.3.12}$$

$$\vdots$$

$$f_n(x_1, \dots, x_n; u_1, \dots, u_m) = 0 \tag{4.3.13}$$

bestimmt. Ist nun

$$x = \begin{bmatrix} x_1 \\ \vdots \\ x_n \end{bmatrix} = \text{Parameter-Vektor} \tag{4.3.14}$$

$$u = \begin{bmatrix} u_1 \\ \vdots \\ u_m \end{bmatrix} = \text{„Kontroll"-Vektor} \tag{4.3.15}$$

$$f = \begin{bmatrix} f_1 \\ \vdots \\ f_n \end{bmatrix} = \text{Vektor für die Nebenbedingungen,} \tag{4.3.16}$$

so besteht das Optimierungsproblem in der Bestimmung des Vektors u, der die Funktion

$$L(x, u) \tag{4.3.17}$$

minimiert, wobei der Vektor x mit dem Vektor u gemäß der Gleichung für die Nebenbedingungen

$$f(x, u) = 0 \tag{4.3.18}$$

im Zusammenhang steht.

Für ein gegebenes Optimierungsproblem ist die Auswahl derjenigen Parameter, die als Kontrollparameter dienen sollen, nicht eindeutig. Diese Auswahl ist so vorzunehmen, daß der Vektor u den Vektor x durch die Gleichungen für die Nebenbedingungen bestimmt.

Ein Punkt ist ein *stationärer Punkt*, wenn $dL = 0$ für beliebiges du gilt, während $df = 0$ beibehalten wird (wobei dx beliebig variieren kann). Dann ergibt sich

$$dL = L_x \, dx + L_u \, du \tag{4.3.19}$$

und

$$df = f_x \, dx + f_u \, du = 0. \tag{4.3.20}$$

Gl. (4.3.20) nach dx aufgelöst und dx in Gl. (4.3.19) eingesetzt führt zu

$$dx = -f_x^{-1} f_u \, du \tag{4.3.21}$$

$$dL = (L_u - L_x f_x^{-1} f_u) \, du. \tag{4.3.22}$$

In einem stationären Punkt, wo $dL = 0$ für beliebiges du gilt, folgt aus Gl. (4.3.22)

$$L_u - L_x f_x^{-1} f_u = 0. \tag{4.3.23}$$

Diese Gleichungen bestimmen zusammen mit den Gleichungen für die Nebenbedingungen die Vektoren u und x in einem stationären Punkt.

Eine andere Technik besteht darin, die Gleichungen für die Nebenbedingungen mit der Zielfunktion durch n „unbestimmte Lagrangesche Multiplikatoren" $\lambda_1, \dots , \lambda_n$ zu verbinden:

$$H(x,u,\lambda) = L(x,u) + \sum_{i=1}^{n} \lambda_i f_i(x,u) = L(x,u) + \lambda^T f(x,u). \tag{4.3.24}$$

Wird u (und damit x durch die Gleichungen für die Nebenbedingungen) so gewählt, daß $L = H$ wird und λ zu

$$\lambda^T = - \frac{\partial L}{\partial x} \left(\frac{\partial f}{\partial x} \right)^{-1}$$

bestimmt, dann gilt:

$$\frac{\partial H}{\partial x} = 0$$

und

$$dL = dH = \frac{\partial H}{\partial u} du . \tag{4.3.25}$$

$\partial H/\partial u$ ist also der Gradient von L bezüglich des Vektors u bei „festgehaltenem" $f(x, u) = 0$. In einem stationären Punkt, in dem dL für beliebiges du verschwindet, muß also gelten:

$$\frac{\partial H}{\partial u} \equiv \frac{\partial L}{\partial u} + \lambda^T \frac{\partial f}{\partial u} = 0 . \tag{4.3.26}$$

Daher muß ein stationärer Wert von $L(x, u)$ folgenden Gleichungen genügen:

$$f(x,u) = 0 \tag{4.3.27}$$

$$\frac{\partial H}{\partial x} = 0 \tag{4.3.28}$$

$$\frac{\partial H}{\partial u} = 0 \tag{4.3.29}$$

mit

$$H = L(x,u) + \lambda^T f(x,u). \tag{4.3.30}$$

4.3.5 Die Gradientenmethode

Sind die Funktionen $L(x, u)$ und $f(x, u)$ sehr komplex, so müssen numerische Methoden zur Bestimmung desjenigen u, das H minimiert, benutzt werden. Die vielleicht am häufigsten verwendete Methode zur Auffindung von Minima ist die des *steilsten Abfalls*.

Gradientenmethoden sind iterative Algorithmen zur Abschätzung von u, so daß die stationären Bedingungen $\partial H/\partial u = 0$ erfüllt werden (Bild 4.3.3).

Beim Gebrauch der Gradientenmethode geht man folgenderweise vor:

1. Abschätzen eines Wertes für u,
2. Berechnen von x aus $f(x, u) = 0$,
3. Berechnen von λ aus $\lambda^T = - (\partial L/\partial x) (\partial f/\partial x)^{-1}$,
4. Berechnen von $\partial H/\partial u = (\partial L/\partial u) + \lambda^T (\partial f/\partial u)$,
5. Korrektur der Abschätzung von u durch den Betrag $\Delta u = - K (\partial H/\partial u)^T$ (K ist eine positive skalare Konstante).
6. Wiederholen der Schritte 2 bis 5 mit dem korrigierten Wert von u, bis $(\partial H/\partial u) \cdot (\partial H/\partial u)^T$ sehr klein wird, d.h. bis eine gewünschte Genauigkeit bei der Berechnung der stationären Bedingung erreicht ist.

Anschaulich ist die Gradientenmethode zur Auffindung eines Minimums ein Verfahren, um von einem Berg in ein Tal zu gelangen. Beginnend mit einem Anfangsschätzwert von u wird eine Folge von Änderungen Δu an u vorgenommen. Bei jedem Schritt liegt Δu in

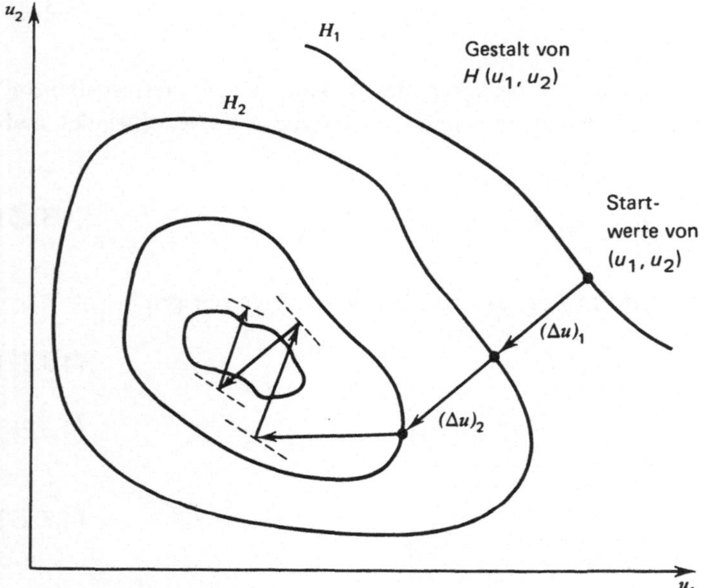

Bild 4.3.3 Die Gradientenmethode $(\Delta u)_1 = - k (\partial H_1/\partial u)$, $(\Delta u_2 = - k (\partial H_2/\partial u)$. *Beachte:* Die Suche kann für $- k (\partial H/\partial u) \gg 0$ über das Ziel hinausschießen

Richtung des Gradienten $\partial H/\partial u$, dessen Größe das steilste Gefälle an dem betreffenden Punkt des Berges angibt. Die Wahl des Wertes der Konstanten K erfordert etwas Fingerspitzengefühl, um die Genauigkeit der Linearisierung sicherzustellen und um die Effizienz des Verfahrens zu erhöhen (d.h. um mit möglichst wenigen Iterationen zum Ziel zu gelangen). K wird gewöhnlich während des Iterationsprozesses – besonders, wenn man sich schon in der Nähe des Minimums befindet – variiert.

4.3.6 Courants Penalty-Funktionsmethode

Eine andere Optimierungsmethode, bei der die Nebenbedingungen entweder durch Gleichungen oder durch Ungleichungen gegeben sein können, ist die Courantsche „Penalty-Funktionsmethode". Angenommen, es soll $L(y)$ in Abhängigkeit von den Nebenbedingungen

$$f(y) = 0 \tag{4.3.31}$$

minimiert werden, so wird bei der Penalty-Funktionsmethode die Funktion

$$\bar{L} = L(y) + K\|f(y)\|^2 \tag{4.3.32}$$

ohne Nebenbedingungen minimiert. K ist hier eine große Konstante ($K \gg 1$). Hat $\bar{L}$ an der Stelle y_0 ein Minimum, so kann sicherlich erwartet werden, daß gilt:

$$f(y_0) \approx 0 \tag{4.3.33}$$

und

$$\frac{\partial L}{\partial y}(y_0) \approx 0. \tag{4.3.34}$$

Vom Rechnerischen her gesehen, ist die Penalty-Funktionsmethode einfach zu handhaben und zu verstehen. Sie ist außerdem schon mit großem Erfolg bei bestimmten Parameter-Optimierungsproblemen angewandt worden. Diese Methode führt jedoch nicht immer zum Ziel, da ein großer Wert von K anschaulich betrachtet eine lange, schmale und tiefe Senkung im Feld von $\bar{L}$ hervorruft, wobei der stationäre Punkt auf dem Grund dieser Vertiefung liegt. Die Schwierigkeit liegt darin, daß der Gradient wahrscheinlicher an den Seiten als am Ende der Vertiefung berechnet wird. Dieses führt zu Abschätzungen für den stationären Punkt, die vor und zurück über die schmale Vertiefung springen, anstatt sich in Längsrichtung zu bewegen. Zum Beispiel ergibt die Minimierung der Funktion

$$L = (y_1 - 2)^2 + y_2^2 \tag{4.3.35}$$

mit der Nebenbedingung $y_1 = 0$ die Werte $y_1 = 0$ und $y_2 = 0$. Die Penalty-Funktionsmethode minimiert die Funktion

$$\bar{L} = (y_1 - 2)^2 + y_2^2 + Ky_1^2 = y_2^2 + \left[\left(y_1 - \frac{2}{1+K}\right)^2 \Big/ \frac{1}{1+K}\right] + \frac{4K}{1+K}. \tag{4.3.36}$$

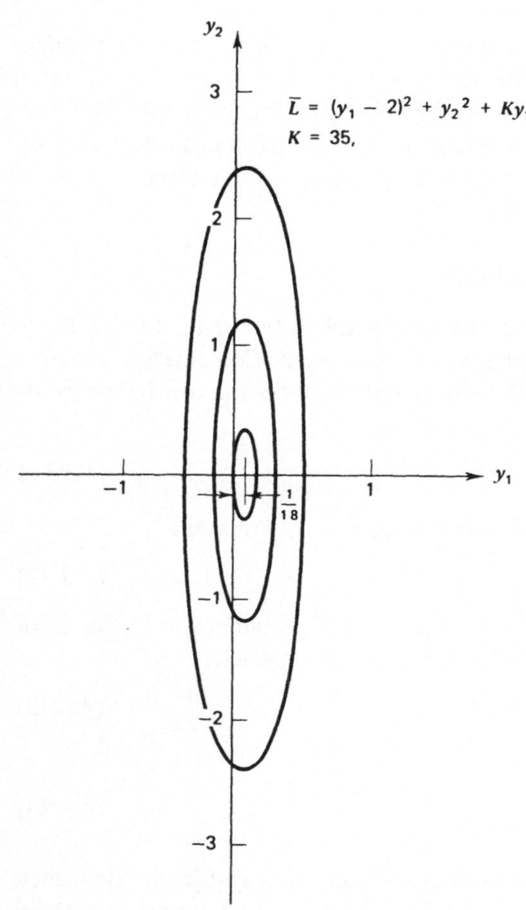

Bild 4.3.4
Kurven zu $\bar{L}$ = konst. bei großem
Koeffizienten K in der Penalty-
Funktion

Die Gleichungen $\bar{L}$ = const. sind Ellipsen mit den Mittelpunkten $y_1 = 2/1 + K$; $y_2 = 0$ (Bild 4.3.4).

Sind die Nebenbedingungen durch Ungleichungen gegeben, kann die Penalty Funktionsmethode ebenso angewandt werden. Die Vorgehensweise ist einfach und wird an folgendem Beispiel veranschaulicht: Es soll $L(y)$ in Abhängigkeit von $f(y) \leqslant 0$ minimiert werden. Dieses Problem wird durch die „Penalty-Funktionsmethode" gelöst, indem die Funktion

$$\bar{L} = L(y) + K \cdot P \cdot \|f(y)\|^2 \tag{4.3.37}$$

minimiert wird. Die Konstante P wird definiert zu

$$P = \begin{cases} 1, & (f \leqslant 0) \\ 0, & (f > 0). \end{cases} \tag{4.3.38}$$

Beispiele für die Optimierung durch die Penalty-Funktionsmethode und die Gradientenmethode mit Hilfe eines programmierbaren Taschenrechners werden im folgenden Abschnitt behandelt.

4.3.7 Beispiele

Beispiel 4.3.1: Es soll der stationäre Wert der Funktion

$$L = \frac{1}{2}\left(\frac{x^2}{a^2} + \frac{u^2}{b^2}\right)$$

hinsichtlich der linearen Nebenbedingung

$$f(x, u) = x + mu - c = 0$$

gefunden werden (x ist ein skalarer Parameter; a, b, m und c sind Konstanten). Die Kurven zu konstantem L sind Ellipsen, wobei größere Ellipsen zu einem größeren L gehören. Die Kurve zu $x + mu - c = 0$ hat die Form einer Geraden. Der minimale Wert von L, der die Nebenbedingung erfüllt, ergibt sich, wenn die Gerade die Tangente in einem Punkt der Ellipse ist (Bild 4.3.5). Es ist nun

$$H = \frac{1}{2}\left(\frac{x^2}{a^2} + \frac{u^2}{b^2}\right) + \lambda(x + mu - c).$$

Die notwendigen Bedingungen für einen stationären Wert sind also:

$$x + mu - c = 0, \quad \frac{\partial H}{\partial x} = \frac{x}{a^2} + \lambda = 0, \quad \frac{\partial H}{\partial u} = \frac{u}{b^2} + \lambda m = 0.$$

Aus diesen drei Gleichungen ergeben sich die Unbekannten x, u, λ zu:

$$x = \frac{a^2 c}{a^2 + m^2 b^2}$$

$$u = \frac{b^2 mc}{a^2 + m^2 b^2}$$

$$\lambda = -\frac{c}{a^2 + m^2 b^2}.$$

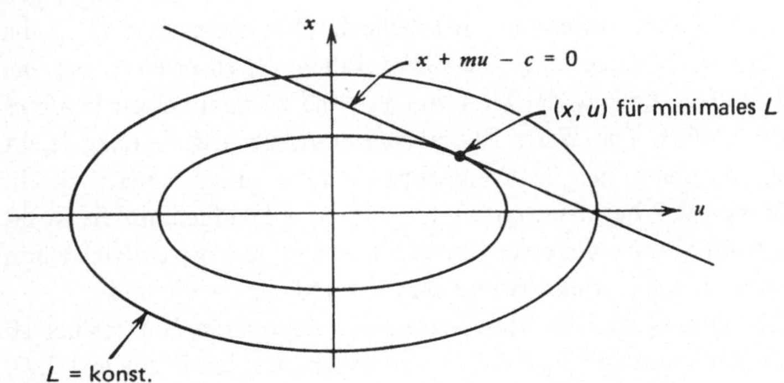

Bild 4.3.5 Beispiel für eine Minimierung in Abhängigkeit von einer Nebenbedingung

Der minimale Wert von L ist hiernach

$$L_{\min} = \frac{c^2}{2(a^2 + m^2 b^2)} \, .$$

Beispiel 4.3.2: Optimierung mit Hilfe der Gradientenmethode. Es soll die Funktion

$$L = (y_1 - 2)^2 + y_2^2$$

minimiert werden. Diese Aufgabe ist — wie im letzten Abschnitt dieses Kapitels erwähnt — vom praktischen Standpunkt recht einfach und außerdem für die Optimierung mit Hilfe eines Taschenrechners sehr lehrreich. Man sieht sofort, daß L an den Stellen $y_1 = 2$ und $y_2 = 0$ minimal wird. Mit Hilfe der Gradientenmethode wird nun die Bedingung

$$\frac{\partial L}{\partial y} = 0 = \nabla L$$

gesucht. Hierzu wird iterativ die implizite Gleichung

$$y_{n+1} = y_n - k_2 \, \nabla L \, (y_n)$$

gelöst bis $\nabla L \approx 0$ ist. Dann ist $y_{n+1} \cong y_n$, wobei das sich ergebende y_n derjenige Wert von y ist, der L minimiert. Für dieses Problem wird:

$$\Delta y_1 = - 2 k_2 (y_1 - 2)$$
$$\Delta y_2 = - 2 k_2 y_2$$

und

$$y_{1n+1} = y_{1n} + \Delta y_{1n}$$
$$y_{2n+1} = y_{2n} + \Delta y_{2n}.$$

Die Tastenfolge zur Ausführung der Optimierung mit Hilfe der Gradientenmethode auf dem programmierbaren Taschenrechner HP-65 ist in Tabelle 4.3.1 aufgeführt. (Diese Tastenfolge ist typisch für jeden anderen Rechner.)

Es werden nun einige typisch numerische Untersuchungen betrachtet, die mit einem Taschenrechner durchgeführt werden können. Zuerst wird der Einfluß der Konstanten k_2 auf die ersten 10 Schritte des Iterationsprozesses zum Aufsuchen derjenigen Werte y_1 und y_2, die L minimieren, untersucht. In Tabelle 4.3.2 ist dieser Einfluß für die Anfangswerte $y_1 = y_2 = 1 \, (L_0 = 2)$ dargestellt. Aus dieser Tabelle ist zu ersehen, daß bei dieser Wahl der Anfangswerte y_1 und y_2 der Wert von $k_2 = 0.5$ zu dem besten Ergebnis nach 10 Iterationsschritten führt. Die Werte für jeden Iterationsschritt können leicht selbst berechnet werden, nachdem der Taschenrechner einmal programmiert ist. In Tabelle 4.3.3 sind sie für $k_2 = 0.5$ bei den Startwerten $y_1 = y_2 = 1$ aufgeführt. Es ist ersichtlich, daß bei dieser Wahl von k_2 die erste Korrektur von y_1 und y_2 zufällig schon den stationären Punkt ergibt, da die Korrekturwerte $\Delta y_1 = 1$ und $\Delta y_2 = - 1$ sind.

Nun soll der Einfluß von k_2 auf die Abschätzung des stationären Punktes bei 10 Iterationsschritten für die Anfangswerte $y_1 = 3 = y_2$ untersucht werden (Tabelle 4.3.4). Wieder ergibt sich für $k_2 = 0.5$ die beste Abschätzung des stationären Punktes. Man

Tabelle 4.3.1 Typische Tastendruckfolge zur Gradienten-Optimierung

Tastendruck-folge		Bemerkungen
LBL-A		
R/S		Eingabe von y_1
STO-1		speichere y_1 in Register 1 (R-1)
R/S		Eingabe von y_2
STO-2	Eingabedaten	speichere y_2 in R-2
R/S		Eingabe von k_2
STO-3		$K_2 \to$ R-3
R/S		Eingabe von N – Anzahl der Iterationen
STO-8		$N \to$ R-8
LBL-1		Marke 1
RCL-1		hole y_1
2		
–		$(y_1 - 2)$
STO-5		$(y_1 - 2) \to$ R-5
f^{-1}		
$\sqrt{}$	berechne L	$(y_1 - 2)^2$
RCL-2		y_2
f^{-1}		
$\sqrt{}$		y_2^2
+		$y_2^2 + (y_1 - 2)^2 = L$
STO-6		$L \to$ R-6
RCL-5		$(y_1 - 2)$
RCL-3		
$\times$	berechne	$k_2(y_1 - 2)$
2	$\Delta y_1 = \dfrac{-\partial L}{\partial y_1} k_2$	
$\times$		$2k_2(y_1 - 2)$
CHS		$-2k_2(y_1 - 2) = \Delta y_1$
RCL-1	berechne	y_1
+	neues y_1	$y_1 + \Delta y_1$
STO-1		$y_1 + \Delta y_1 \to$ R-1
RCL-2		y_2
RCL-3		k_2
$\times$	berechne	$k_2 y_2$
2	$\Delta y_2 = \dfrac{-\partial L}{\partial y_2} k_2$	
$\times$		$2k_2 y_2$
CHS		$-2k_2 y_2 = \Delta y_2$
RCL-2	berechne	y_2
+	neues y_2	$y_2 + \Delta y_2$
STO-2		$y_2 + \Delta y_2 \to$ R-2
DSZ		Anzahl der Schritte $= N$?
GTO-1		falls nein, gehe nach 1
RCL-6		falls ja, hole L
R/S	Anzeige von	Anzeige von L
RCL-1	L, y_1, y_2	hole y_1
R/S		Anzeige von y_1
RCL-2		hole y_2
R/S		Anzeige von y_2
RTN		

Tabelle 4.3.2 Ergebnisse nach 10 Iterationen für verschiedene k_2

k_2	L_{10}	$y_{1_{10}}$	$y_{2_{10}}$
0.01	1.39027066	1.18292719	0.81707281
0.10	0.03602880	1.89262582	0.10737418
0.25	0.00000763	1.99902344	0.00097656
0.50	0.00000000	2.00000000	0.00000000
0.75	0.00000763	1.99902344	0.00097656
1.0	2.00000000	1.00000000	1.00000000
2.0	7.748409780×10^8	-5.9047×10^4	5.9049×10^4

Tabelle 4.3.3 Iterative Gradienten-Optimierung mit $k_2 = 0.5$

Anzahl der Iterationen	L	y_1	y_2
0	2	1	1
1	0	2	0
2	0	2	0
.	.	.	.
.	.	.	.
.	.	.	.

Tabelle 4.3.4 Ergebnisse nach 10 Iterationen für verschiedene k_2 und für die Startwerte $y_1 = y_2 = 3$

k_2	$(L)_{10}$	$(y)_{10}$	$(y_2)_{10}$
0.10	0.18014399	2.10737418	0.32212255
0.20	0.00101560	2.00604662	0.01813985
0.40	0.00000000	2.00000010	0.00000031
0.50	0.00000000	2.00000000	0.00000000
0.75	0.00003815	2.00097656	0.00292969
1.00	10.00000000	3.00000000	3.00000000

könnte nun annehmen, der Grund hierfür liege darin, daß die Startwerte ein ganzzahliges Vielfaches der Schrittweite 0.5 sind und so die Lösung durch den Gradienten zufällig auf den stationären Punkt trifft. Diese Annahme läßt sich jedoch leicht testen, indem als Startwerte $y_1 = \pi$ und $y_2 = 2\pi$ genommen werden. Die Daten der einzelnen Iterationsschritte sind für $k_2 = 0.5$ in Tabelle 4.3.5 dargestellt. An dieser Stelle sollte es klar sein, daß der Wert $k_2 = 0.5$ ein eindeutiger Wert ist, für den das hier zu optimierende Gleichungssystem die besondere Eigenschaft aufweist, daß der stationäre Punkt schon beim ersten Schritt der Iteration genau bestimmt wird. Dieses Beispiel soll dazu dienen, folgende wichtige Punkte zu verdeutlichen:

1. Fast jedes Gleichungssystem hat *besondere numerische Eigenschaften*. Der Anwender sollte versuchen, diese Eigenschaften herauszufinden, da sie oft ausgenutzt werden können. Der Taschenrechner ist hierzu ein ideales Hilfsmittel.
2. Durch ein Verständnis dieser besonderen Eigenschaften wird der Anwender in die Lage versetzt, die Gleichungen, die er benutzt, besser zu verstehen. (Es bleibt dem Leser überlassen, herauszufinden, warum bei dem hier behandelten, einfachen Gleichungssystem die stationären Punkte numerisch genau für den Wert $k_2 = 0.5$ bestimmt werden, und zwar unabhängig von der Wahl der Startwerte.)

Im folgenden verwenden wir nicht denjenigen Wert von k_2, der genau auf die stationären Punkte führt. Um die Gradientenmethode weiter zu veranschaulichen, wird $k_2 = 0.2$ gesetzt und es werden folgende Fragen gestellt: Woher weiß man, daß bei einer Optimierung mit 10 Iterationsschritten das Minimum von L erreicht ist? Wie kann der Anwender sich schnell Sicherheit verschaffen, daß der stationäre Punkt nicht ein lokales Minimum ist, in dessen Nachbarschaft sich ein noch „tieferes" Minimum befindet? Vom Mathematischen her gesehen, gibt es keine Garantie, daß durch die Gradientenmethode das globale Minimum der Funktion gefunden wird. Um den Ergebnissen der Optimierungsanalyse Vertrauen zu schenken, kann jedoch etwas getan werden, was die gestellten Fragen zusammenfaßt und plausible Antworten liefert:

Tabelle 4.3.5 Iterative Gradienten-Optimierung mit $k_2 = 0.5$ und irrationalen Startwerten

Anzahl der Iterationen	L	y_1	y_2
0	40.78165140	π	2π
1	0	2	0
2	0	2	0
3	0	2	0
4	0	2	0
5	0	2	0

1. Abbruch des Iterationsprozesses nach einer festen, vorgegebenen Anzahl an Iterationsschritten. Dies ist das einfachste Kriterium für die Beendigung der Suche nach einem
   stationären Punkt.
2. Auswahl anderer Startwerte und nochmaliges Wiederholen der Iteration bei der gleichen
   Anzahl von Iterationsschritten.
3. Man wende die Punkte 1. und 2. solange an, bis von allen Quadranten aus um den (zu
   Beginn gefundenen) stationären Punkt herum Konvergenz festgestellt wird.
4. Verwendung des stationären Punktes als Startwert der Iteration, um die Stabilität der
   Lösung im stationären Punkt zu zeigen.

Diese Vorgehensweise ist nicht sehr zeitraubend und wird sicherlich betroffene Bereiche
aufdecken, falls die Endresultate für verschiedene Startwerte verschieden ausfallen. Außer-
haben wir größeres Vertrauen, den stationären Punkt gefunden zu haben, weil durch den
Suchprozeß mehrere Stichproben verfügbar sind.

Betrachten wir erneut das vorliegende Optimierungsproblem, so zeigt sich, daß kleine
Differenzen für den Wert des stationären Punktes vorhanden sind, wenn man sich ihm aus
verschiedenen Richtungen nähert. Tabelle 4.3.6 verdeutlicht dies. Es ist jedoch zu ersehen,
daß L in der Nachbarschaft von

$$y_1 = 2$$
$$y_2 = 0$$

minimal wird. Eine Erhöhung der Anzahl der Iterationsschritte auf 100 bestätigt dies:

$$L \approx 0$$
$$y_1 = 1.98790677$$
$$y_2 = 0.00000000$$

Tabelle 4.3.6 Optimierungsergebnisse nach 10 Iterationen für
verschiedene Startwerte

y_{1_0}	y_{2_0}	L_{10}	$(y_1)_{10}$	$(y_2)_{10}$
5	4	0.002539	2.01813985	0.02418647
5	5	0.00345304	2.01813985	0.03023309
4	5	0.00294524	2.01209324	0.03023309
-4	4	0.00528112	1.96372029	0.02418647
-5	5	0.00751544	1.95767368	0.03023309
-5	4	0.00660140	1.95767368	0.02418647
-5	-4	0.00660140	1.95767368	-0.02418647
-5	-5	0.00751544	1.95767368	-0.03023309
-4	-5	0.00619516	1.96372029	-0.03023309
4	-4	0.0060203120	2.01209324	-0.02418647
5	-5	0.00345304	2.01813985	-0.03023309
4	-5	0.00294524	2.01209324	-0.03023309

Beispiel 4.3.3: Die Penalty-Funktionsmethode. Es soll die Funktion

$$L = (y_1 - 2)^2 + y_2^2$$

hinsichtlich der Nebenbedingung

$$y_1 = 0$$

minimiert werden. Wie bereits erwähnt, ist dies ein sehr einfaches Beispiel, aber im Hinblick auf die Optimierung mit einem Taschenrechner sehr lehrreich. Unter Verwendung der „Courantschen Penalty-Funktionsmethode", wird die Hilfsfunktion

$$\overline{L} = (y_1 - 2)^2 + y_2^2 + k_1 y_1^2$$

aufgestellt. Das Ziel ist, diese neue Funktion mit Hilfe eines programmierbaren Taschenrechners zu minimieren. Hierzu wird die Gradientenmethode benutzt, so daß beide Methoden — die Gradienten und die Penalty-Funktionsmethoden — zugleich erlernt werden können. Die partiellen Ableitungen 1. Ordnung von $\overline{L}$ sind:

$$\frac{\partial \overline{L}}{\partial y} = \begin{cases} \dfrac{\partial \overline{L}}{\partial y_1} = + 2\left[(1 + k_1)y_1 - 2\right] \\[2mm] \dfrac{\partial \overline{L}}{y_2} = 2y_2 . \end{cases}$$

Die Korrekturwerte ergeben sich hieraus zu

$$\Delta y = \begin{cases} -k_2 \dfrac{\partial \overline{L}}{\partial y_1} = -2\left[(1 + k_1)y_1 - 2\right]k_2 = \Delta y_1 \\[2mm] -k_2 \dfrac{\partial \overline{L}}{\partial y_2} = -2k_2 y_2 = \Delta y_2 \end{cases}$$

und

$$y = y + \Delta y = \begin{cases} y_1 + \Delta y_1 \\[1mm] y_2 + \Delta y_2 . \end{cases}$$

Ein typisches Programm zur Lösung des Problems auf dem Taschenrechner hat den in Tabelle 4.3.7 wiedergegebenen Befehlsablauf.

Die erste Aufgabe zur Lösung des Problems besteht darin, einen Wert für k_2 zu finden, bei dem der Iterationsprozeß stabil bleibt. Als Wert für k_1 wird wie im Bild 4.3.4 $k_1 = 35$ angenommen. Der Tabelle 4.3.8 ist zu entnehmen, daß für $k_2 = 0.01$ ($k_1 = 35$) der Iterationsprozeß stabil bleibt. Dieser Wert ist außerdem hinreichend groß, um schnelle Konvergenz zu ermöglichen.

Nach 100 Iterationsschritten wird für $k_2 = 0.01$, $k_1 = 35$ und $y_1 = y_2 = 1$

$$(\overline{L})_{100} = 3.90720204$$
$$(y_1)_{100} = 0.05555556$$
$$(y_2)_{100} = 0.13261956$$

Tabelle 4.3.7 Gradienten-Optimierung mit einer Nebenbedingung in Form einer Gleichung

Tastendruck-folge		Bemerkungen
LBL-A		Marke A
R/S		Stop zur Dateneingabe
SRO-1		speichere y_1 in Register 1 (R-1)
R/S		
STO-2		speichere y_2 in R-2
R/S	Daten-eingabe	
STO-3		speichere k_1 in R-3
R/S		
STO-4		speichere k_2 in R-4
R/S		
STO-8		speichere N in R-8
LBL-1		Marke 1
RCL-3		hole R-3 (k_1)
1		
+		$(1 + k_1)$
RCL-1		hole y_1
f^{-1}		
$\sqrt{}$		y_1^2
$\times$		$y_1^2 \times (1 + k_1)$
RCL-1	berechne	hole y_1
4	$\overline{L}$	
$\times$		$4y_1$
$-$		$(1 - k_1)y_1^2 - 4y_1$
RCL-2		hole y_2
f^{-1}		
$\sqrt{}$		y_2^2
+		$(1 + k_1)y_1^2 - 4y_1 + y_2^2$
4		
+		$(1 + k_1)y_1^2 - 4y_1 + y_2^2 + 4 = \overline{L}$
R/S		Anzeige von $\overline{L}$
STO-6		speichere $\overline{L}$ in R-6
RCL-3		hole k_1
		k_1
1		

Tabelle 4.3.7 (Fortsetzung)

Tastendruckfolge		Bemerkungen
+		$(1 + k_1)$
RCL-1	berechne	y_1
$\times$		$y_1(1 + k_1)$
2	$\Delta y_1 = \dfrac{-\partial \overline{L}}{\partial y_1} k_2$	
$-$		$(1 + k_1)y_1 - 2$
RCL-4		k_2
$\times$		$k_2[(1 + k_1)y_1 - 2]$
2		
$\times$		$2[(1 + k_1)y_1 - 2]k_2$
CHS		$-2[(1 + k_1)y_1 - 2]k_2 = \Delta Y_1$
R/S		Anzeige von Δy_1
RCL-1		y_1
+	berechne	$y_1 + \Delta y_1 = y$
R/S	neues y_1	Anzeige von y_1
STO-1		speichere y_1 in R-1
RCL-2		hole y_2
RCL-4		hole k_2
$\times$	berechne	$k_2 y_2$
2		
$\times$	$\Delta y_2 = \dfrac{-\partial \overline{L}}{\partial y_2} k_2$	
CHS		$-2k_2 y_2 = \Delta y_2$
R/S		Anzeige von Δy_2
RCL-2		hole y_2
+	berechne	$y_2 + \Delta y_2 = y_2$
R/S	neues y_2	Anzeige von y_2
STO-2		speichere y_2 in R-2
DSZ	Steuerung des	
GTO-1	Iterationszyklus	
RCL-6		
	Anzeige von $\overline{L}$	
R/S		
RCL-1		
	Anzeige von y_1	
R/S		
RCL-2		
	Anzeige von y_2	
R/S		
RTN		

Tabelle 4.3.8 Ergebnisse der Gradienten-Optimierung für verschiedene k_2

	k_2	k_1	$(\bar{L})_{10}$	$(y_1)_{10}$	$(y_2)_{10}$
stabil	0.0001	35	33.07997475	0.93416143	0.99800180
	0.001	35	13.21951454	0.50291456	0.98017904
	0.01	35	4.58402422	0.05555835	0.81707281
instabil	0.05	35	$9.466198302 \times 10^{8}$	$1.333250346 \times 10^{4}$	0.34867844
	0.10	35	$5.884448203 \times 10^{15}$	$7.926716241 \times 10^{7}$	0.10737418

und nach 200 Iterationsschritten

$$(\bar{L})_{200} = 3.88921098$$
$$(y_1)_{200} = 0.05555556$$
$$(y_2)_{200} = 0.01758795$$

Ein anderer Lösungsweg, der ebenfalls 200 Schritte umfaßt, aber mehr Sicherheit liefert, daß der stationäre Punkt auch tatsächlich in der Nähe der ermittelten Schätzung liegt, ist folgender: Es werden 5 Suchvorgänge mit 40 Iterationsschritten vorgenommen, wobei sowohl von den 4 verschiedenen Quadranten als auch von dem durch Mittelwertbildung errechneten Lösungspunkt ausgegangen wird. Der Wert von k_2 wird hierbei so gewählt, daß mit den 40 Schritten des Suchvorganges der Bereich der erwarteten Lösung überdeckt wird. In dem betrachteten Beispiel ist eine Lösung in der Nähe des Punktes (0.0) zu erwarten, so daß 40 Schritte der Größe 0.05 den Bereich von -1 bis $+1$ überdecken. Dann muß ein hinreichend hoher Wert für k_1 gefunden werden, der eine stabile Iteration erlaubt. Der Tabelle 4.3.9 kann entnommen werden, daß für $k_1 = 15$ der Suchvorgang stabil bleibt. Unter diesen Bedingungen liefern dann vier Suchvorgänge mit 40 Iterationsschritten die in Tabelle 4.3.10 dargestellten Ergebnisse. Dieser Lösungsweg erhöht das Vertrauen darin, daß der stationäre Punkt von

$$L(y_1, y_2)$$

hinsichtlich der Nebenbedingung $y_1 = 0$ bei

$y_1 = 0$ (die Nebenbedingung)

$y_2 = 0$ (durch theoretische Überlegung)

oder bei

$y_1 = 0.125$ (ermittelt durch die obige Analyse)

$y_2 = 0$ (ermittelt durch die obige Analyse)

liegt.

Um das 200-Schritt-Verfahren zu vervollständigen, werden die Werte der durchschnittlichen Schätzung

$y_1 = 0.125$

$y_2 = 0$

Tabelle 4.3.9 Ergebnisse der Gradienten-Optimierung für verschiedene k_1

	Anzahl der Iterationen	k_1	k_2	$(\bar{L})_{10}$	$(y_1)_{10}$	$(y_2)_{10}$
stabil	10	1	0.05	2.15009464	1.00000000	0.34867844
	10	5	0.05	3.48342815	0.33340324	0.34867844
	10	10	0.05	3.78645827	0.18181818	0.34867844
	10	15	0.05	3.90133875	0.13029079	0.34867844
instabil	10	20	0.05	99.53724474	2.44195747	0.34867844
	10	25	0.05	104622.5768	101.5703041	0.34867844

Tabelle 4.3.10 Die Gradientenmethode unter Verwendung der Penalty-Funktionsmethode zur Erfüllung einer durch eine Gleichung gegebenen Nebenbedingung-Mittelwert-Technik

Startwerte		$(\bar{L})_{40}$	$(y_1)_{40}$	$(y_2)_{40}$
y_1	y_2			
1	1	3.75026972	0.1250000	0.01478088
-1	1	3.75026973	0.1250000	0.01478088
-1	-1	3.75026973	0.1250000	-0.01478088
1	-1	3.75026972	0.1250000	-0.01478088
Mittelwerte der Schätzungen:			0.1250000	0.00000000

als Startwerte für einen weiteren Suchvorgang genommen. Als Ergebnis erhält man:

$$(\bar{L})_{40} = 3.750000$$
$$(y_1)_{40} = 0.1250000$$
$$(y_2)_{40} = 0.0000000.$$

Der stationäre Punkt liegt daher offensichtlich in der Nachbarschaft von

$$\left.\begin{array}{l} y_1 = 0.125 \\ y_2 = 0.0 \end{array}\right\} \text{stationärer Punkt von } \bar{L} \text{ bzw.}$$

$$\left.\begin{array}{l} y_1 = 0.0 \\ y_2 = 0.0 \end{array}\right\} \text{stationärer Punkt von } L.$$

Von den zwei angegebenen Lösungswegen zur Durchführung der Penalty-Funktionsmethode auf dem Taschenrechner ist der letztere zu empfehlen, da er zur Ermittlung derjenigen Schätzwerte von y_1 und y_2, die $\bar{L}$ (und damit L) minimieren, mehr Information über die lokale Topologie von $\bar{L}$ ausnutzt.

Anhang

A.1 Einige Rechenkniffe auf dem Taschenrechner

Während der Verfasser dieses Buch schrieb, ist ihm von vielen Kollegen eine Reihe interessanter, „spezieller Methoden" angeboten worden. Unglücklicherweise aber ist die Liste dieser Methoden viel zu lang, als daß sie in einem Kapitel aufgeführt werden könnte. In diesem Anhang werden einige dieser speziellen Methoden dargestellt, die hinsichtlich ihres Interessantheitsgrades, ihrer Neuigkeit und ihrer Brauchbarkeit auf einem Taschenrechner ausgewählt worden sind.

A.1.1 Ermittlung von π und e auf einem Vier-Funktionen-Rechner

Eine leicht zu merkende Folge von Zahlen, aus der die Zahl π mit einem Fehler von nur 4×10^{-7} bestimmt werden kann, lautet

11 33 55.

Dieser Zahlensatz besteht aus den ersten drei positiven ungeraden Zahlen, die jeweils doppelt aneinandergereiht sind. Ein Näherungswert von π läßt sich hieraus berechnen zu

$$\hat{\pi} = \frac{355}{113} = \pi + \epsilon$$

mit

$$\epsilon \leqslant 4 \times 10^{-7}.$$

Die Tastendruckfolge zur Erzeugung von π auf einem Vier-Funktionen-Rechner lautet:

(355)

$\div$

(113)

$=$

$\boxed{3.1415929}$

Ein ähnlicher Quotient zur Ermittlung eines Näherungswertes der Zahl e ist in dem Anwendungshandbuch der Firma ‚Texas Instruments' veröffentlicht worden. Er lautet

$$\frac{193}{71} = 2.7183099.$$

Dieser Quotient läßt sich nicht so leicht merken. Als Gedächtnisstütze jedoch kann dienen, daß jede der 5 Ziffern eine ungerade Zahl ist und die Ziffern in folgender Anordnung auftreten:

$$1 \quad 3 \quad 5 \quad 7 \quad 9 \quad 1 \quad 3 \ldots$$

Reihen-
folge $1 \quad 3 \quad 4 \quad 2 \quad 5$

wobei die ersten drei als Zähler und die letzten zwei als Nenner zu nehmen sind. Das Ergebnis ist nur bis zur vierten Ziffer genau (d.h. 2.718), das ist eine Ziffer weniger, als man sich zur Bildung des Quotienten (d.h. 1, 9, 3, 7 und 1) merken muß. Man könnte sich also die Zahl e genausogut auf fünf Stellen merken:

$$e = 2.71828\,(1828\ldots).$$

Der Autor hat sich eine einfachere, leichter zu merkende Folge ausgedacht, mit der die Zahl e genauer ermittelt werden kann. Diese Folge besteht aus Nullen und ungeraden Zahlen (wie auch die Folge zur π-Bestimmung) und lautet

$$00 \; 11 \; 33 \; 55 \; 77 \; 99.$$

Bei der Ermittlung von e wird folgendermaßen vorgegangen:

1. Entfernen der Zahlenpaare 77 und 11 (symmetrische Operation).
2. Setzen eines Dezimalpunktes hinter der ersten Null und einer Klammer vor der letzten Neun. Man erhält dann

$$(0.033559)\,9.$$

Dieses Produkt ist $e/9$, wenn nach der sechsten Ziffer gerundet wird. Somit ergibt sich

$$e = (0.033559)\,9 \times 9|_{\text{gerundet}}.$$

Die Tastendruckfolge für eine derartige Ermittlung des Zahlenwertes von e lautet:

(0.033559)
   $\times$
(9)
   =
   =

$$\boxed{\;2.718279\;} \rightarrow 2.71828 \text{ nach Rundung.}$$

Der relative Fehler dieser e-Bestimmung ist kleiner als $7 \times 10^{-5}\,\%$.

Bei der Suche nach solchen Folgen ist der Taschenrechner ein nützliches Hilfsmittel. Will man auf einfachem Wege Näherungswerte für oft benutzte Zahlen ermitteln, so läßt sich dieses durchführen, indem man mit einer Zahl wiederholt Rechenoperationen ausführt, um ein geeignetes Zahlenmuster zu finden. Zum Beispiel führt eine viermalige Division von π durch 6 auf einem Rechner mit 8ziffriger Anzeige zu der Zahl

$$0.002424,$$

die merkwürdigerweise durch

$$6 \times 4 \times 10^{-4} + 6 \times 4 \times 10^{-6}$$

dargestellt werden kann. Somit wird

$$\pi \cong 6^4 (6 \times 4 \times 10^{-4} + 6 \times 4 \times 10^{-6}) = 3.141504.$$

Der relative Fehler hierbei beträgt

$$\frac{0.0000887}{3.1415926} \times 100 = 0.00282 \%.$$

Bemerkenswert ist, daß bei dieser Auswertung nur die beiden geraden Zahlen 4 und 6 verwendet werden. Diese spezielle Approximation wurde während der Entstehung dieses Buches ausgearbeitet, um interessante Eigenschaften der Zahlenapproximationen mit Hilfe eines einfachen 8ziffrigen Rechners zu illustrieren.

A.1.2 Ermittlung des ganzzahligen Anteils einer Zahl auf einem Rechner ohne wissenschaftliche Notation

Um von einer Zahl den ganzzahligen Anteil zu bestimmen, werden sämtliche Nachkommastellen abgeschnitten. Sollen zum Beispiel von den Zahlen

$$1.21743$$
$$247.41715$$
$$5764.88177$$

die ganzzahligen Anteile ermittelt werden, so ist das Ergebnis

$$1.0$$
$$247.0$$
$$5764.0$$

Man beachte, daß dieser Vorgang mit dem Runden nichts zu tun hat. Ein interessanter Lösungsweg zur Ermittlung des ganzzahligen Anteils einer Zahl auf solchen Taschenrechnern, die keine wissenschaftliche Notation besitzen, ist folgender:

1. Die betreffende Zahl wird durch 1000... geteilt, wobei so viele Nullen angehängt werden, wie im Anzeigeregister dargestellt werden können.
2. Das Ergebnis von Schritt 1. wird mit dem Divisor von Schritt 1. (1000 ...) multipliziert.

Als Resultat ergibt sich der gesuchte ganzzahlige Anteil der betreffenden Zahl. Die Tastendruckfolge lautet:

(Zahl im Anzeigeregister)
$\div$
(100000 ...)
$\times$
(100000 ...)
= ganzzahliger Anteil im Anzeigeregister.

A.1.3 Der Algorithmus von Lukasiewic zur Berechnung eines Funktionsterms auf einem Rechner mit umgekehrter polnischer Notation und Stack-Registern

Schritt 1: Umformen des Funktionsterms, so daß eine Kettenrechnung durchgeführt werden kann.

Schritt 2: Eintasten der ersten Zahl.

Schritt 3: Durchführung aller Operationen, die sich nur auf eine Zahl beziehen und anschließendes Eingeben des Ergebnisses in den Rechen-Stack (Operationen wie $\ln x, 10^x, \sin x$).

Schritt 4: Durchführung aller Operationen, die sich auf zwei Zahlen beziehen und anschließendes Eingeben des Ergebnisses in den Rechen-Stack (Operationen wie $+, -, \times, \div, x^y, xy$).

Schritt 5: Eintasten der nächsten Zahl und Wiederholen der Schritte 3 bis 5 bis zur vollständigen Berechnung des Funktionsterms.

Das Flußdiagramm dieses Algorithmus ist in Bild A.1.1 gezeigt. Theoretisch benötigt man bei dem Verfahren eine unendliche Anzahl von Stack-Registern, um jede beliebige Funk-

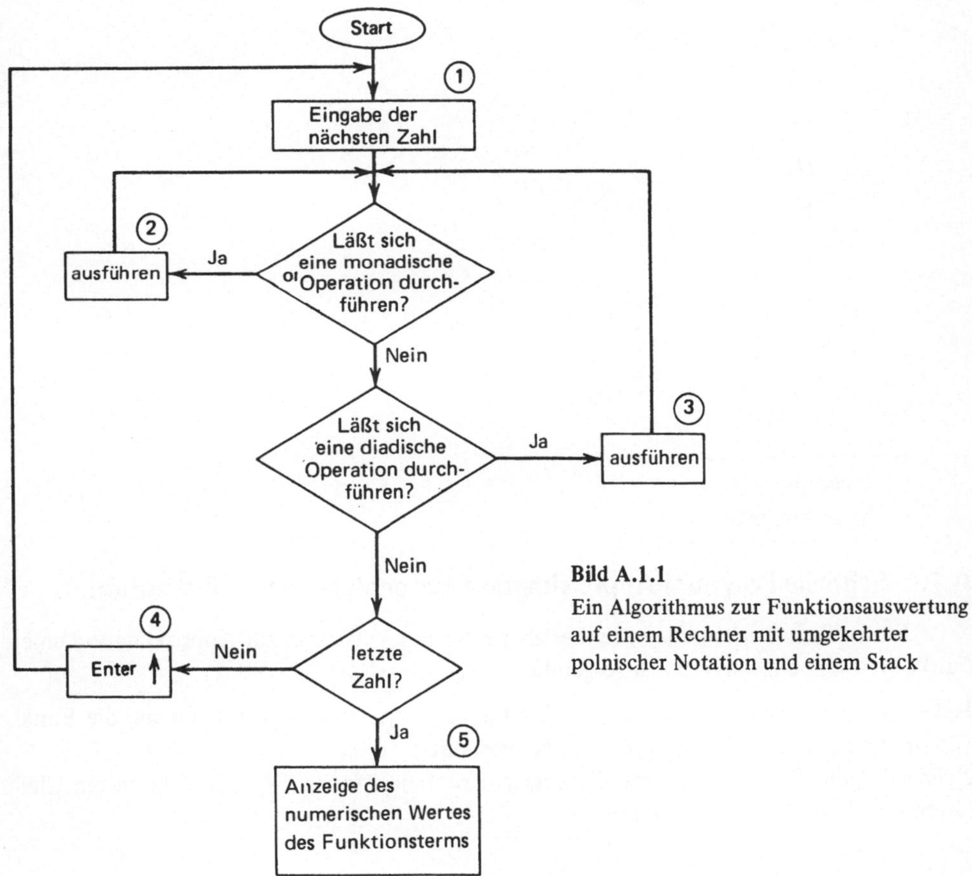

Bild A.1.1

Ein Algorithmus zur Funktionsauswertung auf einem Rechner mit umgekehrter polnischer Notation und einem Stack

tion berechnen zu können. Die untere Grenze liegt bei zwei Stack-Registern und für die am häufigsten vorkommenden wissenschaftlichen Funktionsberechnungen sind drei Stack-Register ausreichend. Die Rechner HP-35, HP-45, HP-67 von Hewlett-Packard haben alle 4 Stack-Register.

Beispiel: Es wird der Ausdruck

$$(A + B)\,[\ln(C + D)^{1/2} + E]$$

betrachtet. Dieser komplizierte Ausdruck läßt sich entsprechend dem aufgeführten Algorithmus mit folgenden Tastendrücken auswerten. (Die eingekreisten Zahlen beziehen sich auf die betreffenden Stellen im Flußdiagramm von Bild A.1.1):

Tastendruckfolge

(A)	①
↑	④
(B)	①
+	③
↑	④
(C)	①
↑	④
(D)	①
+	③
$\sqrt{}$	②
ln	②
(E)	①
+	③
×	③

> Ergebnis im
> Anzeigeregister

A.1.4 Schnelle Polynom-Approximation zur analytischen Substitution

Ein einfaches, nicht allzu genaues aber schnelles Verfahren zur Approximation einer Funktion durch ein Polynom ist folgendes:

1. Es wird nach solchen rationalen Zahlen $x_1, x_2, x_3, \ldots, x_n$ gesucht, für die die Funktion die rationalen Werte $c_1, c_2, \ldots, c_n$ annimmt.
2. Es wird ein Polynom aufgestellt, dessen Koeffizienten $a_1, a_2, \ldots, a_n$ durch ein Gleichungssystem bestimmt werden.

Beispiel: Es soll die Funktion $\sin\theta$ durch ein Polynom zweiter Ordnung im Intervall $0 \leqslant \theta \leqslant 90°$ approxmiert werden.

θ (Grad)	$\sin\theta$
0	0
30	$\frac{1}{2}$
90	1

Um $\sin\theta$ im Intervall von $0°$ bis $90°$ zu approximieren, wird die quadratische Gleichung $\sin\theta \approx a_1 + a_2\theta + a_3\theta^2$ verwendet. Die Koeffizienten werden durch das Gleichungssystem

$$0 = a_1 + a_2(0) + a_3(0)^2$$

$$\tfrac{1}{2} = a_1 + a_2(30) + a_3(30)^2$$

$$1 = a_1 + a_2(90) + a_3(90)^2$$

bestimmt. Aus der ersten Gleichung läßt sich sofort entnehmen, daß

$$a_1 = 0$$

ist. Das Gleichungssystem reduziert sich also auf

$$\tfrac{1}{2} = a_2(30) + a_3(30)^2$$

$$1 = a_2(90) + a_3(90)^2$$

$$-\tfrac{3}{2} = -a_2(90) - 3a_3(30)^2$$

$$1 = a_2(90) + a_3(90)^2.$$

Durch Addition der letzten beiden Gleichungen erhält man

$$(1 - \tfrac{3}{2}) = -\tfrac{1}{2} = a_3\left[(90)^2 - 3(30)^2\right]$$

$$a_3 = \frac{-\tfrac{1}{2}}{81 \times 10^2 - 27 \times 10^2} = \frac{-\tfrac{1}{2}}{54 \times 10^2} = \frac{-1}{108 \times 10^2}$$

$$\therefore a_3 = \frac{-1}{10800}.$$

Durch Einsetzen des Wertes für a_3 in die erste Gleichung (und Auflösen nach a_2) läßt sich a_2 ermitteln:

$$\tfrac{1}{2} = a_2\,(30) - \frac{900}{10800}$$

$$a_2 = \frac{1}{30}\left(\frac{1}{2} + \frac{900}{10800}\right) = \frac{5400 + 900}{324000} = \frac{6300}{324000} = \frac{63}{3240}\ .$$

Das Approximationspolynom im Bereich $0° \leqslant \theta \leqslant 90°$ lautet dann:

$$\sin\theta = \frac{63\theta}{3240} - \frac{\theta^2}{10800} + \epsilon \qquad (\theta \text{ in Grad})$$

mit

$$100\,(\epsilon/\sin\theta) \leqslant 11.41.$$

Die Charakteristiken dieser Approximation können Tabelle A1.1 entnommen werden. Wie die Tabelle zeigt, ist diese Methode bei einem maximalen relativen Fehler von 11.41 % recht ungenau. Es ist jedoch erwähnenswert, daß diese Methode recht nützlich sein kann, wenn aus experimentellen Daten oder Messungen, die nur bis auf einige Prozent genau sind, schnell Kurvenverläufe ermittelt werden sollen.

Tabelle A.1.1

θ (Grad)	$\sin\theta$	$\left(\dfrac{63\theta}{3240} - \dfrac{\theta^2}{10800}\right)$	relativer Fehler (in Prozent)	Maclaurinsche Entwicklung $\left(\theta - \dfrac{\theta^3}{6}\right)$
0	.0	.0	$\lim\limits_{\theta \to 0}\left(\dfrac{\text{est }\sin\theta}{\sin\theta}\right) = -11.41$	
5	0.08715574	0.09490741	-8.89	0.08715570
10	0.17364818	0.18518519	-6.64	0.17364683
15	0.25881905	0.27083333	-4.64	0.25880881
20	0.34202015	0.35185185	-2.87	0.34197708
25	0.42261826	0.42824074	-1.33	0.42248706
30	0.5	0.5	0.00	0.49967418
35	0.57357644	0.56712963	$+1.24$	0.57287387
40	0.64278761	0.62962963	$+2.05$	0.64142155
45	0.70710678	0.68750000	$+2.77$	0.70465265
55	0.76604444	0.74074074	$+3.30$	0.81250684
60	0.86602540	0.83333337	$+3.77$	0.85580078
65	0.90630779	0.87268519	$+3.71$	0.89111986
70	0.93969262	0.90740741	$+3.44$	0.91779950
75	0.96592583	0.93750000	$+2.94$	0.93517512
80	0.98480775	0.96396296	$+2.22$	0.94258217
85	0.99619470	0.98379630	$+1.24$	0.93935606
90	1.0	1.0	0.0	0.92483223

A.1.5 Eine Methode zur Berechnung des Reziprokwertes einer Zahl auf einem Vier-Funktionen-Rechner

Eine einfache, aber oft übersehene Technik (sogar von den Herstellern in ihren Anwendungshandbüchern), den Reziprokwert einer Zahl zu ermitteln, ist folgende: Die Zahl wird in das Anzeigeregister und in das Konstantenregister (für das Konstantenregister geschieht dies gewöhnlich automatisch) gebracht, dann durch sich selbst dividiert, um eine 1 im Anzeigeregister zu erhalten und dann nochmals dividiert, um den Rezirprokwert zu finden. Die Tastendruckfolge zeigt Tabelle A.1.2.

Tabelle A.1.2

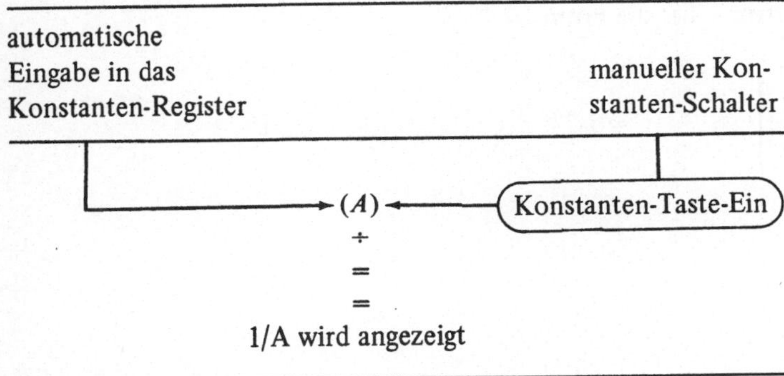

A.2 Matrizenrechnung auf dem Taschenrechner

Die Handhabung der für den Taschenrechner geeigneten Matrizen ist verglichen mit der allgemeinen Matrizenrechnung recht einfach. Die für den einfachen oder sogar programmierbaren Taschenrechner geeigneten Matrizen sind klein und können daher leicht manuell gehandhabt werden, wenn Probleme mit schlecht konditionierten Matrizen auftreten. Hier beschäftigen wir uns mit den Grundoperationen für 2×2 und 3×3 Matrizen.

Die grundlegenden Matrizenoperationen sind die Addition, Subtraktion und Multiplikation zweier Matrizen. Es sei

$$A = \begin{bmatrix} a_1 & a_2 \\ a_3 & a_4 \end{bmatrix}, \qquad B = \begin{bmatrix} b_1 & b_2 \\ b_3 & b_4 \end{bmatrix}.$$

Die Summe dieser beiden Matrizen ist

$$A + B = \begin{bmatrix} a_1 + b_1 & a_2 + b_2 \\ a_3 + b_3 & a_4 + b_4 \end{bmatrix},$$

die Differenz

$$A - B = \begin{bmatrix} a_1 - b_1 & a_2 - b_2 \\ a_3 - b_3 & a_4 - b_4 \end{bmatrix},$$

und das Produkt

$$AB = \begin{bmatrix} a_1 b_1 + a_2 b_3 & a_1 b_2 + a_2 b_4 \\ a_3 b_1 + a_4 b_3 & a_3 b_2 + a_4 b_4 \end{bmatrix}.$$

Die Inverse der 2×2 Matrix A hat die Form

$$A^{-1} = \begin{bmatrix} \alpha_1 & \alpha_2 \\ \alpha_3 & \alpha_4 \end{bmatrix}$$

mit

$$\alpha_1 = a_4/\det$$
$$\alpha_2 = -a_2/\det$$
$$\alpha_3 = -a_3/\det$$
$$\alpha_4 = a_1/\det.$$

Die numerische Auswertung der Determinante läßt sich mit Hilfe der Gleichung

$$\det A = a_1 a_4 - a_2 a_3$$

vornehmen.

Bei 3×3 Matrizen sind die Matrizenoperationen wie die Addition, Subtraktion und die Produktbildung genauso wie bei 2×2 Matrizen durchzuführen. Die Berechnung der Inversen einer 3×3 Matrix ist jedoch etwas komplizierter. Betrachtet wird die Matrix

$$A = \begin{bmatrix} a_1 & b_1 & c_1 \\ a_2 & b_2 & c_2 \\ a_3 & b_3 & c_3 \end{bmatrix}.$$

Diese hat die Inverse

$$A^{-1} = \begin{bmatrix} \alpha_1 & \alpha_4 & \alpha_7 \\ \alpha_2 & \alpha_5 & \alpha_8 \\ \alpha_3 & \alpha_6 & \alpha_9 \end{bmatrix}.$$

Die Elemente der inversen Matrix können numerisch aus den Gleichungen

$$\alpha_1 = (b_2 c_3 - b_3 c_2)/\det$$

$$\alpha_2 = (a_3 c_2 - a_2 c_3)/\det$$

$$\alpha_3 = (a_2 b_3 - a_3 b_2)/\det$$

$$\alpha_4 = (b_3 c_1 - b_1 c_3)/\det$$

$$\alpha_5 = (a_1 c_3 - a_3 c_1)/\det$$

$$\alpha_6 = (a_3 b_1 - a_1 b_3)/\det$$

$$\alpha_7 = (b_1 c_2 - b_2 c_1)/\det$$

$$\alpha_8 = (a_2 c_1 - a_1 c_2)/\det$$

$$\alpha_9 = (a_1 b_2 - a_2 b_1)/\det$$

bestimmt werden. Die Determinante läßt sich aus

$$\det = a_1 b_2 c_3 + a_2 b_3 c_1 + a_3 b_1 c_2 - a_3 b_2 c_1 - a_2 b_1 c_3 - a_1 b_3 c_2$$

errechnen. Das Bilden der inversen Matrix ist jedoch nur möglich, wenn die Determinante der Matrix ungleich Null ist.

Eine andere häufig vorkommende Anwendung der Matrizenrechnung, die ebenfalls leicht mit einem Taschenrechner durchgeführt werden kann, ist die Bestimmung bzw. Auswertung der charakteristischen Gleichung der Matrix **A**. Für eine 3 × 3 Matrix lautet diese

$$\det(A - \lambda I) = -\lambda^3 + d_1 \lambda^2 + d_2 \lambda + d_3 = 0.$$

I ist hier die 3 × 3 Einheitsmatrix und λ eine Konstante. Die Größen d_1, d_2, d_3 ergeben sich aus den Gleichungen

$$d_1 = a_1 + b_2 + c_3$$

$$d_2 = a_3 c_1 + a_2 b_1 + b_3 c_2 - a_1 b_2 - a_1 c_3 - b_2 c_3$$

$$d_3 = \det = a_1 b_2 c_3 + a_2 b_3 c_1 + a_3 b_1 c_2 - a_3 b_2 c_1 - a_2 b_1 c_3 - a_1 b_3 c_2 \,.$$

Mit Hilfe dieser Gleichungen können die Matrizenrechnungen, die bei Vektor-Matrix-Operationen auftreten, für Matrizen zweiter und dritter Ordnung durchgeführt werden. Das Rechnen mit Matrizen höherer Ordnung wird — obwohl möglich — auf einem Taschenrechner etwas mühsam.

A.3 Komplexe Zahlen und Funktionen

Da es nicht die Aufgabe dieses Buches ist, die Theorie einer komplexen Veränderlichen zu vermitteln, sollen hier nur einige elementare Dinge, die bei der Berechnung höherer mathematischer Funktionen immer wieder auftauchen, angegeben werden. In kartesischen Koordinaten wird eine komplexe Zahl in folgender Form dargestellt:

$$z = x + iy.$$

In Polarkoordinaten hat eine komplexe Zahl die Gestalt

$$z = r \cdot e^{i\theta} = r(\cos\theta + i \cdot \sin\theta).$$

Den Betrag einer komplexen Zahl erhält man aus

$$|z| = (x^2 + y^2)^{1/2} = r$$

und das Argument aus

$$\arg z = \arctan\left(\frac{y}{x}\right) = \theta.$$

Häufig wird auch der Realteil und Imaginärteil einer komplexen Zahl getrennt benötigt:

$$\operatorname{Re} z = r \cdot \cos\theta = x = \text{Realteil}$$
$$\operatorname{Im} z = r \cdot \sin\theta = y = \text{Imaginärteil}.$$

Die konjugiert Komplexe einer komplexen Variablen ist gegeben durch

$$\bar{z} = x - iy = re^{-i\theta} = z_c .$$

Aus der Definition des Betrags und des Arguments einer komplexen Zahl folgt:

$$|z_c| = |z|$$
$$\arg z_c = -\arg z.$$

Es ist erwähnenswert, daß die konjugiert Komplexe dazu verwendet wird, den komplexen Nenner eines Bruches reell zu machen.

Die Multiplikation und Division zweier komplexer Zahlen ergeben sich mit

$$z_1 = x_1 + iy_1, \qquad z_2 = x_2 + iy_2$$

zu

$$z_1 z_2 = x_1 x_2 - y_1 y_2 + i(x_1 y_2 + x_2 y_1)$$

und

$$\frac{z_1}{z_2} = \frac{z_1 z_{2_c}}{|z_2|^2} = \frac{x_1 x_2 + y_1 y_2 + i(x_2 y_1 - x_1 y_2)}{x_2^2 + y_2^2} .$$

Man sieht sofort, daß der Betrag des Produkts zweier komplexer Zahlen gleich dem Produkt der Einzelbeträge ist und das Argument gleich der Summe der Einzelargumente wird:

$$|z_1 z_2| = |z_1| \cdot |z_2|$$

$$\arg z_1 z_2 = \arg z_1 + \arg z_2 .$$

Ebenso ergeben sich Betrag und Argument eines Quotienten zweier komplexer Zahlen zu

$$\left| \frac{z_1}{z_2} \right| = \frac{|z_1|}{|z_2|}$$

$$\arg \left(\frac{z_1}{z_2} \right) = \arg z_1 - \arg z_2 .$$

Die Potenz einer komplexen Zahl in Polarkoordinaten läßt sich darstellen zu

$$z^n = r^n e^{in\theta}$$

oder

$$z^n = r^n \cos n\theta + i r^n \sin n\theta, \qquad (n = 0, \pm 1, \pm 2, \dots).$$

In kartesischen Koordinaten erhält man speziell:

$$z^2 = x^2 - y^2 + i(2xy)$$

$$z^3 = x^3 - 3xy^2 + i(3x^2 y - y^3)$$

$$z^4 = x^4 - 6x^2 y^2 + y^4 + i(4x^3 y - 4xy^3)$$

$$z^5 = x^5 - 10x^3 y^2 + 5xy^4 + i(5x^4 y - 10x^2 y^3 + y^5)$$

Allgemein kann geschrieben werden:

$$z^n = \left[x^n - \binom{n}{2} x^{n-2} y^2 + \binom{n}{4} x^{n-4} y^4 - \dots \right]$$

$$+ i \left[\binom{n}{1} x^{n-1} y - \binom{n}{3} x^{n-3} y^3 + \dots \right], \qquad (n = 1, 2, \dots) .$$

Wird weiterhin die $n$te Potenz einer komplexen Zahl in der Form

$$z^n = u_n + iv_n$$

geschrieben, so ergibt sich für die $(n + 1)$te Potenz

$$z^{n+1} = u_{n+1} + iv_{n+1}$$

mit

$$u_{n+1} = xu_n - yv_n$$

$$v_{n+1} = xv_n + yu_n \ .$$

Für negative Potenzen einer komplexen Zahl gilt:

$$\frac{1}{z} = \frac{z_c}{|z|^2} = \frac{x - iy}{x^2 + y^2}$$

oder allgemeiner

$$\frac{1}{z^n} = \frac{z_c^n}{|z|^{2n}} = (z^{-1})^n.$$

Die Wurzeln einer komplexen Zahl sind in Polarkoordinaten einfach anzugeben:

$$z^{1/2} = r^{1/2}e^{i\theta/2} = r^{1/2}\cos\left(\frac{\theta}{2}\right) + ir^{1/2}\sin\left(\frac{\theta}{2}\right).$$

Ist das Argument θ größer als $-\pi$ und kleiner oder gleich π, so wird durch diese Gleichung der Hauptwert der Wurzel festgelegt. Die andere Wurzel hat das entgegengesetzte Vorzeichen. Den Hauptwert einer Wurzel erhält man immer aus der Gleichung

$$z^{1/2} = \left[\tfrac{1}{2}(r + x)\right]^{1/2} \pm i\left[\tfrac{1}{2}(r - x)\right]^{1/2} = u \pm iv$$

mit $2uv = y$, wobei das noch unbestimmte Vorzeichen durch das Signum von y bestimmt wird.

Allgemein ist die $n$te Wurzel einer komplexen Zahl in Polarkoordinaten durch

$$z^{1/n} = r^{1/n}e^{i\theta/n}$$

gegeben. Diese Gleichung bestimmt wieder den Hauptwert der Wurzel, wenn das Argument θ größer als $-\pi$ und kleiner oder gleich π ist. Die anderen Wurzeln werden aus dem Ausdruck

$$r^{1/n}e^{i(\theta + 2\pi k)/n}, \qquad (k = 1, 2, 3, \ldots, n - 1)$$

berechnet.

A.4 Formelsammlung [1])

A.4.1 Trigonometrie

Trigonometrische Funktionen eines Winkels

Sinus: $\qquad \sin \alpha = \dfrac{y}{r}$

Kosinus: $\qquad \cos \alpha = \dfrac{x}{r}$

Tangens: $\qquad \tan \alpha = \dfrac{y}{x}$

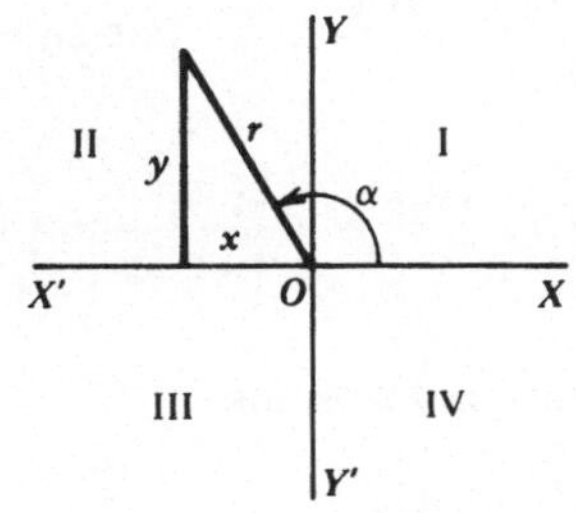

Kotangens: $\qquad \cot \alpha = \dfrac{x}{y}$

Sekans: $\qquad \sec \alpha = \dfrac{r}{x}$

Kosekans: $\qquad \operatorname{cosec} \alpha = \dfrac{r}{y}$

Beachte: x bzw. y ist positiv längs der Geraden OX bzw. OY und negativ längs der Geraden OX' bzw. OY'.

Beziehungen zwischen den Funktionen desselben Winkels

$$\sin \alpha = \frac{1}{\operatorname{cosec} \alpha}; \qquad \cos \alpha = \frac{1}{\sec \alpha}; \qquad \tan \alpha = \frac{1}{\cot \alpha} = \frac{\sin \alpha}{\cos \alpha}$$

$$\operatorname{cosec} \alpha = \frac{1}{\sin \alpha}; \qquad \sec \alpha = \frac{1}{\cos \alpha}; \qquad \cot \alpha = \frac{1}{\tan \alpha} \cdot \frac{\cos \alpha}{\sin \alpha}$$

$$\sin^2 \alpha + \cos^2 \alpha = 1; \quad \sec^2 \alpha - \tan^2 \alpha = 1; \quad \csc^2 \alpha - \cot^2 \alpha = 1$$

Funktionen für Winkelvielfache

$$\sin 2\alpha = 2 \sin \alpha \cos \alpha$$

$$\cos 2\alpha = 2 \cos^2 \alpha - 1 = 1 - 2 \sin^2 \alpha = \cos^2 \alpha - \sin^2 \alpha$$

$$\sin 3\alpha = 3 \sin \alpha - 4 \sin^3 \alpha$$

$$\cos 3\alpha = 4 \cos^3 \alpha - 3 \cos \alpha$$

$$\sin 4\alpha = 4 \sin \alpha \cos \alpha - 8 \sin^3 \alpha \cos \alpha$$

---

[1]) Ralph G. Hudson, Engineers' Manual, 2nd ed., Wiley, New York, 1939, Copyright 1939, Ralph G. Hudson, Reprinted by permission of John Wiley & Sons., Inc.

$$\cos 4\alpha = 8\cos^4 \alpha - 8\cos^2 \alpha + 1$$

$$\sin n\alpha = 2\sin(n-1)\alpha \cos \alpha - \sin(n-2)\alpha$$

$$\cos n\alpha = 2\cos(n-1)\alpha \cos \alpha - \cos(n-2)\alpha$$

Funktionen des halben Winkels

$$\sin \frac{\alpha}{2} = \sqrt{\frac{1-\cos \alpha}{2}} \;;\qquad \cos \tfrac{1}{2}\alpha = \sqrt{\frac{1+\cos \alpha}{2}}$$

$$\tan \tfrac{1}{2}\alpha = \frac{1-\cos \alpha}{\sin \alpha} = \frac{\sin \alpha}{1+\cos \alpha} = \sqrt{\frac{1-\cos \alpha}{1+\cos \alpha}}$$

Potenzen von Sinus und Kosinus

$$\sin^2 \alpha = \tfrac{1}{2}(1-\cos 2\alpha); \qquad \cos^2 \alpha = \tfrac{1}{2}(1+\cos 2\alpha)$$

$$\sin^3 \alpha = \tfrac{1}{4}(3\sin \alpha - \sin 3\alpha); \qquad \cos^3 \alpha = \tfrac{1}{4}(\cos 3\alpha + 3\cos \alpha)$$

$$\sin^4 \alpha = \tfrac{1}{8}(\cos 4\alpha - 4\cos 2\alpha + 3); \qquad \cos^4 \alpha = \tfrac{1}{8}(\cos 4\alpha + 4\cos 2\alpha + 3)$$

Funktionen der Summe und Differenz zweier Winkel

$$\sin(\alpha \pm \beta) = \sin \alpha \cos \beta \pm \cos \alpha \sin \beta$$

$$\cos(\alpha \pm \beta) = \cos \alpha \cos \beta \mp \sin \alpha \sin \beta$$

$$\tan(\alpha \pm \beta) = \frac{\tan \alpha \pm \tan \beta}{1 \mp \tan \alpha \tan \beta}$$

Summe, Differenz und Produkt zweier Winkelfunktionen

$$\sin \alpha \pm \sin \beta = 2\sin \tfrac{1}{2}(\alpha \pm \beta)\cos \tfrac{1}{2}(\alpha \mp \beta)$$

$$\cos \alpha + \cos \beta = 2\cos \tfrac{1}{2}(\alpha + \beta)\cos \tfrac{1}{2}(\alpha - \beta)$$

$$\cos \alpha - \cos \beta = -2\sin \tfrac{1}{2}(\alpha + \beta)\sin \tfrac{1}{2}(\alpha - \beta)$$

$$\tan \alpha \pm \tan \beta = \frac{\sin(\alpha \pm \beta)}{\cos \alpha \cos \beta}$$

$$\sin^2 \alpha - \sin^2 \beta = \sin(\alpha + \beta)\sin(\alpha - \beta)$$

$$\cos^2 \alpha - \cos^2 \beta = -\sin(\alpha + \beta)\sin(\alpha - \beta)$$

$$\cos^2 \alpha - \sin^2 \beta = \cos(\alpha + \beta)\cos(\alpha - \beta)$$

$$\sin \alpha \sin \beta = \tfrac{1}{2}\cos(\alpha - \beta) - \tfrac{1}{2}\cos(\alpha + \beta)$$

$$\cos\alpha\cos\beta = \tfrac{1}{2}\cos(\alpha-\beta)+\tfrac{1}{2}\cos(\alpha+\beta)$$

$$\sin\alpha\cos\beta = \tfrac{1}{2}\sin(\alpha+\beta)+\tfrac{1}{2}\sin(\alpha-\beta)$$

Darstellung einer Winkelfunktion durch andere Winkelfunktionen

$$\sin\alpha = \sqrt{1-\cos^2\alpha} = \frac{\tan\alpha}{\sqrt{1+\tan^2\alpha}} = \frac{1}{\sqrt{1+\cot^2\alpha}} = \frac{\sqrt{\sec^2\alpha-1}}{\sec\alpha} = \frac{1}{\operatorname{cosec}\alpha}$$

$$= \cos\alpha\tan\alpha = \frac{\cos\alpha}{\cot\alpha} = \frac{\tan\alpha}{\sec\alpha} = \frac{\sin 2\alpha}{2\cos\alpha} = \sqrt{\tfrac{1}{2}(1-\cos 2\alpha)}$$

$$= 2\sin\frac{\alpha}{2}\cos\frac{\alpha}{2}$$

$$\cos\alpha = \sqrt{1-\sin^2\alpha} = \frac{1}{\sqrt{1+\tan^2\alpha}} = \frac{\cot\alpha}{\sqrt{1+\cot^2\alpha}} = \frac{1}{\sec\alpha} = \frac{\sqrt{\sec^2\alpha-1}}{\csc\alpha}$$

$$= \sin\alpha\cot\alpha = \frac{\sin\alpha}{\tan\alpha} = \frac{\cot\alpha}{\csc\alpha} = \frac{\sin 2\alpha}{2\sin\alpha} = \sqrt{\tfrac{1}{2}(1+\cos 2\alpha)}$$

$$= \cos^2\frac{\alpha}{2} - \sin^2\frac{\alpha}{2} = 1-2\sin^2\frac{\alpha}{2} = 2\cos^2\frac{\alpha}{2} - 1$$

$$\tan\alpha = \frac{\sin\alpha}{\sqrt{1-\sin^2\alpha}} = \frac{\sqrt{1-\cos^2\alpha}}{\cos\alpha} = \frac{1}{\cot\alpha} = \sqrt{\sec^2\alpha-1} = \frac{1}{\sqrt{\csc^2\alpha-1}}$$

$$= \frac{\sin\alpha}{\cos\alpha} = \frac{\sec\alpha}{\operatorname{cosec}\alpha} = \frac{\sin 2\alpha}{1+\cos 2\alpha} = \frac{1-\cos 2\alpha}{\sin 2\alpha} = \frac{2\tan\frac{\alpha}{2}}{1-\tan^2\frac{\alpha}{2}}$$

Inverse trigonometrische Funktionen

Unter $\arcsin a$ versteht man den Winkel, dessen Sinus gleich a ist. $\arcsin a$ ist unendlich vieldeutig. Ist α der Wert von $\arcsin a$, wobei α zwischen $-90°$ und $+90°$ (bzw. zwischen $-\pi/2$ und $+\pi/2$ im Bogenmaß) liegt, und ist n eine ganze Zahl, so gilt:

$$\arcsin a = (-1)^n\alpha + n\cdot 180° = (-1)^n\alpha + n\pi \quad [\text{für } \operatorname{cosec}^{-1} \text{ gilt entsprechendes}].$$

Unter $\arccos a$ versteht man den Winkel, dessen Kosinus gleich a ist. $\arccos a$ ist unendlich vieldeutig. Ist α der Wert von $\arccos a$, wobei α zwischen $0°$ und $180°$ (bzw. zwischen 0 und π mit Bogenmaß) liegt, und ist n eine ganze Zahl, so gilt:

$$\arccos a = \pm\alpha + n\cdot 360° = \pm\alpha + 2\pi n \quad [\text{für } \sec^{-1} \text{ gilt entsprechendes}].$$

Unter $\arctan a$ versteht man den Winkel, dessen Tangens gleich a ist. $\arctan a$ ist unendlich vieldeutig. Ist α der Wert von $\arctan a$, wobei α zwischen $0°$ und $180°$ (bzw. zwischen 0 und π im Bogenmaß) liegt, und ist n eine ganze Zahl, so gilt:

$$\arctan a = \alpha + n \cdot 180° = \alpha + n\pi \quad \text{[für arccot } a \text{ gilt entsprechendes].}$$

Darstellung einer inversen trigonometrischen Funktion durch andere

$$\arcsin a = \arccos \sqrt{1-a^2} = \arctan \frac{a}{\sqrt{1-a^2}} = \text{arccot} \frac{\sqrt{1-a^2}}{a}$$

$$= \sec^{-1} \frac{1}{\sqrt{1-a^2}} = \text{cosec}^{-1} \frac{1}{a}$$

$$\arccos a = \arcsin \sqrt{1-a^2} = \arctan \frac{\sqrt{1-a^2}}{a} = \text{arccot} \frac{a}{\sqrt{1-a^2}}$$

$$= \sec^{-1} \frac{1}{a} = \text{cosec}^{-1} \frac{1}{\sqrt{1-a^2}}$$

$$\arctan a = \arcsin \frac{a}{\sqrt{1+a^2}} = \arccos \frac{1}{\sqrt{1+a^2}} = \text{arccot} \frac{1}{a} = \sec^{-1} \sqrt{1+a^2}$$

$$= \text{cosec}^{-1} \frac{\sqrt{1+a^2}}{a}$$

$$\text{arccot}\, a = \arctan \frac{1}{a}, \quad \sec^{-1} a = \arccos \frac{1}{a}; \quad \text{cosec}^{-1} a = \arcsin \frac{1}{a}$$

$$\arcsin a \pm \arcsin b = \arcsin (a \sqrt{1-b^2} \pm b \sqrt{1-a^2})$$

$$\arccos a \pm \arccos b = \arccos (ab \mp \sqrt{1-a^2} \sqrt{1-b^2})$$

$$\arctan a \pm \arctan b = \arctan \frac{a \pm b}{1 \mp ab}$$

$$\arcsin a + \arccos a = 90°; \quad \arctan a + \text{arccot}\, a = 90°; \quad \sec^{-1} a + \text{cosec}^{-1} a = 90°.$$

Die Formeln gelten, wenn $\arcsin a$, $\arctan a$, $\text{cosec}^{-1} a$ zwischen $-90°$ und $+90°$ und $\arccos a$, $\text{arccot}\, a$, $\sec^{-1} a$ zwischen $0°$ und $180°$ liegt.

Trigonometrische Gleichungen

Mit den oben angegebenen Beziehungen zwischen den einzelnen trigonometrischen Funktionen kann eine gegebene Gleichung so umgeformt werden, daß sie nur eine einzige trigonometrische Funktion eines Winkels enthält. Diese Gleichung kann dann (falls möglich) mit algebraischen Methoden nach der verbleibenden Funktion aufgelöst und der Winkel mit Hilfe eines Taschenrechners bestimmt werden.

Lösungen einiger häufig vorkommender Gleichungen

Ist $\sin\alpha = \sin\beta$, so gilt: $\alpha = (-1)^n\beta + n \cdot 180°$ (n = ganze Zahl)

Ist $\cos\alpha = \cos\beta$, so gilt: $\alpha = \pm\beta + 2n \cdot 180°$

Ist $\tan\alpha = \tan\beta$, so gilt: $\alpha = \beta + n \cdot 180°$

Ist $\cos\alpha = \sin\beta$, so gilt: $\alpha = \pm\beta \mp 90° + 2n \cdot 180°$

Ist $\tan\alpha = \cot\beta$, so gilt: $\alpha = -\beta + 90° + n \cdot 180°$.

Ist $a \cdot \cos\alpha + b \cdot \sin\alpha = c$, mit a, b, c reell und $c^2 \leqslant a^2 + b^2$, so gilt:

$$\alpha = \arctan\frac{b}{a} + \arccos\frac{c}{\sqrt{a^2 + b^2}} \;.$$

Ebene Dreiecke

Bezeichnungen: α, β, γ = Winkel; a, b, c = Seiten; A = Fläche; h_b = Höhe auf b; $s = \frac{1}{2}(a + b + c)$; r = Radius des Inkreises; R = Radius des Umkreises

$$\alpha + \beta + \gamma = 180° = \pi \quad \text{(Bogenmaß)}$$

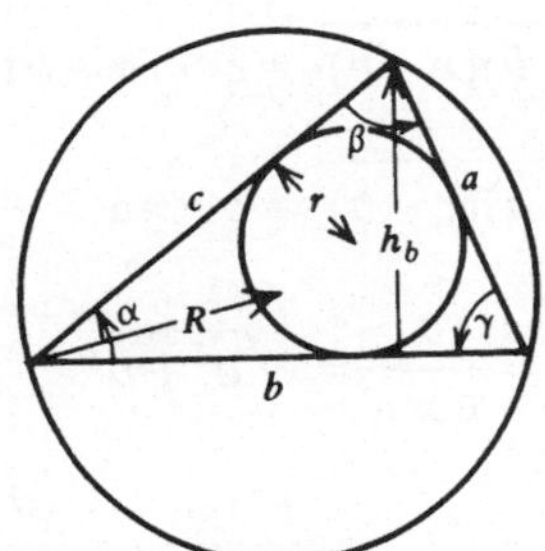

$$\frac{a}{\sin\alpha} = \frac{b}{\sin\beta} = \frac{c}{\sin\gamma}$$

$$\frac{a+b}{a-b} = \frac{\tan\frac{1}{2}(\alpha+\beta)}{\tan\frac{1}{2}(\alpha-\beta)} *$$

$$a^2 = b^2 + c^2 - 2bc\cos\alpha, * \qquad a = b\cos\gamma + c\cos\beta *$$

$$\cos\alpha = \frac{b^2 + c^2 - a^2}{2bc}, * \qquad \sin\alpha = \frac{2}{bc}\sqrt{s(s-a)(s-b)(s-c)} *$$

$$\sin\frac{\alpha}{2} = \sqrt{\frac{(s-b)(s-c)}{bc}}, * \qquad \cos\frac{\alpha}{2} = \sqrt{\frac{s(s-a)}{bc}} *$$

$$\tan\frac{\alpha}{2} = \sqrt{\frac{(s-b)(s-c)}{s(s-a)}} = \frac{r}{s-a} *$$

$$h_b = c\sin\alpha * = a\sin\gamma * = \frac{2}{b}\sqrt{s(s-a)(s-b)(s-c)} *$$

$$r = \sqrt{\frac{(s-a)(s-b)(s-c)}{s}} = (s-a)\tan\frac{\alpha}{2} *$$

$$R = \frac{a}{2\sin\alpha}\ast = \frac{abc}{4A}$$

$$A = \tfrac{1}{2}bh_b\ast = \tfrac{1}{2}ab\sin\gamma\ast = \frac{a^2\sin\beta\sin\gamma}{2\sin\alpha}\ast = \sqrt{s(s-a)(s-b)(s-c)} = rs\,.$$

*) Aus diesen Formeln entstehen noch zwei weitere durch zyklisches Vertauschen von a, b, c und α, β, γ.

Rechtwinkelige Dreiecke

Sind zwei Seiten oder eine Seite und ein spitzer Winkel gegeben, so lauten die Formeln zur Ermittlung der übrigen Größen:

$$\sin\alpha = \frac{a}{c}, \qquad \cos\alpha = \frac{b}{c}, \qquad \tan\alpha = \frac{a}{b}, \qquad \beta = 90° - \alpha$$

$$a = \sqrt{(c+b)(c-b)} = c\sin\alpha = b\tan\alpha$$

$$b = \sqrt{(c+a)(c-a)} = c\cos\alpha = \frac{a}{\tan\alpha}$$

$$c = \frac{a}{\sin\alpha} = \frac{b}{\cos\alpha} = \sqrt{a^2 + b^2}$$

$$A = \tfrac{1}{2}ab = \frac{a^2}{2\tan\alpha} = \frac{b^2\tan\alpha}{2} = \frac{c^2\sin 2\alpha}{4}\,.$$

Schiefwinkelige Dreiecke

1. Sind zwei Winkel und eine Seite gegeben (α, β, c), so folgt für die übrigen Größen:

$$\gamma = 180° - (\alpha + \beta); \qquad a = \frac{c\sin\alpha}{\sin\gamma}; \qquad b = \frac{c\sin\beta}{\sin\gamma}\,.$$

2. Sind zwei Seiten und einer der ihnen gegenüberliegenden Winkel gegeben (a, c, α), so folgt für die übrigen Größen:

$$\sin\gamma = \frac{c\sin\alpha}{a}, \qquad \beta = 180° - (\alpha + \gamma), \qquad b = \frac{a\sin\beta}{\sin\alpha}\,.$$

Beachte: γ kann zwei Werte annehmen: $\gamma_1 < 90°$ und $\gamma_2 = 180° - \gamma_1 > 90°$. Ist $\alpha + \gamma_2 > 180°$, so ist γ_1 zu nehmen.

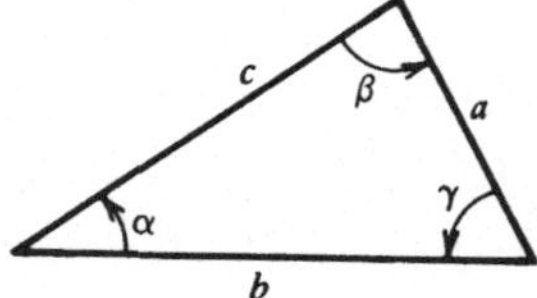

3. Sind zwei Seiten und der eingeschlossene Winkel (b, c, α) gegeben, so lassen sich die übrigen Größen aus den folgenden drei Formelsätzen ermitteln:

$$(1)\tfrac{1}{2}(\beta+\gamma)=90°-\tfrac{1}{2}\alpha; \qquad \tan\tfrac{1}{2}(\beta-\gamma)=\frac{b-c}{b+c}\tan\tfrac{1}{2}(\beta+\gamma)$$

$$\beta=\tfrac{1}{2}(\beta+\gamma)+\tfrac{1}{2}(\beta-\gamma); \qquad \gamma=\tfrac{1}{2}(\beta+\gamma)-\tfrac{1}{2}(\beta-\gamma); \qquad a=\frac{b\sin\alpha}{\sin\beta}$$

$$(2)a=\sqrt{b^2+c^2-2bc\cos\alpha}\ ; \qquad \sin\beta=\frac{b\sin\alpha}{a}\ ; \qquad \gamma=180°-(\alpha+\beta)$$

$$(3)\tan\gamma=\frac{c\sin\alpha}{b-c\cos\alpha}\ ; \qquad \beta=180°-(\alpha+\gamma); \qquad a=\frac{c\sin\alpha}{\sin\gamma}\ .$$

4. Sind drei Seiten gegeben (a, b, c), so folgt für die übrigen Größen:

$$(1)s=\tfrac{1}{2}(a+b+c), \qquad r=\sqrt{\frac{(s-a)(s-b)(s-c)}{s}}$$

$$\tan\tfrac{1}{2}\alpha=\frac{r}{s-a}, \qquad \tan\tfrac{1}{2}\beta=\frac{r}{s-b}, \qquad \tan\tfrac{1}{2}\gamma=\frac{r}{s-c}$$

$$(2)\cos\alpha=\frac{b^2+c^2-a^2}{2bc}, \qquad \cos\beta=\frac{c^2+a^2-b^2}{2ca}, \qquad \gamma=180°-(\alpha+\beta).$$

A.4.2 Berechnung von Längen, Flächen und Rauminhalten

Bezeichnungen: Mit a, b, c, d, s werden Längen, mit A die Fläche und mit V das Volumen bezeichnet.

Rechtwinkeliges Dreieck:

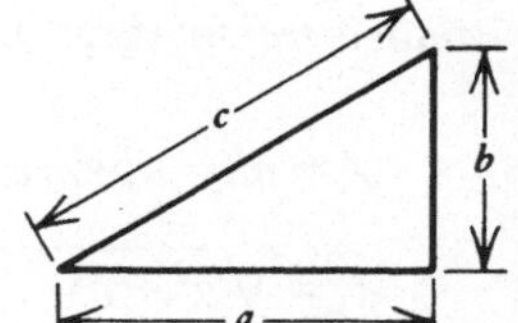

$$A=\tfrac{1}{2}ab$$

$$c=\sqrt{a^2+b^2}\ , \qquad a=\sqrt{c^2-b^2}\ , \qquad b=\sqrt{c^2-a^2}\ .$$

Schiefwinkeliges Dreieck:

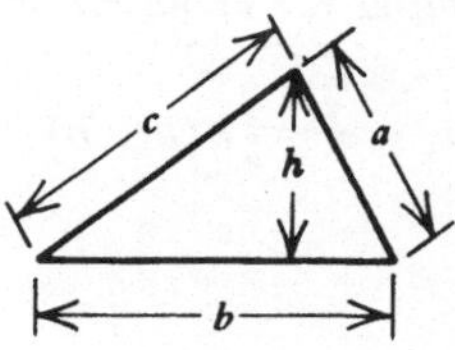

$$A=\tfrac{1}{2}bh\ .$$

Gleichseitiges Dreieck:

$$A = \tfrac{1}{2}ah = \tfrac{1}{4}a^2\sqrt{3}$$

$$h = \tfrac{1}{2}a\sqrt{3}$$

$$r_1 = \frac{a}{2\sqrt{3}}$$

$$r_2 = \frac{a}{\sqrt{3}}.$$

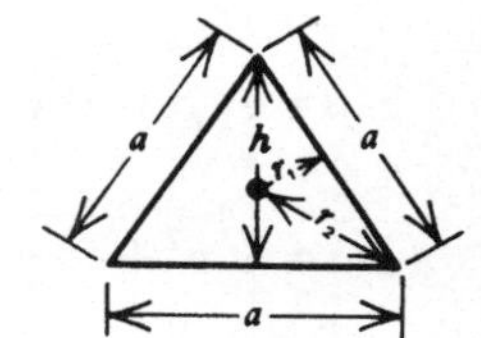

Quadrat:

$$A = a^2; \qquad d = a\sqrt{2}.$$

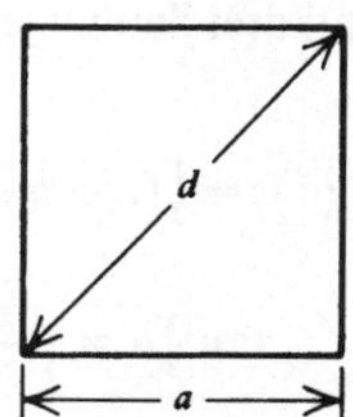

Rechteck:

$$A = ab; \qquad d = \sqrt{a^2 + b^2}.$$

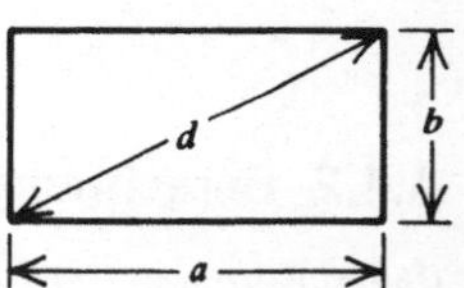

Parallelogramm (gegenüberliegende Seiten sind parallel):

$$A = ah = ab\sin\alpha$$

$$d_1 = \sqrt{a^2 + b^2 - 2ab\cos\alpha}$$

$$d_2 = \sqrt{a^2 + b^2 + 2ab\cos\alpha}.$$

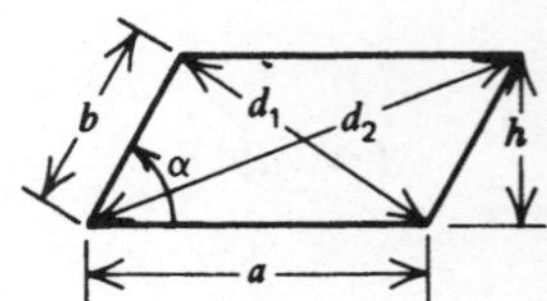

Trapez (zwei Seiten sind parallel):

$$A = \tfrac{1}{2}h(a + b).$$

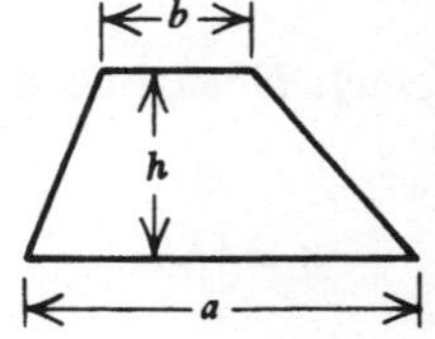

Gleichschenkeliges Trapez (die nicht parallelen Seiten haben gleiche Länge):

$$A = \tfrac{1}{2}h(a+b) = \tfrac{1}{2}c\sin\alpha(a+b)$$

$$= c\sin\alpha(a - c\cos\alpha) = c\sin\alpha(b + c\cos\alpha).$$

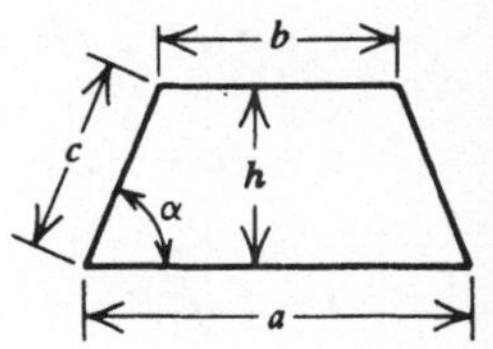

Allgemeines Viereck (keine Seite parallel):

$$A = \tfrac{1}{2}(ah_1 + bh_2) = \text{Summe der Flächen zweier Dreiecke.}$$

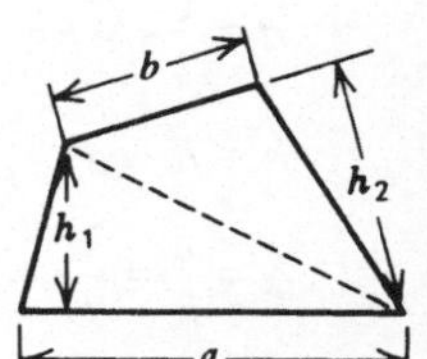

Regelmäßiges Vieleck mit n Seiten (sämtliche Seiten und Winkel sind gleich):

$$\beta = \frac{n-2}{n}\,180° = \frac{n-2}{n}\,\pi \quad \text{(Bogenmaß)}$$

$$\alpha = \frac{360°}{n} = \frac{2\pi}{n} \quad \text{(Bogenmaß)}.$$

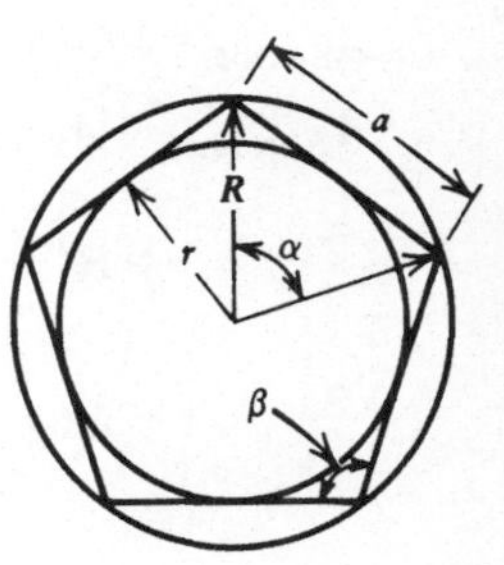

n	a	r	R		A
3	$2r\sqrt{3} = R\sqrt{3}$	$\tfrac{1}{6}a\sqrt{3}$	$\tfrac{1}{3}a\sqrt{3}$	$\tfrac{1}{4}a^2\sqrt{3}$	$= 3r^2\sqrt{3}$
					$= \tfrac{3}{4}R^2\sqrt{3}$
4	$2r = R\sqrt{2}$	$\tfrac{1}{2}a$	$\tfrac{1}{2}a\sqrt{2}$	a^2	$= 4r^2 = 2R^2$
6	$\tfrac{2}{3}r\sqrt{3} = R$	$\tfrac{1}{2}a\sqrt{3}$	a	$\tfrac{3}{2}a^2\sqrt{3}$	$= 2r^2\sqrt{3}$
					$= \tfrac{3}{2}R^2\sqrt{3}$
8	$2r(\sqrt{2}-1)$	$\tfrac{1}{2}a(\sqrt{2}+1)$	$\tfrac{1}{2}a\sqrt{4+2\sqrt{2}}$	$2a^2(\sqrt{2}+1)$	$= 8r^2(\sqrt{2}-1)$
	$= R\sqrt{2-\sqrt{2}}$				$= 2R^2\sqrt{2}$
n	$2r\tan\dfrac{\alpha}{2}$	$\dfrac{a}{2}\cot\dfrac{\alpha}{2}$	$\dfrac{a}{2}\operatorname{cosec}\dfrac{\alpha}{2}$	$\dfrac{na^2}{4}\cot\dfrac{\alpha}{2}$	$= nr^2\tan\dfrac{\alpha}{2}$
	$= 2R\sin\dfrac{\alpha}{2}$				$= \dfrac{nR^2}{2}\sin\alpha.$

Kreis (C = Kreisumfang, α = Zentriwinkel (im Bogenmaß)):

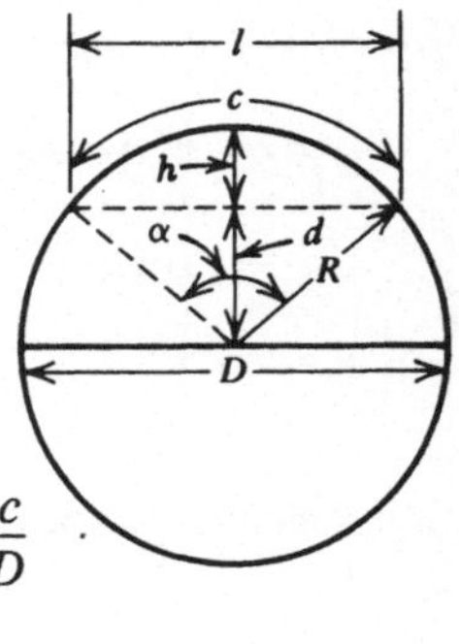

$$C = \pi D = 2\pi R$$

$$c = R\alpha = \frac{1}{2} D\alpha = D \arccos \frac{d}{R} = D \arctan \frac{l}{2d}$$

$$l = 2\sqrt{R^2 - d^2} = 2R \sin \frac{\alpha}{2} = 2d \tan \frac{\alpha}{2} = 2d \tan \frac{c}{D}$$

$$d = \frac{1}{2}\sqrt{4R^2 - l^2} = \frac{1}{2}\sqrt{D^2 - l^2} = R \cos \frac{\alpha}{2} = \frac{1}{2} l \cot \frac{\alpha}{2} = \frac{1}{2} l \cot \frac{c}{D}$$

$$h = R - d$$

$$\alpha = \frac{c}{R} = \frac{2c}{D} = 2 \arccos \frac{d}{R} = 2 \arctan \frac{l}{2d} = 2 \arcsin \frac{l}{D}$$

$$A_{\text{Kreis}} = \pi R^2 = \tfrac{1}{4}\pi D^2 = \tfrac{1}{2}RC = \tfrac{1}{4}DC$$

$$A_{\text{Sektor}} = \tfrac{1}{2}Rc = \tfrac{1}{2}R^2\alpha = \tfrac{1}{8}D^2\alpha$$

$$A_{\text{Abschnitt}} = A_{\text{Sektor}} - A_{\text{Dreieck}} = \tfrac{1}{2}R^2(\alpha - \sin\alpha) = \tfrac{1}{2}R\left(c - R\sin\frac{c}{R}\right)$$

$$= R^2 \arcsin \frac{l}{2R} - \frac{1}{4} l \sqrt{4R^2 - l^2} = R^2 \arccos \frac{d}{R} - d\sqrt{R^2 - d^2}$$

$$= R^2 \arccos \frac{R - h}{R} - (R - h)\sqrt{2Rh - h^2}.$$

Ellipse:

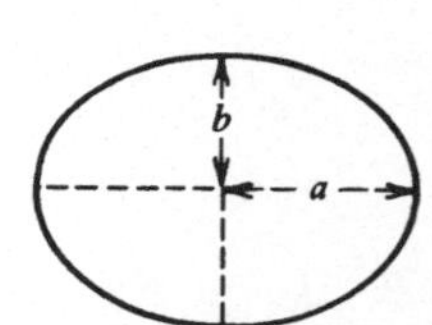

$$A = \pi ab$$

Ellipsenumfang (s)

$$= \pi(a + b)\left[1 + \tfrac{1}{4}\left(\frac{a - b}{a + b}\right)^2 + \frac{1}{64}\left(\frac{a - b}{a + b}\right)^4 + \frac{1}{256}\left(\frac{a - b}{a + b}\right)^6 + \cdots\right]$$

$$\approx \pi \frac{a + b}{4}\left[3(1 + \lambda) + \frac{1}{1 - \lambda}\right] \qquad \lambda = \left[\frac{a - b}{2(a + b)}\right]^2.$$

Parabel:

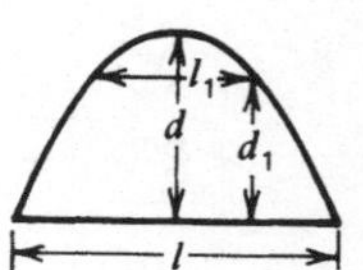

$$A = \tfrac{2}{3} ld$$

Länge des Parabelbogens (s)

$$= \tfrac{1}{2}\sqrt{16d^2 + l^2} + \frac{l^2}{8d} \ln\left(\frac{4d + \sqrt{16d^2 + l^2}}{l}\right)$$

$$= l\left[1 + \tfrac{2}{3}\left(\frac{2d}{l}\right)^2 - \tfrac{2}{5}\left(\frac{2d}{l}\right)^4 + \cdots\right]$$

Höhe des Segmentes $(d_1) = \dfrac{d}{l^2}\,(l^2 - l_1^2)$

Breite des Segmentes $(l_1) = l\,\sqrt{\dfrac{d - d_1}{d}}$.

Gewöhnliche Zykloide (r = Radius des erzeugenden Kreises):

$$A = 3\,\pi\,r^2$$

Länge des vollen Zykloidenbogens $(s) = 8r$.

Kettenlinie: Die Länge des Bogens ist annähernd

$$s = l\left[1 + \tfrac{2}{3}\left(\frac{2d}{l}\right)^2\right],$$

wenn d im Vergleich zu l klein ist.

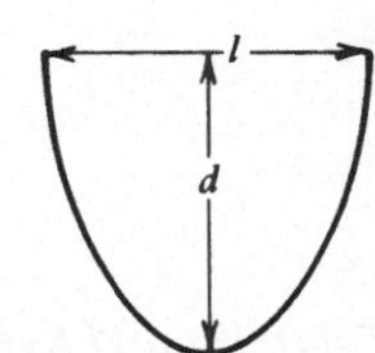

Flächenbestimmung durch Näherungsverfahren: Wird eine ebene Fläche durch die Strecken $y_0, y_1, y_2, \dots,$ y_n in n-Teilflächen unterteilt, wobei die Strecken $y_0, y_1, y_2, \dots, y_n$ parallel zueinander liegen und den gleichen Abstand h voneinander haben, so läßt sich der Flächeninhalt näherungsweise aus der Trapez- bzw. Simpsonregel berechnen.

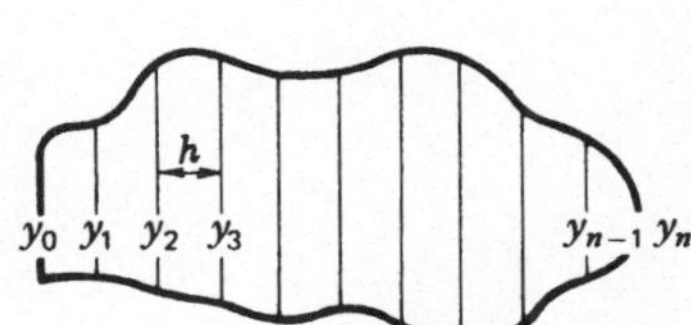

$$A_{\text{Trapez}} = h\left[\tfrac{1}{2}(y_0 + y_n) + y_1 + y_2 + \dots + y_{n-1}\right]$$

$$A_{\text{Simpson}} = \tfrac{1}{3}\,h\left[(y_0 + y_n) + 4(y_1 + y_3 + \dots + y_{n-1}) + 2(y_2 + y_4 + \dots + y_{n-2})\right]$$

$$(n \text{ gerade}).$$

Je feiner die Unterteilung vorgenommen wird, desto genauer läßt sich die Fläche berechnen. Im allgemeinen liefert die Simpsonregel bei gleicher Anzahl von Teilflächen das bessere Ergebnis.

Würfel:

$$V = a^3; \qquad d = a\,\sqrt{3}$$
$$\text{Oberfläche} = 6a^2.$$

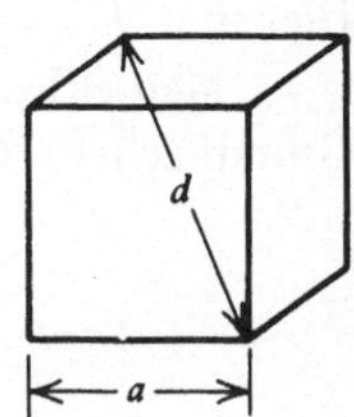

Quader:

$$V = abc; \qquad d = \sqrt{a^2 + b^2 + c^2}$$
$$\text{Oberfläche} = 2\,(ab + bc + ca).$$

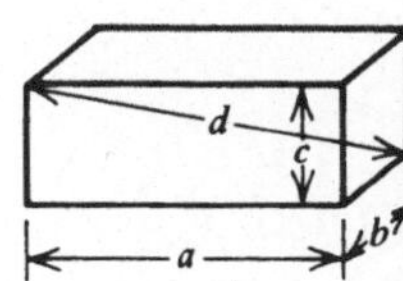

Prisma oder Zylinder:

$$V = (\text{Grundfläche}) \times (\text{Höhe})$$

$$\text{Mantelfläche} = (\text{Umfang der Grundfläche}) \times (\text{Mantellänge}).$$

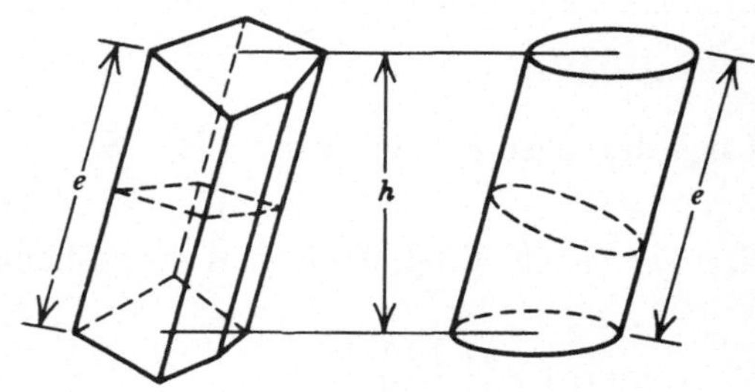

Pyramide und Kegel:

$$V = \tfrac{1}{3} \, (\text{Grundfläche}) \times (\text{Höhe})$$

$$\text{Mantelfläche des regelmäßigen Körpers} = \tfrac{1}{2} \cdot (\text{Umfang der Grundfläche}) \times (\text{Mangellänge}).$$

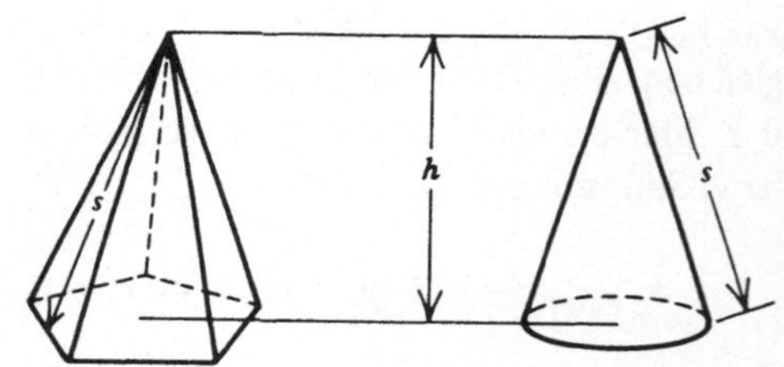

Pyramidenstumpf und Kegelstumpf:

$$V = \tfrac{1}{3} \, (A_1 + A_2 + \sqrt{A_1 \times A_2}) \, h.$$

Hier sind A_1 und A_2 die Grundflächen und h die Höhe.

Mantelfläche des regelmäßigen Körpers = $\tfrac{1}{2}$ (Summe aus den Umfängen beider Grundflächen) $\times$ (Mantellänge).

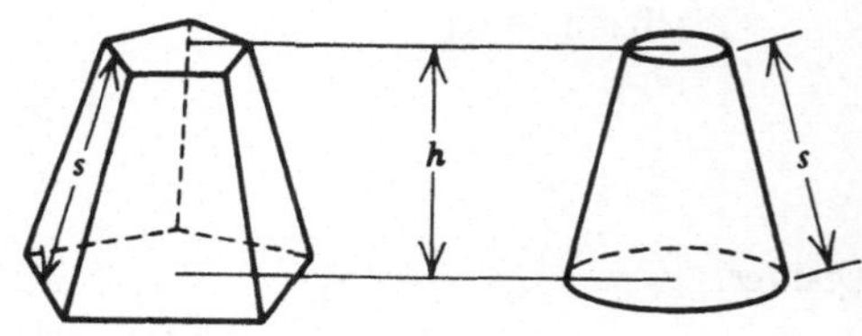

Prismoid (Grundflächen liegen parallel zueinander und Mantelflächen sind Trapeze oder Dreiecke):

$$V = \tfrac{1}{6}\,(A_1 + A_2 + 4A_m)\,h.$$

Hier sind A_1, A_2 die Grundflächen, A_m die Fläche des Mittelschnitts und h die Höhe.

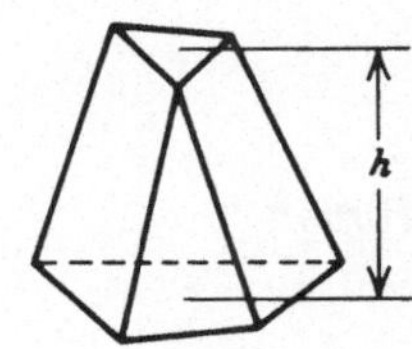

Kugel:

$$A_{\text{Kugel}} = 4\pi R^2 = \pi D^2$$

$$A_{\text{Zone}} = 2\pi R h = \pi D h$$

$$V_{\text{Kugel}} = \tfrac{4}{3}\,\pi R^3 = \tfrac{1}{6}\,\pi D^3$$

$$V_{\text{Kugelsektor}} = \tfrac{2}{3}\,\pi R^2 h = \tfrac{1}{6}\,\pi D^2 h$$

$$V_{\text{Kugelabschnitt}} = \tfrac{1}{6}\,h_1\,(3r_1^2 + h_1^2) = \tfrac{1}{3}\,\pi h_1^2\,(3R - h_1)$$

$$V_{\text{Kugelschicht}} = \tfrac{1}{6}\,\pi h\,(3r_1^2 + 3r_2^2 + h^2).$$

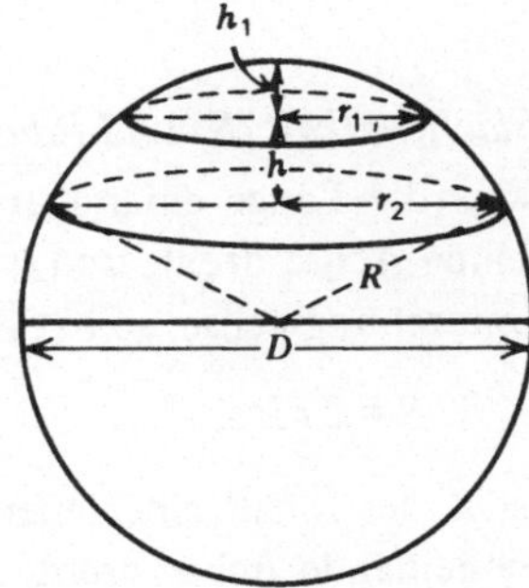

Der Raumwinkel ist ein Teil des Raumes, der von den von einem Punkt aus nach allen Punkten einer geschlossenen Kurve S gehenden Strahlen begrenzt wird. Er stellt den Sehwinkel dar, unter dem eine gegebene Kurve vom Scheitel P aus gesehen wird.

Als Maß des Raumwinkels dient die Fläche A, die von diesem Raumwinkel aus der Einheitskugel um den Scheitel P als Mittelpunkt herausgeschnitten wird. Der Einheitsraumwinkel wird mit Steradian bezeichnet. Der gesamte Raumwinkel über einem Punkt ist gleich $4\pi \times$ dem Einheitsraumwinkel.

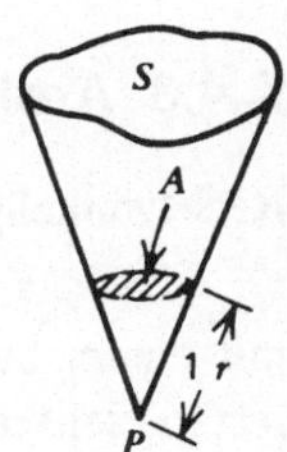

Ellipsoid:

$$V = \tfrac{4}{3}\,\pi a b c.$$

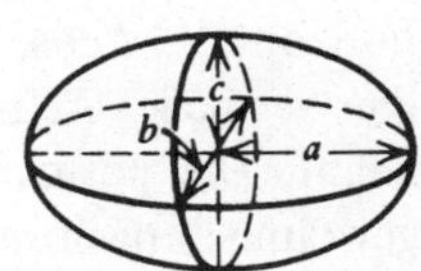

Umdrehungs-Paraboloid:

$$V_{\text{Abschnitt}} = \tfrac{1}{2}\,\pi r_1^2\,h$$
$$V_{\text{Schicht}} = \tfrac{1}{2}\,\pi d\,(r_1^2 + r_2^2).$$

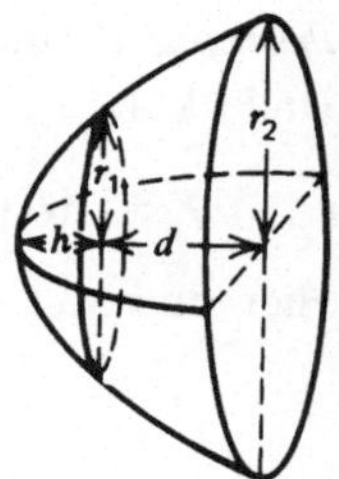

Torus:

$$V = 2\pi^2\,R r^2$$
$$\text{Oberfläche }(S) = 4\pi^2\,R r$$

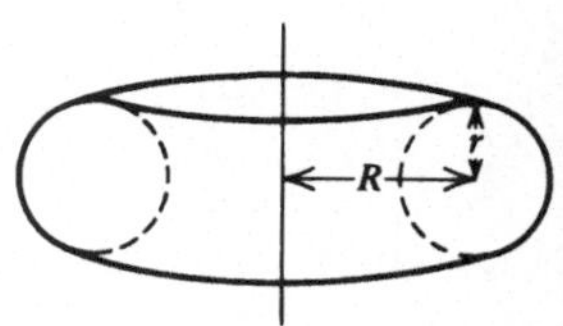

Flächeninhalt (S) und Rauminhalt (V) bei Dehnungen:

Ist s die Länge einer Kurve, die sich um eine in ihrer Ebene liegende, sie nicht schneidende Achse dreht, und ist R der Abstand des Schwerpunktes des Kurvenbogens von der Umdrehungsachse, so beträgt der Flächeninhalt der erzeugten *Umdrehungsfläche*

$$S = 2\pi R s.$$

Ist A der Inhalt einer ebenen Fläche, die sich um eine in ihrer Ebene liegende, sie nicht schneidende Achse dreht, und ist R der Abstand des Schwerpunktes (G) der Fläche von der Achse, so beträgt der Inhalt des erzeugten *Drehkörpers*

$$V = 2\pi R A.$$

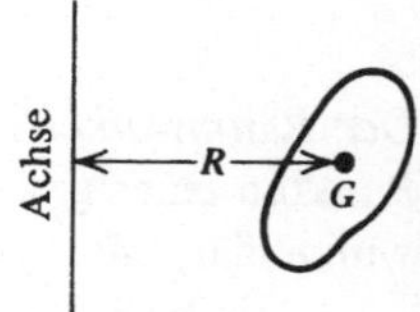

A.4.3 Analytische Geometrie

Rechtwinkelige Koordinaten

Als kartesische rechtwinkelige Koordinaten eines Punktes P bezeichnet man die mit einem bestimmten Vorzeichen genommenen Entfernungen dieses Punktes von zwei festen, senkrecht aufeinanderstehenden Geraden $x'x$ und $y'y$, den Koordinatenachsen. Den Schnittpunkt O bezeichnet man als Koordinatenursprung. Die horizontale Achse (x-Achse) wird Abszissenachse, die vertikale Achse (y-Achse) Ordinatenachse genannt. Die positive Richtung für die x-Achse wird gewöhnlich nach rechts, die positive Richtung für die y-Achse nach oben festgelegt. Die Koordinaten x bzw. y nennt man die Abszisse bzw. die Ordinate des Punktes P.

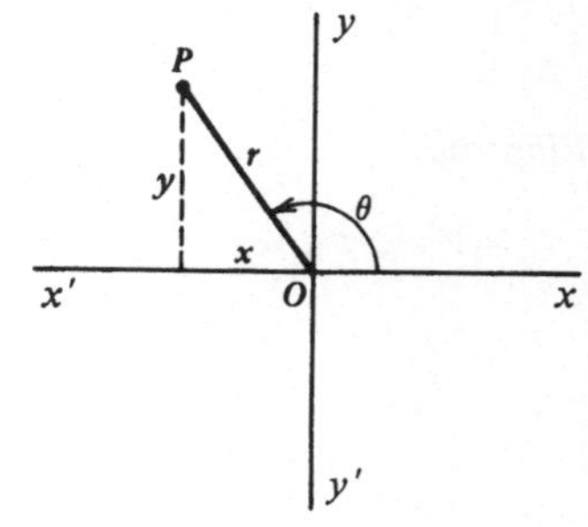

Polarkoordinaten

Als Polarkoordinaten des Punktes P bezeichnet man die Entfernung r des Punktes P von einem gegebenen Punkt O (Pol) und den Polarwinkel θ — der Winkel zwischen der Geraden OP und einer gegebenen, durch den Pol hindurchgehenden Geraden (Polarachse). Den Polarwinkel θ faßt man als positiv auf, wenn er im entgegengesetzten Uhrzeigersinn von der Polarachse aus gemessen wird.

Beziehungen zwischen rechtwinkeligen- und Polarkoordinaten

$$x = r\cos\theta, \qquad y = r\sin\theta$$

$$r = \sqrt{x^2 + y^2}\,, \qquad \theta = \arctan\frac{y}{x}\,, \qquad \sin\theta = \frac{y}{\sqrt{x^2+y^2}}\,,$$

$$\cos\theta = \frac{x}{\sqrt{x^2+y^2}}\,, \qquad \tan\theta = \frac{y}{x}$$

Punkt und Gerade in der Ebene

Werden mit $P_1(x_1, y_1)$ und $P_2(x_2, y_2)$ zwei Punkte und mit α (im Gegenuhrzeigersinn gemessen) der Winkel bezeichnet, den die Gerade durch die Punkte P_1 und P_2 mit der x-Achse einschließt, so beträgt der Abstand dieser beiden Punkte

$$P_1 P_2 = d = \sqrt{(x_2 - x_1)^2 + (y_2 - y_1)^2}$$

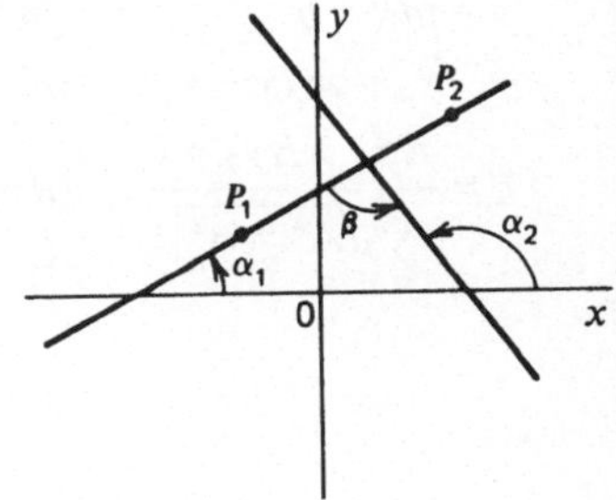

Der Mittelpunkt der Verbindungsstrecke der Punkte P_1 und P_2 hat die Koordinaten

$$\left(\frac{x_1 + x_2}{2}, \frac{y_1 + y_2}{2}\right).$$

Die Koordinaten des Punktes, der die Verbindungsstrecke zwischen P_1 und P_2 im Verhälnis m_1/m_2 teilt, sind

$$\left(\frac{m_1 x_2 + m_2 x_1}{m_1 + m_2}, \frac{m_1 y_2 + m_2 y_1}{m_1 + m_2}\right).$$

Die Steigung der Geraden durch die Punkte P_1 und P_2 beträgt:

$$\tan\alpha = m = \frac{y_2 - y_1}{x_2 - x_1}\,.$$

Der Winkel zwischen zwei Geraden der Steigung m_1 und m_2 ist

$$\beta = \arctan \frac{m_2 - m_1}{1 + m_1 m_2}.$$

Zwei Gerade mit den Steigungen m_1 und m_2 stehen aufeinander senkrecht, wenn $m_2 = -1/m_1$ ist.

Geometrischer Ort und Gleichung einer Kurve

Der geometrische Ort einer Bedingung ist die Menge aller Punkte, die diese Bedingung erfüllen. Wird diese Bedingung in Abhängigkeit von den variablen Koordinaten der betreffenden Punkte ausgedrückt, so erhält man die Gleichung der Ortskurve, wobei die Variablen im rechtwinkeligen Koordinatensystem x, y, im Polarkoordinatensystem r, θ sind. Die Kurvengleichung kann auch in Parameterdarstellung geschrieben werden, d.h., die Koordinaten x, y bzw. r, θ hängen noch von einer dritten, unabhängigen Variablen – einem Parameter – ab.

Die folgenden Kurvengleichungen sind in dem Koordinatensystem aufgestellt, in dem sie am einfachsten dargestellt werden können. Einige Kurvengleichungen werden jedoch in beiden Koordinatensystemen und in verschiedener Form angegeben.

Gerade

$Ax + By + C = 0$ $[-A/B = \text{Steigung}]$

$y = mx + b$ ($m = \text{Steigung}$, $b = \text{Schnittpunkt mit der } y\text{-Achse}$)

$y - y_1 = m(x - x_1)$ ($m = \text{Steigung}$, $P_1(x_1, y_1)$ ist ein fester Punkt der Geraden)

$$d = \frac{Ax_2 + By_2 + C}{\pm\sqrt{A^2 + B^2}}$$

($d = \text{Abstand des Punktes } P_2(x_2, y_2)$ von der Geraden $Ax + By + C = 0$).

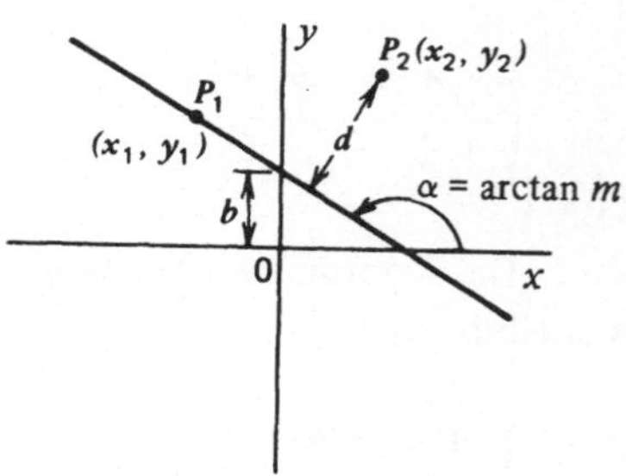

Kreis

Der Kreis ist der geometrische Ort aller Punkte, die von einem festen Punkt C (Mittelpunkt) den konstanten Abstand a besitzen.

$$(1) \begin{cases} (x - h)^2 + (y - k)^2 = a^2 & C(h, k), \text{ Radius} = a \\ r^2 + b^2 - 2br\cos(\theta - \beta) = a^2 & C(b, \beta), \text{ Radius} = a \end{cases}$$

$$(2) \begin{cases} x^2 + y^2 = 2ax & C(a, 0), \text{ Radius} = a \\ r = 2a\cos\theta & C(a, 0), \text{ Radius} = a \end{cases}$$

$$(3)\begin{cases} x^2 + y^2 = 2ay & C(0, a),\ \text{Radius} = a \\ r = 2a\sin\theta & C(a, \tfrac{\pi}{2}),\ \text{Radius} = a \end{cases}$$

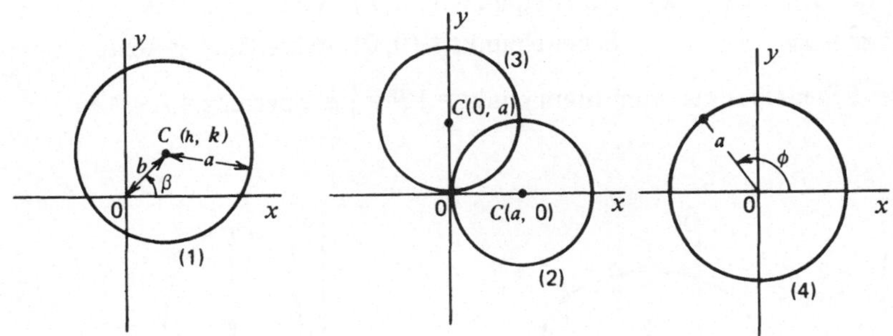

$$(4)\begin{cases} x^2 + y^2 = a^2 & C(0, 0),\ \text{Radius} = a \\ r = a & C(0, 0),\ \text{Radius} = a \\ x = a\cos\phi,\ y = a\sin\phi & C(0, 0),\ \text{Radius} = a,\ \phi = \text{Winkel zwischen der} \\ & x\text{-Achse und dem Radius} \end{cases}$$

Kegelschnitte

Unter einem Kegelschnitt versteht man den geometrischen Ort aller Punkte P, für die das Verhältnis der Abstände zu einem gegebenen Punkt (Brennpunkt) und zu einer gegebenen Geraden (Leitlinie) den konstanten Wert e (numerische Exzentrität) besitzt. Für $e < 1$ hat man eine Ellipse, für $e = 1$ eine Parabel und für $e > 1$ eine Hyperbel.

$$\begin{cases} x^2 + y^2 = e^2(d + x)^2 & (d = \text{Abstand des Brennpunktes von der Leitlinie}) \\ r = \dfrac{de}{1 - e\cos\theta}\ . \end{cases}$$

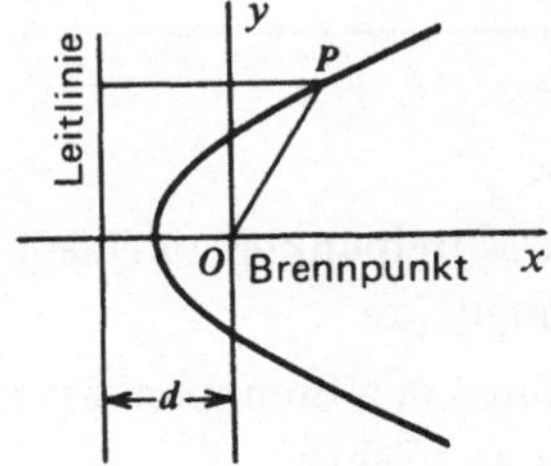

Parabel

$e = 1.$

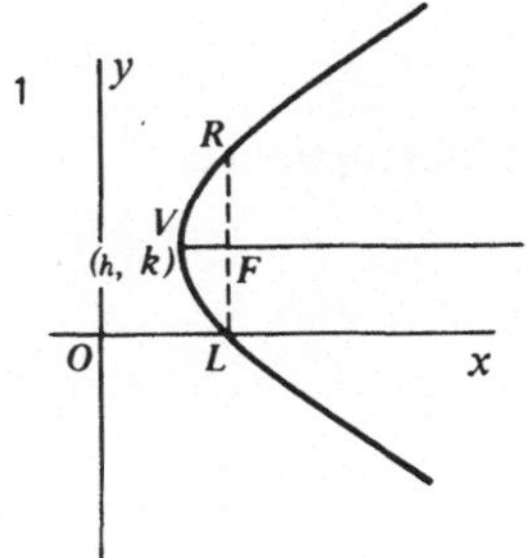

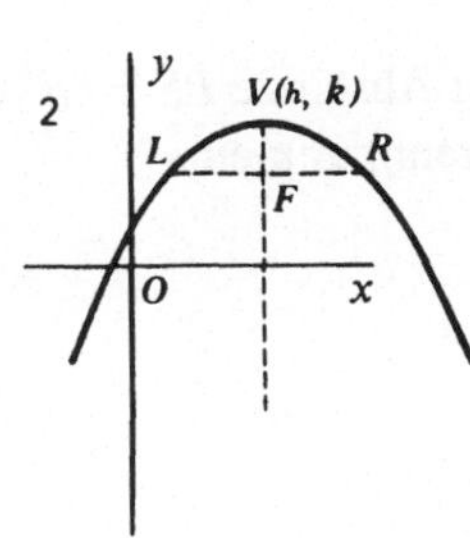

$$(1) \begin{cases} (y-k)^2 = a\,(x-h) & \text{Scheitelpunkt } V(h,k),\ \text{Achse} \parallel x\text{-Achse} \\ y^2 = ax & \text{Scheitelpunkt } V(0,0),\ \text{Achse längs } x\text{-Achse} \end{cases}$$

$$(2) \begin{cases} (x-h)^2 = a\,(y-k) & \text{Scheitelpunkt } V(h,k),\ \text{Achse} \parallel y\text{-Achse} \\ x^2 = ay & \text{Scheitelpunkt } V(0,0),\ \text{Achse längs } y\text{-Achse} \end{cases}$$

Abstand des Scheitelpunktes vom Brennpunkt = $VF = \frac{1}{4}\,a$. Sperrung = $LR = a$.

Ellipse

$e < 1.$

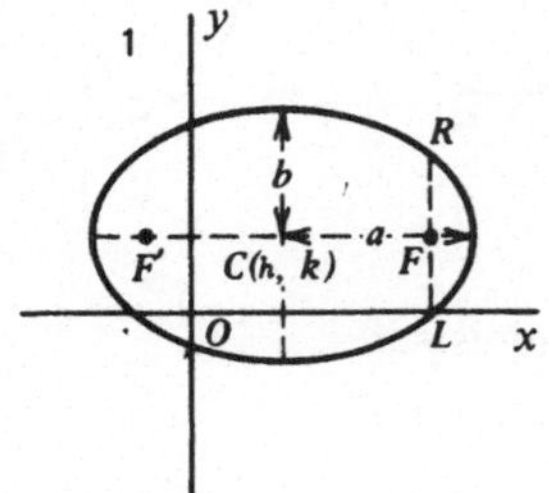
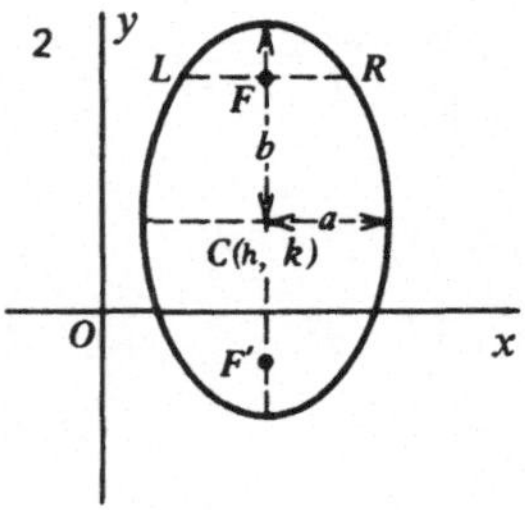

$$\begin{cases} \dfrac{(x-h)^2}{a^2} + \dfrac{(y-k)^2}{b^2} = 1 & \text{Mittelpunkt } C(h,k),\ \text{Achsen} \parallel x\text{-Achse},\ y\text{-Achse} \\[2ex] \dfrac{x^2}{a^2} + \dfrac{y^2}{b^2} = 1 & \text{Mittelpunkt } C(0,0),\ \text{Achsen längs der } x\text{-Achse und } y\text{-Achse} \end{cases}$$

	$a > b$ (1)	$b > a$ (2)
große Achse	$2a$	$2b$
kleine Achse	$2b$	$2a$
Abstand des Mittelpunktes zu einem der beiden Brennpunkte	$\sqrt{a^2 - b^2}$	$\sqrt{b^2 - a^2}$
Länge der durch den Brennpunkt parallel zur kleinen Achse gezogenen Sehne	$\dfrac{2b^2}{a}$	$\dfrac{2a^2}{b}$
numerische Exzentrizität e	$\dfrac{\sqrt{a^2 - b^2}}{a}$	$\dfrac{\sqrt{b^2 - a^2}}{b}$
Summe der Abstände $PF + PF'$ eines Ellipsenpunktes von den Brennpunkten	$2a$	$2b$

Hyperbel

$e > 1.$

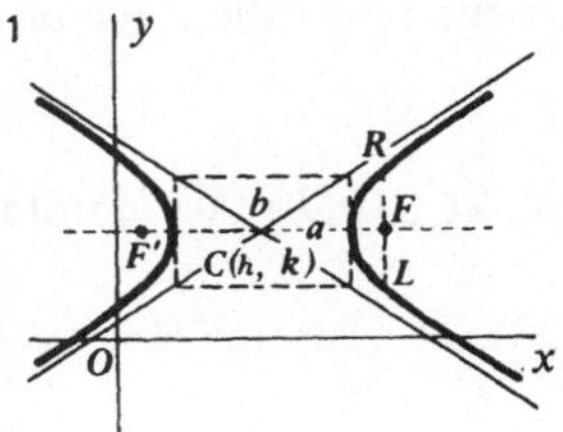

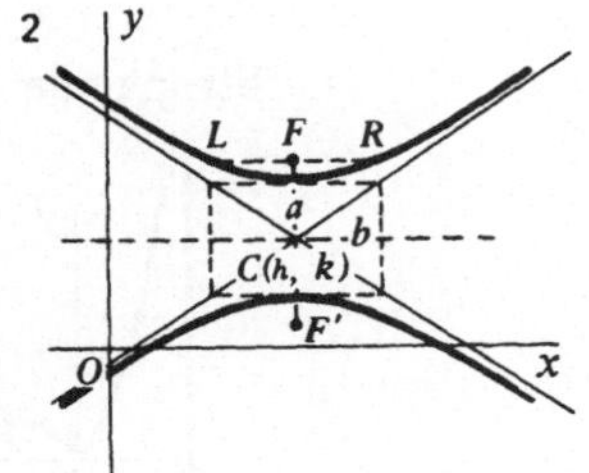

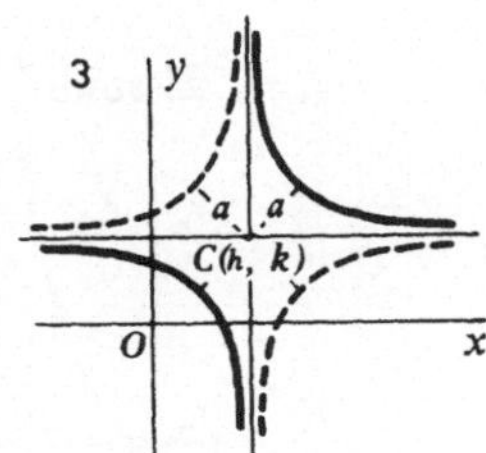

$$
(1)\begin{cases}
\dfrac{(x-h)^2}{a^2} - \dfrac{(y-k)^2}{b^2} = 1 \qquad C(h,k),\ \text{reelle Achse } \parallel x\text{-Achse} \\[4mm]
\dfrac{x^2}{a^2} - \dfrac{y^2}{b^2} = 1 \qquad\qquad C(0,0),\ \text{reelle Achse längs } x\text{-Achse}
\end{cases}
$$

$$
(2)\begin{cases}
\dfrac{(y-k)^2}{a^2} - \dfrac{(x-h)^2}{b^2} = 1 \qquad C(h,k),\ \text{reelle Achse } \parallel y\text{-Achse} \\[4mm]
\dfrac{y^2}{a^2} - \dfrac{x^2}{b^2} = 1 \qquad\qquad C(0,0),\ \text{reelle Achse längs } y\text{-Achse}
\end{cases}
$$

Reelle Achse = $2a$; imaginäre Achse = $2b$; Abstand der Brennpunkte vom Mittelpunkt = $\sqrt{a^2 + b^2}$.

$$\text{Parameter} = \frac{2b^2}{a}$$

numerische Exzentrizität: $e = \dfrac{\sqrt{a^2 + b^2}}{a}$.

Differenz der Abstände eines Hyperbelpunktes von den Brennpunkten = $2a$.

Die Asymptoten der Hyperbel sind die zwei Geraden, die durch den Mittelpunkt gehen und für $x \to \infty$ der Hyperbel beliebig nahekommen. Ihre Steigungen sind

$$\pm \frac{b}{a} \text{ in } (1) \qquad \text{oder} \qquad \pm \frac{a}{b} \text{ in } (2).$$

Die gleichseitige Hyperbel hat gleiche Achsen: $a = b$. Die Asymptoten stehen senkrecht aufeinander.

$$(3)\begin{cases} (x - h)(y - k) = \pm \dfrac{a^2}{2} & \text{Mittelpunkt } C(h, k), \text{ Asymptoten } \parallel x\text{-Achse, } y\text{-Achse} \\[2ex] xy = \pm \dfrac{a^2}{2} & \text{Mittelpunkt } C(0, 0), \text{ Asymptoten längs } x\text{-Achse, } y\text{-Achse.} \end{cases}$$

Das positive Vorzeichen in (3) gilt für die durchgezogene und das negative Vorzeichen für die gestrichelte Kurve.

<table>
<tr><td>

Versiera der Agnesi

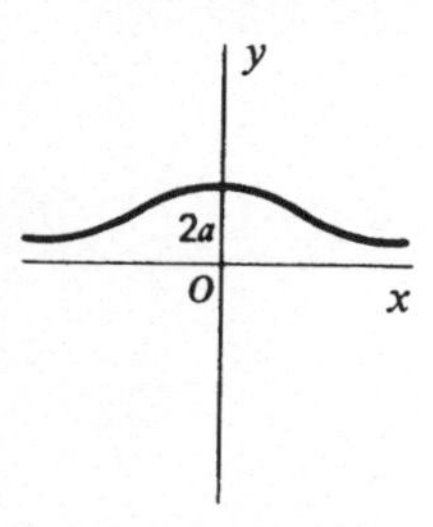

$$y = \frac{8a^3}{x^2 + 4a^2}$$

</td><td>

Zissoide

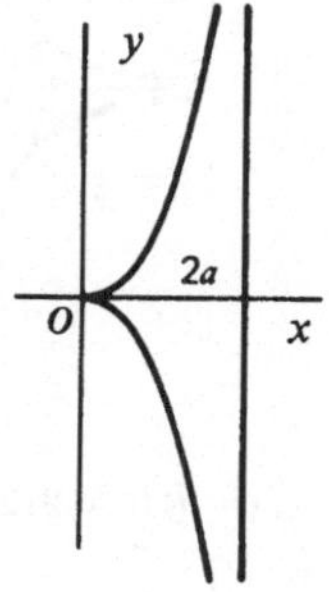

$$y^2 = \frac{x^3}{2a - x}$$

</td><td>

Strophoide

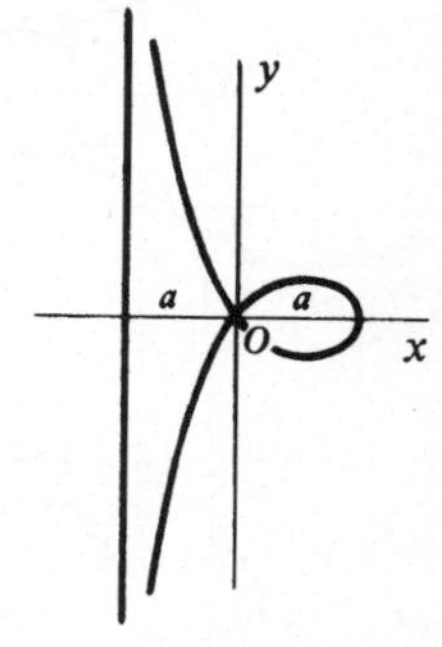

$$y^2 = x^2 \left(\frac{a - x}{a + x} \right)$$

</td></tr>
</table>

Sinusförmige Schwingung

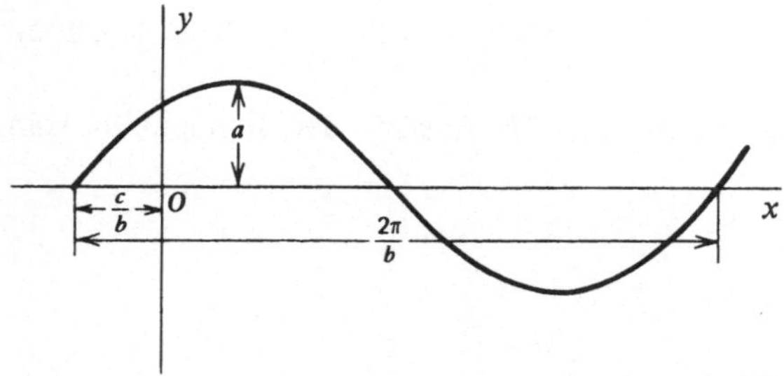

$$\begin{cases} y = a \sin(bx + c) \\[1.5ex] y = a \cos(bx + c') = a \sin(bx + c), & \text{mit } c = c' + \dfrac{\pi}{2} \\[1.5ex] y = m \sin bx + n \cos bx = a \sin(bx + c), & \text{mit } a = \sqrt{m^2 + n^2}, \, c = \arctan \dfrac{n}{m} \end{cases}$$

Die Kurve besteht aus einer Aneinanderreihung von Schwingungen mit

a = Amplitude = größter Ausschlag einer Schwingung

$2\pi/b$ = Wellenlänge = Abstand eines Punktes einer Schwingung von dem korrespondierenden Punkt der nächsten Schwingung

$x = -c/b$ (Phase). Die Phase bezeichnet den Startpunkt der positiven Halbwelle auf der x-Achse.

<table>
<tr><td>

Tangens- und Kotangenskurven

(1) $y = a \tan bx$

(2) $y = a \cot bx$

</td><td>

Sekans- und Kosekans-Kurven

(1) $y = a \sec bx$

(2) $y = a \csc bx$

</td></tr>
</table>

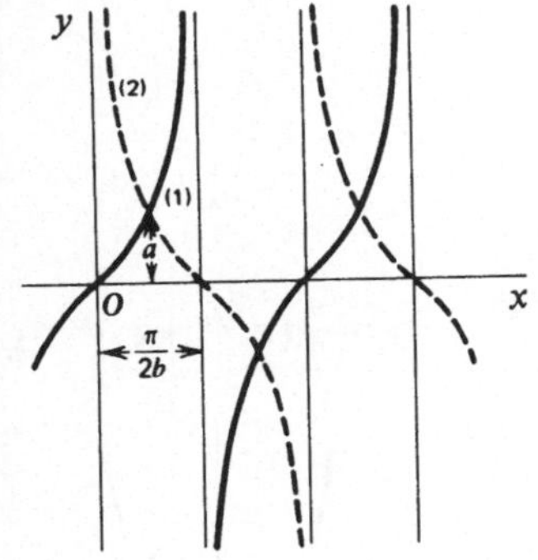

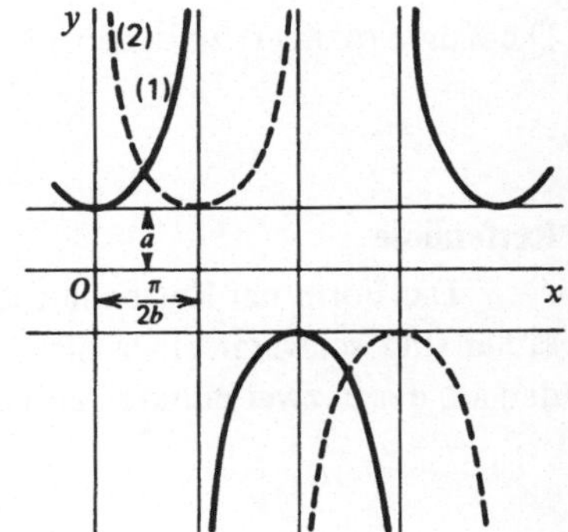

Exponential- und logarithmische Kurven

(1) $y = ab^{x}$ oder $x = \log_b \dfrac{y}{a}$

(2) $y = ab^{-x}$ oder $x = -\log_b \dfrac{y}{a}$

(3) $x = ab^{y}$ oder $y = \log_b \dfrac{x}{a}$

(4) $x = ab^{-y}$ oder $y = -\log_b \dfrac{x}{a}$

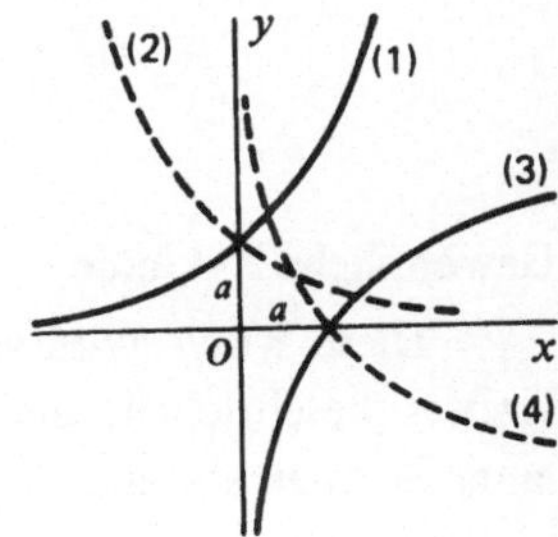

Die Gleichung $y = ae^{\pm nx}$ und $x = ae^{\pm ny}$ sind Spezialfälle der obigen Gleichungen.

Gedämpfte Schwingung

$$y = e^{-ax} \sin bx$$

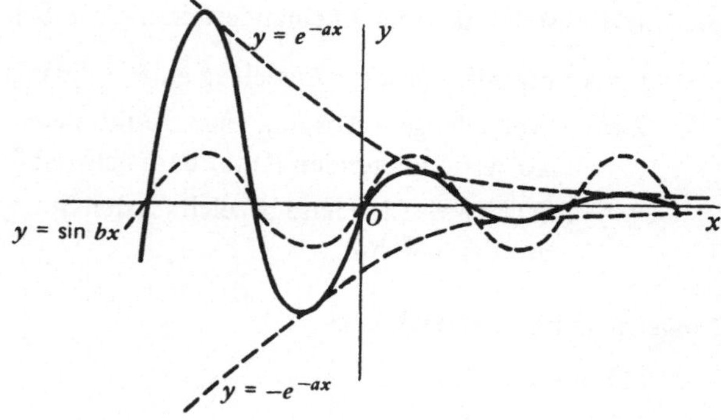

Die Kurve oszilliert zwischen $y = e^{-ax}$ und $y = -e^{-ax}$.

Kettenlinie

Die Form der Kettenlinie nimmt ein biegsamer und schwerer, aber nicht dehnbarer Faden an, der in zwei Punkten aufgehängt ist.

$$y = \frac{a}{2}\left(e^{x/a} + e^{-x/a}\right)$$

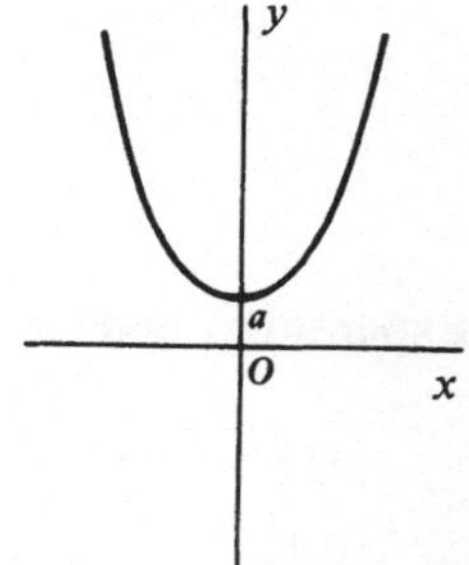

Gewöhnliche Zykloide

Diese Kurve wird von einem Punkt eines Kreises beschrieben, der ohne zu gleiten auf einer Geraden abrollt.

$$\begin{cases} x = a(\phi - \sin\phi) \\ y = a(1 - \cos\phi) \end{cases}$$

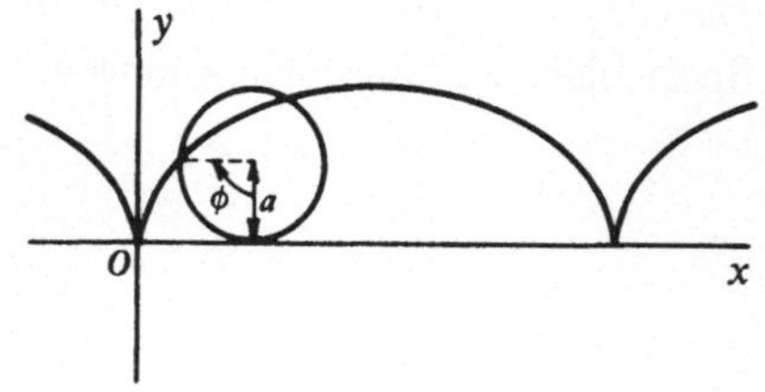

Epizykloide

Die Epizykloide ist eine Kurve, die von einem Peripheriepunkt eines Kreises beschrieben wird, wenn dieser gleitungsfrei auf der Außenseite eines anderen Kreises abrollt.

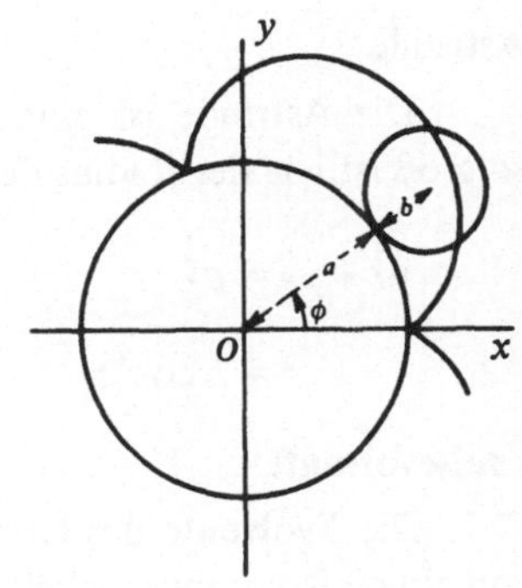

$$\begin{cases} x = (a+b)\cos\phi - b\cos\!\left(\dfrac{a+b}{b}\phi\right) \\[2mm] y = (a+b)\sin\phi - b\sin\!\left(\dfrac{a+b}{b}\phi\right). \end{cases}$$

Kardioide

Die Kardioide ist eine Epizykloide, bei der der Radius des rollenden Kreises gleich dem Radius des festen Kreises ist.

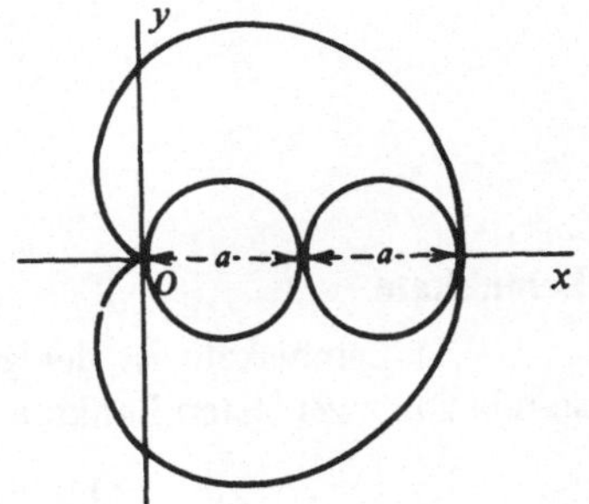

$$r = a(1 + \cos\theta) \quad \text{(Abbildung)}$$
$$r = a(1 + \sin\theta) \quad \text{(Abb. um} + 90^\circ \text{ gedreht)}$$
$$r = a(1 - \cos\theta) \quad \text{(Abb. um } 180^\circ \text{ gedreht)}$$
$$r = a(1 - \sin\theta) \quad \text{(Abb. um} - 90^\circ \text{ gedreht)}$$

Hypozykloide

Die Hypozykloide ist eine Kurve, die von einem Peripheriepunkt eines Kreises beschrieben wird, wenn dieser gleitungsfrei auf der Innenseite eines anderen Kreises abrollt.

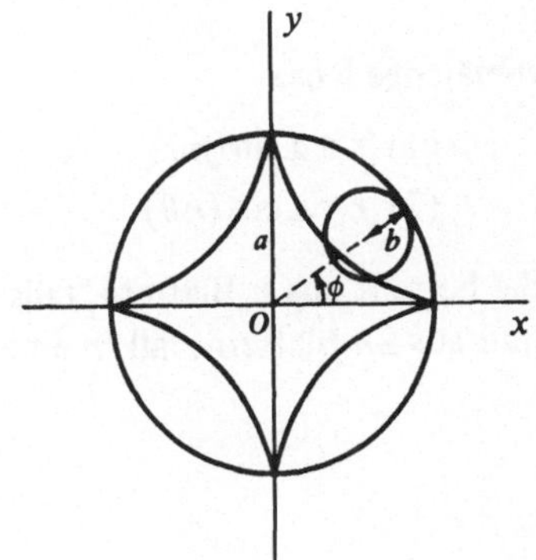

$$\begin{cases} x = (a-b)\cos\phi + b\cos\!\left(\dfrac{a-b}{b}\phi\right) \\[2mm] y = (a-b)\sin\phi - b\sin\!\left(\dfrac{a-b}{b}\phi\right) \end{cases}$$

Astroide

Die Astroide ist eine Hypozykloide, bei der der Radius des festen Kreises viermal so groß ist wie der Radius des rollenden Kreises

$$x^{\frac{2}{3}} + y^{\frac{2}{3}} = a^{\frac{2}{3}}$$

$$x = a\cos^3\phi, \qquad y = a\sin^3\phi$$

Kreisevolvente

Die Evolvente des Kreises ist eine Kurve, die vom Endpunkt eines fest gespannten, von einem Kreis abgewickelten Fadens beschrieben wird.

$$\begin{cases} x = a\cos\phi + a\phi\sin\phi \\ y = a\sin\phi - a\phi\cos\phi \end{cases}$$

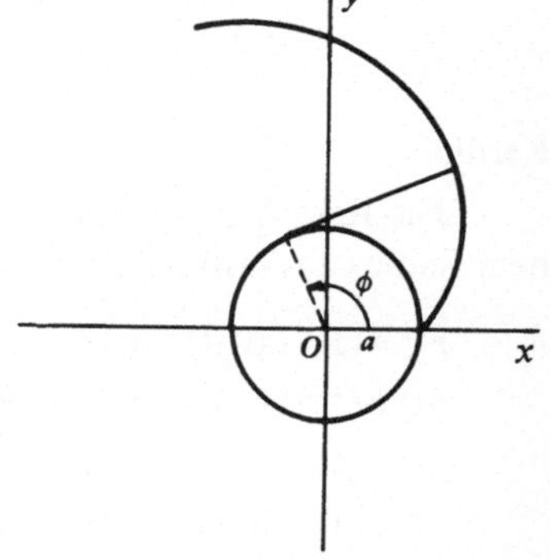

Lemniskate

Die Lemniskate ist der geometrische Ort der Punkte, für die das Produkt der Abstände von zwei festen Punkten konstant $= a^2$ ist.

$r^2 = 2a^2\cos 2\theta$ (Abbildung)

$r^2 = 2a^2\sin 2\theta$ (Abbildung um 45° gedreht)

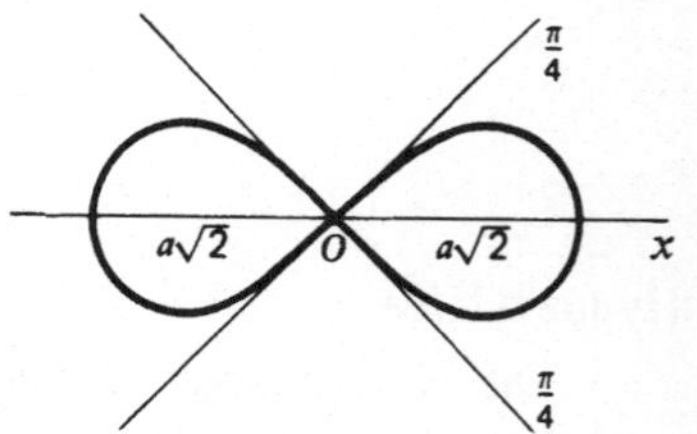

n-blättrige Rose

(1) $r = a\sin(n\theta)$

(2) $r = a\cos(n\theta)$

Sie besteht aus n Blättern, falls n eine ungerade und aus $2n$ Blättern, falls n eine gerade Zahl ist.

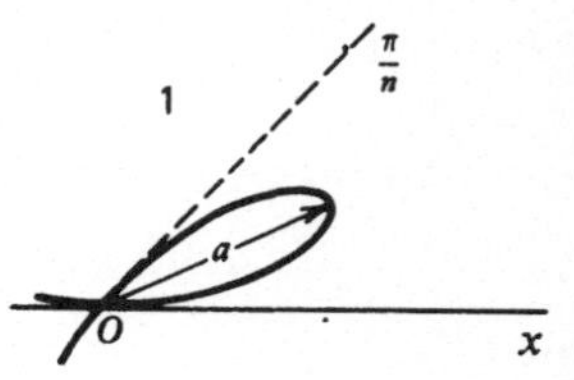

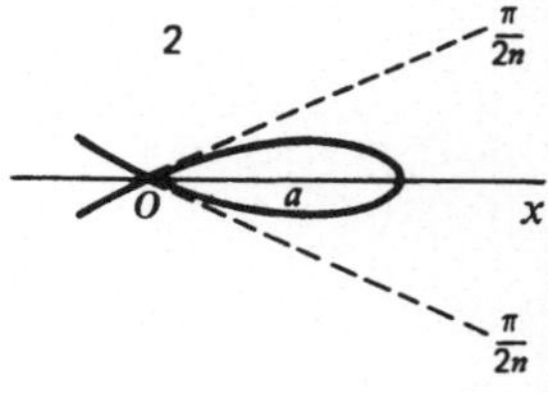

Spiralen

Archimedische-   Hyperbolische-   Logarithmische Spirale

$$r = a\theta \qquad\qquad r = \frac{a}{\theta} \qquad\qquad r = e^{a\theta}$$

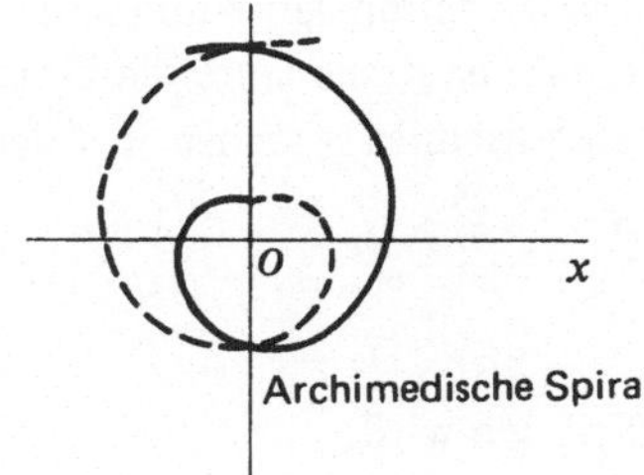

Archimedische Spirale

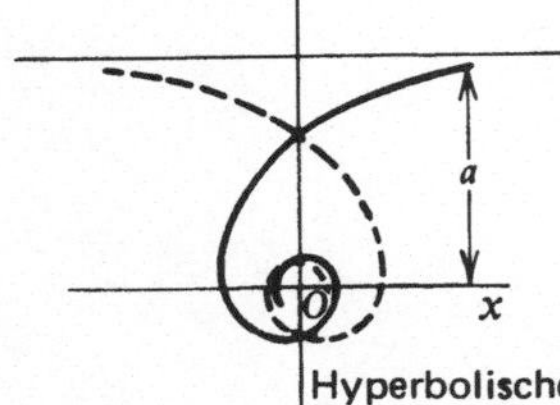

Hyperbolische Spirale

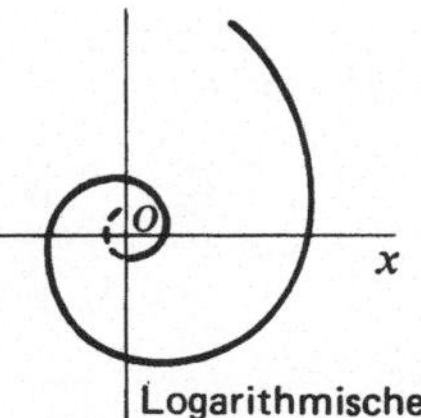

Logarithmische Spirale

Raumkoordinaten

Die Lage eines Punktes P im Raum läßt sich mit Hilfe eines Koordinatensystems festlegen. Sehr gebräuchlich sind kartesische Koordinaten und Zylinderkoordinaten.

Kartesisches Koordinatensystem: Die Lage eines Punktes $P(x, y, z)$ im Raum wird durch die drei Abstände x, y, z von den drei Koordinatenflächen bestimmt, die von den Achsen aufgespannt werden.

Zylindrisches Koordinatensystem: Die Lage eines Punktes $P(r, \theta, z)$ wird durch den Abstand z des Punktes von der x- und der y-Achse aufgespannten Koordinatenfläche und durch die Polarkoordinaten (r, θ) der Projektion von P auf diese Koordinatenfläche bestimmt.

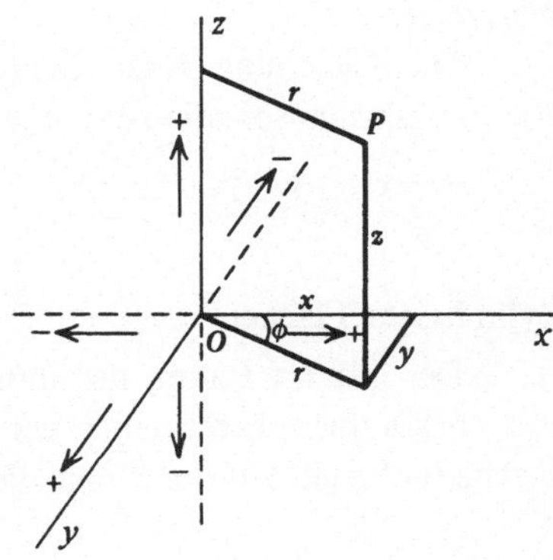

Punkte, Geraden und Flächen im Raum

Der Abstand zweier Punkte $P_1(x_1, y_1, z_1)$ und $P_2(x_2, y_2, z_2)$ beträgt:

$$d = \sqrt{(x_2 - x_1)^2 + (y_2 - y_1)^2 + (z_2 - z_1)^2}.$$

Die Richtungskosinuse (Kosinuswerte derjenigen Winkel, die eine zu der Geraden parallele durch den Ursprung des Koordinatensystems laufende Gerade gleicher Orientierung mit den positiven Koordinatenachsen einschließt) stehen in folgender Beziehung zueinander:

$$\cos^2 \alpha + \cos^2 \beta + \cos^2 \gamma = 1.$$

Verhält sich

$\cos \alpha : \cos \beta : \cos \gamma$ wie $a : b : c$, wo wird:

$$\cos \alpha = \frac{a}{\sqrt{a^2 + b^2 + c^2}}, \qquad \cos \beta = \frac{b}{\sqrt{a^2 + b^2 + c^2}},$$

$$\cos \gamma = \frac{c}{\sqrt{a^2 + b^2 + c^2}}.$$

Die Richtungskosinuse der Geraden, die die Punkte $P_1(x_1, y_1, z_1)$ und $P_2(x_2, y_2, z_2)$ verbinden, verhalten sich zueinander wie

$$\cos \alpha : \cos \beta : \cos \gamma = (x_2 - x_1) : (y_2 - y_1) : (z_2 - z_1).$$

Der Winkel θ zwischen zwei durch ihre Richtungswinkel $\alpha_1, \beta_1, \gamma_1$ und $\alpha_2, \beta_2, \gamma_2$ gegebenen Geraden läßt sich aus

$$\cos \theta = \cos \alpha_1 \cos \alpha_2 + \cos \beta_1 \cos \beta_2 + \cos \gamma_1 \cos \gamma_2$$

errechnen.

Die Gleichung einer beliebigen Ebene erster Ordnung lautet:

$$Ax + By + Cz + D = 0.$$

A, B, C sind proportional den Richtungskosinusen einer Normalen oder Senkrechten zu der Ebene. Der Winkel zwischen zwei Ebenen ist gleich dem Winkel zwischen ihren Normalen.

Die Gleichung einer Geraden durch einen gegebenen Punkt $P_1(x_1, y_1, z_1)$ mit Richtungskosinusen, die zu a, b, c proportional sind, ist gegeben durch

$$\frac{x - x_1}{a} = \frac{y - y_1}{b} = \frac{z - z_1}{c}.$$

Zylindrische Flächen

Der Ort im Raum, der durch eine Gleichung, in der nur zwei der Koordinaten x, y, z vorkommen, beschrieben wird, wird als zylindrische Fläche bezeichnet, wobei diese Fläche senkrecht auf der Ebene dieser beiden Koordinaten steht. Für die ebene Geometrie stellt diese Kurvengleichung einen Schnitt parallel zu der Ebene der beiden betreffenden Koordinaten durch einen Zylinder dar.

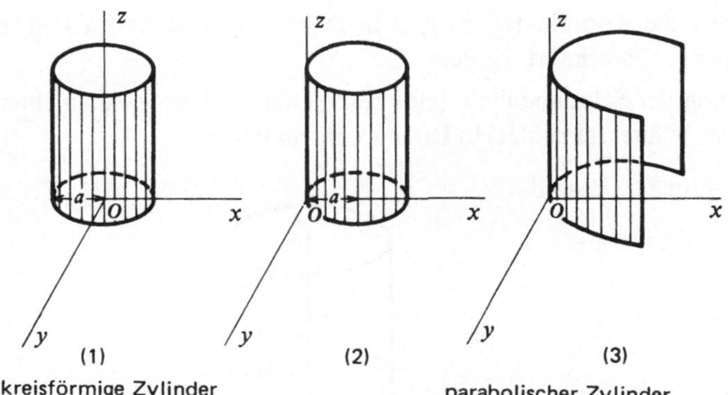

$$(1) \begin{cases} x^2 + y^2 = a^2 \\ r = a \end{cases} \qquad (2) \begin{cases} x^2 + y^2 = 2ax \\ r = 2a \cos\theta \end{cases} \qquad (3)\ y^2 = ax$$

Rotationsflächen

Die Gleichung einer Fläche, die durch Drehen einer ebenen Kurve $y = f(x)$ oder $z = f(x)$ um die die x-Achse entsteht, lautet:

$$y^2 + z^2 = [f(x)]^2.$$

Die Gleichung einer Kugel (der Kreis $y^2 + x^2 = a^2$ wird um die x-Achse gedreht) hat die Form

$$x^2 + y^2 + z^2 = a^2.$$

Für ein Rotationsellipsoid (die Ellipse $x^2/a^2 + y^2/b^2 = 1$ wird um die x-Achse gedreht) erhält man

$$\frac{x^2}{a^2} + \frac{y^2 + z^2}{b^2} = 1 \qquad \begin{array}{l}\text{(langgestreckter Ellipsoid für } a > b, \\ \text{zusammengedrückter Ellipsoid für } b > a).\end{array}$$

Die Gleichung eines Kegels (entsteht durch Rotation der Geraden $y = mx$ um die x-Achse) lautet:

$$y^2 + z^2 = m^2 x^2.$$

Ein Paraboloid (entsteht durch Rotation der Parabel $y^2 = ax$ um die x-Achse) ist gegeben durch

$$y^2 + z^2 = ax.$$

Raumkurven

Die Lage einer Kurve im Raum kann durch zwei Gleichungen, die die drei Koordinaten eines beliebigen Punktes der Kurve in Beziehung zueinander setzen, oder durch drei Gleichungen, in denen die Koordinaten x, y, z noch von einer vierten Variablen oder einem Parameter abhängen, bestimmt werden.

Beispiel: Die Gleichung der Schraubenlinie (eine Kurve, die alle Erzeugenden eines Zylinders unter konstantem Winkel schneidet) in Parameterform lautet:

$$x = \cos\theta, \quad y = \sin\theta, \quad z = k\theta$$

mit a = Radius, $2\pi k$ = Ganghöhe.

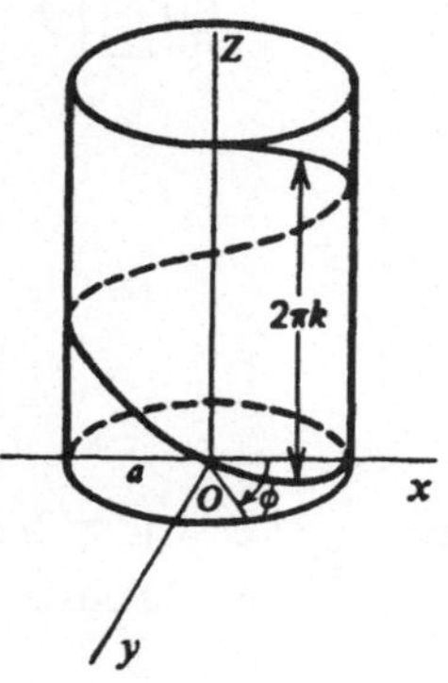

Sachwortverzeichnis